大型燃气-蒸汽联合循环电厂培训教材

DIASYS/OVATION 控制分册

（上）

中国电机工程学会燃气轮机发电专业委员会
深圳能源集团东部电厂　编

重庆大学出版社

内 容 提 要

本书全面、详细地介绍了三菱 M701F 燃气-蒸汽联合循环机组控制部分(计算机网络、控制系统)的基础知识、系统组成、控制功能、控制过程、连锁保护及试验、使用维护等内容。本书仅以深圳能源集团东部电厂安装的三菱 M701F 燃气-蒸汽联合循环机组计算机、控制系统为例编写的。对于 ADCS 系统(辅助车间控制系统)由于各电厂工艺设计及系统配置差异较大,因此,本教材是以深圳能源集团东部电厂为例进行了简单的介绍,以供参考。

本培训教材全部由热控技术人员编写,编写内容涵盖控制原理、工艺过程控制和检修使用维护,内容丰富、实用性强,对类似电厂技术人员全面掌握 F 级燃气-蒸汽联合循环机组计算机、控制系统的知识具有较大的指导作用。

图书在版编目(CIP)数据

大型燃气-蒸汽联合循环电厂培训教材. DIASYS/
OVATION 控制分册. 上/中国电机工程学会燃气轮机发电
专业委员会,深圳能源集团东部电厂编.—重庆:重庆
大学出版社,2014.10
ISBN 978-7-5624-8610-7

Ⅰ.①D…　Ⅱ.①中…②深…　Ⅲ.①燃气-蒸汽联合
循环发电—发电厂—技术培训—教材②燃气—蒸汽联合循
环发电—控制机—技术培训—教材　Ⅳ.①TM611.31

中国版本图书馆 CIP 数据核字(2014)第 226065 号

大型燃气-蒸汽联合循环电厂培训教材
DIASYS/OVATION 控制分册(上)
中国电机工程学会燃气轮机发电专业委员会
深圳能源集团东部电厂　　编
策划编辑:曾显跃
责任编辑:李定群　高鸿宽　　版式设计:曾显跃
责任校对:秦巴达　　　　　　责任印制:赵　晟
*
重庆大学出版社出版发行
出版人:邓晓益
社址:重庆市沙坪坝区大学城西路 21 号
邮编:401331
电话:(023)88617190　88617185(中小学)
传真:(023)88617186　88617166
网址:http://www.cqup.com.cn
邮箱:fxk@ cqup.com.cn(营销中心)
全国新华书店经销
重庆升光电力印务有限公司印刷
*
开本:787×1092　1/16　印张:20.25　字数:518千　插页:8 开 2 页
2014 年 10 月第 1 版　　2014 年 10 月第 1 次印刷
印数:1—4 000
ISBN 978-7-5624-8610-7　定价:56.00 元

编 委 会

主 任　余　璟
委　员　陈玉辉　刘雁杰

编写人员名单

主　　编　刘雁杰

参编人员　（按姓氏笔画排序）

陈正建　范新宇　黄文中

李　东　任健康　田　彬

序言

　　1791 年英国人巴伯首次描述了燃气轮机(Gas Turbine)的工作过程。1872 年德国人施托尔策设计了一台燃气轮机,从 1900 年开始做了四年的试验。1905 年法国人勒梅尔和阿芒戈制成第一台能输出功率的燃气轮机。1920 年德国人霍尔茨瓦特制成第一台实用的燃气轮机,效率 13%,功率 370 千瓦。1930 年英国人惠特尔获得燃气轮机专利,1937 年在试车台成功运转离心式燃气轮机。1939 年德国人设计的轴流式燃气轮机安装在飞机上试飞成功,诞生了人类第一架喷气式飞机。从此燃气轮机在航空领域,尤其是军用飞机上得到了飞速发展。

　　燃气轮机用于发电始于 1939 年,发电用途的燃机不受空间和重量的严格限制,所以尺寸较大,结构也更加厚重结实,因此具有更长的使用寿命。虽然燃气-蒸汽联合循环发电装置早在 1949 年就投入运行,但是发展不快。这主要是因为轴流式压气机技术进步缓慢,如何提高压气机的压比和效率一直在困扰压气机的发展,直到 20 世纪 70 年代轴流式压气机在理论上取得突破,压气机的叶片和叶形按照三元流理论进行设计,压气机整体结构也按照新的动力理论进行布置以后,压气机的压比才从 10 不断提高,现在压比超过了 30,效率也同步提高,满足了燃机的发展需要。

　　影响燃机发展的另一个重要原因是燃气透平的高温热通道材料。提高燃机的功率就意味着提高燃气的温度,热通道部件不能长期承受 1 000 ℃ 以上的高温,这就限制了燃机功率的提高。20 世纪 70 年代燃机动叶采用镍基合金制造,在叶片内部没有进行冷却的情况下,燃气初温可以达到 1 150 ℃,燃机功率达到 144 MW,联合循环机组功率达到 213 MW。80 年代采用镍钴基合金铸造动叶片,燃气初温达到 1 350 ℃,燃机功率 270 MW,联合循环机组功率 398 MW。90 年代燃机采用镍钴基超级合金,用单向结晶的工艺铸造动叶片,燃气初温 1 500 ℃,燃机功率 334 MW,联合循环机组功率 498 MW。进入 21 世纪,优化冷却和改进高温部件的隔热涂层,燃气初温 1 600 ℃,燃机功率 470 MW,联合循环机组功率 680 MW。解决了压比和热通道高温部件材料的问题后,随着燃机功率的提高,新型燃机单机效率大于 40%,联合循环机组的效率大于 60%。

为了加快大型燃气轮机联合循环发电设备制造技术的发展和应用,我国于 2001 年发布了《燃气轮机产业发展和技术引进工作实施意见》,提出以市场换技术的方式引进制造技术。通过打捆招标,哈尔滨电气集团公司与美国通用电气公司,上海电气集团公司与德国西门子公司,东方电气集团公司与日本三菱重工公司合作。三家企业共同承担了大型燃气轮机制造技术引进及国产化工作,目前除热通道的关键高温部件不能自主生产外,其余部件的制造均实现了国产化。实现了 E 级、F 级燃气轮机及联合循环技术国内生产能力。截至 2010 年燃气轮机电站总装机容量 2.6 万 MW,比 1999 年燃气轮机装机总容量 5 939 MW 增长了 4 倍,大型燃气-蒸汽联合循环发电技术在国内得到了广泛的应用。

燃气-蒸汽联合循环是现有热力发电系统中效率最高的大规模商业化发电方式,大型燃气轮机联合循环效率已达到 60%。采用天然气为燃料的燃气-蒸汽联合循环具有清洁、高效的优势。主要大气污染物和二氧化碳的排放量分别是常规火力发电站的十分之一和二分之一。

在《国家能源发展"十二五"规划》提出:"高效、清洁、低碳已经成为世界能源发展的主流方向,非化石能源和天然气在能源结构中的比重越来越大,世界能源将逐步跨入石油、天然气、煤炭、可再生能源和核能并驾齐驱的新时代。"规划要求十二五末,天然气占一次能源消费比重将提高到 7.5%,天然气发电装机容量将从 2010 年的 26 420 MW 发展到 2015 年的 56 000 MW。我国大型燃气-蒸汽联合循环发电将迎来快速发展的阶段。

为了让广大从事 F 级燃气-蒸汽联合循环机组的运行人员尽快熟练掌握机组的运行技术,中国电机工程学会燃机专委会牵头组织有代表性的国内燃机电厂编写了本套培训教材。其中,深圳能源集团月亮湾燃机电厂承担了 M701F 燃气轮机/汽轮机分册、余热锅炉分册和电气分册的编写;广州发展集团珠江燃机电厂承担了 PG9351F 燃气轮机/汽轮机分册;深圳能源集团东部电厂承担了 DIASYS/OVATION 热控分册的编写。

每个分册内容包括工艺系统、设备结构、运行操作要点、典型事故处理与运行维护等,教材注重实际运行和维护经验,辅以相关的原理和机理阐述,每章附有思考题帮助学习掌握教材内容。本套教材也可以作为燃机电厂管理人员、技术人员的工作参考书。

由于编者都是来自生产一线,学识和理论水平有限,培训教材中难免存在缺点与不妥之处,敬请广大读者批评指正。

燃机专委会

2014 年 8 月

前　言

本套培训教材包括燃气轮机/汽轮机分册、电气分册、余热锅炉分册和控制分册。其中 DIASYS/OVATION 控制分册是本套教材丛书的一个分册,由深圳能源集团东部电厂热控人员编写。

全书分为上册、下册,共分 4 章,第 1 章介绍控制系统、计算机网络,第 2 章介绍三菱 DIASYS 控制系统,第 3 章介绍艾默生/OVATION DCS 控制系统,第 4 章介绍 ADCS 系统(辅助车间控制系统)。本书是以深圳能源集团东部电厂安装的三菱 M701F 燃气-蒸汽联合循环机组计算机、控制系统为例编写的。主要介绍了三菱 M701F 燃气-蒸汽联合循环机组控制部分(计算机网络、控制系统)的基础知识、系统组成、控制功能、控制过程、联锁保护及试验、使用维护等内容。对于 ADCS 系统(辅助车间控制系统)由于各电厂工艺设计及系统配置差异较大,因此,本教材以深圳能源集团东部电厂为例进行了简单的介绍,仅供参考。

本书内容全面实用,突出 F 级燃气轮机机组控制系统和设备的特点,针对性强,适合作为燃气-蒸汽联合循环电厂运行及检修人员培训用书,也可作为电厂从事相关工作的管理人员、技术人员和筹建人员的技术参考用书。

在本书正式编写前,编委会对培训教材编写的原则、内容等进行了详细的讨论并提出了修改意见;在编写期间集团领导皇甫涵和技术专家巩桂亮、胡松、王利红等对培训教材进行了审核,并提出了修改意见,在此一并致以诚挚的谢意。

编委会
2014 年 8 月

编写人员负责编写内容：

章　节	内　容	编写人
第 1 章	控制系统、计算机网络	刘雁杰
第 2 章	DIASYS 控制系统	
2.1	网络组成	黄文中
2.2	DIASYS 控制系统硬件	
2.2.1	控制系统硬件组成	范新宇
2.2.2	MPS 设备和结构介绍	李　东
2.2.3	控制系统通信组成	范新宇
2.3	DIASYS 控制系统软件	范新宇
2.3.1	Work Space Manager(WSM)人机接口监控软件	范新宇
2.3.2	ORCA View 组态工具软件	范新宇
2.3.3	LogicCreator 逻辑组态软件	范新宇
2.3.4	功能块	李　东
2.4	DIASYS 控制功能	
2.4.1	DIASYS 系统 TCS 控制	田　彬
4.1.1	燃气轮机控制	田　彬
4.1.2	汽轮机控制	田　彬
4.1.3	伺服阀控制回路介绍	范新宇
2.4.2	PCS 系统功能(Process Control System)	李　东
2.4.3	TPS 系统功能(Turbine Protection System)	范新宇
2.4.4	燃烧监视调整系统(ACPFM 系统)	范新宇
2.4.5	机组启停控制全过程描述	陈正建
2.5	DIASYS 控制与 Ovation 控制系统通信接口	黄文中
2.6	连锁保护试验	
2.6.1	机组连锁保护试验目的及范围	范新宇
2.6.2	机组连锁保护试验条件	范新宇
2.6.3	机组跳闸连锁保护试验项目	范新宇
2.6.4	机组报警连锁试验项目	范新宇
2.6.5	设备连锁、保护试验	任健康
第 3 章	DCS 控制系统	
3.1	网络组成	黄文中
3.2	DCS 控制系统硬件	田　彬
3.3	DCS 控制系统软件	田　彬
3.4	DCS 系统控制功能	范新宇
3.5	Ovation 系统与 PLC 系统、SIS 系统的通信接口	黄文中
第 4 章	ADCS 系统(辅助车间控制系统)	黄文中

缩写汇总：

序　号	缩　写	全　称
1	ACPFM	Advanced Combustion Pressure Fluctuation Monitoring
2	ACS	Accessory Station
3	ALR	AUTO LOAD REGULATION
4	BPCSO	Blade Path Temp. Control Signal Output
5	BYCSO	Bypass Valve Control Signal Output
6	CPFA	Combustion Pressure Fluctuation Analyzer System
7	CPFM	Combustion Pressure Fluctuation Monitoring
8	CSO	Control Signal Output
9	DCS	Distributed Control System
10	DTU	Data Transfer Unit
11	EFCS	Electrical FieldBus Control System
12	EMS	Engineering Maintenance Station
13	EXCSO	Exhaust Gas Temp. Control Signal Output
14	FLCSO	Fuel Limit Control Signal Output
15	GVCSO	Governor Control Signal Output
16	IRIG-B	Inter-Range Instrumentation Group
17	LDCSO	Load Limiter Control Signal Output
18	LOPS	Local Operator Station
19	MCSO	Main Fuel Control Signal Output
20	MPS	Multiple Process Station
21	OPS	Operator Station
22	PCS	Process control System
23	PLCSO	Pilot Fuel Control Signal Output
24	TCS	Turbine Control System
25	TPS	Turbine Protection System
26	TSI	Turbine Supervisory Instrument
27	VIM	Vibration Interface Module
28	WSM	Work Space Manager
29	IGV	Inlet Guide Vane
30	RTS	READY TO START
31	SFC	Static Frequency Converter

目录

第 1 章
控制系统、计算机网络

1.1 概　述

目前,国内引进的 F 级燃气/蒸汽联合循环燃机机组主要有美国 GE 公司、德国西门子公司、日本三菱公司的 3 大品牌的设备,其控制系统的组成形式不尽相同,燃机及其相关工艺系统均由原厂家固定配置其自己的控制系统(GE 公司:MARK-Ⅵ控制系统、西门子公司:T3000控制系统、三菱公司:DIASYS 控制系统),而除燃机之外的其他系统的控制系统则有多种形式的配置。三菱公司的 F 级燃气/蒸汽联合循环燃机机组控制系统的组成主要有两种形式,一是机组全部采用三菱的 DIASYS 控制系统,完成对全厂发电设备的监控功能(包括外围辅机系统的控制)。这种配置控制系统结构相对简单,不存在不同系统间的通信问题。二是燃机部分、汽轮机部分、电气等系统由 DIASYS 完成监控功能,余热锅炉等工艺系统配置其他品牌的控制系统完成监控功能,这种配置的控制系统结构相对复杂,本书以三菱 DIASYS 系统与EMERSON-OVATION 系统组成全厂 DCS 控制系统为例进行详细介绍。

1.2 网络组成

如图 1.1 所示为由 3 台机组组成的全厂控制系统、计算机网络图。整个网络均由冗余配置的高速以太网构成。

按照网络结构可划分为以下 3 个层次:

①第一层:全厂信息监控系统(SIS 系统)层。

SIS 系统分别与各机组(1 号机组、2 号机组、3 号机组)、公用系统以及电气 NCS 系统、全厂外围辅机集中监控网络系统通过以太网连接,用于全厂各个工艺系统的生产数据通信,以实现 SIS 系统实时数据监视和性能计算等功能。

②第二层:发电机组超环网络层。

由 1 号机组、2 号机组、3 号机组、公用系统通过以太网与核心交换机连接,构成发电机组

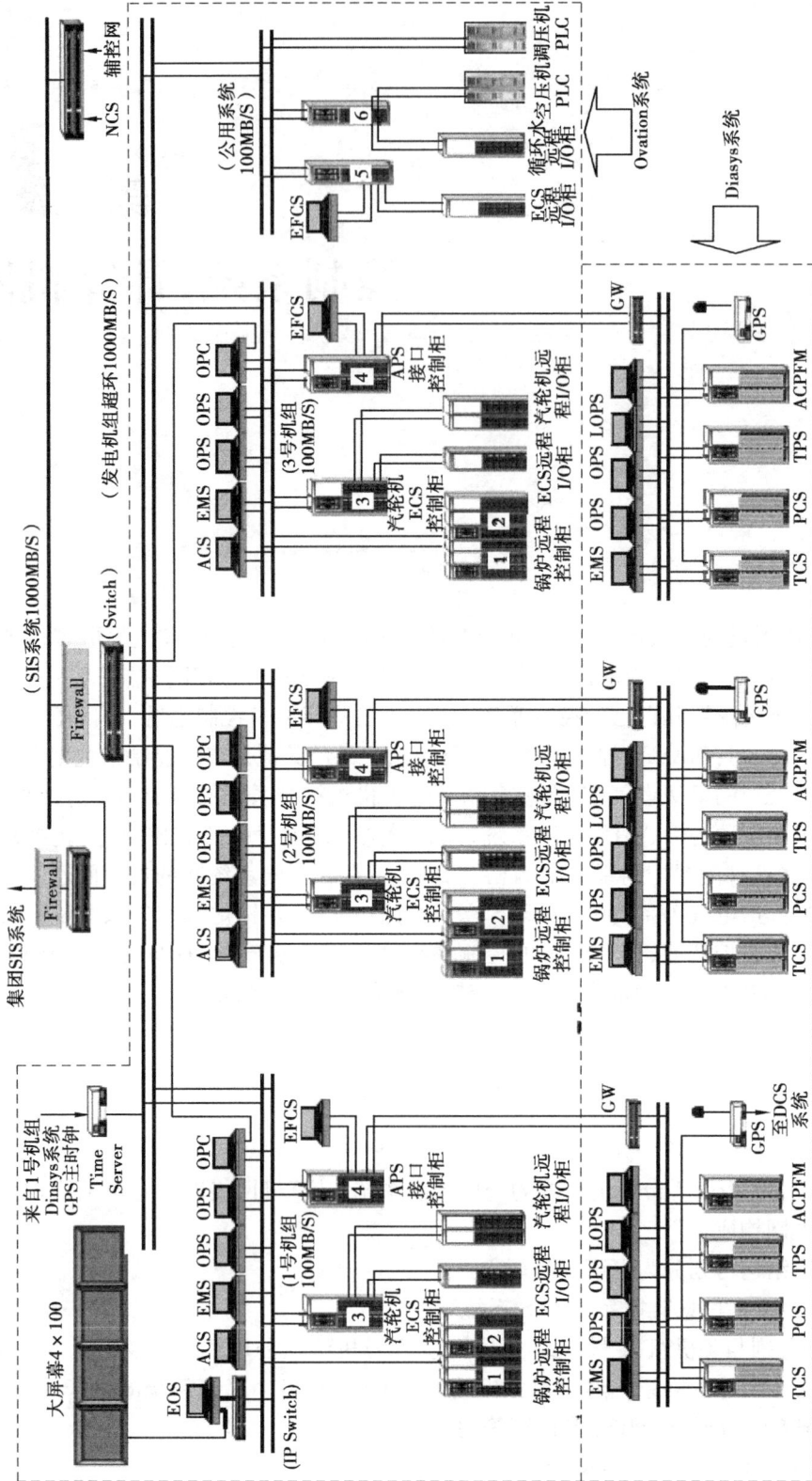

图1.1 控制系统、计算机网络组

超环网络层,通过超环实现各机组、公用系统之间的数据通信。每台机组设两台 OVATION 系统 OPS 操作员站,公用系统部分不设单独的操作员站,每台机组操作员站可以对公用系统进行监控。每台机组设一台 DIASYS 系统 OPS 操作员站。OVATION 操作员站可完成机组的全部自动启停功能,原则上可对所有系统进行操作。

3 台机组设置一套大屏幕系统与 1 号机组主交换机连接,采用单独操作员站的方式,可对各机组和公用系统进行集中监控操作。

③第三层:控制网络层。

该层网络将机组、公用系统的所有控制站/柜通过以太网与主交换机连接,并实现与三菱 DIASYS 控制系统的双向通信及与其他系统的数据接口通信。包括与电气 EFCS 系统 (Electrical FieldBus Control System,EFCS)、空压机系统、调压站系统等数据接口通信。

按照控制系统功能可划分为以下 3 大部分:

①艾默生 OVATION 控制系统。

每台机组控制层配置控制柜 4 个:

• 炉岛控制柜两个(drop1,drop2):完成对余热锅炉系统的监控功能。

• 汽轮机/BOP/ECS 控制柜一个(drop3):完成对汽轮机热力系统、BOP 系统、电气 ECS 的监控功能。

• APS/接口控制柜一个(drop4):完成对机组全自动启停(APS)的控制功能,并完成与 DIASYS 系统的通信接口功能。

公用系统控制层配置控制柜两个:

• 电气公用系统控制柜(drop5):完成对电气公用系统 ECS 的监控。

• 循环水系统控制柜(drop6):完成对机侧开式海水循环系统的监控功能,以及空压机系统、天然气调压站系统的远方监控功能。

②三菱 DIASYS 控制系统。

每台机组控制层配置控制柜有以下 5 个:

• TCS 系统(Turbine Control System—燃机-汽机控制系统)控制柜。主要完成燃机-汽机-发电机的启、停、正常运行和事故处理。

• PCS 系统(Process Control System—燃机-汽机辅助系统控制系统)控制柜。主要完成对汽机旁路、汽机轴封、凝汽器真空系统的监控。

• TPS 系统(Turbine Protection System—燃机-汽机保护系统)控制柜。主要完成燃机-汽机-发电机的联锁、保护。

• TSI 系统(Turbine Supervisory Instrument—燃机-汽机监视仪表)控制柜。主要完成对燃机-汽机-发电机轴系的监控,可进行 3 台机组集中监控),TSI 系统与 DIASYS 系统采用硬接线连接。

• ACPFM 系统(Advanced Combustion Pressure Fluctuation Monitoring System)控制柜。主要完成机组的自动燃烧调节、监视和保护功能。

• 其他系统:机组还配置了 GPS 系统,用于时钟的卫星同步;大气检测站,用于对厂区的大气进行监测。

③辅助车间集中监控系统(ADCS 系统)。

主要完成对外围辅助车间各系统的远方集中监控。ADCS 系统的组成如图 1.5 所示(本书所介绍的 ADCS 系统是独立的一套全厂辅机控制系统,主要由 PLC 组成并完成外围辅助车间的全部控制功能)。ADCS 系统与 DCS 系统不直接联网,与全厂 SIS 系统通信,以实现在 SIS 系统进行实时数据监视。外围各个辅助车间可由 PLC 独立完成自动控制功能,也可在远方集控室 100 in(英寸)大屏幕和操作员站进行远方集中监控,并且远方集控室、就地的控制权限可灵活地进行切换操作,也可以在远方工程师站对各个就地 PLC 进行组态编辑、上传、下载等工作。就地辅助车间不设置运行值班人员。

1.3　全厂控制系统布置

DCS 系统采用了控制机柜物理分散布置、集中控制的方法,分别在炉岛就地、汽轮机就地、电气公用就地、海水循环水系统就地等布置了远程控制柜和远程 I/O 柜,控制系统布置如图 1.2 所示。DIASYS 控制系统的布置图 1.3 所示。

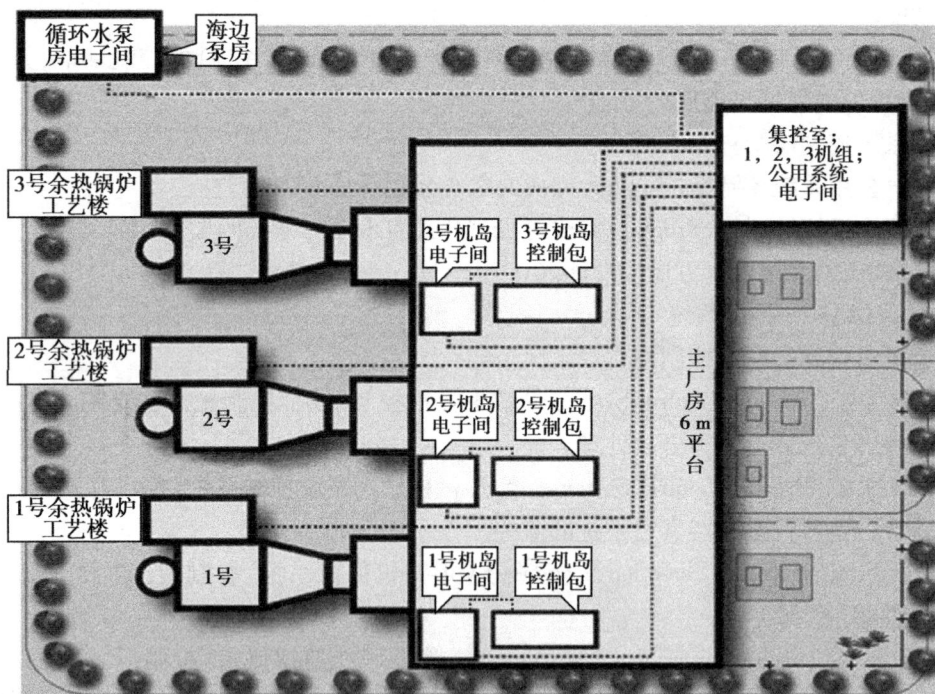

图 1.2　全厂控制系统布置

(1)就地控制包部分

该部分为 DIASYS 系统配置的集装箱式控制间,其主要的控制设备都布置在该控制包内,每台机组的控制包均布置在主厂房的 6.5 m 层,控制包内布置了 TCS 系统、TPS 系统、ACPFM 系统、TSI 系统、电气同期系统等控制设备。控制包内配置了一台就地 OPS 操作员站(LOPS),用于就地监视、操作以及对控制系统的调试。

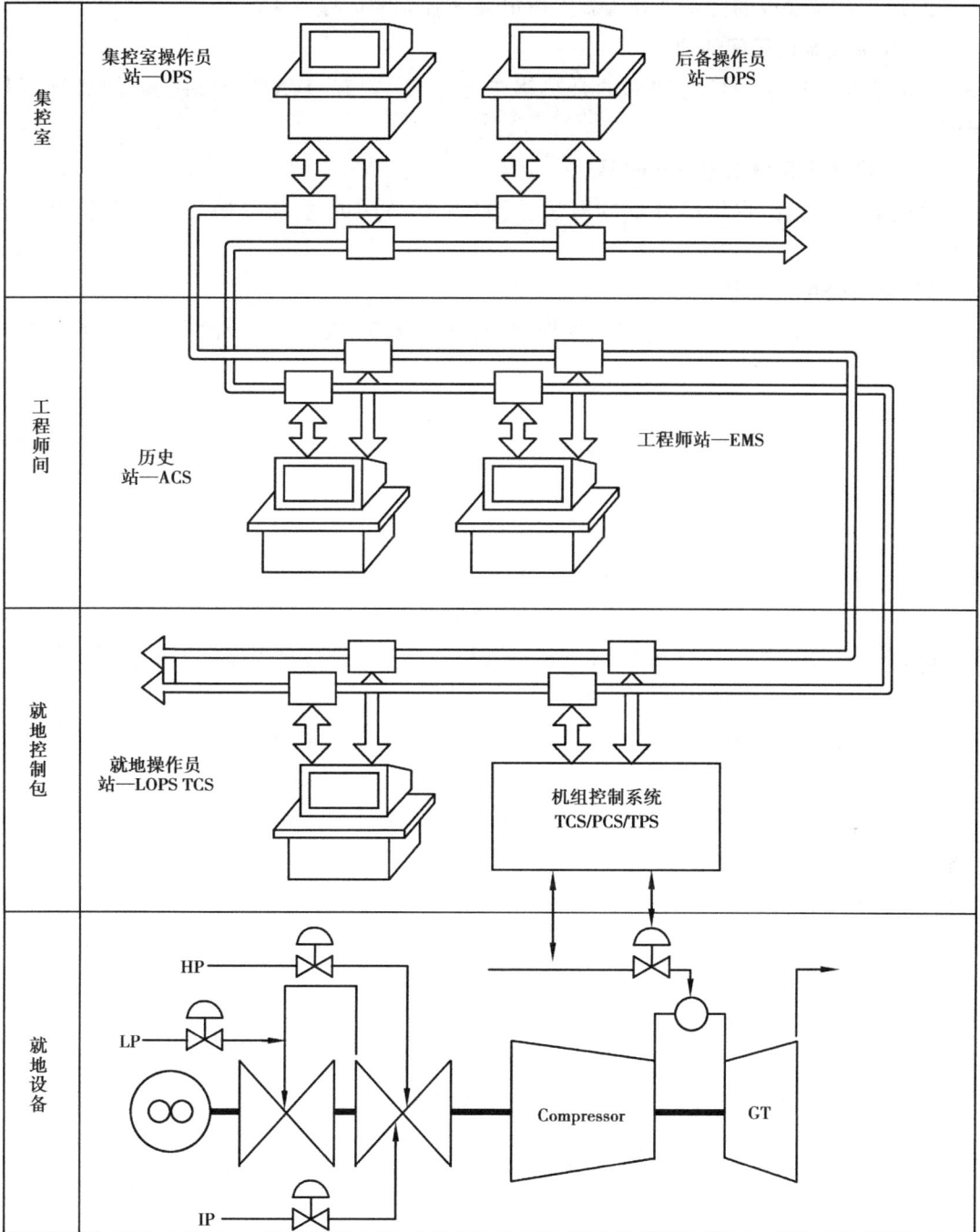

图 1.3 DIASYS 控制系统的布置

(2)机岛就地电子间部分

在主厂房每台机组的就地 6.5 m 层布置一个控制系统电子间,与就地 DIASYS 系统控制包相邻,主要布置了以下两个控制系统的设备:

①DIASYS 系统的 PCS 系统、GPS 系统及 DIASYS 系统与 DCS 系统通信接口站等控制设备。

②OVATION 系统的机岛热力系统及 BOP 系统控制的远程 I/O 柜。

(3)炉岛就地电子间部分

该电子间设置在主厂房外部的余热锅炉旁边,配置有 OVATION 系统的炉岛远程控制柜。

(4)循环水泵系统就地电子间部分

该电子间设置在主厂房外部的海边,配置有 OVATION 系统的循环水系统控制远程 I/O 站。

(5)电气公用系统电子间

该电子间设置在主厂房内电气公用控制间,配置有 OVATION 系统的电气公用系统控制远程 I/O 站。

(6)集控楼部分

集控楼控制层分为 4 个部分,集控室部分、后备操作员间部分、工程师间部分和电子设备间部分。

● 集控室(CCR)

作为运行人员的主要操作间,布置了 DIASYS 系统的 OPS 操作员站一台、OVATION 系统的 OPS 操作员站两台,用于运行人员对机组进行监控。在集控室设置一套 3×100 in①的大屏幕系统,采用单独操作员站的方式,可对各机组和公用系统进行监控操作。集控室不设置任何常规监视仪表。

另外,集控室内还配置 ADCS 系统 OPS 操作员站一台和 100 in 的大屏幕用于对全厂外围辅助车间系统进行集中监控。

集控室内还配置有全厂生产闭路电视监视系统、汽包水位工业电视监视系统等设备。

● 后备操作员间

布置了一台机岛控制系统的 OPS 操作员站,作为运行人员的紧急后备的监视和控制手段,后备操作员间同时还布置了机岛 CPFM 系统的操作键盘和监视器(CPFM 服务器则布置在 6.5 m 的就地控制包内),可用于对燃机的燃烧系统进行监视和控制。另外,也可与后备的 OPS 操作员站一起进行机组的燃烧调整。

● 工程师间

布置有 DIASYS 系统的工程师站(EWS 站)和数据站(ACS 站),用于对机岛控制系统进行维护和数据管理。还布置有 OVATION 系统的工程师站(EWS 站)和数据站(ACS 站)及 OVATION 系统与 SIS 系统通信的 OPC 通信接口机等控制设备。另外,工程师间还配置有 ADCS 系统的工程师站,用于对辅机控制系统进行维护和数据管理。

● 电子设备间

电子设备间布置了 OVATION 控制系统控制柜,包括 APS 控制、通信接口、汽轮机系统控制、电气 ECS 控制、电气公用系统控制、循环水系统控制等控制柜。电子设备间的布置如图 1.4 所示。

---

① 1 in＝2.54 cm

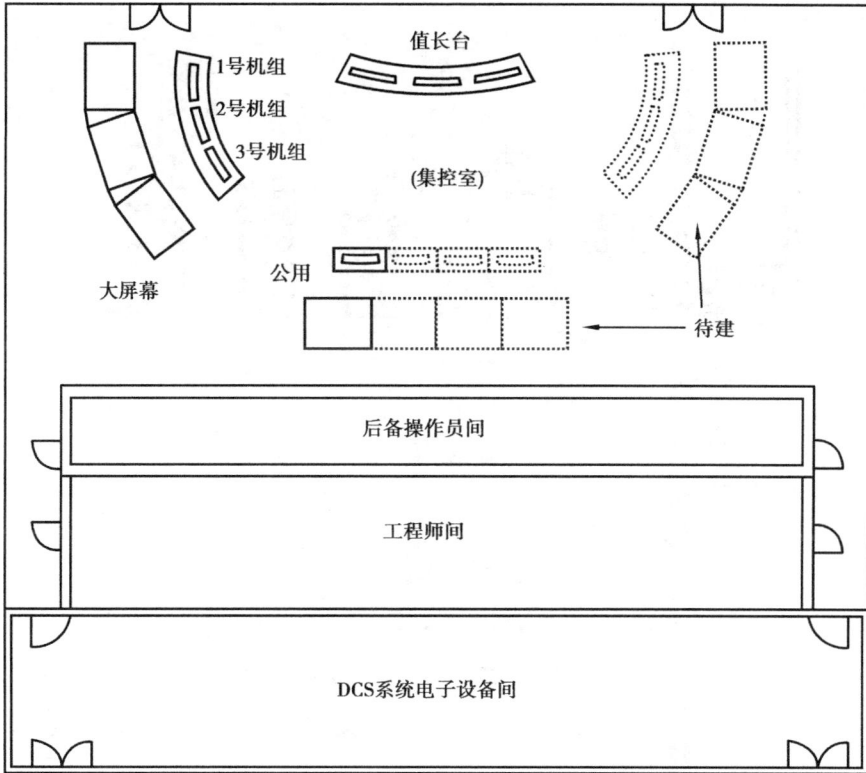

图 1.4　电子设备间布置

(7) ADCS 系统

ADCS 系统组成如图 1.5 所示。ADCS 系统监控对象包括以下 9 个系统：

①1 号启动锅炉系统。

②2 号启动锅炉系统。

③空调系统。

④制冷系统。

⑤电解海水制氯系统。

⑥水电解制氢系统。

⑦化学补给水处理系统。

⑧工业废水处理系统。

⑨生活污水处理系统。

各个辅助车间由 PLC 组成独立的控制系统，并分散布置在各辅助车间的控制室和电子间内，上层服务器和工程师站布置在 DCS 系统的工程师间，在化学水车间设立水网控制间，用于对化学水系统、工业废水处理系统、生活污水处理系统进行集中监控，配置有两台 OPS 操作员站（兼工程师站），1 号、2 号启动锅炉系统、海水制氯系统各配置一台 OPS 操作员站（兼工程师站），其他各系统均在就地控制柜配置了触摸屏，用于对就地辅助车间进行监控。

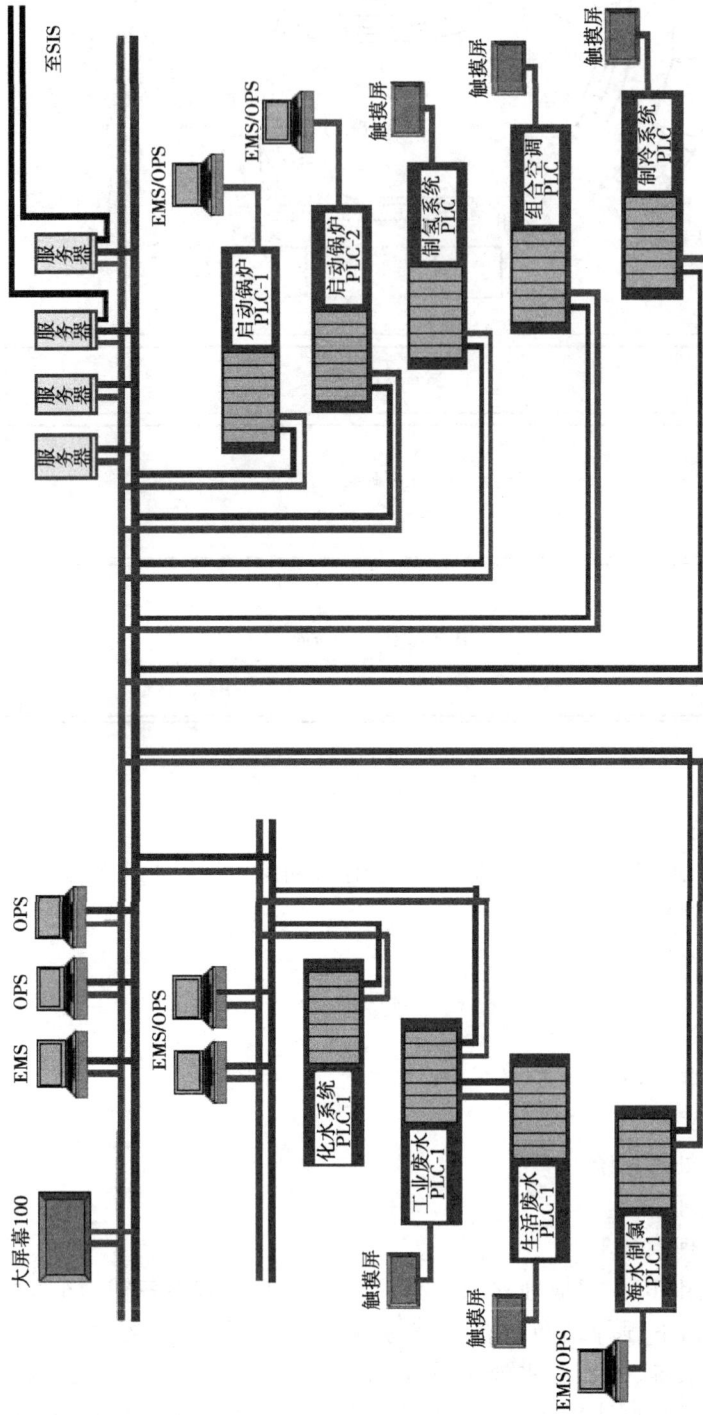

图1.5 ADCS系统网络组成

1.4　时钟接收系统（GPS 系统）

GPS 系统主要是接收 GPS 时钟信号,以实时校准系统时钟。全厂控制系统设置 3 套 GPS 时钟系统,如图 1.6 所示。3 套 GPS 主时钟分别配置在 1 号、2 号、3 号的 DIASYS 系统中,每套 GPS 系统的组成如图 1.2 所示。GPS 接收器将接收到的 GPS 时钟信号后输出 IRIG-B 信号（IRIG-B ：Inter-Range Instrumentation Group ，靶场仪器组 B 型格式）并通过 IRIG-B 分配器输出到控制系统中,作为控制系统的同步时钟。OVATION 控制系统不设置 GPS,时钟信号取自 1 号机组 DIASYS 控制系统的 GPS,两个系统采用 RS485 接口、MODBUS 协议进行全双工通信。与在 OVATION 系统设置的 time server 连接,将时钟信号送到控制系统核心交换机中,作为该系统的同步时钟。

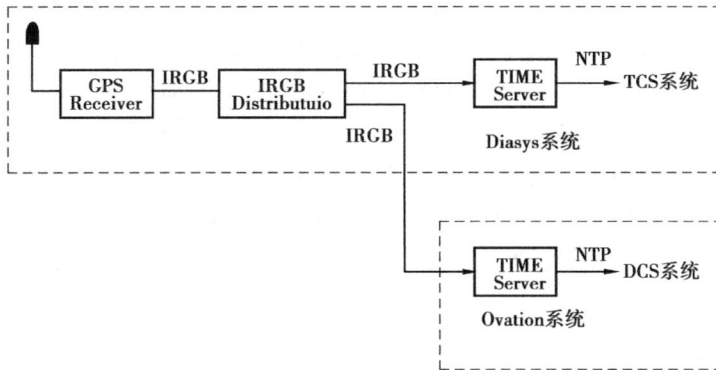

图 1.6　GPS 系统组成

练习题 1

1.控制系统、计算机网络按照网络结构和功能是如何组成的？

2.简述控制系统、计算机网络各部分的主要功能。

3.简述控制系统、计算机网络的结构特点。

4.简述控制系统布置的特点。

5.简述 GPS 系统在控制系统中的作用。如何与控制系统进行时钟同步？

第**2**章
机岛控制系统

DIASYS 控制系统是三菱自主开发的 DCS(Distributed Control System)系统,是一个由过程控制级和过程监控级组成的以通信网络为纽带的多级计算机系统。自 2000 年投入应用以来,该系统不仅被三菱应用于火力发电机组的控制,还被广泛应用于如风电、炼油、脱硫系统等各种工业控制领域。本章将首先对 DIASYS 控制系统的网络结构,硬件构成和软件系统作总体介绍。随后将结合 M701F 型燃气蒸汽联合循环机组的应用实例,对构成机组控制系统的各个子系统,如透平控制系统 TCS(Turbine Control System)、过程控制系统 PCS(Process Control System)和透平保护系统 TPS(Turbine Protection System)作分别介绍。

2.1 网络组成

2.1.1 概述

Diasys Netmation 是三菱重工开发的综合控制系统,将最新信息通信技术与设备制造厂家的丰富经验及控制技术有机地加以结合,使系统具备了高可靠性、出色的经济效益、高度自动化、易于维护等一系列优越性能,能够最大限度满足顾客的需求。

该系统集微处理器技术、网络通信技术、控制技术、计算机技术为一体,易于应用、维护和扩展,现对其构成、性能等特点进行介绍。

(1) DIASYS 系统网络结构

Diasys Netmation 是建立在以太网(EtherNet)基础上的分散控制系统,实时过程控制数据高速公路(Real-time pro-cess controldata high-way)采用冗余的双网结构,包括 P 通道(Pch)和 Q 通道(Qch)。其中,P 通道以总线式网络拓扑结构连接各站(Drop),Q 通道以星形网络拓扑结构连接各站(Drop),各站的实时数据、计算数据以 32 000 点/s 的速度在网上高速传输,以实现各站间的数据共享。

Diasys 系统共有 3 个子系统组成,TCS 系统、TPS 系统、PCS 系统。TCS 系统主要完成燃机-汽机-发电机本体的监控;TPS 系统完成燃机-汽机-发电机的紧急停机保护。PCS 系统完成对汽机旁路系统、汽机轴封系统、凝汽器真空系统的监控。

（2）为实现电厂的战略性运作及有效维护提供保障的新一代控制系统

Diasys Netmation 是利用一个数据库对工厂所有检测仪表和控制设备进行一元化管理的系统。从工厂主机设备、辅机设备的检测仪表控制设备，到编辑人机接口画面，所有数据均利用一个数据库进行管理，无须实施任何多余的作业，可高效率地对系统进行维护。

（3）DIASYS Netmation 系统的特点：

①基于众多实际业绩的高可靠性。

②可以应对各种控制的高水准控制功能。

③立足于人机工程学的极为出色的操作性。

④易于维护。

⑤可应对各类设备的灵活性和扩展性。

（4）DIASYS 系统的历史沿革

如图 2.1 所示。

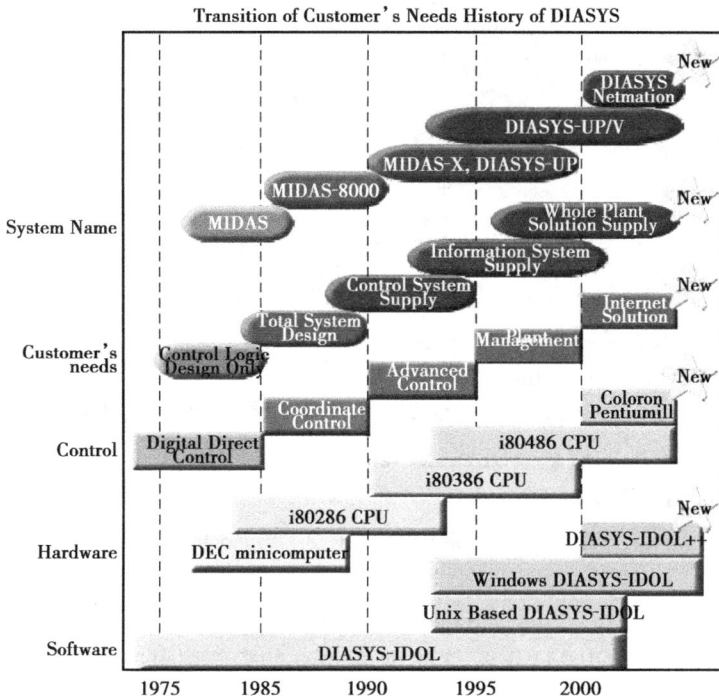

Transition of Customer's Needs History of DIASYS

图 2.1　DIASYS 系统历史沿革

2.1.2　DIASYS 系统网络架构

（1）DIASYS 系统构成

DIASYS Netmation 的系统构成如图 2.2 所示。DIASYS 系统是一个可通过网络与操作站、处理站、辅助站以及维护工具等构成要素相连接的系统。另外，它还备有与 Foundation Fieldbus，Device Net 及 Profibus 相连接的接口。

1）就地处理站（MPS：Multiple Process Station）

执行工厂的自动控制及输入输出处理。设计得十分周到，万一系统发生故障，仍可使控制不出现障碍继续运行,从小规模到大规模的工厂均可广泛应对。

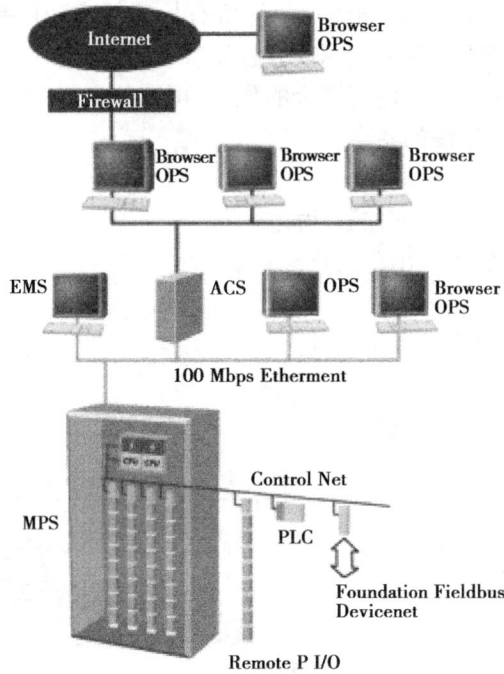

图 2.2　DIASYS 系统构成图

为了实现高性能,DIASYS Netmation 的处理站采用 Celeron 处理器和标准硬件。此外,由于采用 pSOS,从而实现了高可靠性。

2)操作站(OPS:Operator Station)

安置在中央操作室的操作站(OPS)是一种对工厂进行监视和操作的人机接口装置;显示与环路板及操作监视有关的信息。DIASYS Netmation 的操作站以 Windows 的工作站为基准。

3)浏览器操作站(浏览器 OPS)

这是以 Web 为基准的 OPS。仅需准备装有浏览器的微机,即可实现与中央操作室 OPS 相同的功能。

4)工程师站(EMS:Engineering Maintenance Station)

工程师站(EMS)装有 ORCAVIEW 软件,除有以往的控制逻辑描述语言之外,还有信息处理功能、对 OPS 显示的图形画面和趋势等进行编辑的功能以及数据登录功能。此外,还安装有关系数据库功能的软件,可针对与设备控制有关的所有数据进行一元化管理。

5)历史站(ACS:Accessory Station)

历史辅助站(ACS)执行数据收集功能。按一定时间周期由处理站上传数据,并对数据加以保存,也可在操作站对趋势进行分析。此外,辅助站还可作为 Web 服务器发挥与浏览器 OPS 相连接的功能。

6)设备网络

设备网络是用于连接 OPS、MPS、ACS、EMS 等设备控制系统组件的通信系统。100M-Ethernet 采用冗余化设计,可确保高速数据传输和出色的可靠性。

(2)DIASYS 系统网络拓扑

DLASYS 系统网络拓扑图如图 2.3 所示。

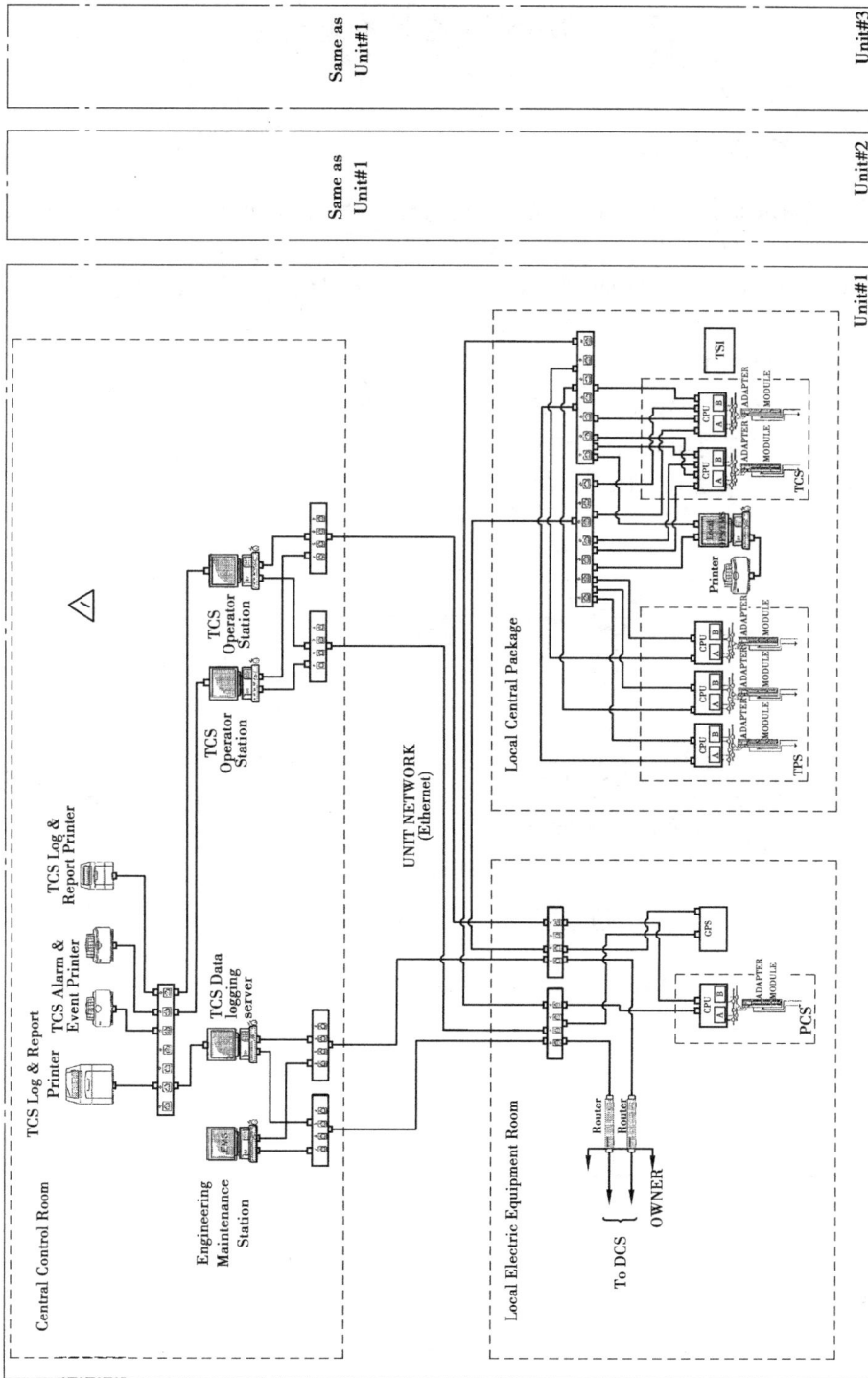

图2.3　DIASYS系统网络拓扑图

2.2 DIASYS 控制系统硬件

2.2.1 控制系统硬件组成

DIASYS 控制系统中,硬件设备组成主要包括有 MPS 站(Multiple Process Station)、工程师站(Engineering Maintenance Station,EMS)、就地操作员站(Local Operator Station,LOPS)、操作员站(Operator Station,OPS)和历史站(Accessory Station,ACS)。所有设备通过以太网连接。硬件设备组成结构示意图如图 2.4(a)所示。各设备之间的关系如图 2.4(b)所示。

（1）操作员站（OPS）

操作员站安装有 DIASYS 控制系统的人机接口软件(Work Space Manager,WSM)。通过WSM,操作员站可实现机组状态监控、报警监控、历史数据查询以及事件记录追踪等功能。OPS 站的硬件配置见表 2.1a。OPS 站软件配置见表 2.1b。

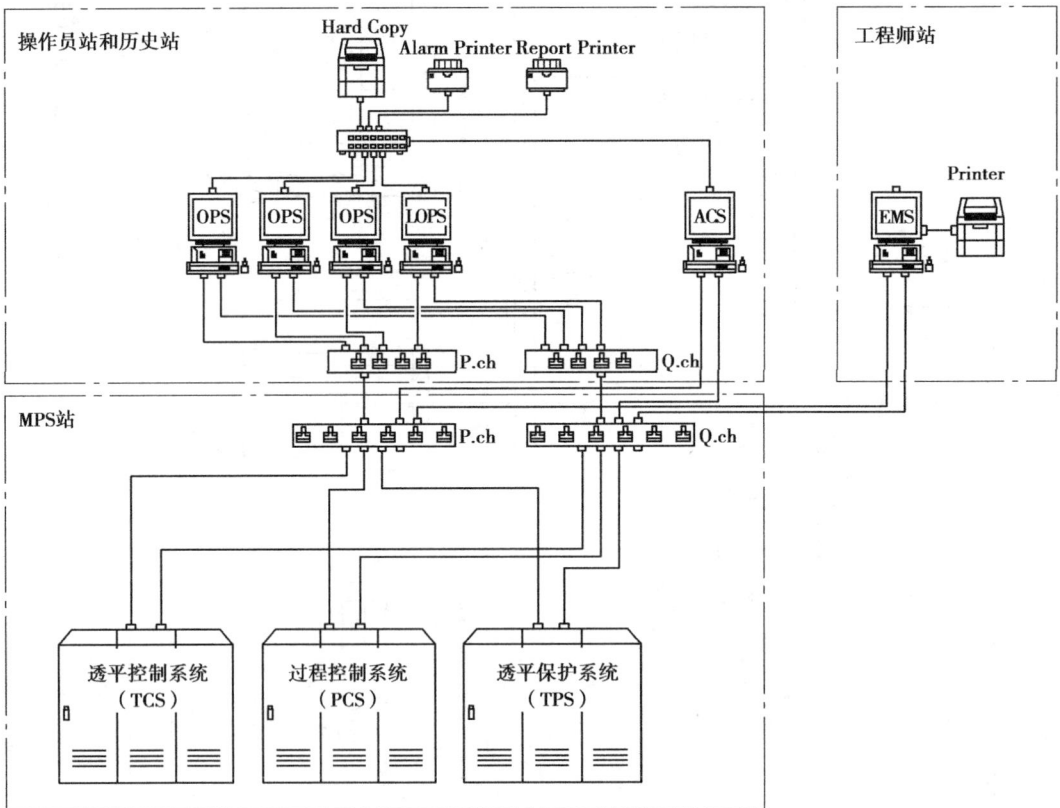

（a)DIASYS控制系统硬件设备组成结构示意图

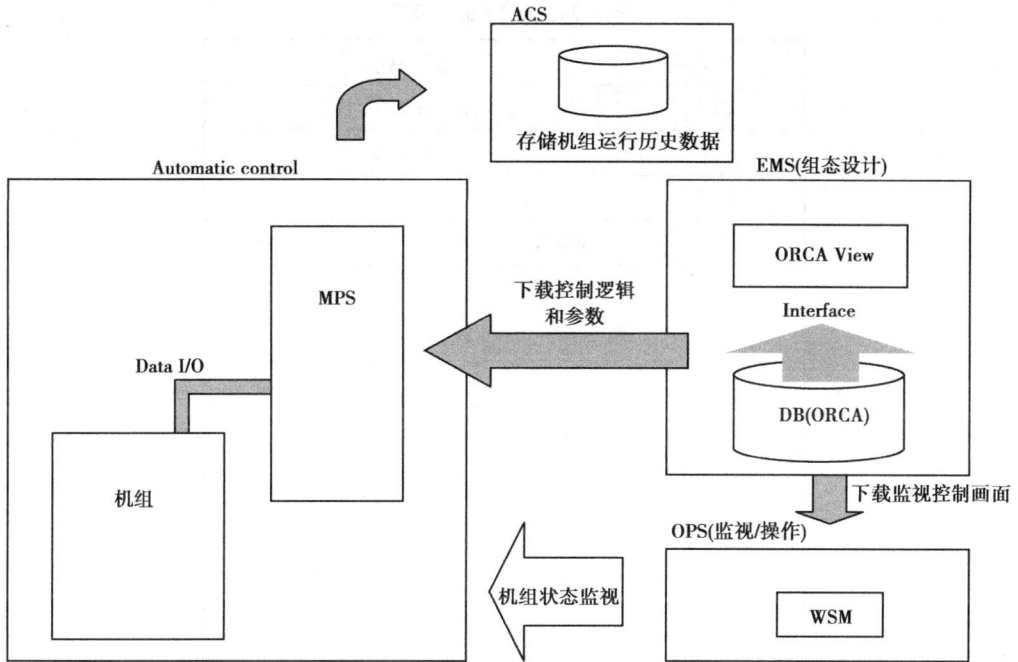

(b)DIASYS控制系统硬件设备关系示意图

图 2.4　DIASYS 控制系统硬件设备

表 2.1a　OPS 硬件配置

硬件名称	配置属性
CPU	Pentium 2.4 GHz
内存	512 MB
硬盘	80 G
操作系统	Windows 2000 Professional(英文版)

表 2.1b　OPS 软件配置

软件名称	生产厂商
Windows 2000 Professional(英文版)	微软
Acrobat Reader	Adobe
Drive Image 2002	POWER QUEST
ILOG Addition License	ASTEC
WorkSpaceManager	三菱

(2)就地操作员站(LOPS)

　　就地操作员站具有操作员站的所有功能,同时它还是 ORCA 客户端,具有控制系统硬件配置组态和逻辑、画面组态以及组态下载功能。LOPS 站的硬件配置见表 2.2a,LOPS 站软件配置见表 2.2b。

表 2.2a　LOPS 硬件配置

硬件名称	配置属性
CPU	Pentium 2.4 GHz
内存	512 MB
硬盘	80 G
操作系统	Windows 2000 Professional(英文版)

表 2.2b　LOPS 软件配置

软件名称	生产厂商
Windows 2000 Professional(英文版)	微软
Office 2000 Premiun	微软
Visio 2000 Standard	微软
Acrobat	Adobe
Drive Image 2002	POWER QUEST
ILOG Addition License	ASTEC
WorkSpaceManager	三菱
ORCA Client	三菱

(3)工程师站(EMS)

工程师站是 ORCA 服务器,存储了所有逻辑和画面组态信息以及控制参数配置信息。它除了具有操作员站的所有功能外,还具有系统硬件配置组态功能、画面、逻辑组态功能以及组态下载功能。工程师站的硬件配置见表 2.3a,工程师站软件配置见表 2.3b。

表 2.3a　工程师站硬件配置

硬件名称	配置属性
CPU	Pentium 2.4 GHz
内存	512 MB
硬盘	80 G
操作系统	Windows 2000 Professional(英文版)

表 2.3b　工程师站软件配置

软件名称	生产厂商
Windows 2000 Professional(英文版)	微软
Office 2000 Premiun	微软
Visio 2000 Standard	微软
Acrobat	Adobe
Drive Image 2002	POWER QUEST

续表

软件名称	生产厂商
ILOG Basic License	ASTEC
Oracle8I 5/10 USER	ORACLE
WorkSpaceManager	三菱
ORCA server	三菱
ORCA Client	三菱

(4)历史站(ACS)

历史站负责收集多功能处理站(MPS)采集的机组运行历史数据。历史站的硬件配置见表 2.4a,历史站软件配置见表 2.4b。

表 2.4a　历史站硬件配置

硬件名称	配置属性
CPU	Pentium 2.4 GHz
内存	512 MB
硬盘	80 G
操作系统	Windows 2000 Professional(英文版)

表 2.4b　历史站软件配置

软件名称	生产厂商
Windows 2000 Professional(英文版)	微软
Office 2000 Premiun	微软
Drive Image 2002	POWER QUEST
Oracle8I 5/10 USER	ORACLE
ACS Standard Service	三菱

(5)MPS 站

MPS(Multiple Process Station)站是多功能处理站,它通过 I/O 模块接收来自现场的状态过程信号,并根据从工程师站下载至 CPU 卡件的控制逻辑进行运算处理,最后再通过 I/O 模块输出对机组设备的控制指令。MPS 站内的硬件设备包括 I/O 模块、I/O 模块适配器、ControlNet网络、ControlNet 卡件、以太网卡件、SystemI/O 卡件、CPU 卡件和供电模块。MPS 站具体内容参见 2.2.2 小节。

2.2.2　MPS 设备和结构介绍

MPS(Multiple Process Station)多过程控制站是三菱 DIASYS 控制系统中的控制单元,它主要作用为执行现场设备与控制设备间的 I/O 通信、自动装置控制和各种逻辑控制运算。

三菱 MPS 站分为 TCS、PCS、TPS、CPFM 4 种子站。其中,TCS 主要用于燃气轮机/汽轮机主要设备控制,其 MPS 站包括一组冗余控制的 CPU、燃气轮机 I/O 模块和机组伺服控制模块;PCS 主要用于燃气轮机/汽轮机主要辅助设备控制,其 MPS 站包括一组冗余控制的 CPU 和汽轮机控制 I/O 模块;TPS 主要用于燃气轮机/汽轮机主要设备跳闸控制,其 MPS 站包括 3 组冗余控制的 CPU 和汽轮机转速模块、跳闸继电器等重要设备;CPFM 主要用于燃气轮机自动燃烧调整,其 MPS 站包括一组荣誉控制的 CPU 和燃气轮机燃烧调整控制模块。

（1）MPS 站结构及设备参数介绍

MPS 站通过 Control-net 网络和 CPCI 总线完成各个设备间的通信连接,示意图如图 2.5 所示。

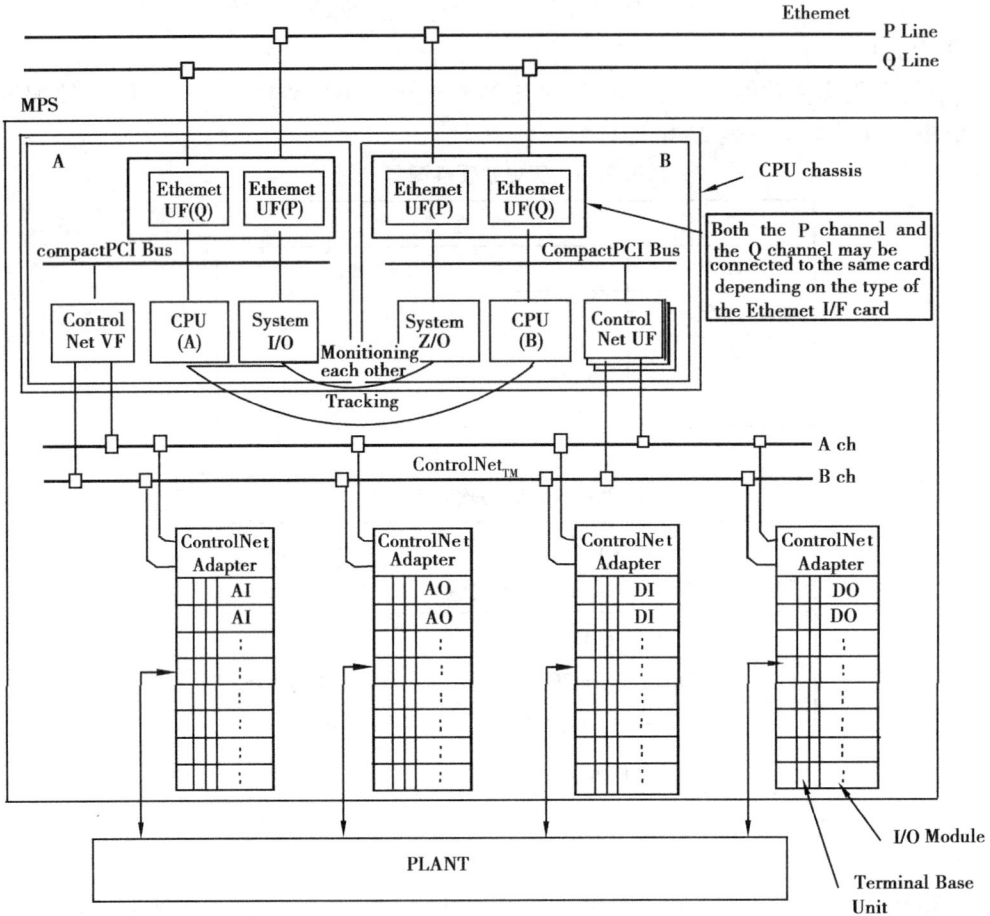

图 2.5　MPS 站系统架构图

MPS 站包括以下设备:

1）系统机柜

它主要用于放置三菱设备硬件。

规格参数:

• 标准 DIASYS-Netmation 机柜。

• 一套双 CPU 母板(仅 CPU 机柜)。

• 柜内供电电源。

- 一套双电源设备,用于给 CPU 供电。
- 机柜规格:800 mm 宽×600 mm 深×2 000 mm 高。
- 每个机柜最多安装 42 个 I/O 模块(6 个节点):

最多 342 个模拟 I/O 点;

最多 672 个数字 I/O 点。

2)CPU 卡(CPCPU01、CPCPU02、CPCPU11)

该卡主要用于机组控制。每个 MPS 站有两块相互冗余的 CPU 卡(A 和 B):一个在主用工作状态,另一个在备用工作状态。当主用 CPU 故障时,系统会自动无扰切换到备用 CPU。

①CPCPU01

规格参数:

- 133 Mbit/s CPCI 总线。
- Intel/Celeron CPU,300 MHz 时钟。
- 32 Kbytes 一级缓存(计算机辅助设计的系统硬件)/128 Kbytes 二级缓存。
- 32~256 Mbytes 同步 DRAM,奇偶性校验。
- 64~192 Mbytes 闪存 ROM 接口。
- 512 Kbytes EPROM/EEPROM。
- 以太网接口 1 通道。
- EIA/RS 232C 接口 1 通道。
- CPU 复位/异常终止 PB 1pc。
- 通用旋转开关 1 通道。

CPCPU01 参数表见表 2.5。CPCPU01 设备方框图如图 2.6 所示。

表 2.5 CPCPU01 参数表

项 目	技术规范
CPU	Intel/Celeron 处理器
CPU 时钟	300 MHz
CPU 外部总线时钟	66 MHz
1RY/2RY 缓存	32 Kbytes/128 Kbytes
芯片组	Intel 82443BX(北桥芯片) Intel 82371BX(南桥芯片)
ROM	512 Kbytes,32 针 PLCC 封装
闪存	64~192 Mbytes(IDE 总线) 64 Mbytes,标准
主存储器	128 Mbytes(带奇偶校验功能)
数据保护	奇偶校验
以太网接口	1 通道 * 10BASE-T(RJ45 接口) 控制器:DP 83905AVQB
串行接口	1 通道 * EIA-232E(9 针 D-sub 接口) 控制器:PC 16550DV

续表

项　目	技术规范
实时时钟	时钟+242 字节 NVRAM
用户接口	复位开关(CPU 复位) 异常终止开关(NMI) 通用旋转开关(用户可编程)
采用的代码	PCI Local Bus Spec. Rev. 2.1 PICMG2.0 R2.1

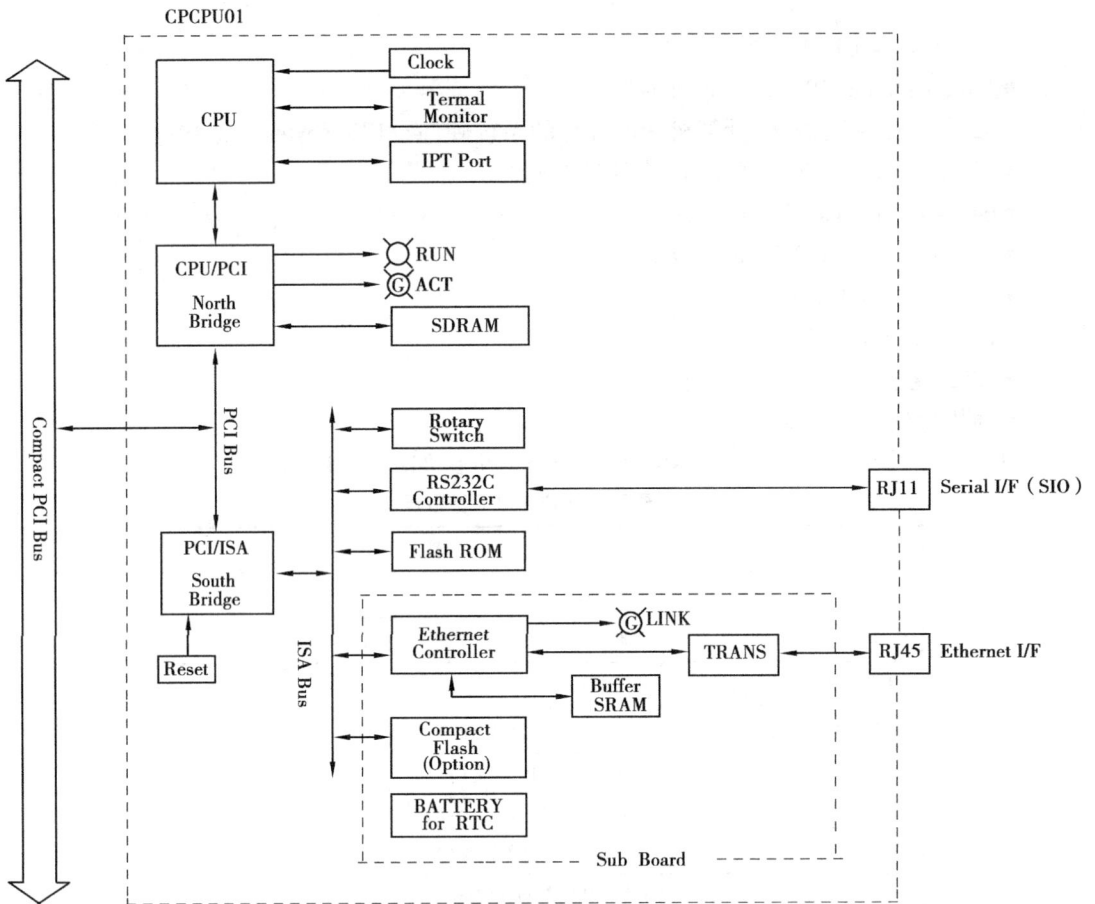

图 2.6　CPCPU01 设备方框图

②CPCPU02

规格参数:

· 133 Mbit/s CPCI 总线。

· Intel/ Pentium Ⅲ 处理器(700 MHz)。

· 32 Kbytes 一级缓存(计算机辅助设计的系统硬件)/256 Kbytes 二级缓存。

· 32~256 Mbytes 同步 DRAM,奇偶性校验。

- 64~192 Mbytes 闪存 ROM 接口。
- 512 Kbytes EPROM/EEPROM。
- 以太网接口 1 通道。
- EIA/RS 232C 接口 1 通道。
- CPU 复位/异常终止 PB 1pc。
- 通道旋转开关 1 通道。

CPCPU02 参数表见表 2.6。CPCPU02 设备方框图如图 2.7 所示。

表 2.6　CPCPU02 参数表

项　　目	技术规范
CPU	Intel/Pentium 处理器
CPU 时钟	700 MHz
CPU 外部总线时钟	100 MHz
1RY/2RY 缓存	32 Kbytes/256 Kbytes
芯片组	Intel 82443BX(北桥芯片) Intel 82371BX(南桥芯片)
ROM	512 Kbytes(32 针 PLCC 封装)
闪存	64~192 Mbytes(IDE 总线) 128 Mbytes,标准
主存储器	32~128 Mbytes(带奇偶性校验)
数据保护	奇偶校验
以太网接口	1 通道 * 10BASE-T(RJ45 接口) 控制器:DP 83905AVQB
串行接口	1 通道 * EIA-232E(9 针 D-sub 接口) 控制器:PC 16550DV
实时时钟	时钟+242 字节 NVRAM
用户接口	复位开关(CPU 复位) 异常终止开关(NMI) 通用旋转开关(用户可编程)
总线标准	PCI Local Bus Spec. Rev. 2.1 PICMG2.0 R2.1

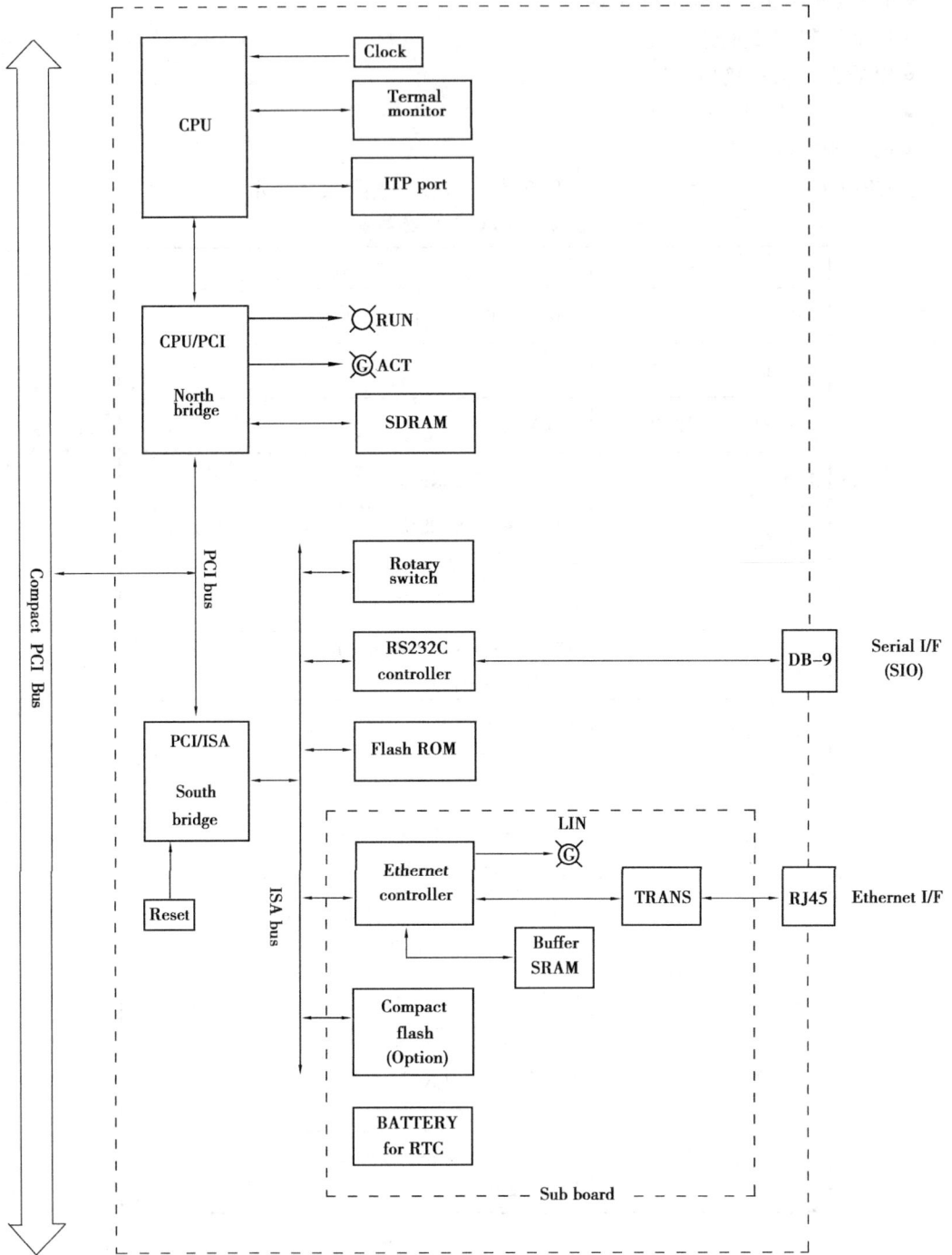

图 2.7 CPCPU02 设备方框图

③CPCPU11

规格参数：

- 133 Mbit/s CPCI 总线。
- Intel/ Pentium Ⅳ-M 处理器(2.2 GHz)。
- 24 Kbytes 一级缓存(计算机辅助设计的系统硬件)/512 Kbytes 二级缓存。
- 256 Mbytes-2 G DDR SDRAM,带奇偶校验。
- 512 Kbytes EPROM/EEPROM。
- 以太网接口 2 通道。
- EIA/RS 232C 接口 2 通道。
- CPU 复位 1pc。

CPCPU11 参数表见表 2.7。CPCPU11 设备方框图如图 2.8 所示。

表 2.7　CPCPU11 参数表

项　目	技术规范
CPU	Intel/ Pentium Ⅳ-M 处理器
CPU 时钟	2.2 GHz
CPU 外部总线时钟	400 MHz
芯片组	Intel 82845 B(北桥芯片) Intel 82801 BA(南桥芯片)
ROM	512 Kbytes(32 针 PLCC 封装)
闪存	128 Mbytes,标准
主存储器	256~2 000 Mbytes (带奇偶校验)
数据保护	奇偶校验
以太网接口	2 通道 * 10BASE-T 接口/100BASE-TX 接口
串行接口	2 通道 * EIA-232E 接口(9 针 D-sub 接口)
用户接口	CPU 复位开关(CPU 复位)PB
总线标准	PCI Local Bus Spec. Rev.2.2 PICMG 2.0 R3.0

3)以太网卡(CPEHT01/CPEHT02)

以太网卡为 MPS 之间以及 MPS 与上位机之间的数据交换提供接口。现场配备两块互为冗余的以太网卡,分别连接至 P 网段和 Q 网段。

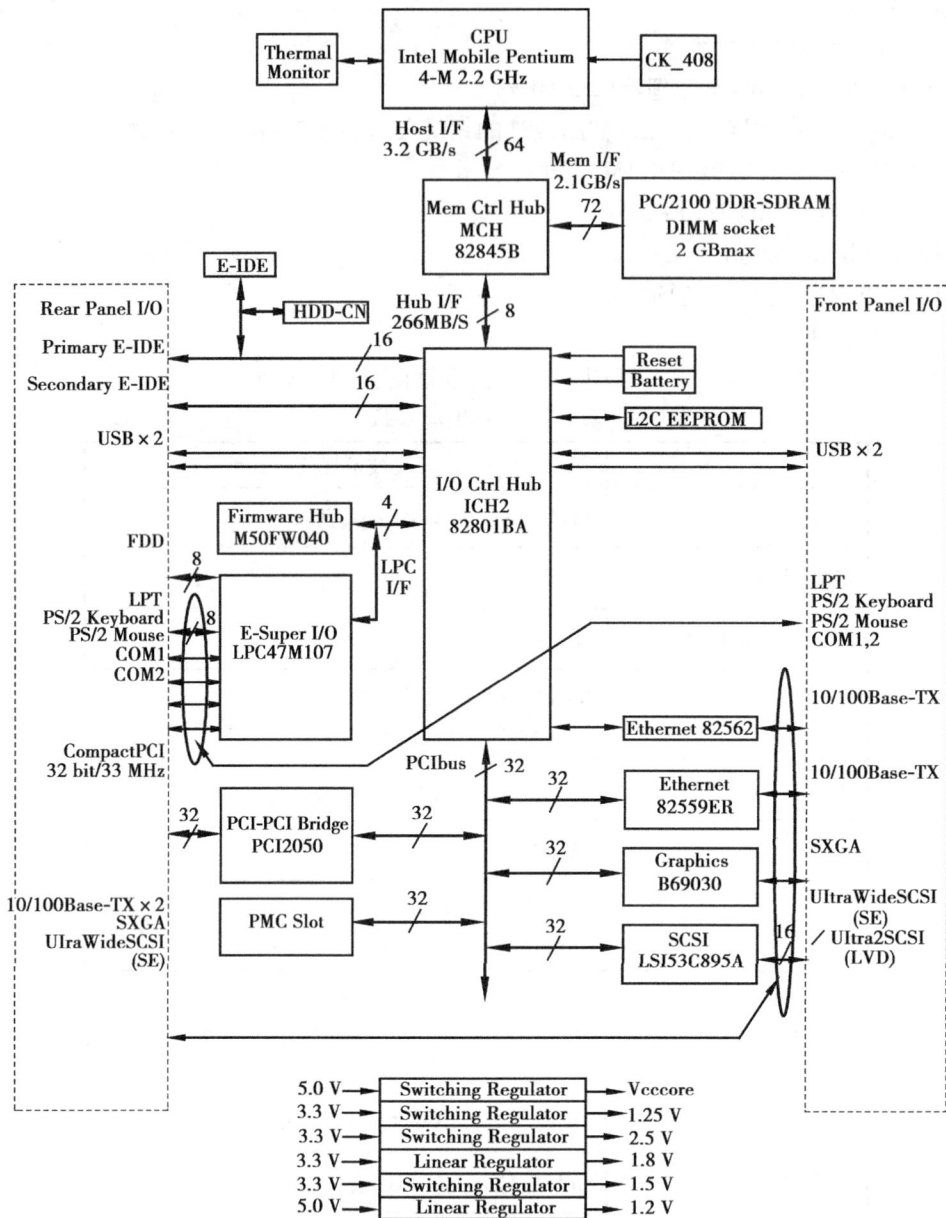

图 2.8　CPCPU11 设备方框图

①CPETH01（10 M/100 M 以太网卡）

规格参数：

● 133 Mbit/s CPCI 总线。

● 10 Mbytes/100 Mbytes 以太网接口。

● IEEE802.3 10BASE-T/100BASE-TX 兼容。

● Intel 82559 控制器：

3 Kbytes 数据传输 FIFO 存储器；

3 Kbytes 数据接收 FIFO;

1 Kbits(64×16)串行 EEPROM。

用于 MAC 编址和初始代码设置。

CPETH01 参数表见表 2.8。CPETH01 设备方框图如图 2.9 所示。

表 2.8 CPETH01 参数表

项 目	技术规范
控制器	Intel82559/25 MHz
速率	10 Mbit/s/10 BASE-T 100 Mbit/s/100 BASE-TX
内部数据缓冲器	3 Kbytes/传输数据 3 Kbytes/接收数据
串行 EEPROM	1 Kbit/s(64×16),用于 MAC 编址和初始代码设置
外部接口	RJ45
PCI 中断	1 条中断通道
用户接口	3 个通信信息 LED 指示灯 连接状态指示 工作状态指示 通信速率选择
总线标准	PCI Local Bus Spec. Rev.2.1 PICMG2.0 R2.1 IEEE802.3

②CPETH02(10 M/100 M 以太网卡(两个端口))

规格参数:

• 133 Mbit/s CPCI 总线。

• 10 Mbytes/100 Mbytes 以太网接口。

• IEEE 802.3 10BASE-T/100BASE-TX 兼容。

• Intel 82559 控制器:

3 Kbytes 数据传输 FIFO 存储器;

3 Kbytes 数据传输 FIFO 存储器;

1 千位(64×16)串行 EEPROM。

用于 MAC 编址和初始化代码设置。

CPETH02 参数表见表 2.9。CPETH02 设备方框图如图 2.10 所示。

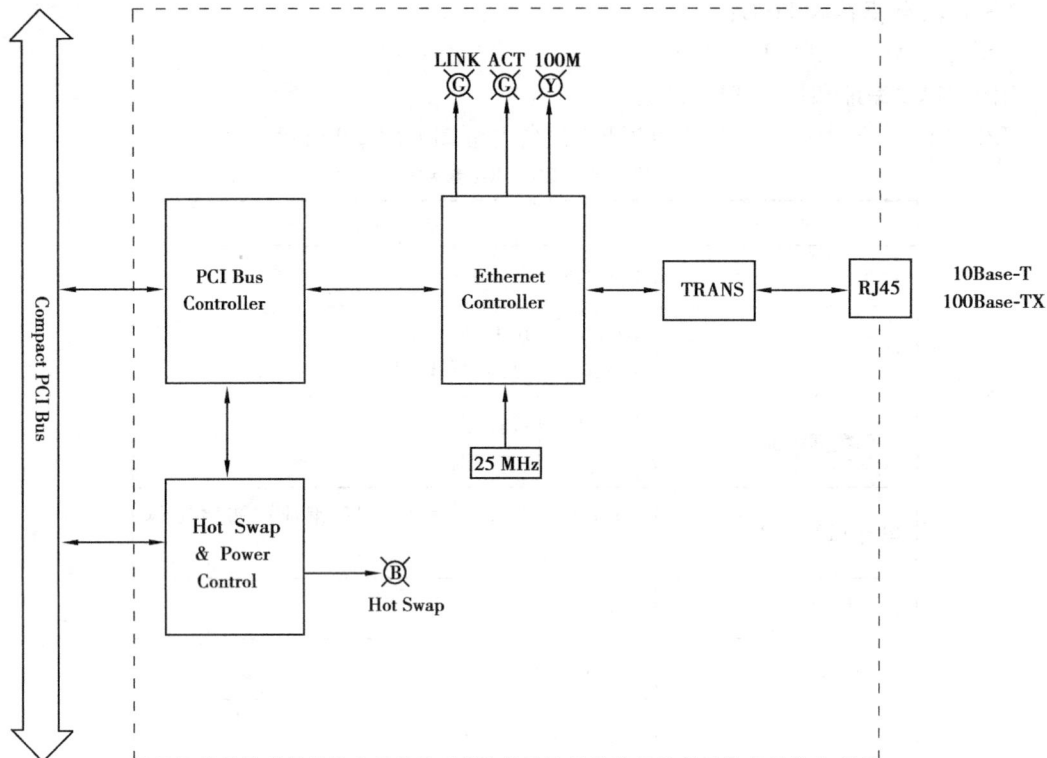

图 2.9　CPETH01 设备方框图

表 2.9　CPETH02 参数表

项　目	技术规范
控制器	Intel 82559/25 MHz
适用的速率/代码	10 Mbit/s/10 BASE-T 100 Mbit/s/100BASE-TX
串行 EEPROM	3 Kbytes/传输数据 3 Kbytes/接收数据
外部接口	RJ 45 接口 * 2
PCI 中断	一条中断通道
用户接口	两个通信信息 LED 指示灯 连接状态指示 工作状态指示
总线标准	PCI Local Bus Spec. Rev.2.1 PICMG2.0 R2.1 IEEE 802.3

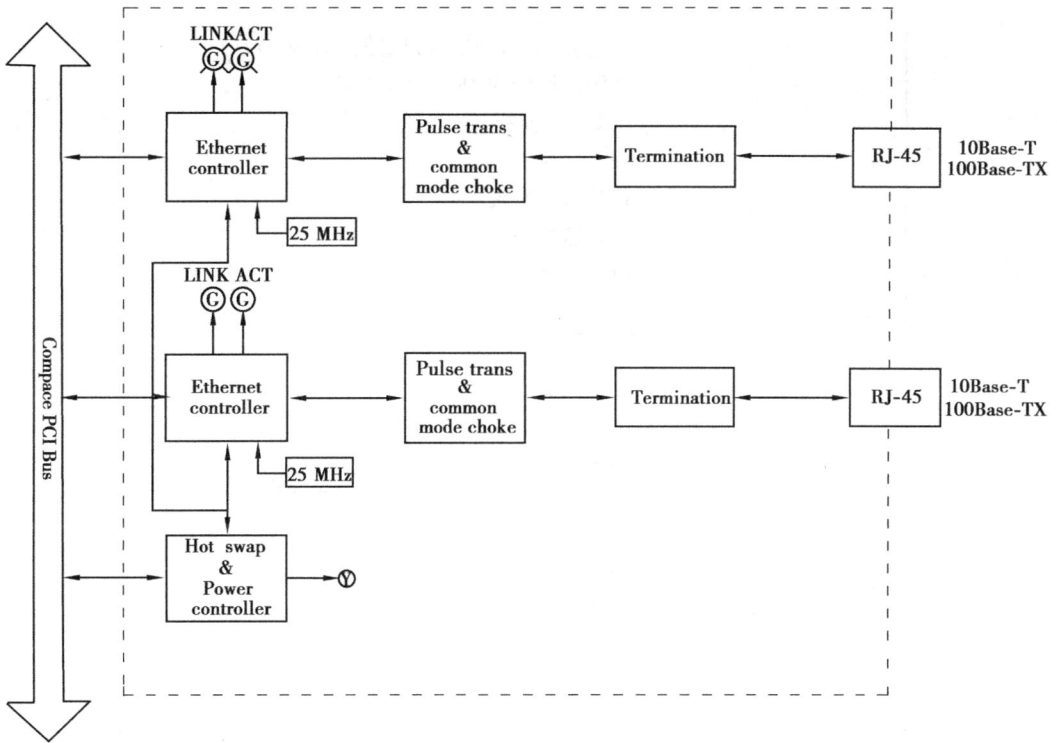

图 2.10　CPETH02 设备方框图

4）系统 I/O 卡（CPDIO01/CPDIO02/CPDIO03）

两块冗余的 CPU 卡通过系统 I/O 卡进行相互监视，若主用 CPU 出现故障，自动无扰会切换到备用 CPU。

①CPDIO01/CPDIO02

规格参数：

- 133 Mbit/s CPCI 总线。
- CPU 诊断功能。
- 双 CPU 系统监视和控制。
- CPU 状态指示。
- 辅助 DI/O：

数字输入 4 通道；

数字输出 2 通道；

CPU 继电器输出 1 通道。

CPDIO01/CPDIO02 参数表见表 2.10。CPDIO01/CPDIO02 设备方框图如图 2.11 所示。

表 2.10　CPDIO01/CPDIO02 参数表

项　目	技术规范
CPU 诊断	CPU 看门狗计时器(设定值:0.1/0.25 s) 电源监视(5 V DC,3.3 V DC) PCI 总线监视 CPU 故障 传输故障监视 接口监视 时钟监视
CPU 运行方式指示	LED 指示有以下 4 种方式: 控制 待机 初始化 脱机
CPU 状态指示	LED 指示有以下 3 种方式: 正常 异常 故障
CPU 监视功能	输入/输出监视信号 CPU 正常 控制方式 CPU 控制 CPU 待机 CPU 初始化 异常级 1 异常级 2
辅助 DI/O	数字输入 4 通道 数字输出 2 通道 CPU 继电器输出 1 通道
运行开关	On line/Shut down 选择开关
方式转换开关	控制方式选择按钮
系统条件设置	启动优先顺序控制开关 CPU 节点号设置开关 单/双选择开关 PRST#激活开关
总线标准	PCI Local Bus Spec. Rev.2.1 PICMG2.0 R2.1

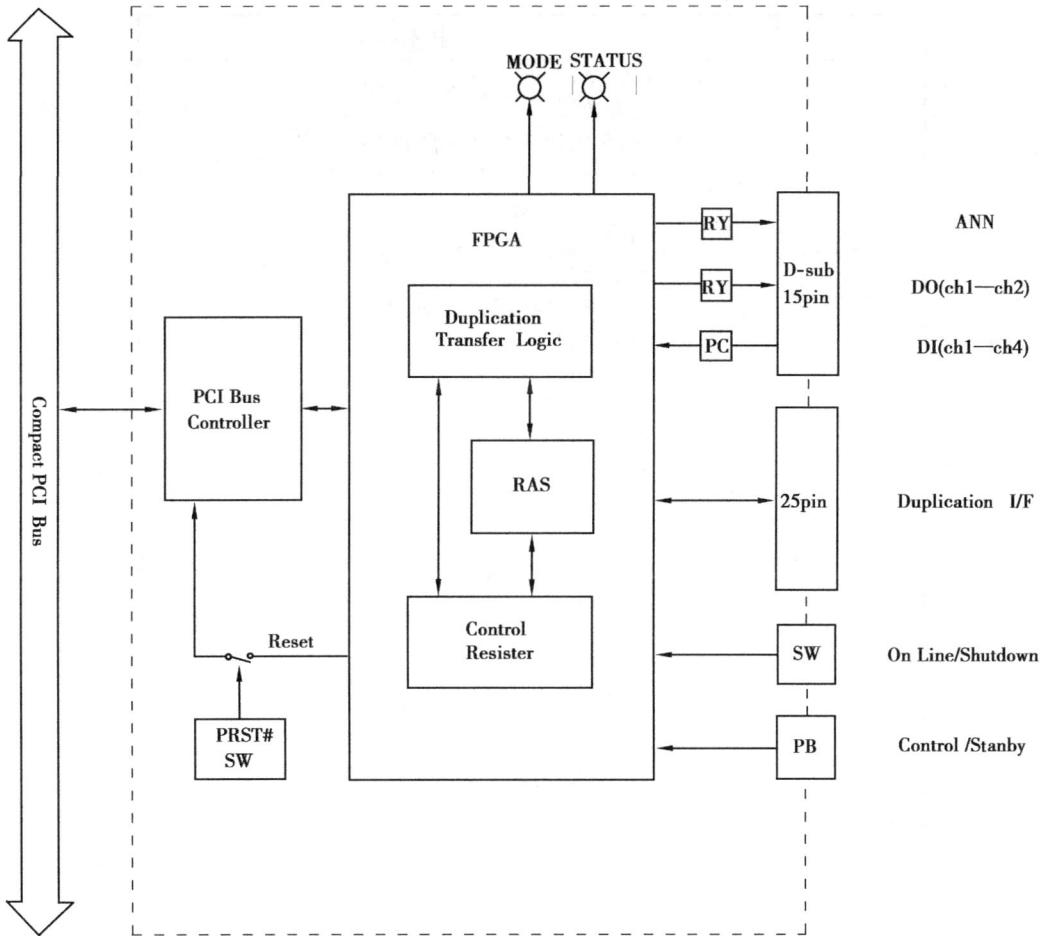

图 2.11　CPDIO01/CPDIO02 设备方框图

②CPDIO03

规格参数：

• 133 Mbit/s CPCI 总线。

• CPU 诊断功能。

• 双 CPU 系统监视和控制。

• CPU 状态指示。

• 外部 DI/O：

数字输入 2 通道；

数字输出 2 通道；

CPU 继电器输出 1 通道。

• 监视信号 1pps 输入 2 通道。

• 监视信号输出 1 通道。

CPDIO03 参数表见表 2.11。CPDIO03 设备方框图如图 2.12 所示。

表 2.11　CPDIO03 **参数表**

项　目	技术规范
CPU 诊断	CPU 看门狗计时器(设定值,0.1/0.25 s) 电源监视 DC 5 V,DC3.3 V(来自 PCI 总线) DC 3.3 V,DC 2.5 V(板载 DC/DC) PCI 总线监视 CPU 故障 传输故障监视 连接器监视(双扩展 DI/O) 时钟监视 其他 PCI 装置故障 监视信号故障
CPU 运行方式指示	LED 指示有以下 3 种方式: 控制/待机 初始化 脱机
双 CPU 控制方式指示	LED 指示有以下 3 种方式: 正常 异常 故障
CPU 监视功能	输入/输出监视信号 CPU 正常 CPU 控制方式 CPU 待机 CPU 故障状态 CPU 初始化 异常 1 异常 2
监视信号	1pps 输入 2 通道 监视信号输出 1 通道
扩展 DI/O	数字输入 2 通道(与 1pps 输入通道共享) 数字输出 2 通道 CPU 继电器输出 1 通道
运行开关	On line/Shut down 选择开关
方式转换开关	控制方式选择按钮
系统条件设置	启动优先顺序控制开关 CPU 节点号设置开关 单/双选择开关 DI 中断使能开关 PRST#激活开关
总线标准	PCI Local Bus R2.1 PICMG 2.0 R2.1

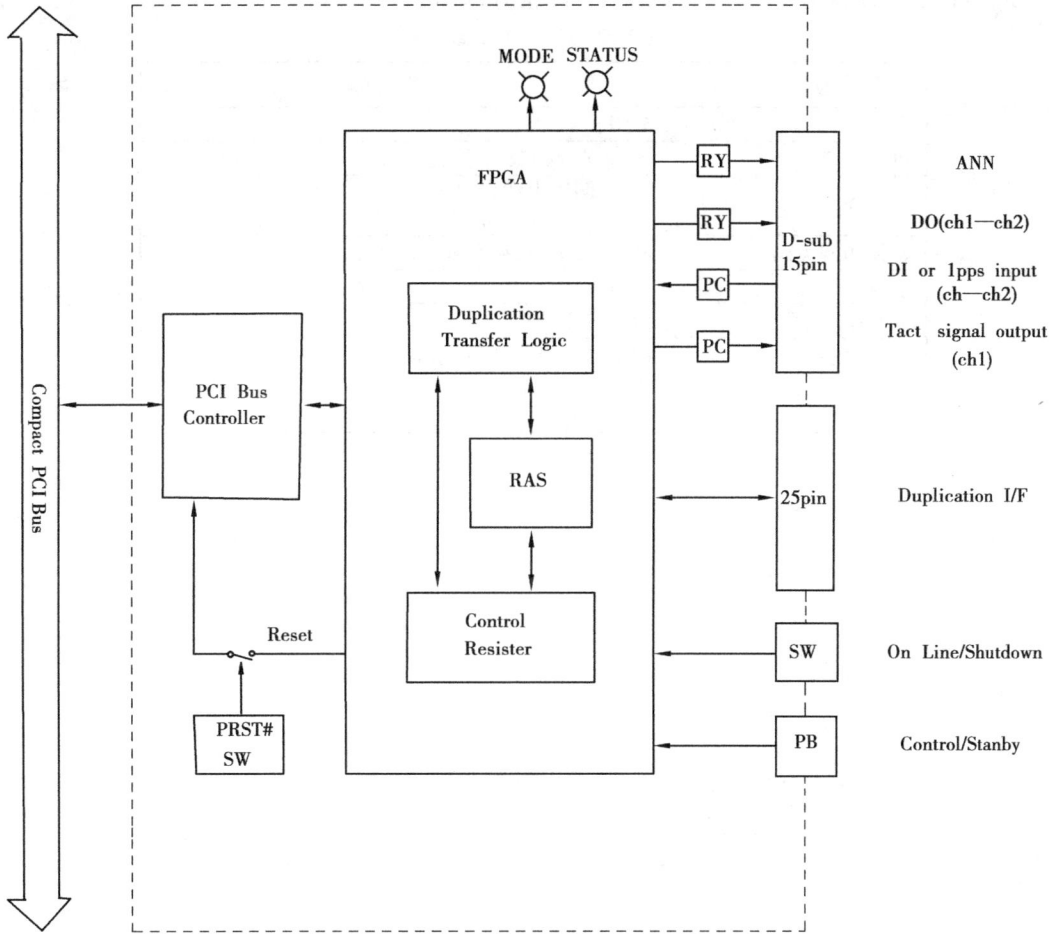

图 2.12　CPDIO03 设备方框图

5) Control-Net 卡件

提供了 CPU 卡与 Control-Net 网络之间的连接接口。

①CPCNT01

规格参数:

- 133 Mbit/s CPCI 总线。

- 5 Mbit/s 冗余通信接口。

- 75 Ω 同轴线缆或光缆连接。

- 64~192 Mbytes ROM 接口。

- 最多 99 个节点寻址。

- CTDMA 协议。

- NS 486/25 MHz 控制器。

- 256 Kbytes ROM 和 2 Mbytes DRAM。

- 16 Kbytes DPRAM,用于 PCI 总线接口。

- SMAC 控制器,用于控制网接口。

CPCNT01 参数表见表 2.12。CPCNT01 设备方框图如图 2.13 所示。

表 2.12　CPCNT01 参数表

项　目	技术规范
通信速率	5 Mbit/s
可寻址节点	99 个节点/128 个链接
通信介质	75 Ω 同轴电缆(8.2 VP-P) 石英光纤(650 nm SI)
媒体访问编码	Manchester 双相数据编码
协议	CTDMA
帧数据长度	510 字节/帧
数据校验	CRC($X^{16}+X^{12}+X^5+1$)/8 加权平均
采用的代码	PCI Local Bus Spec. Rev.2.1 PICMG2.0 R2.1

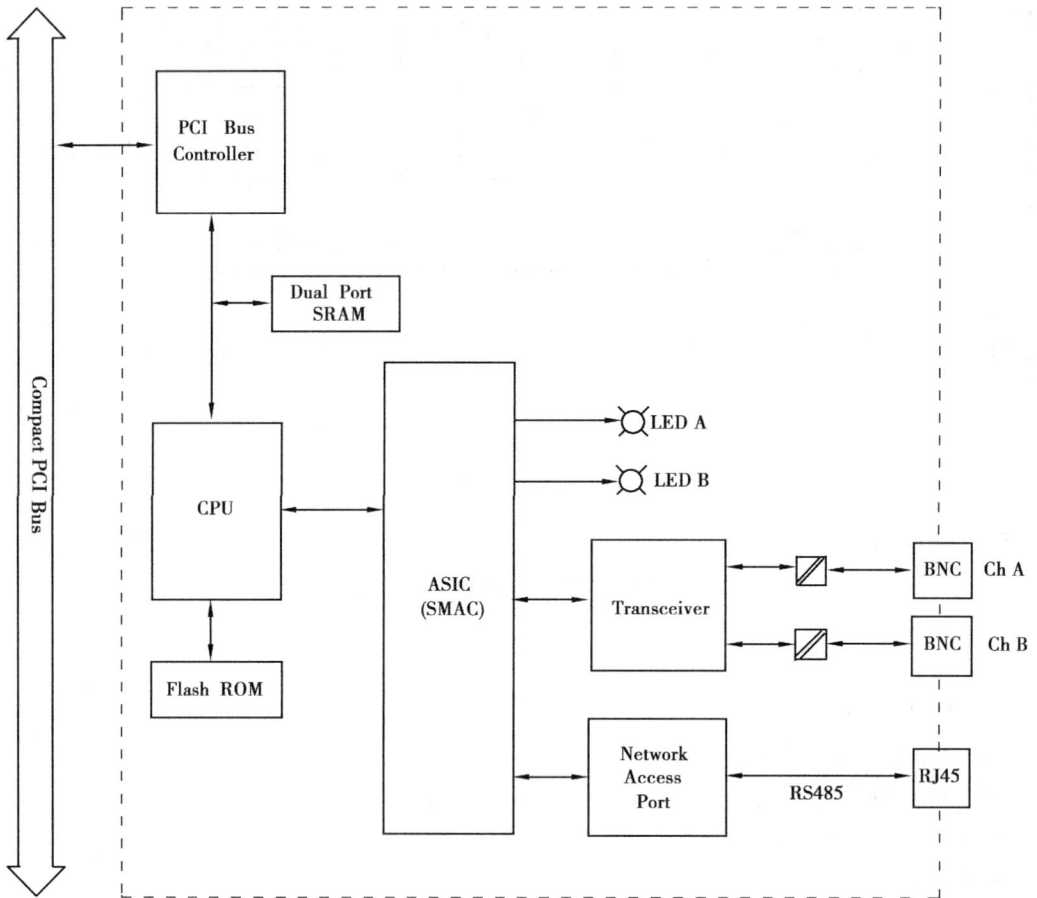

图 2.13　CPCNT01 设备方框图

②CPCNT11

规格参数：

● 133 Mbit/s CPCI 总线。

- 5 Mbit/s 冗余通信接口。
- 75 Ω 同轴线缆或光缆连接。
- 最多 99 个节点寻址。
- CTDMA 协议。
- NS 486/25 MHz 控制器。
- 256 Kbytes ROM 和 2 Mbytes DRAM。
- 64 Kbytes DPRAM,用于 PCI 总线接口。
- SMACTM 控制器,用于控制网接口。

CPCNT11 参数表见表 2.13。CPCNT11 设备方框图如图 2.14 所示。

表 2.13　CPCNT11 参数表

项　目	技术规范
通信速率	5 Mbit/s
可寻址节点	99 个节点/128 个链接
通信介质	75 Ω 同轴电缆(8.2 Vp-p) 石英光纤(650 nms1)
媒体访问编码	Manchester 双相数据编码
协议	CTDMA
帧数据长度	510 个字节/帧
数据检查方法	CRC($X^{16}+X^{12}+X^5+1$)/8 加权平均
总线标准	PCI Local Bus R2.1 PICMG 2.0 R2.1

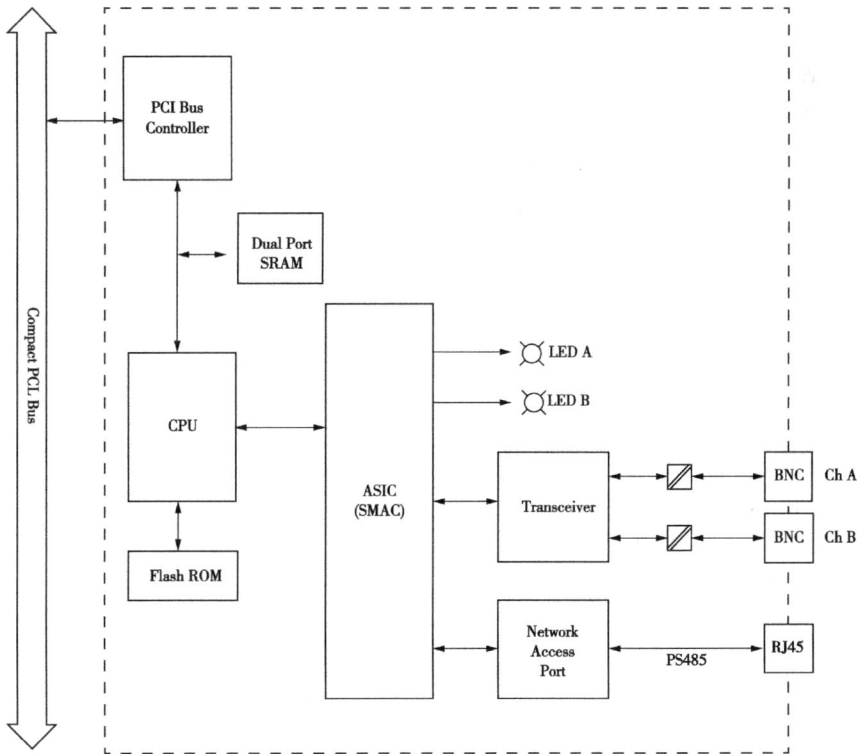

图 2.14　CPCNT11 设备方框图

6）Control-Net 网络

Control-Net 网络用于连接 Control-Net 适配器和 Control-Net 卡件,完成二者之间的数据通信。

7）Control-Net 适配器

该适配器用于 I/O 模块和 Control-Net 网之间的连接。

Control-Net 适配器与 I/O 模块间通过 Flex bus 总线连接。

M701F 型机组配备的 Control-Net 适配器型号是 1794-ACNR15。

设备主要参数见表 2.14。

表 2.14 Control-Net 适配器参数表

项 目	技术规范
I/O 容量	8 模块
额定输入电压	24 V DC 标准 19.2~31.2 V(包括 5%电压波动)
工作电流	450 mA 最大;330 mA@ 24 V DC
冲击电流	2 ms 内 23 A
通信速率	5 Mbit/s
指示	I/O 状态——红色/绿色 正常 A 指示——红色/绿色 正常 B 指示——红色/绿色

8）基座

I/O 模块安装基座。

9）I/O 模块

现场设备间进行输入/输出联系和控制。

I/O 卡件提供了现场设备和控制网络连接的接口。

现场配备了各种 AI/AO/DI/DO 以及各种伺服控制模块,对机组的设备通信和控制起着重要的作用。

现对各个模块设备参数介绍如下:

①AI 模块

A.FXCPU01

规格参数:

• 超级 H RISC 微处理器。

• 64~128 MbytesSDRAM。

• 闪存接口 *1。

• Flex I/O 总线接口 *2。

• 以太网接口 *3。

• Device Net 接口 *2。

• EIA/RS-232C 接口 *1。

• CPU 诊断功能。

• CPU 状态指示。

- 双 CPU 系统转换监视和控制。

FXCPU01 参数表见表 2.15。FXCPU01 设备方框图如图 2.15 所示。

表 2.15　FXCPU01 参数表

项　目	技术规范
CPU	Hitachi 超级 H RISC 微处理器 SH-4(SH7551R)
CPU 时钟	240 MHz
CPU 外部总线时钟	33 MHz
缓存	8 Kbytes(指令)/32 Kbytes(数据)
ROM	512 Kbytes
闪存	64~256 Mbytes(IDE 数据方式)
主存储器	64~128 Mbytes(SDRAM) 带奇偶性校验
数据保护	ECC(1 位错误自动改正) 方式标准
接口	Flex I/O 总线接口 * 2 以太网接口(10/100BASE-TX)接口 * 3 Device Net 接口 * 2 串行 EIA/RS-232C 接口 * 1 辅助数字输入 * 1(PC 隔离) 辅助数字输出 * 3(PC 隔离)
用户接口	CPU 复位开关(CPU 复位)P CPU 异常终止开关 CPU 暂停开关 控制方式选择
外围总线(内部)	与 PCI 总线兼容
CPU 诊断功能	看门狗计时器 电源监视器 接口监视器 时钟监视器
CPU 状态指示	CPU 控制方式 CPU 待机方式 CPU 正常

B.FXADP01

规格参数：

- Flex I/O 总线冗余适配器接口。
- 双 CPU 冗余系统,有 FXCPU01D。
- 最多 8 个 Flex I/O 模块。
- Flex I/O 总线接口 * 1。
- EIA/RS-232C 接口 * 1。
- LED 状态指示。
- RAS 数字 I/O。

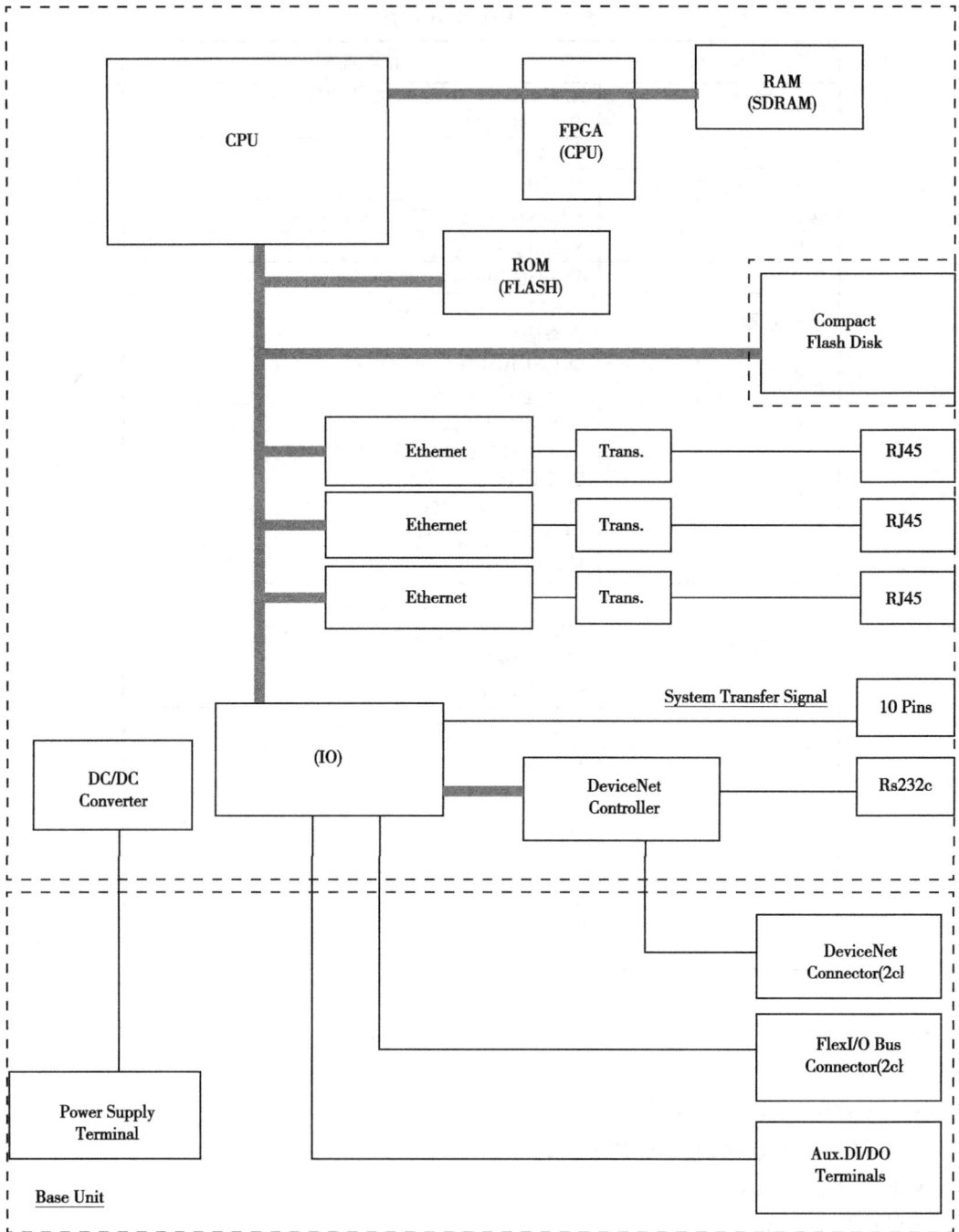

图 2.15　FXCPU01 设备方框图

　　FXADP01 参数表见表 2.16。FXADP01 设备方框图如图 2.16 所示。FXADP01 外部连接图如图 2.17 所示。FXADP01 设备端子接线图如图 2.18 所示。

表 2.16　FXADP01 参数表

项　　目	技术规范
I/O 模块	最多 8 个模块
功能	Flex I/O 输入和输出 双 CPU 冗余系统 （控制和待机方式输入,控制方式输出）
接口	Flex I/O 总线接口 * 1 FXCPU 接口 串行 EIA/RS-232C 接口 * 1 RAS 数字输入 * 1 （光学隔离,最大 48 V DC,50 mA） RAS 数字输出 * 1（常开） RAS 数字输入 * 1（常闭） （光学 MOS 隔离,最大 48 V AC/DC,120 mA）
诊断功能	适配器电缆监视
LED 状态指示	控制方式,待机方式,异常方式 I/O 模块正常运行 24 V DC 5 V DC（适配器）,5V DC（FXCPU01D）
Flex I/O 电源	5 V DC,640 mA （适配器电源提供给 Flex I/O）

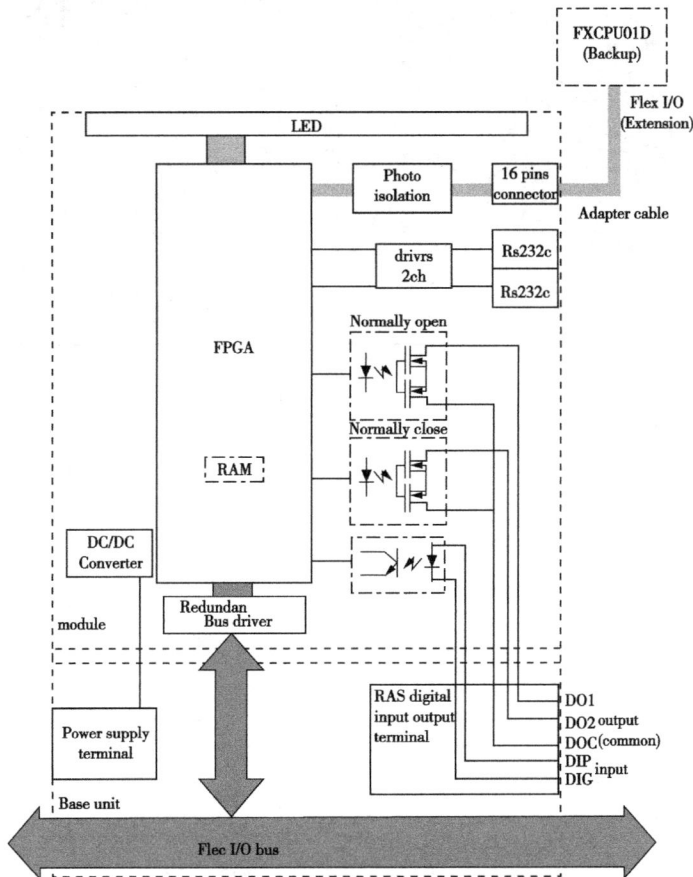

图 2.16　FXADP01 设备方框图

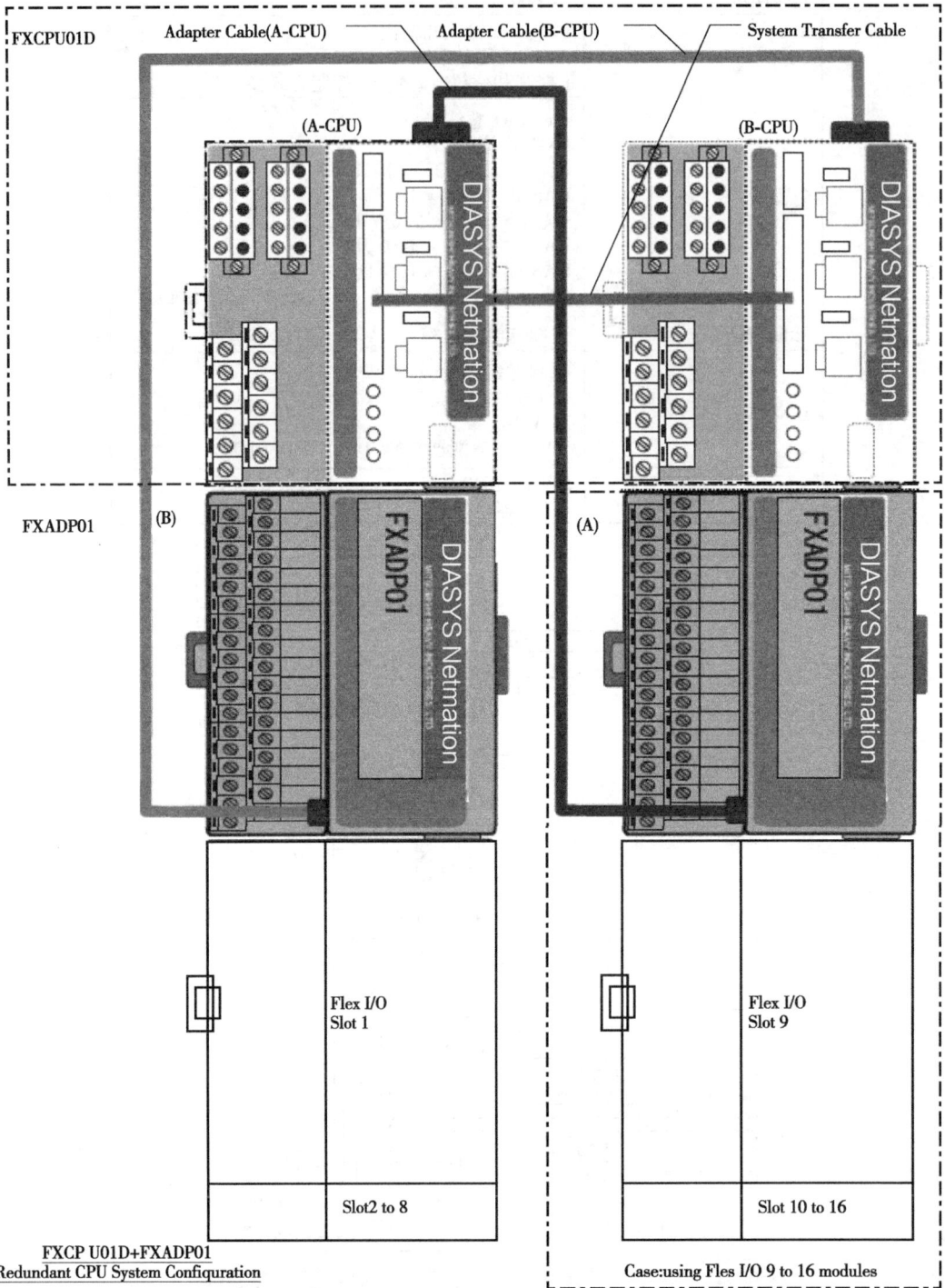

FXCPU01D

Adapter Cable(A-CPU) Adapter Cable(B-CPU) System Transfer Cable

(A-CPU) (B-CPU)

DIASYS Netmation DIASYS Netmation

FXADP01 (B) (A)

FXADP01 FXADP01

DIASYS Netmation DIASYS Netmation

Flex I/O Slot 1 Flex I/O Slot 9

Slot2 to 8 Slot 10 to 16

FXCP U01D+FXADP01
Redundant CPU System Configuration

Case:using Fles I/O 9 to 16 modules

图 2.17　FXADP01 外部连接图

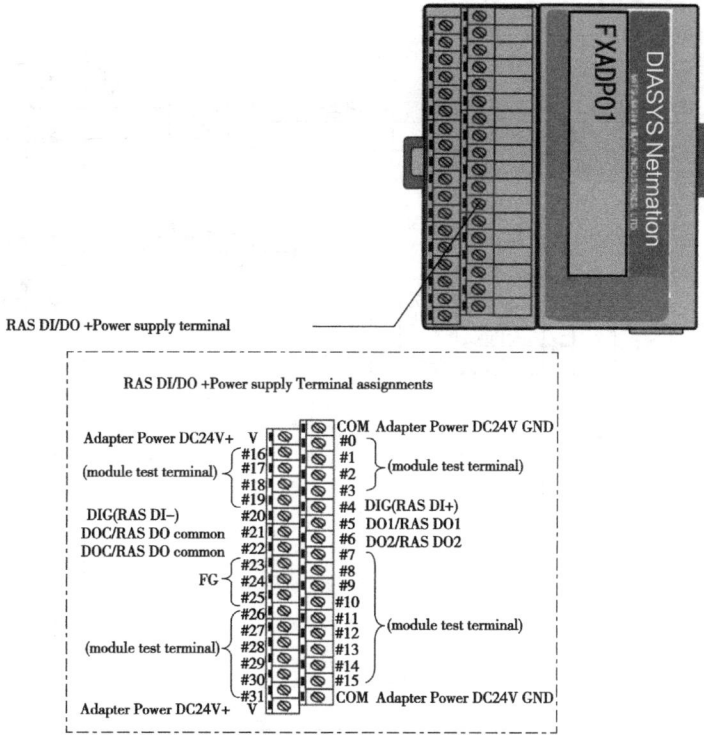

图 2.18　FXADP01 设备端子接线图

C.FXAIM01

规格参数：

- 相互隔离的 8 通道 0~20 mA/4~20 mA 输入模块。
- 模块外供电方式。
- 与 Flex-I/O 和 Control-Net 网络兼容。

FXAIM01 参数表见表 2.17。FXAIM01 设备方框图如图 2.19 所示。

表 2.17　FXAIM01 参数表

项　目	技术规范
输入通道数量	8
隔离	通道间隔离
输入信号范围	0~20 mA 4~20 mA
输入分辨率	16 位
输入阻抗	250 Ω
精度	±0.1%满量程
温度漂移	小于$\pm100\times10^{-6}$ ℃
最大过载	持续 30 mA
输入滤波速率	0,50,100,500 ms(可通过编程选择)
状态指示	一个绿灯/红色模块状态 LED 指示灯
基座型号	1794-TB3/TB3S 1794-TBN/TBNF

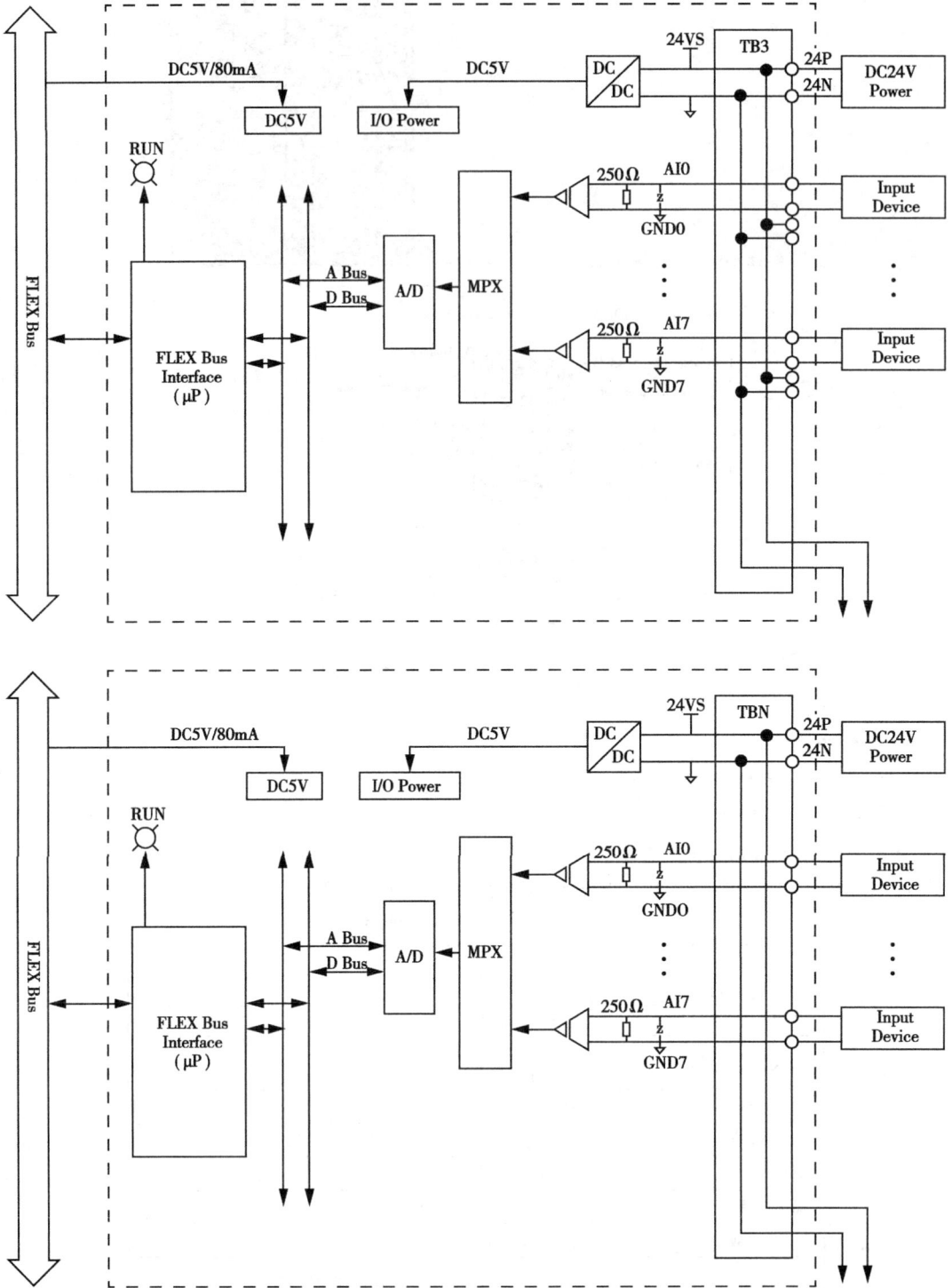

图 2.19 FXAIM01 设备方框图

D.FXAIM02

规格参数：

- 相互隔离的 8 通道 0~20 mA/4~20 mA 输入模块。
- 24 V DC 模块供电方式。
- 与 Flex-I/O ControlNet LAN 兼容。

FXAIM02 参数表见表 2.18。FXAIM02 设备方框图如图 2.20 所示。

表 2.18　FXAIM02 参数表

项　目	技术规范
输入通道数量	8
隔离	8 个通道共地
输入信号范围	0~20 mA 4~20 mA
输入分辨率	16 位
输入阻抗	250 Ω
通信类型	逐次逼近
转换速率	5 μm/ 通道
数据刷新速率	9.5 ms
精度	±0.1%满量程
温度漂移	小于±100×10^{-6} ℃
最大过载	持续 30 mA
输入滤波速率	0,50,100,500 ms （可通过编程选择）
状态指示	一个绿灯/红色模块状态 LED 指示灯
基座型号	1794-TB3/TB3S 1794-TBN/TBNF

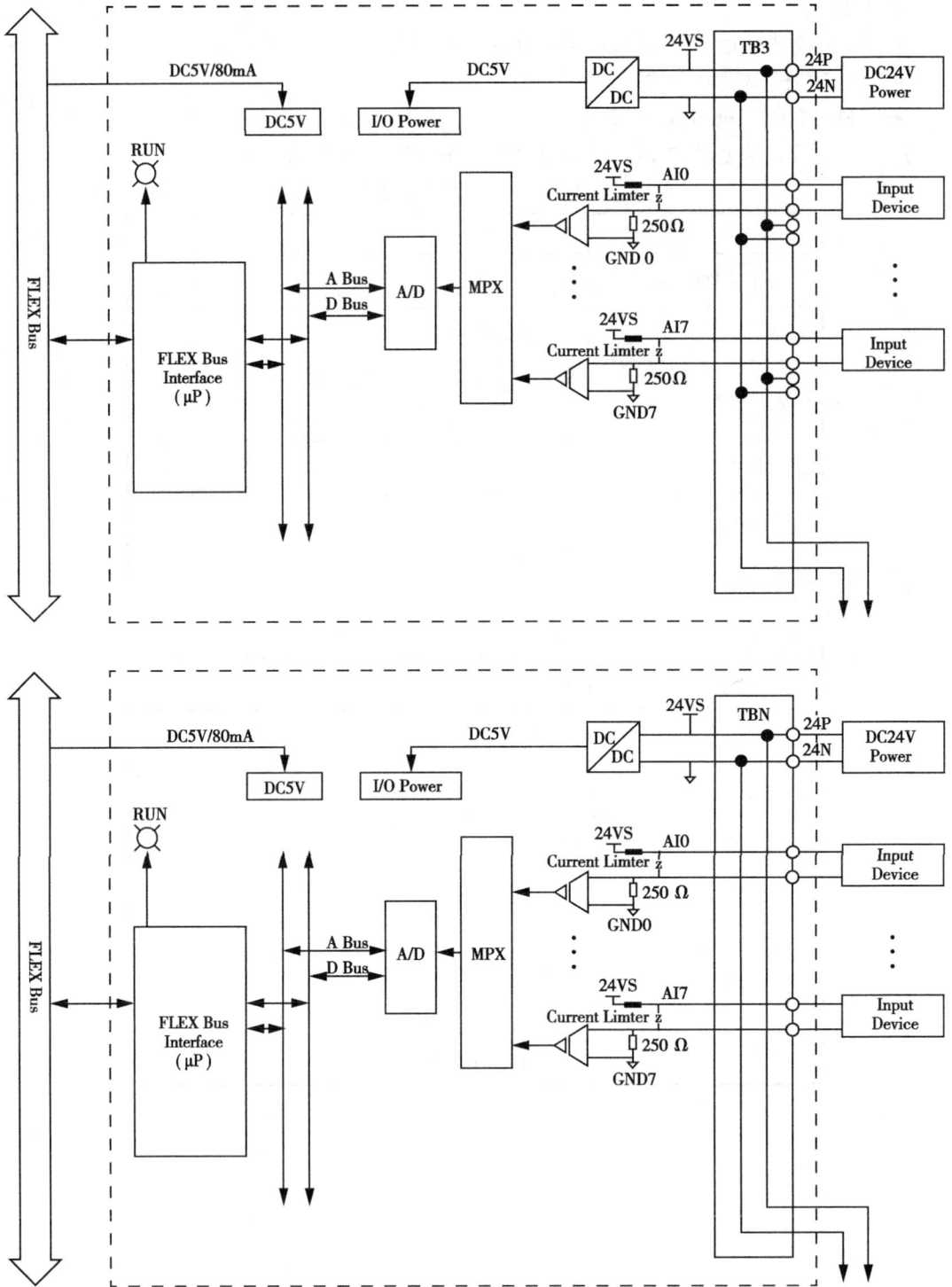

图 2.20　FXAIM02 设备方框图

E.FXAIM03

规格参数:

- 互相隔离的 8 通道 0~5 V DC/1~5 V DC 信号输入模块。
- 模块外供电方式(1~5 V)。
- 与 Flex-I/O ControlNet LAN 兼容。

FXAIM03 参数表见表 2.19。FXAIM03 设备方框图如图 2.21 所示。

表 2.19 FXAIM03 参数表

项　目	技术规范
输入通道数量	8 通道
隔离	通道间隔离
输入信号范围	0~5 V DC 1~5 V DC
输入分辨率	16 位
输入阻抗	5 MΩ 以上
通信类型	逐次逼近
转换速率	5 μs/ 通道
数据刷新速率	9.5 ms
精度	±0.1%满量程
温度漂移	小于±100×10⁻⁶ ℃
最大过载	持续 30 V
输入滤波速率	0,50 ,100,500 ms (可通过编程选择)
状态指示	一个绿灯/红色 LED 状态指示等
基座类型	1794-TB3/TB3S 1794-TBN/TBNF

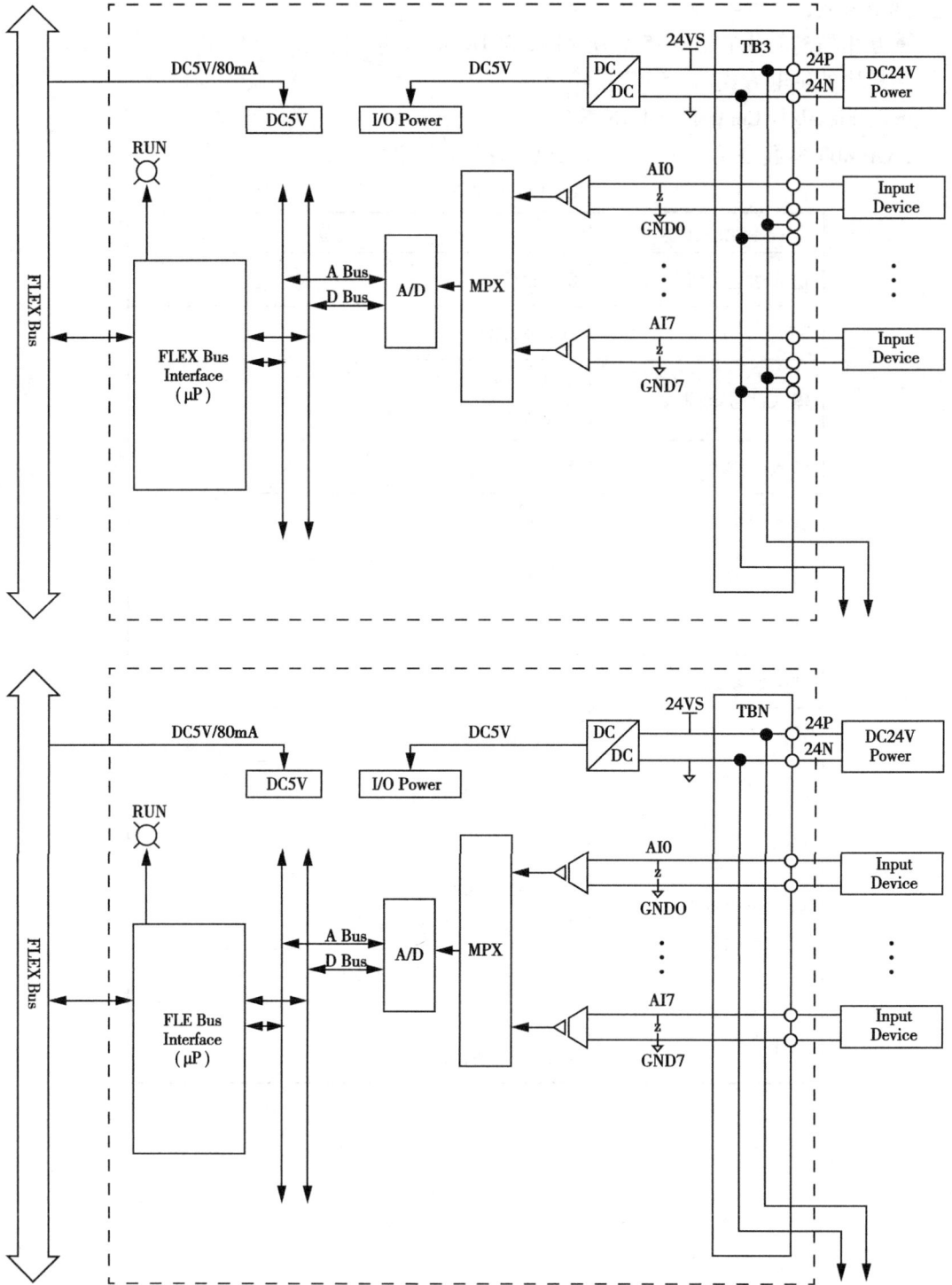

图 2.21 FXAIM03 设备方框图

F.FXAIM04A/B

规格参数：

- 隔离的 7 通道热电偶输入模块。
- 适合 T、R、J、K、E 型。
- 与 Flex-I/O ControlNet LAN 兼容。

FXAIM04A/B 参数表见表 2.20，FXAIM04A/B 设备方框图如图 2.22 所示。

表 2.20　FXAIM04A/B 参数表

项　目	技术规范
输入通道数量	7 通道/一个通道用于补偿 RTD 输入
隔离	通道间隔离
输入信号范围	FXAIMO04A 上/下限 T：-270~400 ℃　　　　R：-50~1 768 ℃ J：-210~1 200 ℃　　　K：-270~1 372 ℃ E：-270~1 000 ℃ FXAIMO04B 上/下限 T：-270~400 ℃　　　　R：-50~1 768 ℃ J：-114~677 ℃　　　　K：-163~909 ℃ E：-99~508 ℃
输入分辨率	16 位
输入阻抗	5 MΩ 以上
通信类型	逐次逼近
转换速率	5 μs/通道
数据刷新速率	大约 50 ms
精度	±0.1%满量程
温度漂移	小于±100×10^{-6} ℃
最大过载	持续 30 V
输入滤波速率	0,50,100,500 ms (可通过编程选择)
状态指示	一个绿灯/红色模块状态 LED 指示灯
基座类型	1794-TB3/TB3S 1794-TBN/TBNF

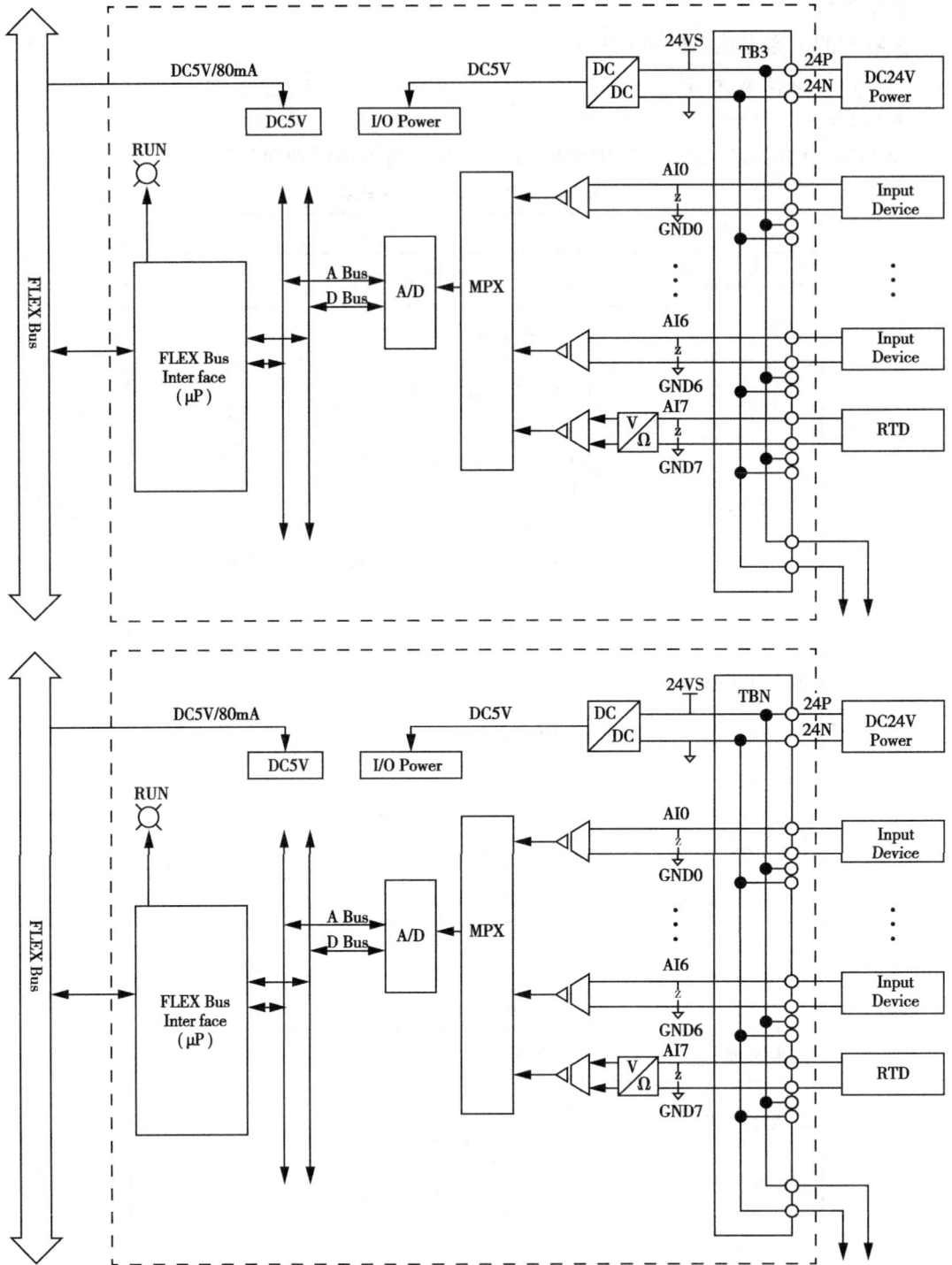

图 2.22　FXAIM04A/B 设备方框图

G.FXAIM05A/B

规格参数：

- 相互隔离的 5 通道热电阻输入模块。
- 适合 Pt100。
- 与 Flex-I/O ControlNet LAN 兼容。

FXAIM05A/B 参数表见表 2.21。FXAIM05A/B 设备方框图如图 2.23 所示。

表 2.21　FXAIM05A/B 参数表

项　目	技术规范
输入通道数量	5 通道
隔离	通道间隔离
输入信号范围	FXAIMO5A Pt100：−100~650 ℃ FXAIMO5B Pt100：−40~60 ℃
输入分辨率	16 位
输入阻抗	5 MΩ 以上
通信类型	逐次逼近
转换速率	5 μs/ 通道
精度	±0.1% 满量程
温度漂移	小于 $\pm 100 \times 10^{-6}$ ℃
最大过载	持续 30 V
输入滤波速率	0,50,100,500 ms （可通过编程选择）
状态指示	一个绿灯/红色模块状态 LED 指示灯
基座类型	1794-TB3/TB3S 1794-TBN/TBNF

H.FXAIM06A

规格参数：

- 相互隔离的 5 通道热电阻输入模块。
- 适合于 Cu100(25 ℃)。
- 与 Flex-I/O ControlNet LAN 兼容。

FXAIM06A 参数表见表 2.22。FXAIM06A 设备方框图如图 2.24 所示。

表 2.22　FXAIM06A 参数表

项　目	技术规范
输入通道数量	5 通道
隔离	通道间隔离
输入信号范围	Cu100：0~130 ℃
输入分辨率	16 位
输入阻抗	5 MΩ 以上
通信类型	逐次逼近
转换速率	5 μs/通道
精度	±0.3% 满量程
温度漂移	小于 $\pm 400 \times 10^{-6}$ ℃
最大过载	持续 30 V
输入滤波速率	0,50,100,500 ms （可通过编程选择）
状态指示	一个绿灯/红色模块状态 LED 指示灯
基座类型	1794-TB3 1794-TBN

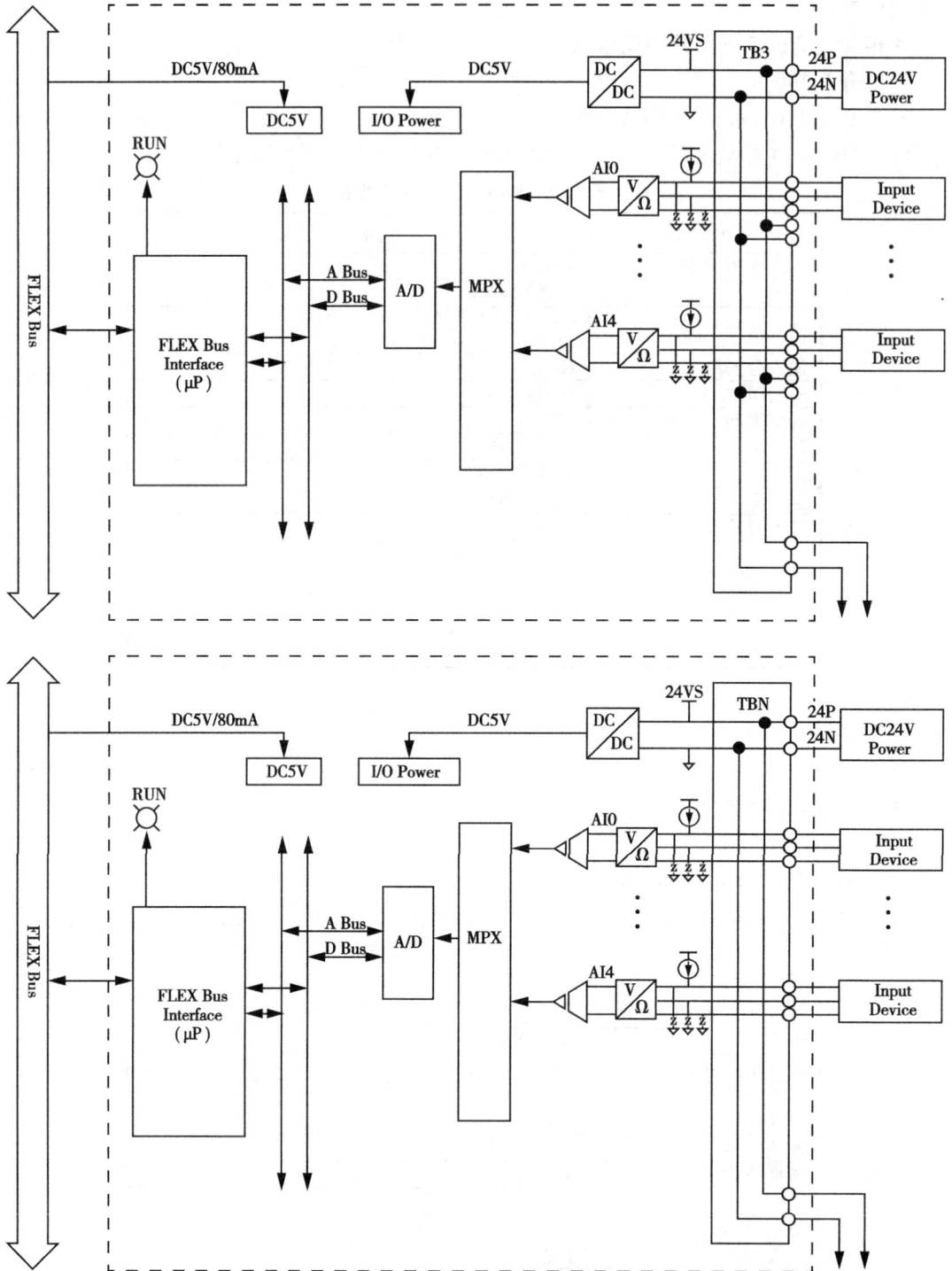

图 2.23　FXAIM05A/B 设备方框图

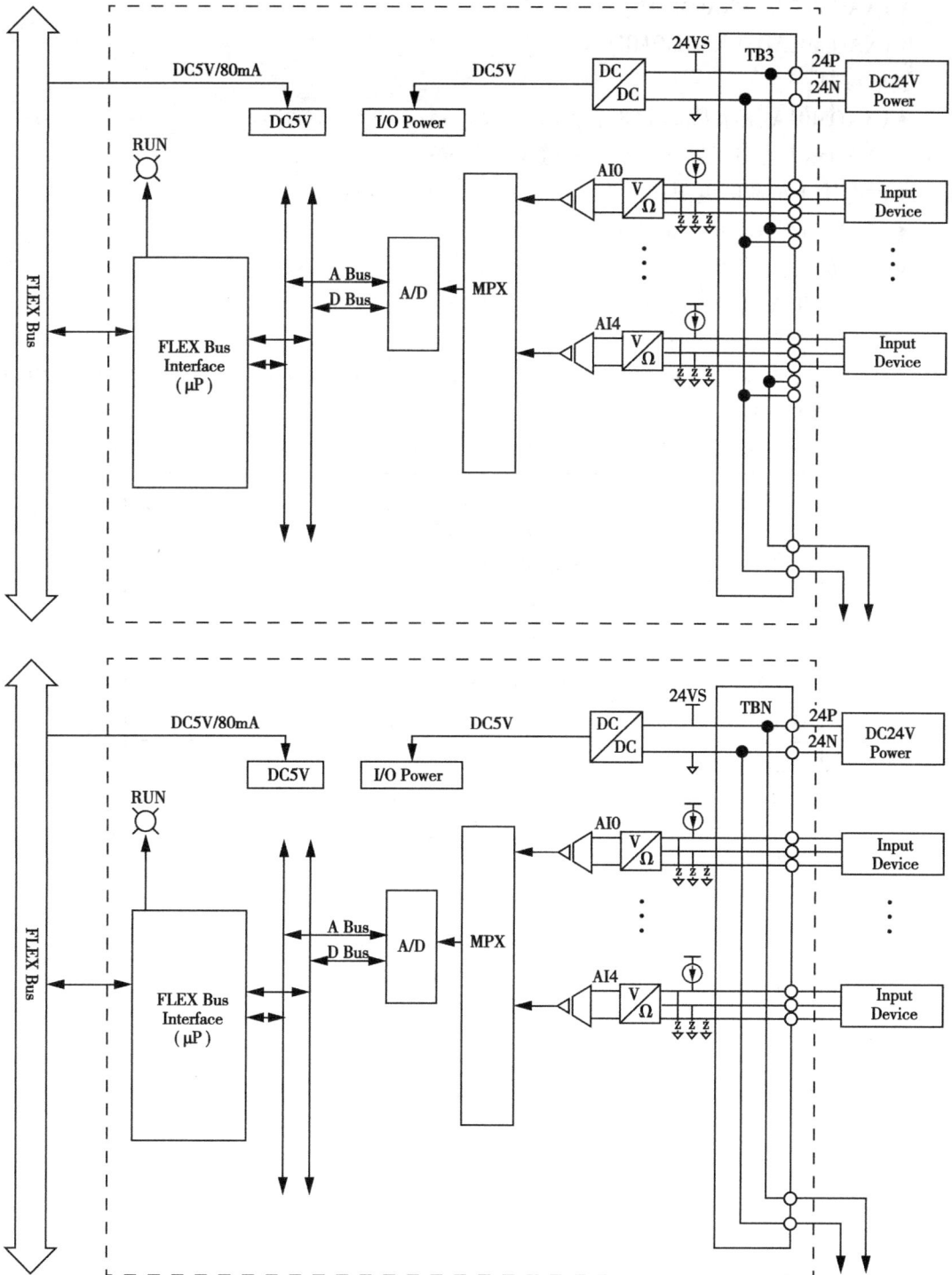

图 2.24 FXAIM06A 设备方框图

②AO 模块

A.FXAOM01A/ FXAOM01B

B.FXAOM01AD/FXAOM01BD

规格参数：

- FXAOM01A：相互隔离的 8 个通道，0~20 mA/4~20 mA 输出。

  FXAOM01B：相互隔离的 4 个通道，0~20 mA/4~20 mA 输出。

- 没有用于负荷的电源。

- 与 Flex-I/O Control-Net LAN 兼容。

- 输出负载：

  FXAOM01A：0~550 Ω；

  FXAOM01B：0~750 Ω。

FXAOM01A/B，FXAOM01AD/BD 参数表见表 2.23。FXAOM01A/B，FXAOM01AD/BD 设备方框图如图 2.25 所示。

表 2.23　FXAOM01A/B/FXAOM01AD/BD 参数表

项　目	技术规范
输出通道数量	FXAOM01A：8 通道 FXAOM01B：4 通道
隔离	通道间隔离
输出信号范围	0~20 mA/4~20 mA
输出分辨率	12 位 DAC/0~20 mA
输入阻抗	100 Ω
数据刷新速率	12 ms
状态指示	一个绿灯/红色模块状态 LED 指示灯
输出负荷	FXAOM01A：0~550 Ω FXAOM01B：0~750 Ω
基座类型	1794-TB3/ TB3S 1794-TBN/ TBNF
输入滤波速率	0,50,100,500 ms （可通过编程选择）
冗余性	单配置：FXAOM01A/B 冗余配置：FXAOM01AD/BD

③DI 模块

A.FXDIM01

规格参数：

- 16 通道数字输入模块。

- 24 V DC 供电。

- 与 Flex-I/O ControlNet LAN 兼容。

FXDIM01 参数表见表 2.24。FXDIM01 设备方框图如图 2.26 所示。

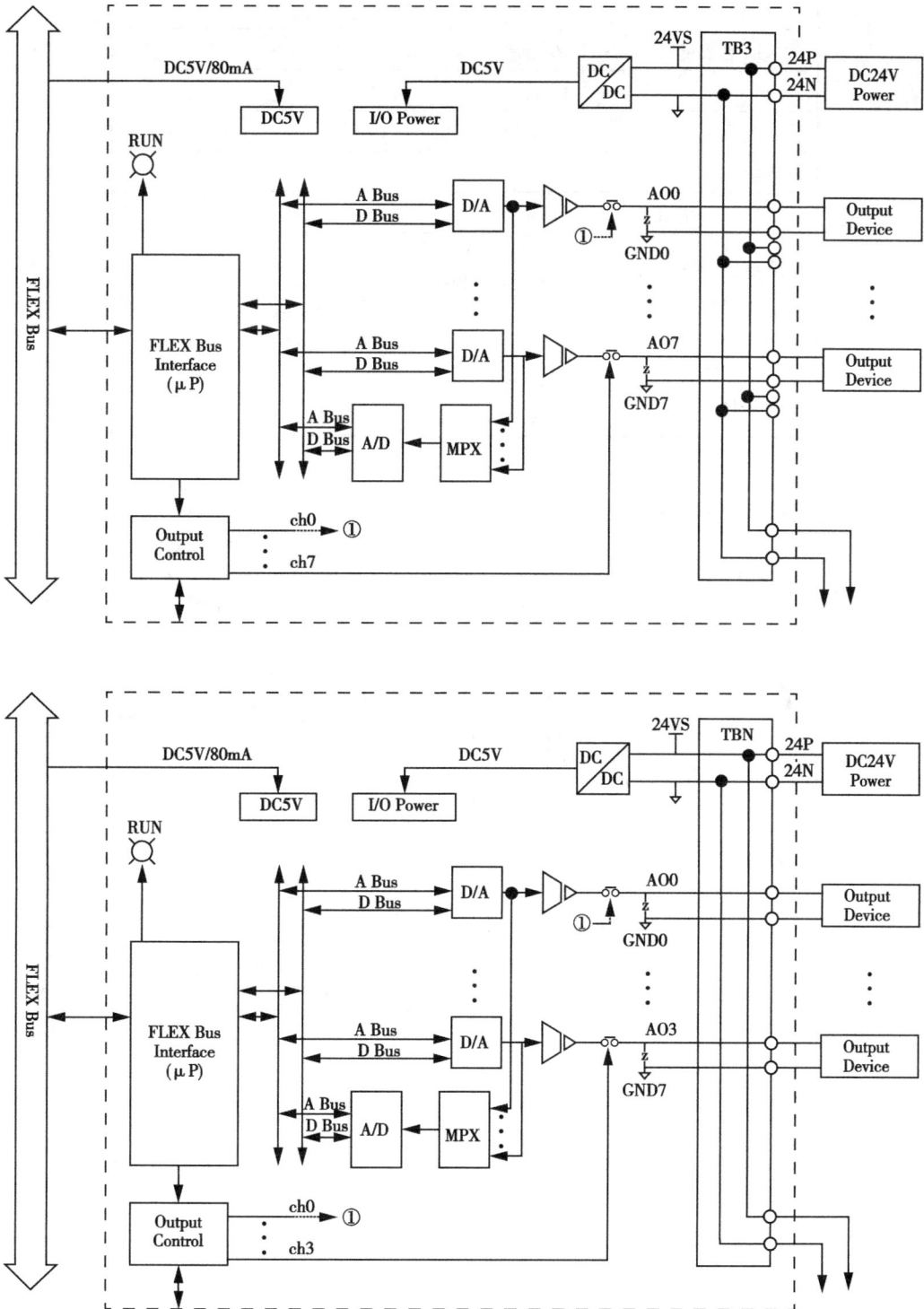

图 2.25　FXAOM01A/B/FXAOM01AD/BD 设备方框图

表 2.24　FXDIM01 **参数表**

项　目	技术规范
输入通道数量	16 通道
隔离	16 通道共地
输入电压	24 V DC（−20%~+10%）
输入电流	5 mA
输入电流最小值	1.5 mA
输入滤波速率	0,50,100,500 ms（可通过编程选择）
状态指示	一个绿灯/红色模块状态 LED 指示灯 16 个通道状态 LED 指示灯
基座类型	1794-TB3 1794-TBN

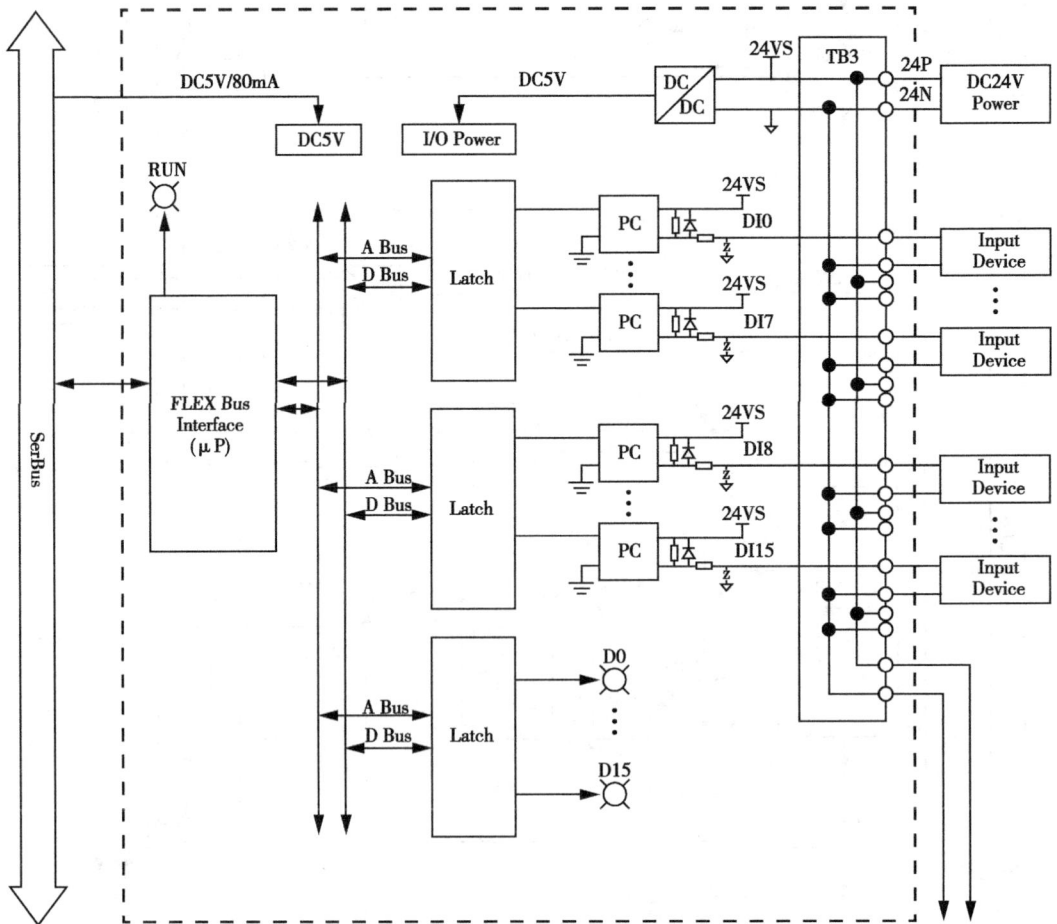

图 2.26　FXDIM01 设备方框图

B.FXDIM02

规格参数：

• 16 通道数字输入模块。

• 48 V DC 供电。

• 与 Flex-I/O ControlNet LAN 兼容。

FXDIM02 参数表见表 2.25。FXDIM02 设备方框图如图 2.27 所示。

表 2.25　FXDIM02 参数表

项　目	技术规范
输入通道数量	16 通道
隔离	16 通道共地
输入电压	48 V DC（−20% ～ +10%）
输入电流	5 mA
输入电流最小值	1.5 mA
输入滤波速率	0,50,100,500 ms（可通过编程选择）
状态指示	一个绿灯/红色模块状态 LED 指示灯 16 个通道状态 LED 指示灯
基座类型	1794-TB3

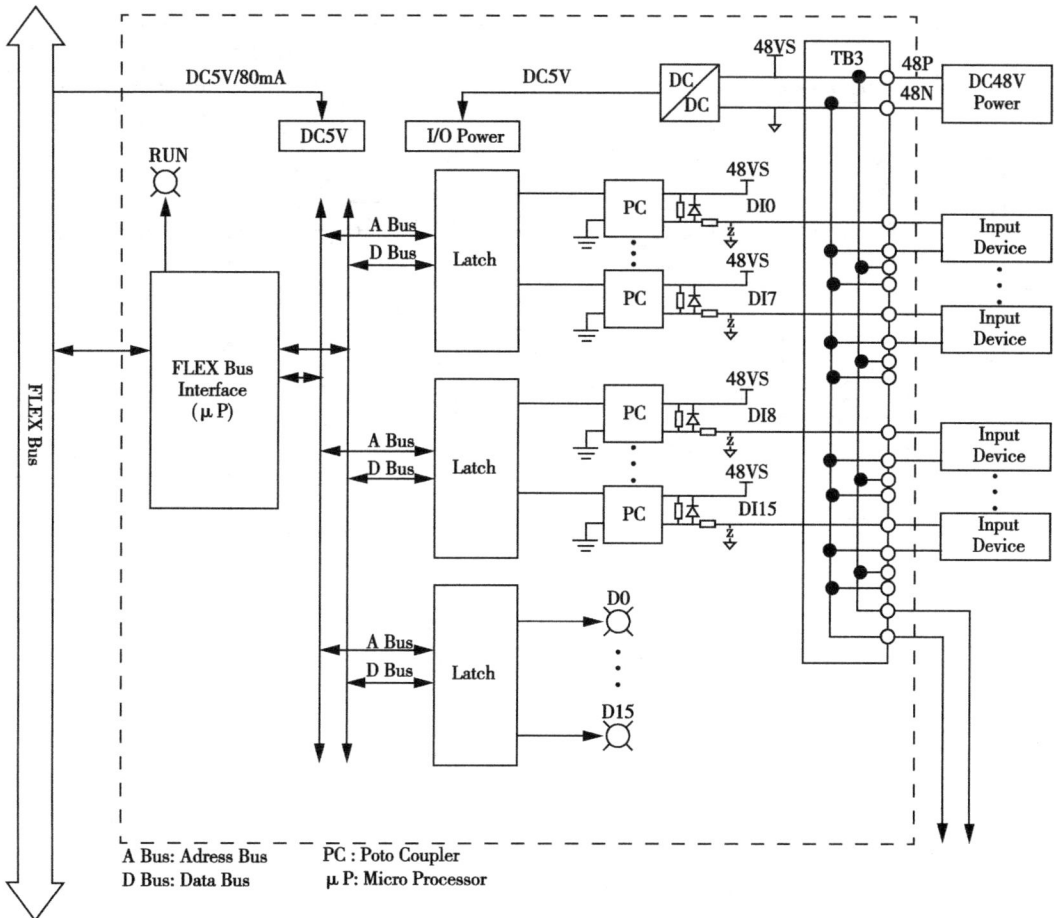

图 2.27　FXDIM02 设备方框图

C.FXDIM11

规格参数：

- 8 通道数字输入模块。

- 24 V DC 供电。

- 与 Flex-I/O ControlNet LAN 兼容。

FXDIM11 参数表见表 2.26。FXDIM11 设备方框图如图 2.28 所示。

表 2.26　FXDIM11 参数表

项　目	技术规范
输入通道数量	8 通道
隔离	8 通道共地
输入电压	24 V DC（−20% ~ +10%）
输入电流	5 mA
输入电流最小值	1.5 mA
输入滤波速率	0,50,100,500 ms（可通过编程选择）
状态指示	一个绿灯/红色模块状态 LED 指示灯　8 个通道状态 LED 指示灯
基座类型	1794-TB3/TB3S　1794-TBN/TBNF

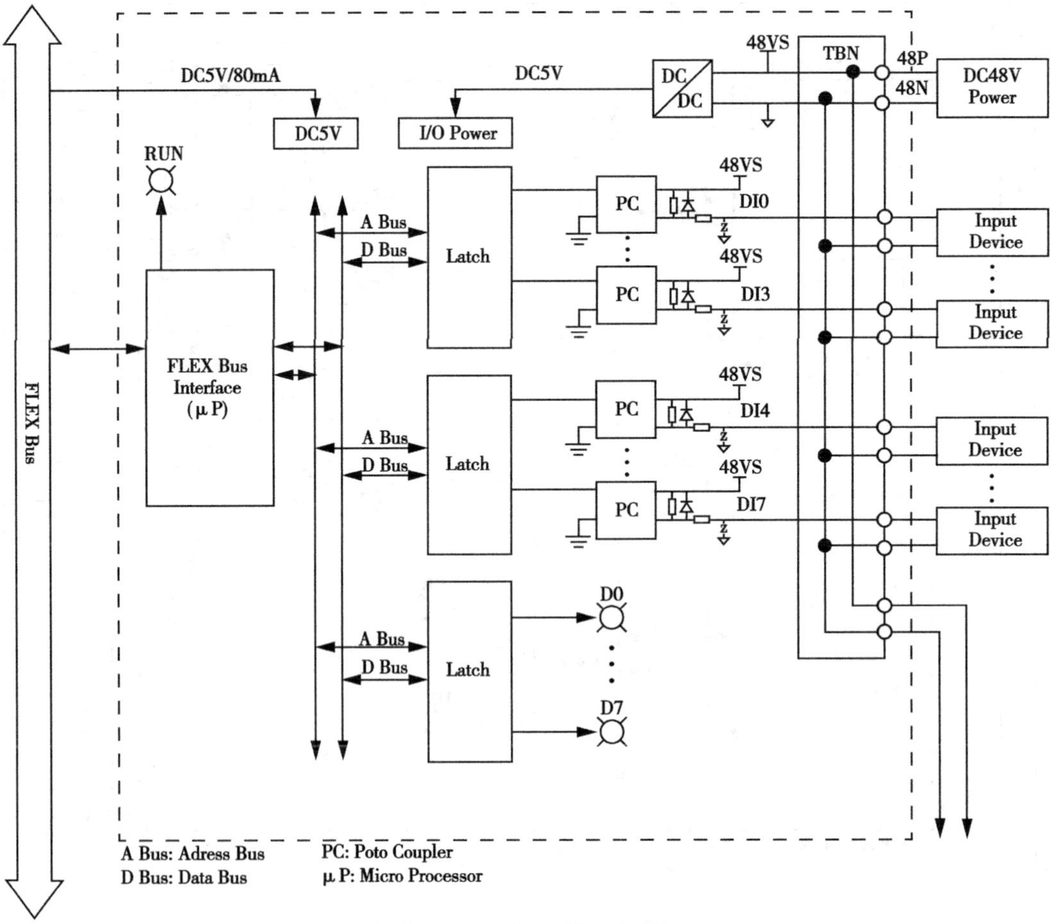

图 2.28　FXDIM11 设备方框图

D.FXDIM12

规格参数：

● 8 通道数字输入模块。

● 48 V DC 供电。

● 与 Flex-I/O ControlNet LAN 兼容。

FXDIM12 参数表见表 2.27。FXDIM12 设备方框图如图 2.29 所示。

表 2.27　FXDIM12 参数表

项　目	技术规范
输入通道数量	8 通道
隔离	8 通道共地
输入电压	48 V DC（−20%～+10%）
输入电流	5 mA
输入电流最小值	1.5 mA
输入滤波速率	0,50,100,500 ms（可通过编程选择）
状态指示	一个绿灯/红色模块状态 LED 指示灯 8 个通道状态 LED 指示灯
基座类型	1794-TB3/TB3S 1794-TBN/TBNF

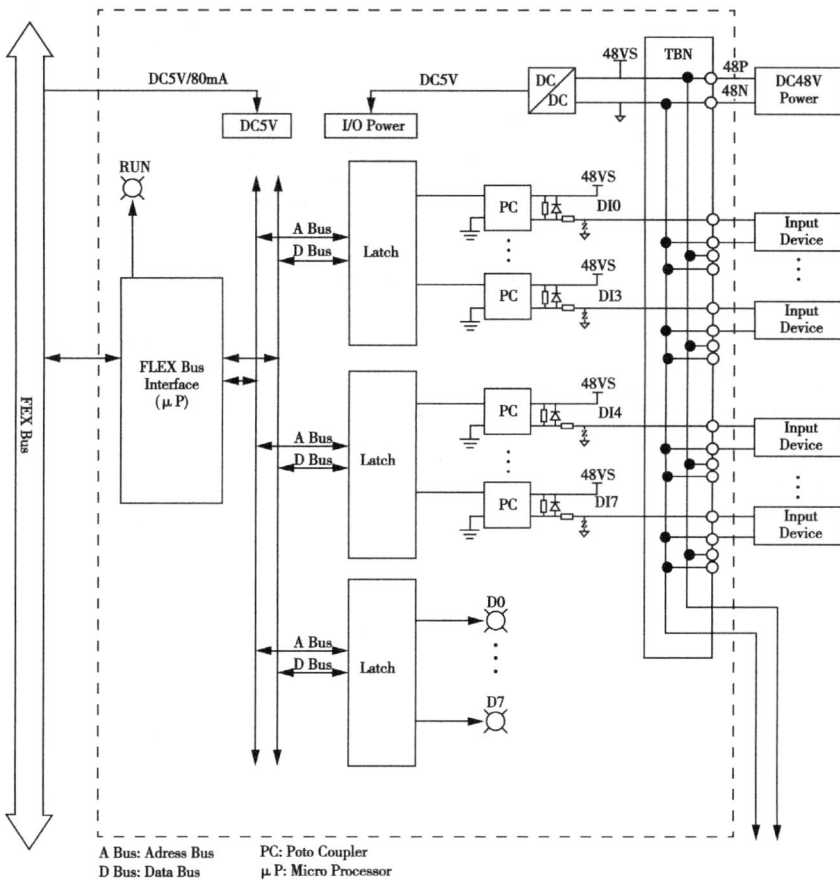

图 2.29　FXDIM12 设备方框图

④DO 模块

A.FXDOM01/ FXDOM01D

规格参数：

● 8 通道数字输出模块。

● 适用输出电压等级：

1794-TB3：

V1.0～V1.2　120 V DC/120 V AC　0.5 A；

V1.3 以上　120 V DC/120 V AC　0.5 A。

1794-TBN：

V1.0～V1.2　125 V DC/120 V AC　0.5 A；

V1.3 以上　220 V DC/220 V AC　0.5 A。

● 与 Flex-I/O ControlNet LAN 兼容。

FXDOM01/FXDOM01D 参数表见表 2.28。FXDOM01/FXDOM01D 设备方框图如图 2.30 所示。

表 2.28　FXDOM01/ FXDOM01D 参数表

项　目	技术规范
输出通道数量	8 通道
隔离	通道间隔离
触点类型	干接点
输出触点额定值	1794-TB3： V1.0～V1.2　120 V DC/120 V AC　0.5 A V1.3 以上　120 V DC/120 V AC　0.5 A 1794-TBN： V1.0～V1.2　125 V DC/120 V AC　0.5 A V1.3 以上　220 V DC/220 V AC　0.5 A
输出漏电流	在 250 V AC 时小于 1 mA
输出电流最小值	在 DC100 mA 时为 100 μA
触点延时	对于切断到接通：最大延时为 10 ms 对于接通到切断：最大延时为 3 ms
状态指示	一个绿灯/红色模块状态 LED 指示灯 8 个通道状态 LED 指示灯
基座类型	1794-TB3/TB3S 1794-TBN/TBNF
冗余性	单配置：FXDOM01 冗余配置：FXDOM01D

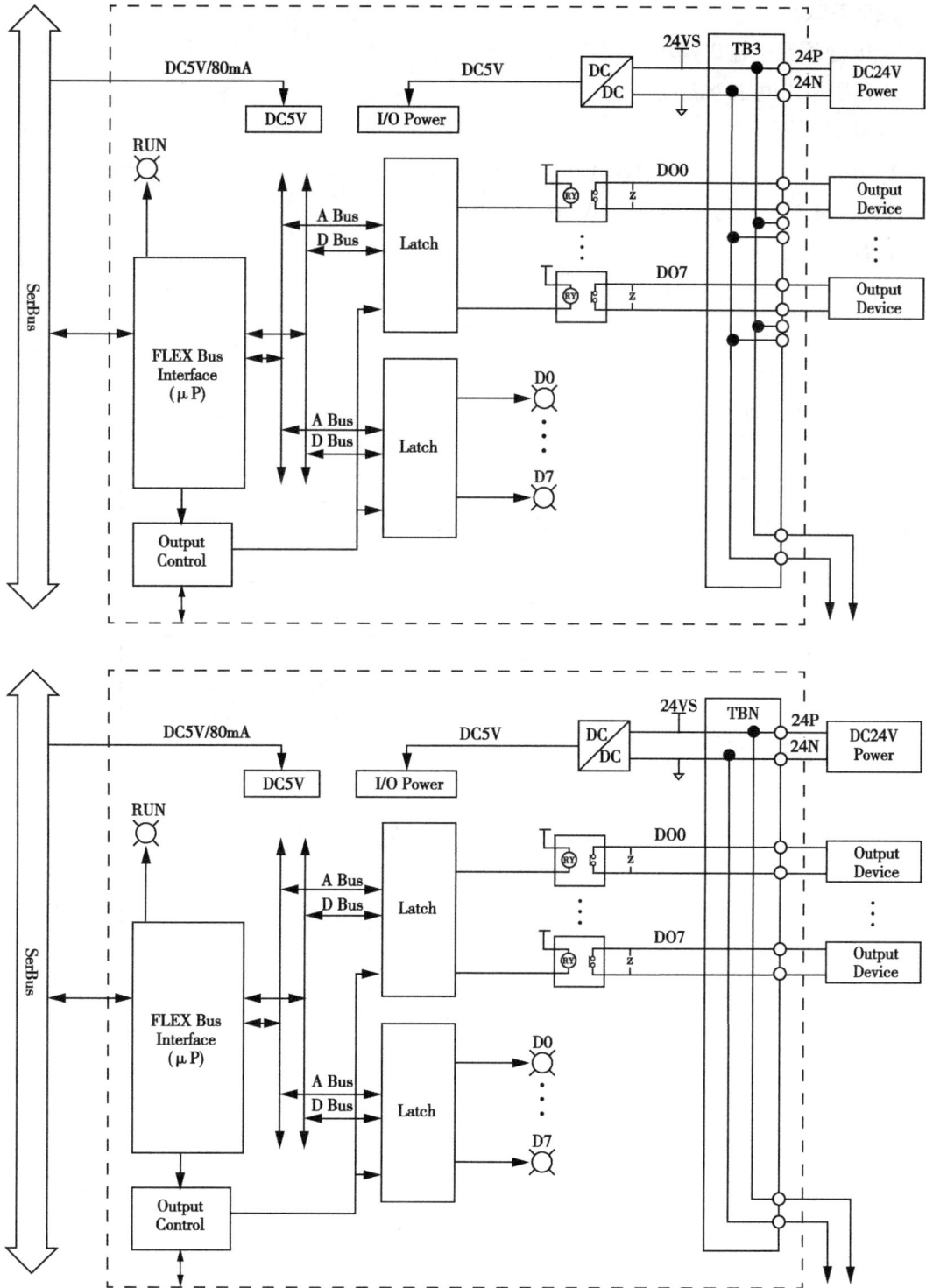

图 2.30　FXDOM01/FXDOM01D 设备方框图

B.FXDOM02

规格参数:

• 16 通道数字输出模块。

• 适用输出电压等级:

1794-TB3:

V1.0　　　　120 V DC/120 V AC　0.5 A;

V1.1 或以上　120 V DC/120 V AC　0.5 A。

1794-TBN:

V1.0　　　　125 V DC/120 V AC　0.5 A;

V1.1 或以上　220 V DC/230 V AC　0.5 A。

• 与 Flex-I/O ControlNet LAN 兼容。

FXDOM02 参数表见表 2.29。FXDOM02 设备方框图如图 2.31 所示。

表 2.29　FXDOM02 **参数表**

项　目	技术规范
输出通道数量	16 通道
触点类型	干/湿接点
输出触点额定值	1794-TB3: V1.0　　　　120 V DC/120 V AC　0.5 A V1.1 或以上　120 V DC/120 V AC　0.5 A 1794-TBN: V1.0　　　　120 V DC/120 V AC　0.5 A V1.1 或以上　120 V DC/120 V AC　0.5 A
输出漏电流	在 250 V AC 时小于 1 mA
输出电流最小值	在 DC100 mA 时为 100 μA
触点延时	对于切断到接通:最大延时为 10 ms 对于接通到切断:最大延时为 3 ms
状态指示	一个绿灯/红色模块状态 LED 指示灯 16 个通道状态 LED 指示灯
基座类型	1794-TB3/TB3S

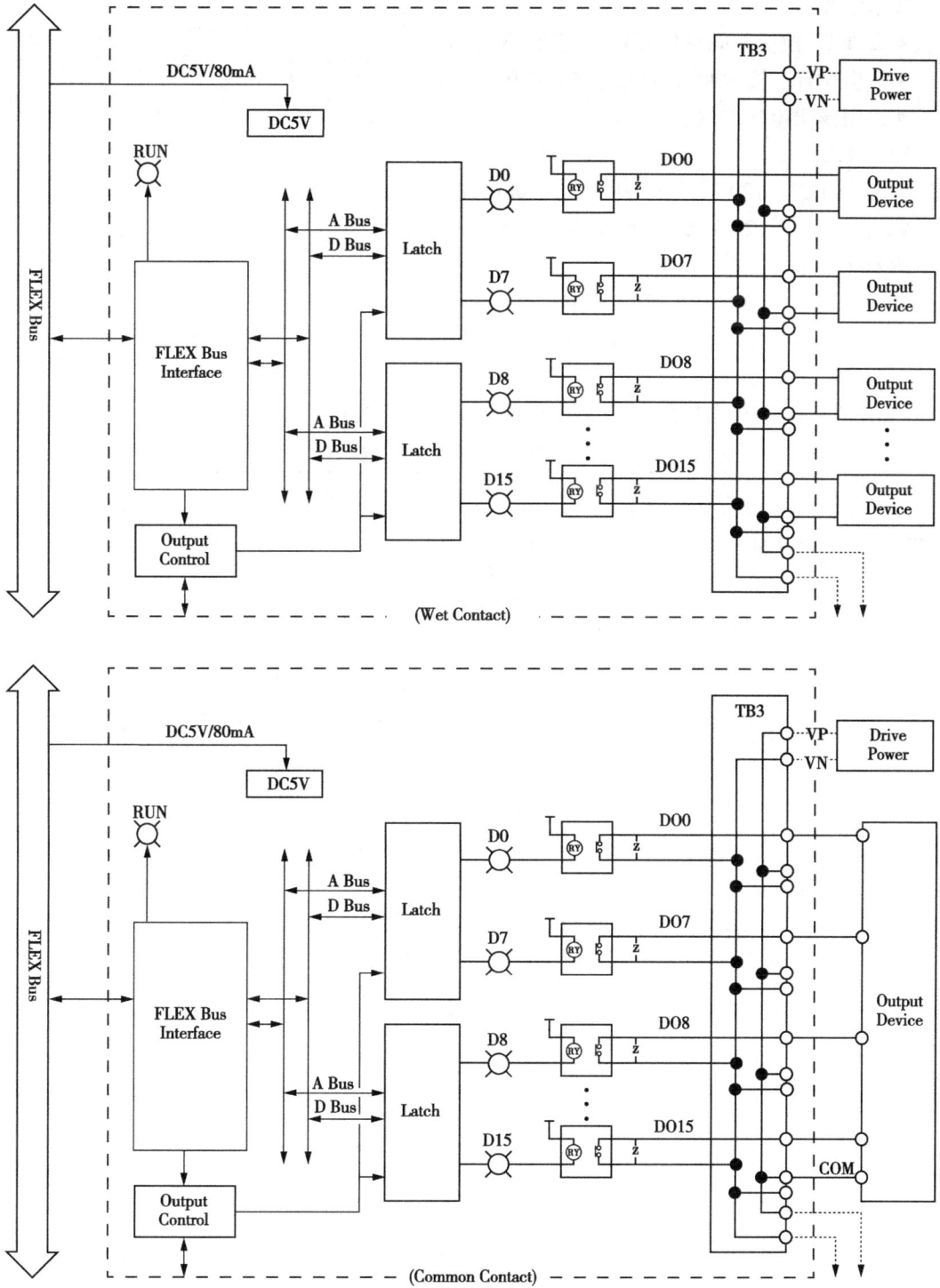

图 2.31　FXDOM02 设备方框图

C.FXDOT01

规格参数：

- 事件 DI 模块。间歇信号输出模块：8 通道。
- 输出循环：长脉冲/1 min,短脉冲/20 s。
- 适用输出电压等级：

1794-TB3：

V1.0~V1.2　　120 V DC/120 V AC　0.5 A；

V1.3　　　　120 V DC/120 V AC　0.5 A。

1794-TBN：

V1.0　　　　125 V DC/120 V AC　0.5 A；

V1.1 或以上　220 V DC/230 V AC　0.5 A。

- 与 Flex-I/O ControlNet LAN 兼容。

FXDOT01 参数表见表 2.30。FXDOT01 设备方框图如图 2.32 所示。

表 2.30　FXDOT01 参数表

项　目	技术规范
输出通道数量	8 通道
触点类型	干/湿触点
输出触点额定值	1794-TB3： V1.0~V1.2　　120 V DC/120 V AC　0.5 A V1.3　　　　120 V DC/120 V AC　0.5 A 1794-TBN： V1.0　　　　125 V DC/120 V AC　0.5 A V1.1 或以上　220 V DC/230 V AC　0.5 A
间歇信号输出循环	长脉冲：1 min 短脉冲：20 s
输出漏电流	在 250 V AC 时小于 1 mA
输出电流最小值	在 DC100 mA 时为 100 μA
触点延时	对于切断到接通：最大延时为 10 ms 对于接通到切断：最大延时为 3 ms
状态指示	一个绿灯/红色模块状态 LED 指示灯 8 个通道状态 LED 指示灯
基座类型	1794-TB3/TB3S 1794-TBN

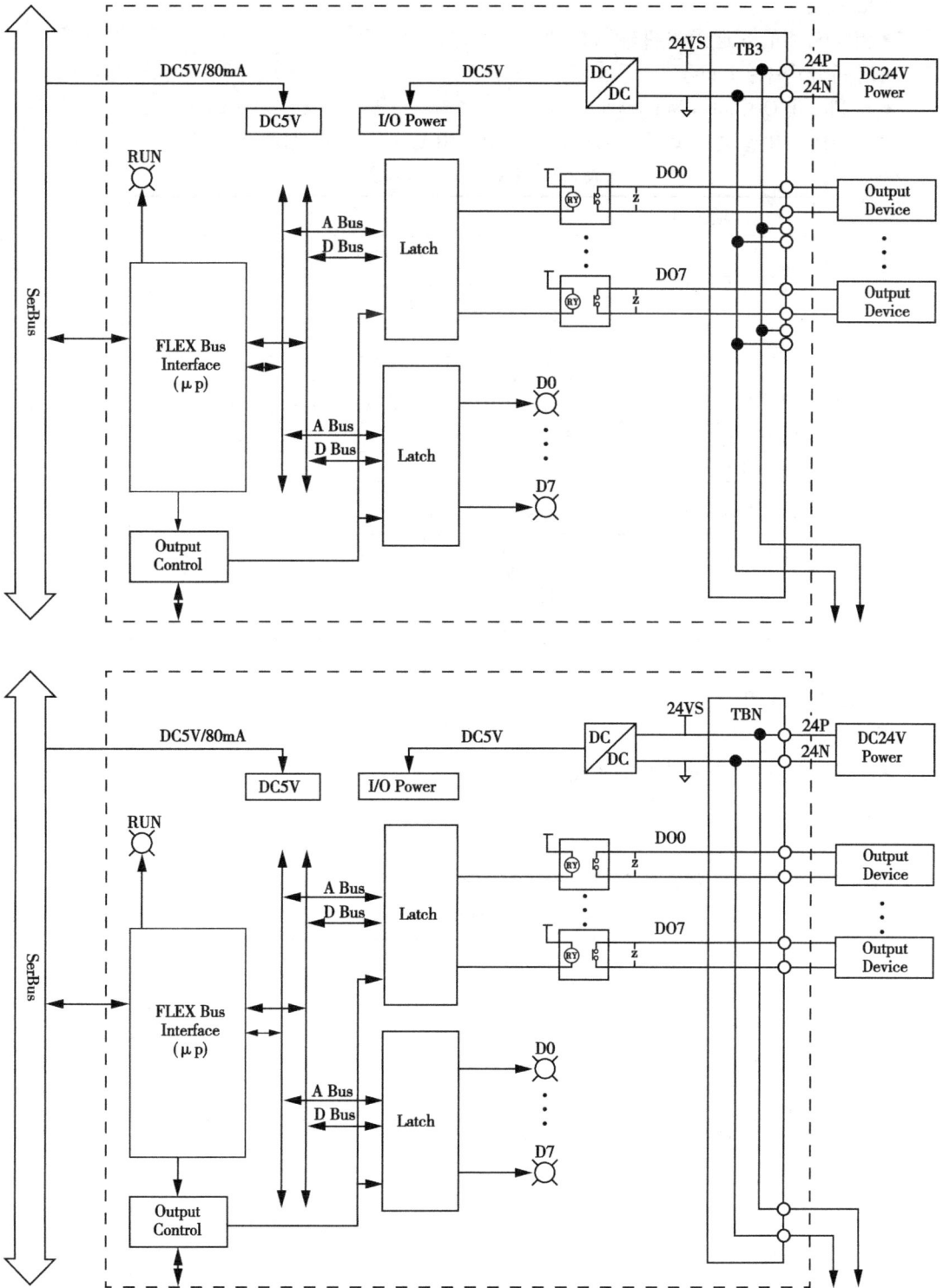

图 2.32　FXDOT01 设备方框图

D.FXEDI01A/B

规格参数:

• 相互隔离的 8 通道事件输入模块。

• 时间分辨率: 1 ms。

• 与 Flex-I/O ControlNet LAN 兼容。

FXEDI01A/B 参数表见表 2.31。FXEDI01A/B 设备方框图如图 2.33 所示。

表 2.31　FXEDI01A/B 参数表

项　目	技术规范
输入通道数量	8 通道 1~7 通道:正常信号输入 8 通道:同步信号输入
隔离	8 通道共地
输入电压	FXEDI01A: 24 V DC　(−20%~+10%) FXEDI01B: 48 V DC　(−20%~+10%)
输入电流	5 mA
输入电流最小值	1.5 mA
输入滤波最小值	0~255 ms (可通过编程选择)
状态指示	一个绿灯/红色模块状态 LED 指示灯 8 个通道状态 LED 指示灯
基座类型	1794-TB3/TB3S 1794-TBN/TBNF

E.FXPIM01A/B

规格参数:

• 相互隔离的 8 通道脉冲输入模块。

• 输入脉冲频率: 0~500 Hz。

• 与 Flex-I/O ControlNet LAN 兼容。

FXPIM01A/B 参数表见表 2.32。FXPIM01A/B 设备方框图如图 2.34 所示。

表 2.32　FXPIM01A/B 参数表

项　目	技术规范
输入通道数量	8 通道
隔离	8 通道共地
输入电压	FXPIM01A: 24 V DC　(−20%~+10%) FXPIM01B: 48 V DC　(−20%~+10%)
输入电流	1.5 mA
输入脉冲频率	0~500 Hz
输入电流最小值	大于 2 mA
输入滤波最小值	0,5,10,50 ms (可通过编程选择)
状态指示	一个绿灯/红色模块状态 LED 指示灯 8 个通道状态 LED 指示灯
基座类型	1794-TB3/TB3S 1794-TBN/TBNF
隔离电压	输入端子与 FG 之间的 1 500 V AC

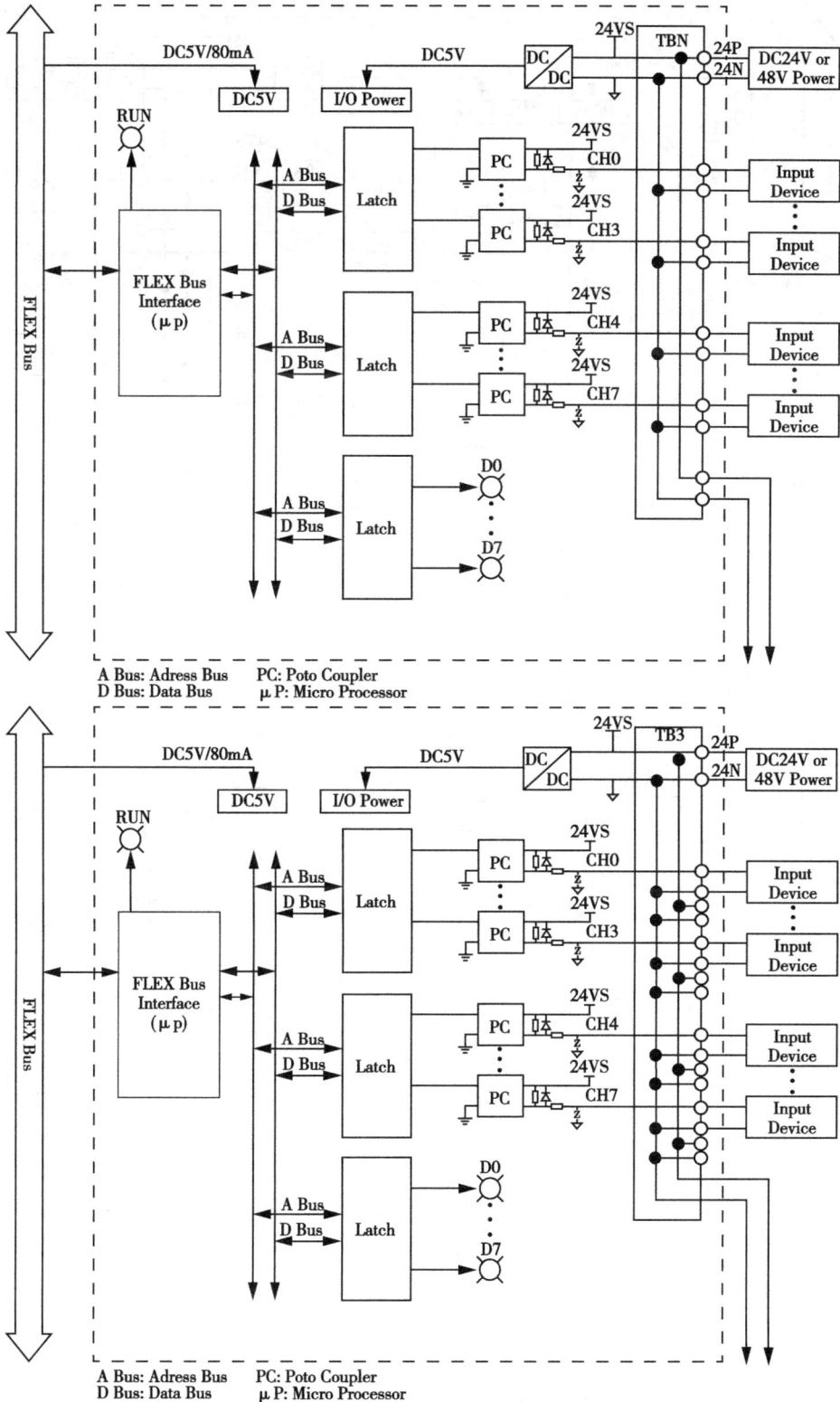

图 2.33 FXEDI01A/B 设备方框图

A Bus:Adress Bus   PC:Poto Coupler
D Bus:Data Bus   μ P:Micro Processor

A Bus: Adress Bus   PC: Poto Coupler
D Bus: Data Bus   μ P: Micro Processor

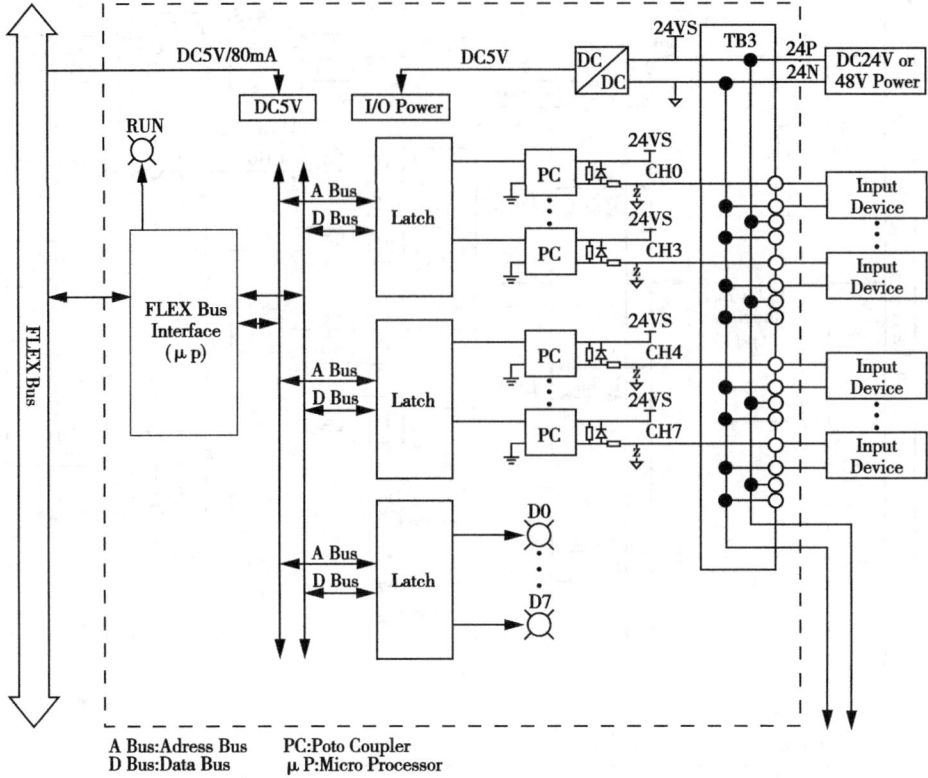

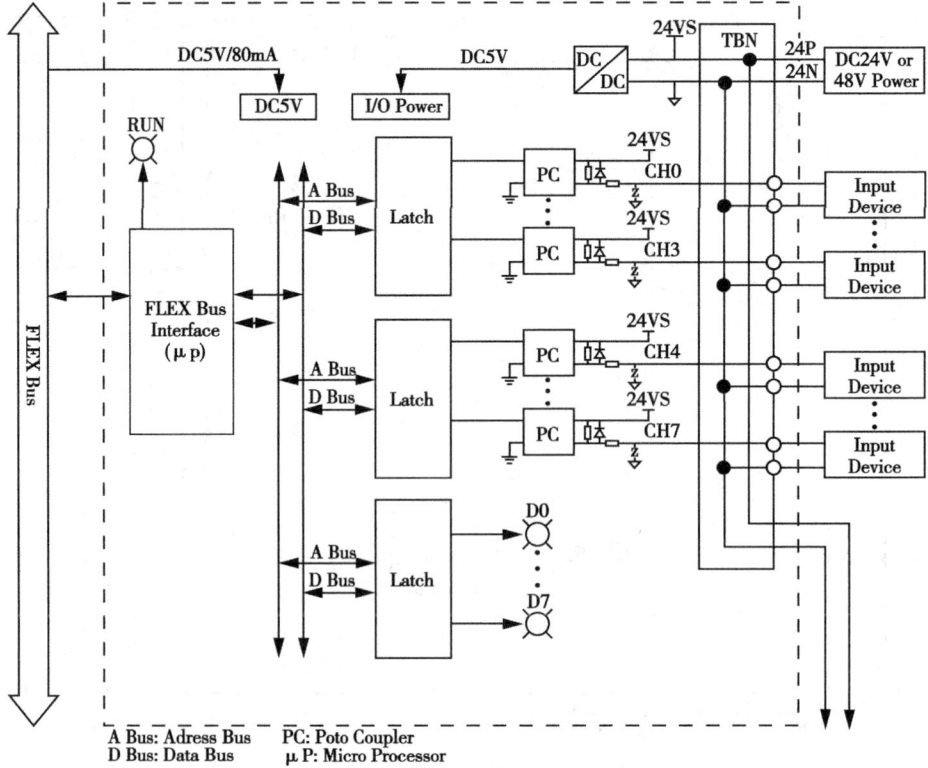

图 2.34   FXPIM01A/B 设备方框图

F.FXEDI02A/B

规格参数：

- 相互隔离的 16 通道事件输入模块。
- 时间分辨率：1 ms。
- 与 Flex-I/O ControlNet LAN 兼容。

FXEDI02A/B 参数表见表 2.33。FXEDI02A/B 设备方框图如图 2.35 所示。

表 2.33　FXEDI02A/B 参数表

项　目	技术规范
输入通道数量	16 通道 1～15 通道：正常信号输入 16 通道：同步信号输入
隔离	16 通道共地
输入电压	FXEDI02A：24 V DC　（−20%～+10%） FXEDI02B：48 V DC　（−20%～+10%）
输入电流	5 mA
输入电流最小值	大于 1.5 mA
输入滤波最小值	0～255 ms （可通过编程选择）
状态指示	一个绿灯/红色模块状态 LED 指示灯 16 个通道状态 LED 指示灯
基座类型	1794-TB3/TB3S

G.FXPIM02A/B

规格参数：

- 相互隔离的 16 通道脉冲输入模块。
- 输入脉冲频率：0～1 kHz。
- 与 Flex-I/O ControlNet LAN 兼容。

FXPIM02A/B 参数表见表 2.34。FXPIM02A/B 设备方框图如图 2.36 所示。

表 2.34　FXPIM02A/B 参数表

项　目	技术规范
输入通道数量	16 通道
隔离	16 通道共地
输入电压	FXPIM02A：24 V DC　（−20%～+10%） FXPIM02B：48 V DC　（−20%～+10%）
输入电流	5 mA
输入脉冲频率	0～1 kHz
输入电流最小值	大于 1.5 mA
输入滤波最小值	0,5,10,50 ms （可通过编程选择）
状态指示	一个绿灯/红色模块状态 LED 指示灯 16 个通道状态 LED 指示灯
基座类型	1794-TB3/TB3S

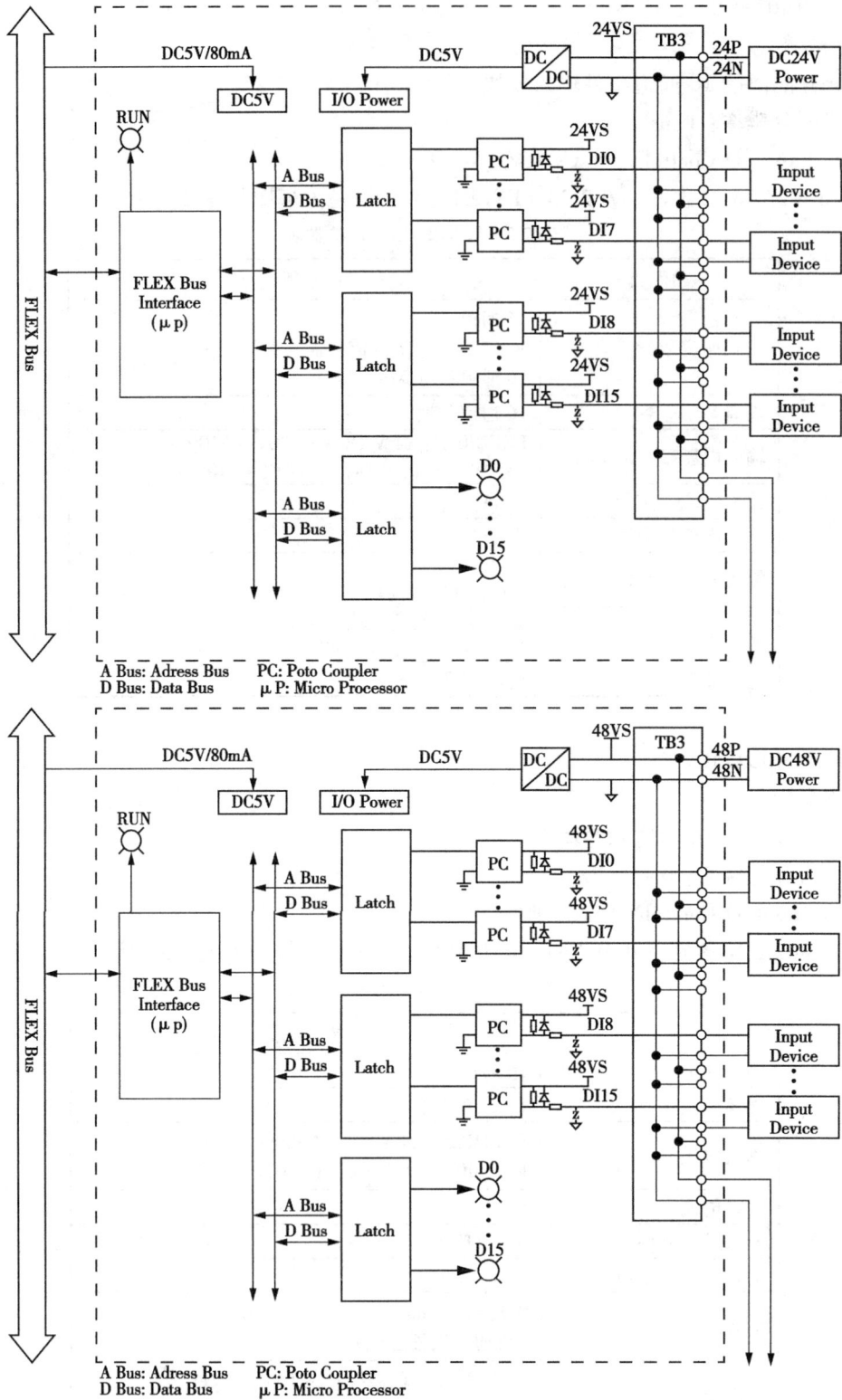

A Bus: Adress Bus   PC: Poto Coupler
D Bus: Data Bus   μ P: Micro Processor

图 2.35   FXEDI02A/B 设备方框图

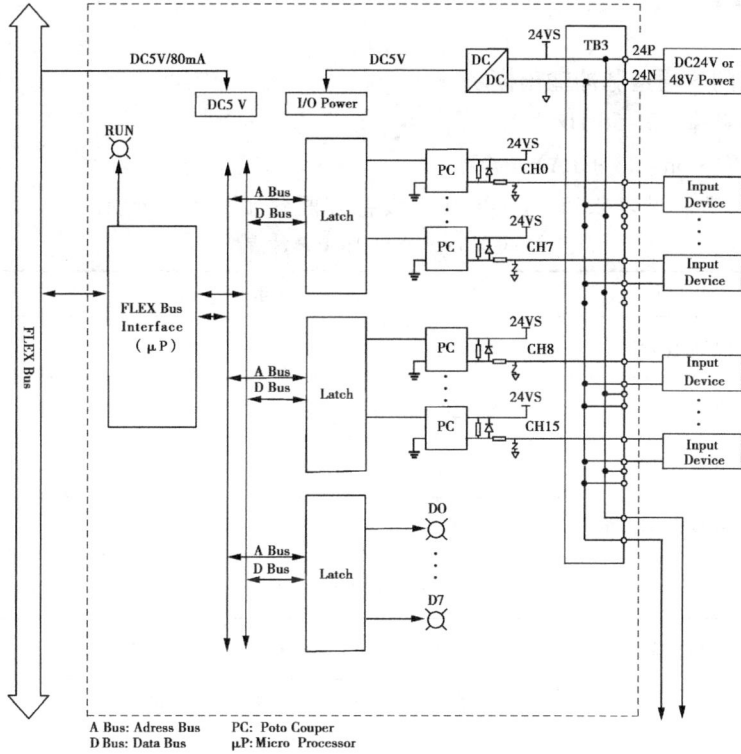

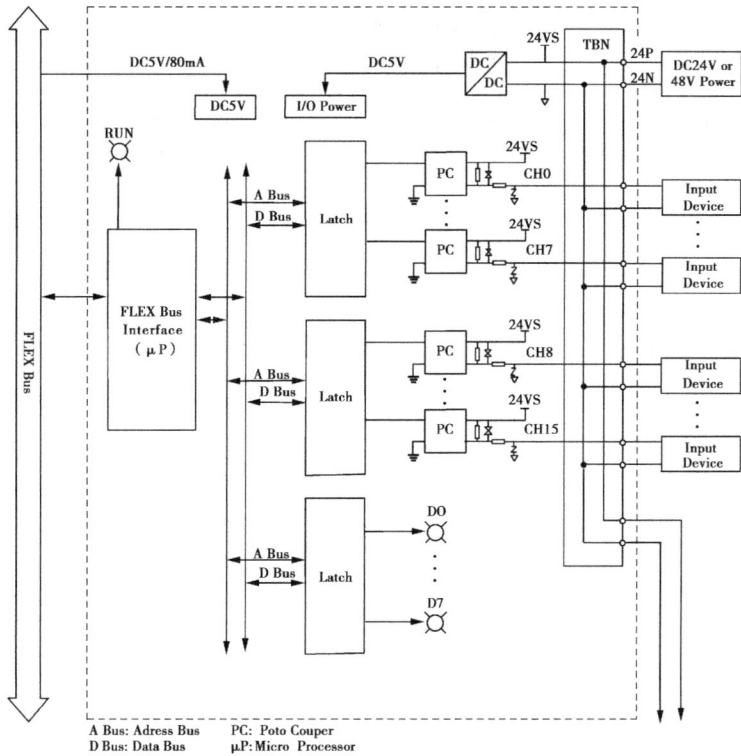

图 2.36　FXPIM02A/B 设备方框图

H. FXPOM01

规格参数：

- 相互隔离的 8 通道脉冲输出模块。
- 输出脉冲频率：0~50 Hz。
- 与 Flex-I/O ControlNet LAN 兼容。

FXPOM01 参数表见表 2.35。FXPOM01 设备方框图如图 2.37 所示。

表 2.35　FXPOM01 参数表

项　目	技术规范
输出通道数量	8 通道
隔离	通道间隔离
输出	开集电极输出
输出触点额定值	80 V DC/5 A
输出脉冲频率	0~50 Hz(可对每个通道编程)
输出漏电流	24 V DC 时小于 1 mA
状态指示	一个绿灯/红色模块状态 LED 指示灯 8 个通道状态 LED 指示灯
基座类型	1794-TB3/TB3S 1794-TBN/TBNF
隔离电压	输入端子与 FG 之间的 1 500 V AC

I. FXVIF01

规格参数：

- 阀位指令输出 1 通道。

输出范围：4~20 mA。

- 阀门位置反馈 1 通道。

输入范围：4~20 mA。

- 数字输入 4 通道。
- 数字输出 2 通道。
- 模块接口：

数字输入 5 通道；

数字输出 5 通道；

4~20 mA 输出 2 通道。

- 与 Flex-I/O ControlNet LAN 兼容。

FXVIF01 参数表见表 2.36。FXVIF01 设备方框图如图 2.38 所示。

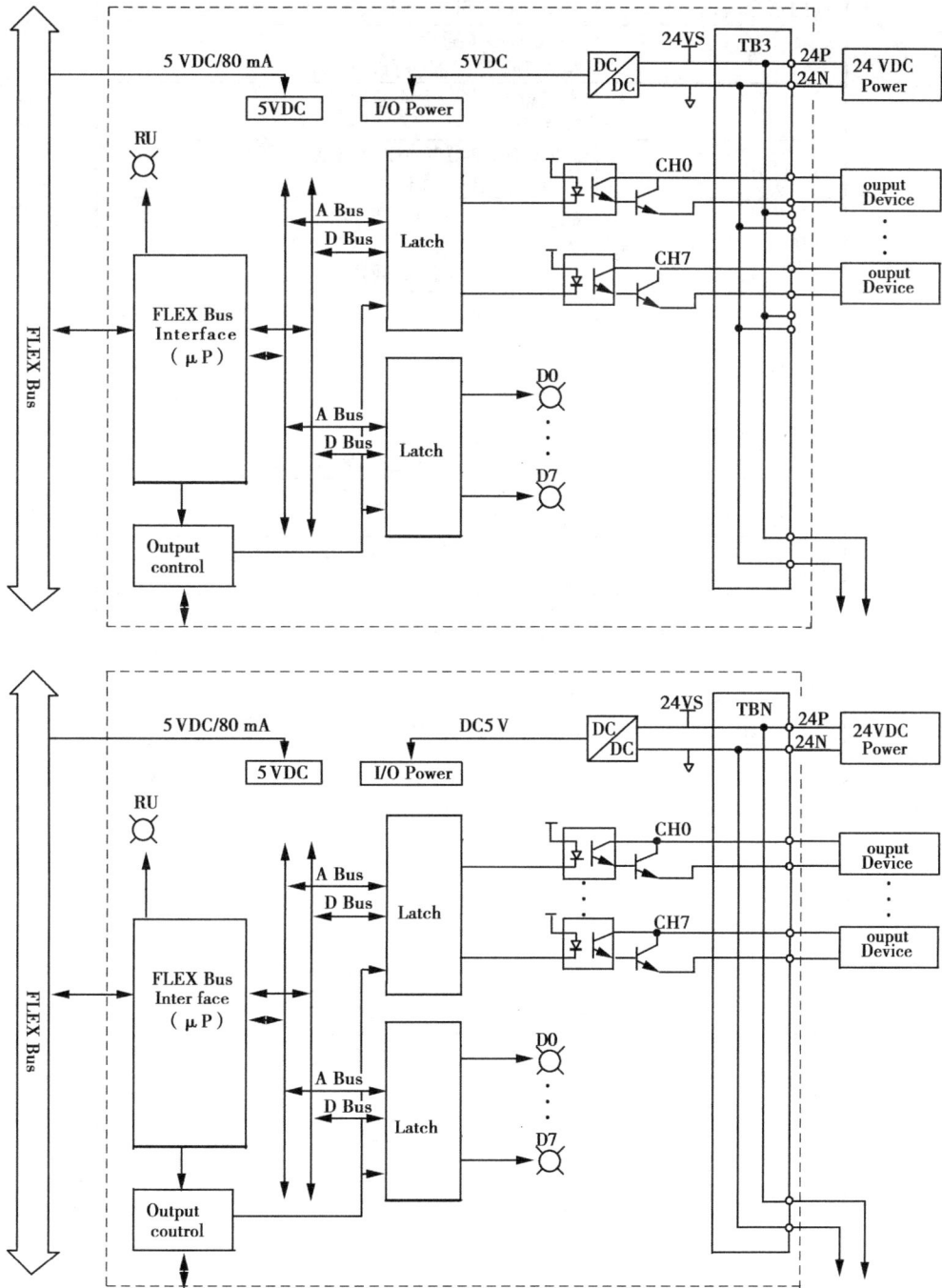

图 2.37 FXPOM01 设备方框图

表 2.36　FXVIF01 参数表

项　目	技术规范
阀门指令输出	4~20 mA　300 Ω×1 通道
阀门位置反馈	4~20 mA×1 通道 24 V DC 分配器(可以选择)
数字输入	光电耦合器隔离×4 通道 24 V DC/5 mA
数字输出	220 V DC/240 V AC　0.5 A 干触点输出×2 通道
站接口	数字输入(光电耦合器)×5 通道 数字输出(最大 0.1 A)×5 通道 4~20 mA　60 Ω×2 通道
自我诊断	监视计时器 电源低电压 应用故障 连接器松动 时钟监视器
串行接口(用于维护)	RS-232(微型 DIN 连接器 6P)×1 通道
串行接口	同步：250 kHz 通信周期：5 ms
状态指示	一个绿灯/红色模块状态 LED 指示灯 16 个通道状态 LED 指示灯
基座类型	1794-TB3/TB3S 1794-TBN/TBNF
计算速率(SH2)	高速 *1 周期：5 ms 中速 *1 周期：10 ms 低速 *1 周期：100 ms

J.FXPDM01

规格参数：

● 脉冲输入 1 通道。

● 脉冲输出 8 通道。

FXPDM01 参数表见表 2.37。FXPDM01 设备方框图如图 2.39 所示。

表 2.37　FXPDM01 参数表

项　目	技术规范
脉冲输入	输入 1 通道 输入电压 24 V DC(−20%~+10%) 输入电流 10 mA
脉冲输出	输出 8 通道 开集电极 运行电压 230 V DC(1794-TBN) 120 V DC(1794-TB3) 运行电流 150 mA
输入-输出延时	最大时间 100 μs

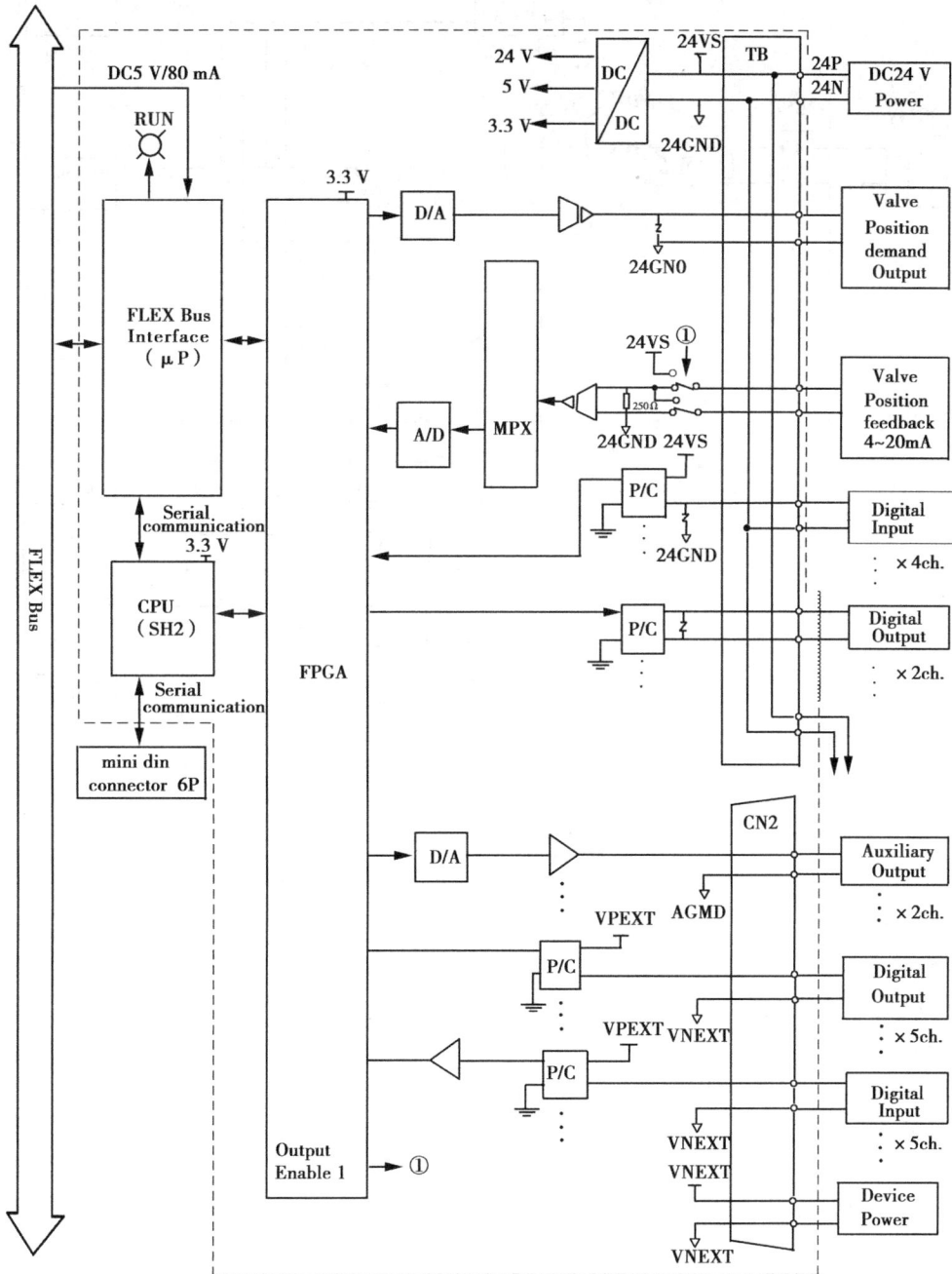

图 2.38　FXVIF01 设备方框图

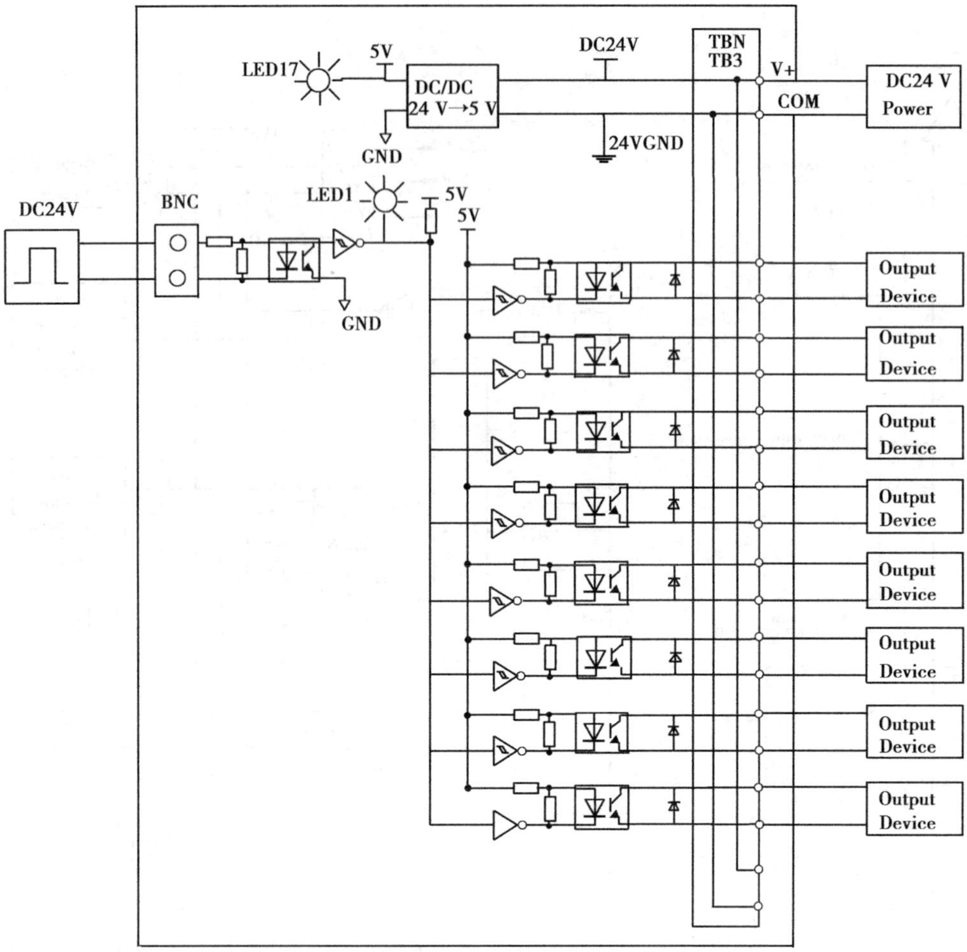

图 2.39　FXPDM01 设备方框图

K.FXRYM01

规格参数:

• CPU 状态接点输出:

5 点:

230 V AC/DC（1794-TBN）　3 A;

120 V AC/DC（1794-TB3）　3 A;

CPU 正常　　　　a 接点 * 2;

CPU 轻故障　　　a 接点 * 1;

CPU 就地控制　　a 接点 * 1;

　　　　　　　　b 接点 * 1。

• 1pps 信号输入/输出:

输入 2 点:开集电极或干接点;

输出 2 点:24 V DC 电压输出。

• 时钟信号输入/输出:

输入 1 点：开集电极或干接点；

输出 1 点：开集电极。

FXRYM01 参数表见表 2.38。FXRYM01 设备方框图如图 2.40 所示。

表 2.38　FXRYM01 参数表

项　目	技术规范
CPU 状态接点输出	干接点/5 点： CPU 正常　　　　　a 接点 *2 CPU 轻故障　　　　a 接点 *1 CPU 就地控制　　　a 接点 *1 　　　　　　　　　b 接点 *1 允许的最大电压： 230 V AC/DC(1794-TBN)3 A 120 V AC/DC(1794-TB3)3 A 允许的最大电流 3 A
1pps 信号输入/输出	输入 2 点：开集电极或干接点 输出 2 点：24 V DC 电压输出
时钟信号输入/输出	输入 1 点：开集电极或干接点 输出 1 点：开集电极

⑤机组控制模块

A.FXSVL01/02/03/04 伺服阀控制接口模块（主要用于控制燃气轮机和汽轮机液压油控制阀）

规格参数：

● 伺服阀指令输出 1 通道。

输出范围：

±20 mA/4~20 mA　FXSVL01；

±50 mA　FXSVL02；

0~250 mA　FXSVL03；

0~500 mA　FXSVL04。

● 阀门位置反馈。

LVDT 输入：4~20 mA1 通道。

● 辅助接口。

阀门超控指令输入 4 通道；

指示记录输出 3 通道；

模块接口（选项）1 通道；

模块冗余监视接口（选项）；

模块串行接口 1 通道。

● 与 Flex-I/O ControlNet LAN 兼容。

FXSVL01/02/03/04 参数表见表 2.39。FXSVL01/02/03/04 设备方框图如图 2.41 所示。

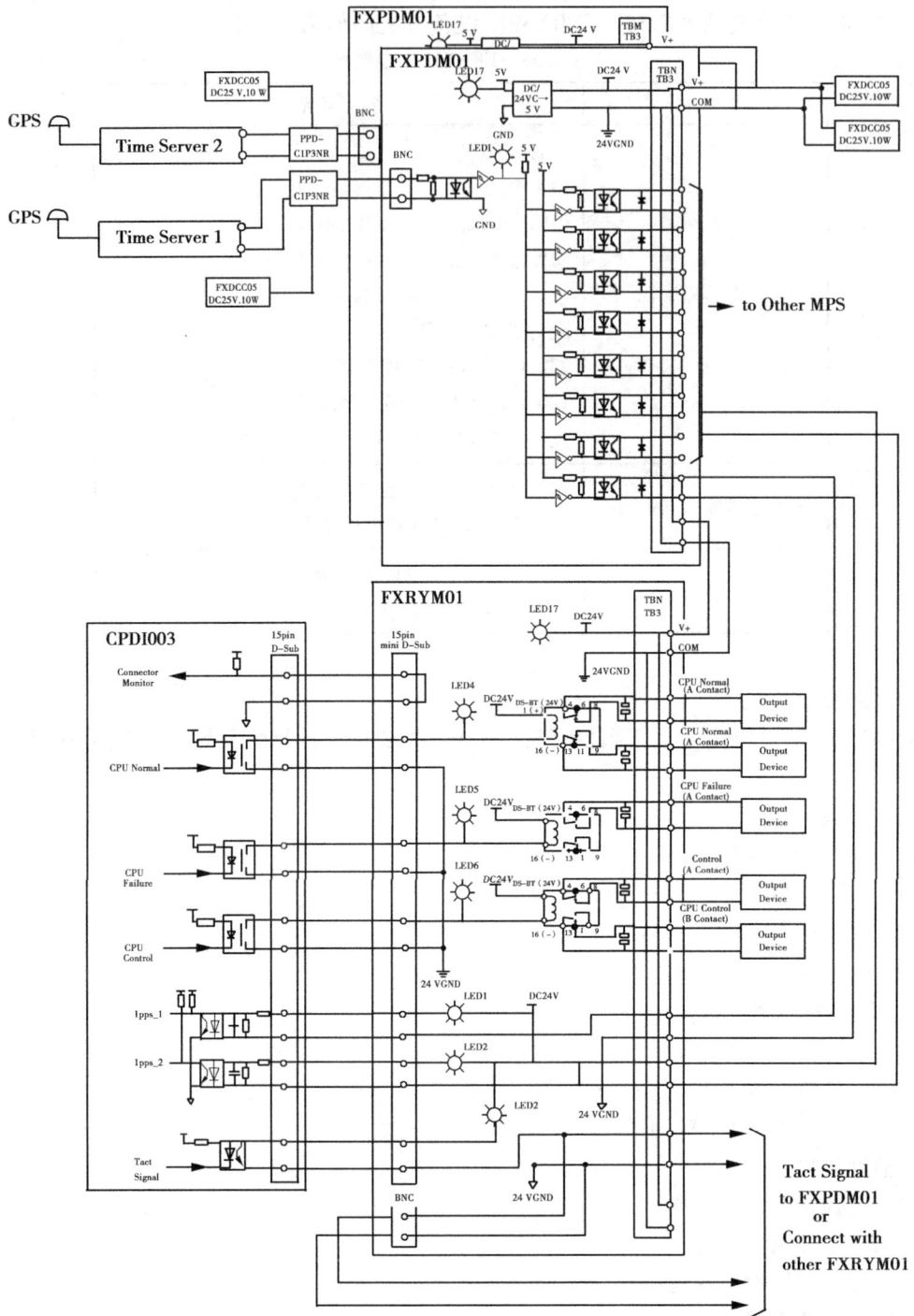

图 2.40　FXRYM01 设备方框图

表 2.39 FXSVL01/02/03/04 参数表

项 目	技术规范
阀门指令	±20 mA/4~20 mA　FXSVL01 ±50 mA　FXSVL02 0~250 mA　FXSVL03 0~500 mA　FXSVL04
LVDT 输入	4~20 mA ∗1 通道
超控输入	1-5 V DC ∗4 通道
辅助输出	1-5 V DC ∗3 通道
模块接口	数字输入 ∗4 通道 数字输出 ∗4 通道 模拟输出 ∗2 通道
数字输入	光电耦合器输入 ∗2 通道 24 V DC/5 mA
串行接口	EIA/RS-232C(RJ45) ∗1 通道
基座类型	1794-TB3/TB3S 1794-TBN/TBNF

B.FXSVT01/02/03/04

规格参数:

• 伺服阀指令输出 1 通道。

输出范围:

±20 mA/4~20 mA　FXSVT01;

±50 mA　FXSVT02;

0~250 mA　FXSVT03;

0~500 mA　FXSVT04。

• 阀门位置反馈。

变送器:4~20 mA 2 通道。

• 辅助接口。

阀门超控输入 4 通道;

指示记录器输出 3 通道;

模块接口(选项);

模块冗余接口(选项);

模块串行接口 1 通道。

• 与 Flex-I/O ControlNet LAN 兼容。

FXSVT01/02/03/04 参数表见表 2.40。FXSVT01/02/03/04 设备方框图如图 2.42 所示。

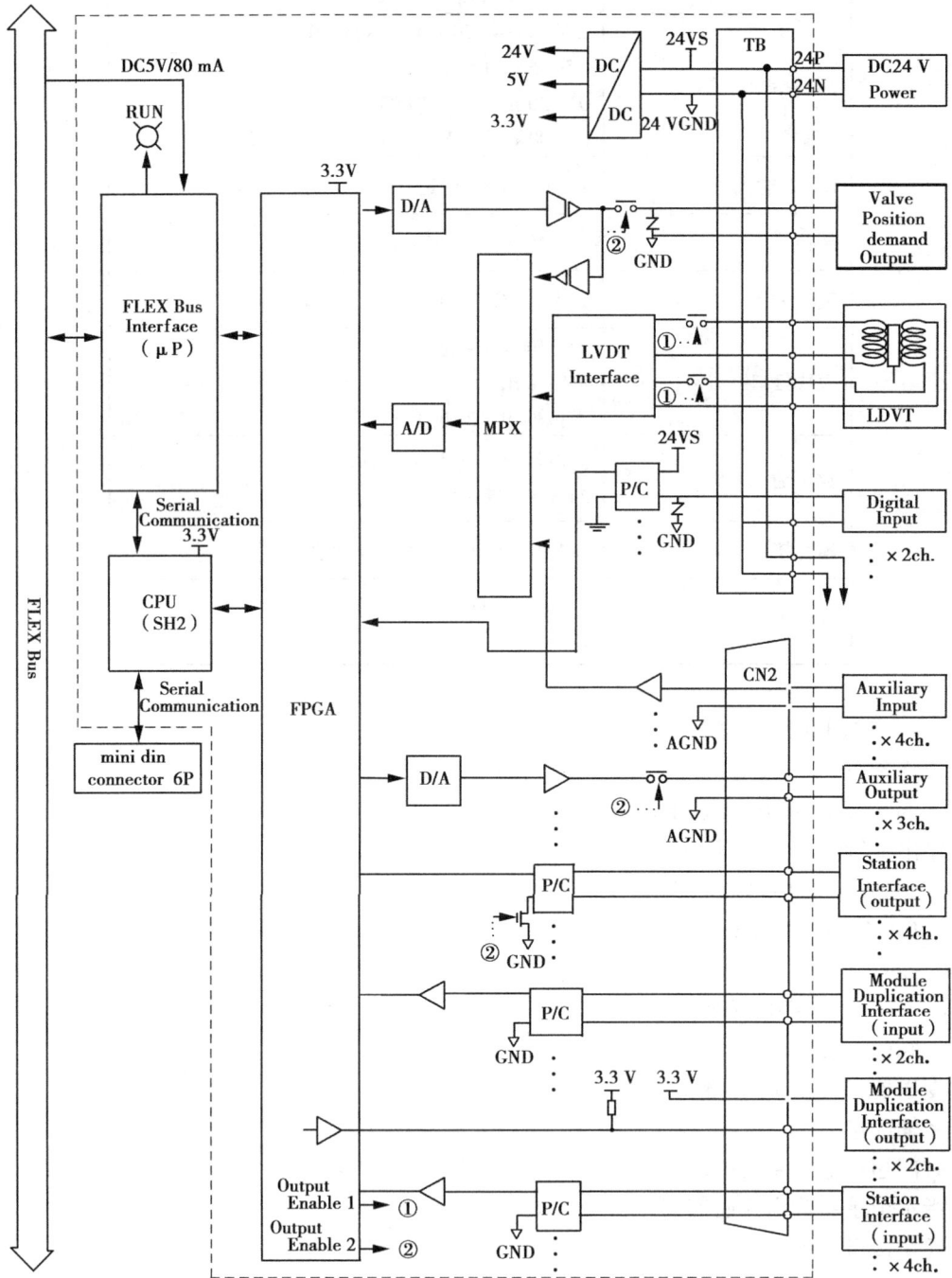

图 2.41　FXSVL01/02/03/04 设备方框图

表 2.40　FXSVT 01/02/03/04 参数表

项　目	技术规范
阀门指令	± 20 mA/$4 \sim 20$ mA　FXSVT01 ± 50 mA　FXSVT02 $0 \sim 250$ mA　FXSVT03 $0 \sim 500$ mA　FXSVT04
变送器输入	$4 \sim 20$ mA $*1$ 通道 $4 \sim 20$ mA/分配 $*1$ 通道
超控输入	$1 \sim 5$ V DC $*4$ 通道
辅助输出	$1 \sim 5$ V DC $*3$ 通道
模块接口	数字输入 $*4$ 通道 数字输出 $*4$ 通道 模拟输出 $*2$ 通道
数字输入	光电耦合器输入 $*2$ 通道 24 V DC/5 mA
串行接口	EIA/RS-232C(RJ45) $*1$ 通道
基座类型	1794-TB3/TB3S 1794-TBN/TBNF

C.FXOPC01

规格参数：

• 汽轮机/燃气轮机 OPC 和 FV 逻辑控制模块。

输入：

$4 \sim 20$ mA 输入 3 通道；

$0 \sim 10\ 000$ r/min 转速输入 2 通道；

数字输入 1 通道。

输出：

光电耦合器输出 4 通道；

OPC/FV 强制关闭 4 通道。

• 辅助接口。

$1 \sim 5$ V DC　模拟输出 4 通道；

模块串行接口。

• 与 Flex-I/O ControlNet LAN 兼容。

FXOPC01 参数表见表 2.41。FXOPC01 设备方框图如图 2.43 所示。

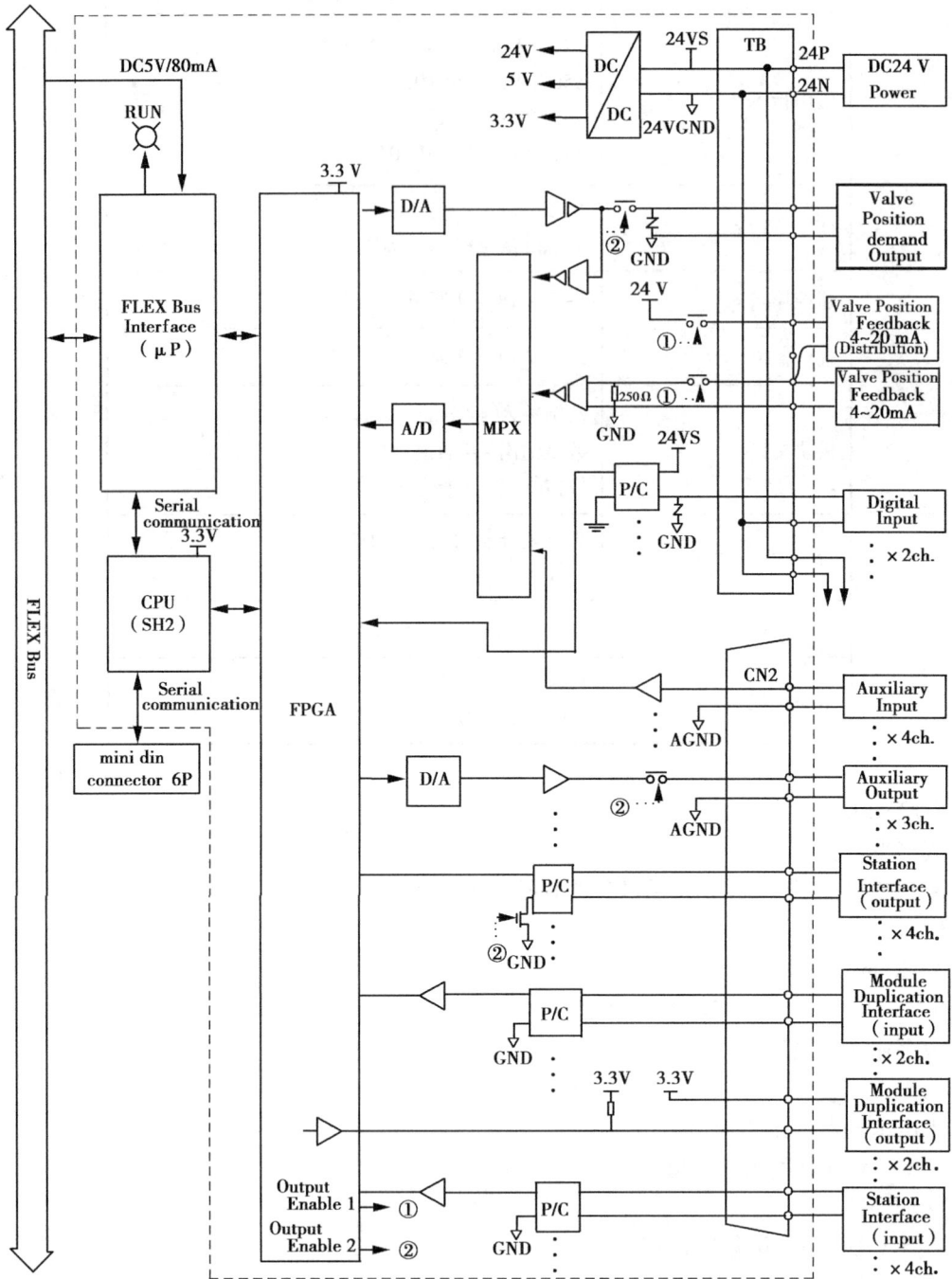

图 2.42　FXSVT 01/02/03/04 设备方框图

表 2.41　FXOPC01 参数表

项　目	技术规范
模拟输入	4～20 mA/DC24 配电 ＊1 通道 4～20 mA ＊2 通道
汽轮机/燃气轮机转速输入	0～10 000 r/min 转速输入 ＊2 通道
数字输出 OPC/FV 运行 OPC/FV 运行 阀门关闭指令	开集电极/30 V DC/100 mA ＊4 通道 开集电极/30 V DC/100 mA ＊4 通道 开集电极/30 V DC/100 mA ＊4 通道
模拟输出	5 V DC ＊4 通道(仅供监视)
串行接口	EIA/RS-232C(RJ45) ＊1 通道
基座类型	1794-TB3/TB3S 1794-TBN/TBNF

D.FXEOS01

规格参数:

● 汽轮机/燃气轮机 EOST 模块。

1～12 000 r/min 转速输入;

转速脉冲输出;

F/D 转换;

光电耦合数字输入×1 通道 DC24 V/5 mA(52G);

4～20 mA 模拟输入;

1～5 V 模拟输出;

转速传感器电源。

● EOST 输出。

开集电极输出(用于联锁);

开集电极输出(用于报警);

汽轮机/燃气轮机阀门关闭指令输出。

● 与 Flex-I/O ControlNet LAN 兼容。

FXEOS01 参数表见表 2.42。FXEOS01 设备方框图如图 2.44 所示。

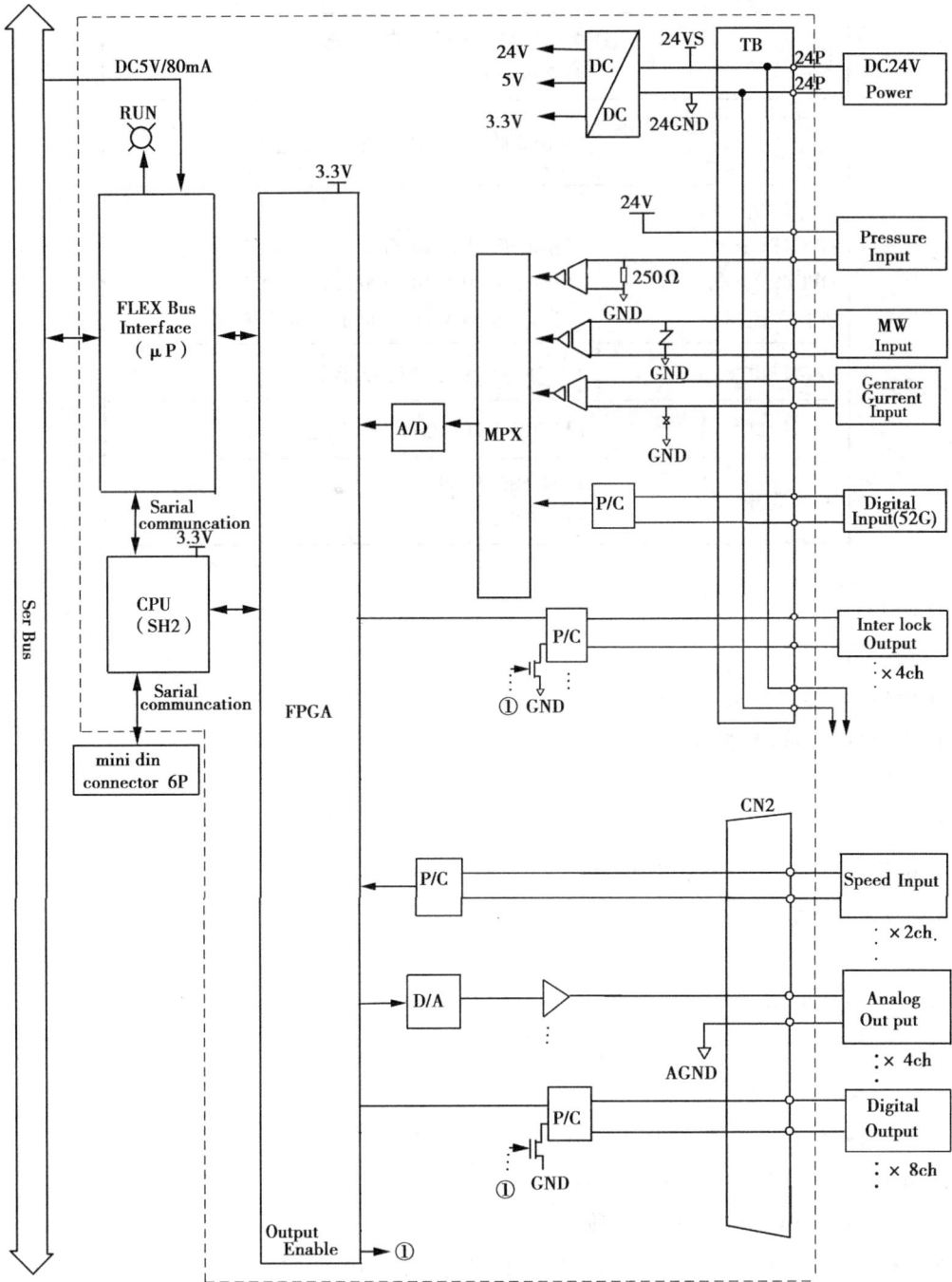

图 2.43　FXOPC01 设备方框图

表 2.42　FXEOS01 参数表

项　目	技术规范
F/D 转换	精度：0.01%FSR 分辨率：小于 0.1 Hz 转换周期：在 3 000 Hz 时最大值为 60 ms
转速输入	1~12 000 Hz＊1 通道 1Vp-p~200 Vp-p
转速传感器电源	DC 24 V
转速脉冲输出	开集电极输出＊1 通道 DC 24 V/50 mA（端子）
OPC 动作脉冲	开式集电极输出＊1 通道 DC 24 V/50 mA（端子）
模拟输入	4~20 mA＊1 通道
模拟输出 （适合维护）	1~5 V DC＊4 通道
数字输入	光电耦合器输入＊1 通道 24 V DC/5 mA（52G）
数字输出 （EOST 输出）	开集电极输出 24 V DC/200 mA＊2 通道/端子 24 V DC/100 mA＊4 通道/接口
自我诊断	看门狗计时器 电源低电压 应用故障 时钟监视器
基座类型	1794-TB3/TB3S 1794-TBN/TBNF
串行接口（用于维护）	RS-232 （微型 DIN 接口 6P）＊1 通道
串行接口	同步：250 kHz 通信周期：5 ms
状态指示	一个绿色/红色模块状态 LED 指示灯 16 个通道状态 LED 指示灯
计算速率（SH2）	高速＊1 周期：5 ms 中速＊1 周期：10 ms 低速＊1 周期：100 ms

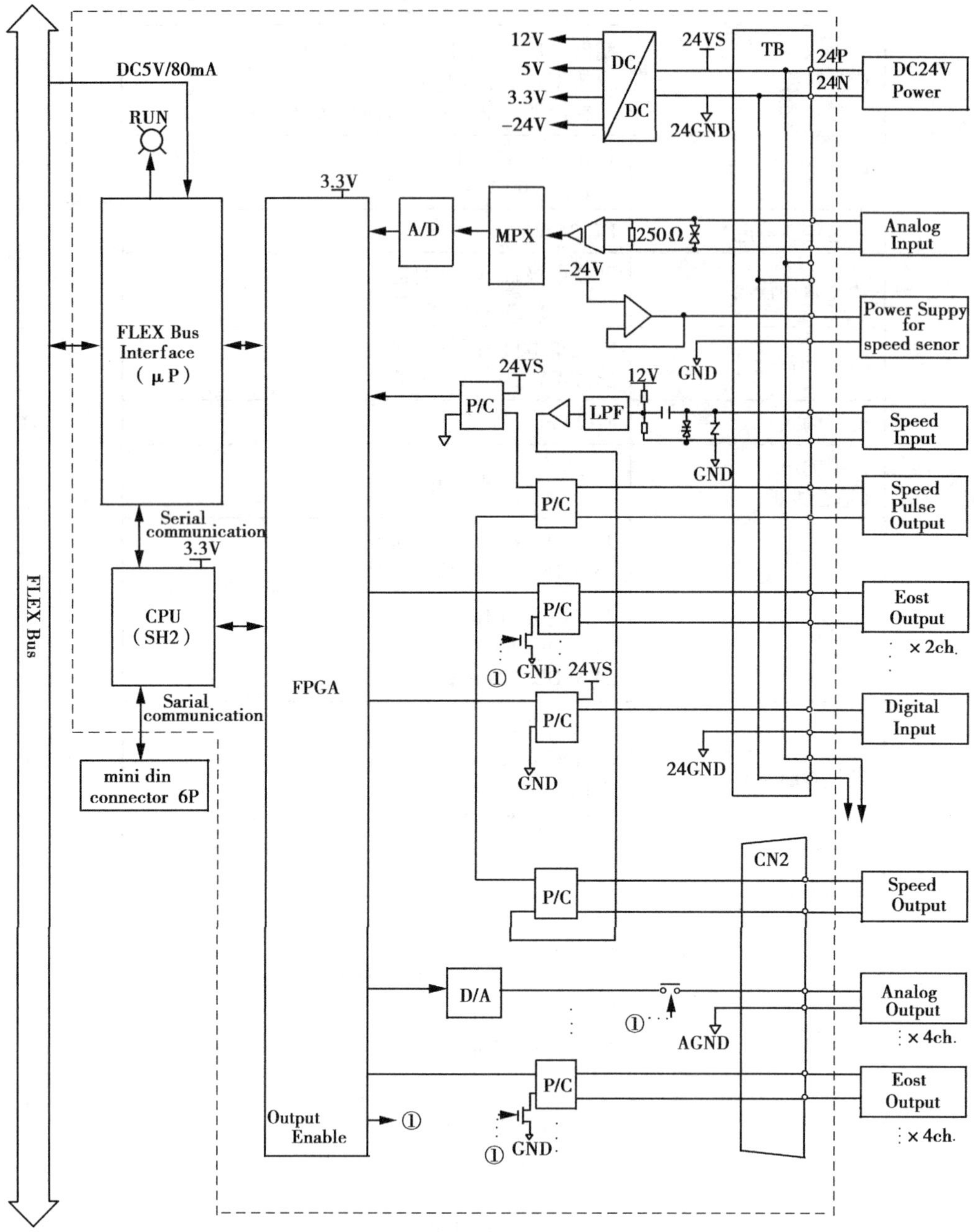

图 2.44　FXEOS01 设备方框图

E.FXTCL01

规格参数:

• 汽轮机/燃气轮机联锁逻辑模块。

• "52G ON"输入 1 通道;

"危急油压低"输入 1 通道;

"DDC 方式"输入 1 通道;

"OPC 动作"输入 3 通道;

汽轮机/燃气轮机联锁输出:

MSV 全部关闭,GV 全部关闭,EV 全部关闭。

- "OPC 电磁阀"输出。
- 与 Flex-I/O ControlNet LAN 兼容。

FXTCL01 参数表见表 2.43。FXTCL01 设备方框图如图 2.45 所示。

表 2.43　FXTCL01 参数表

项　目	技术规范
端子底座数字输入	光电耦合器输入 * 4 通道 DC24 V/5 mA 52G 接通,52G 接通备用 危急油压低 危急油压低备用
脉冲输入备用	光电耦合器输入 * 3 通道 24 V DC/5 mA
脉冲输出备用	开集电极输出 * 1 通道 30 V DC/10 mA
接口数字输入	光电耦合器输入 * 6 通道 24 V DC/5 mA DDC 模式 OPC 动作-1,2,3 备用输入 2 通道
接口数字输出	开集电极输出 * 8 通道 30 V DC/0.1 A MSV 全部关闭,GV 全部关闭,EV 全部关闭 OPC 电磁阀输出 执行机构自动方式指示灯 手动操作输出 备用输出 2 通道
自我诊断	看门狗计时器 电源低电压 应用故障 时钟监视器
基座类型	1794-TB3/TB3S 1794-TBN/TBNF
串行接口(用于维护)	RS-232 (微型 DIN 连接器 6P) * 1 通道
串行接口	同步:250 kHz 通信周期:5 ms
状态指示	一个绿色/红色模块状态 LED 指示灯 16 个通道状态 LED 指示灯
计算速率(SH2)	高速 * 1 周期: 5 ms 中速 * 1 周期: 10 ms 低速 * 1 周期: 100 ms

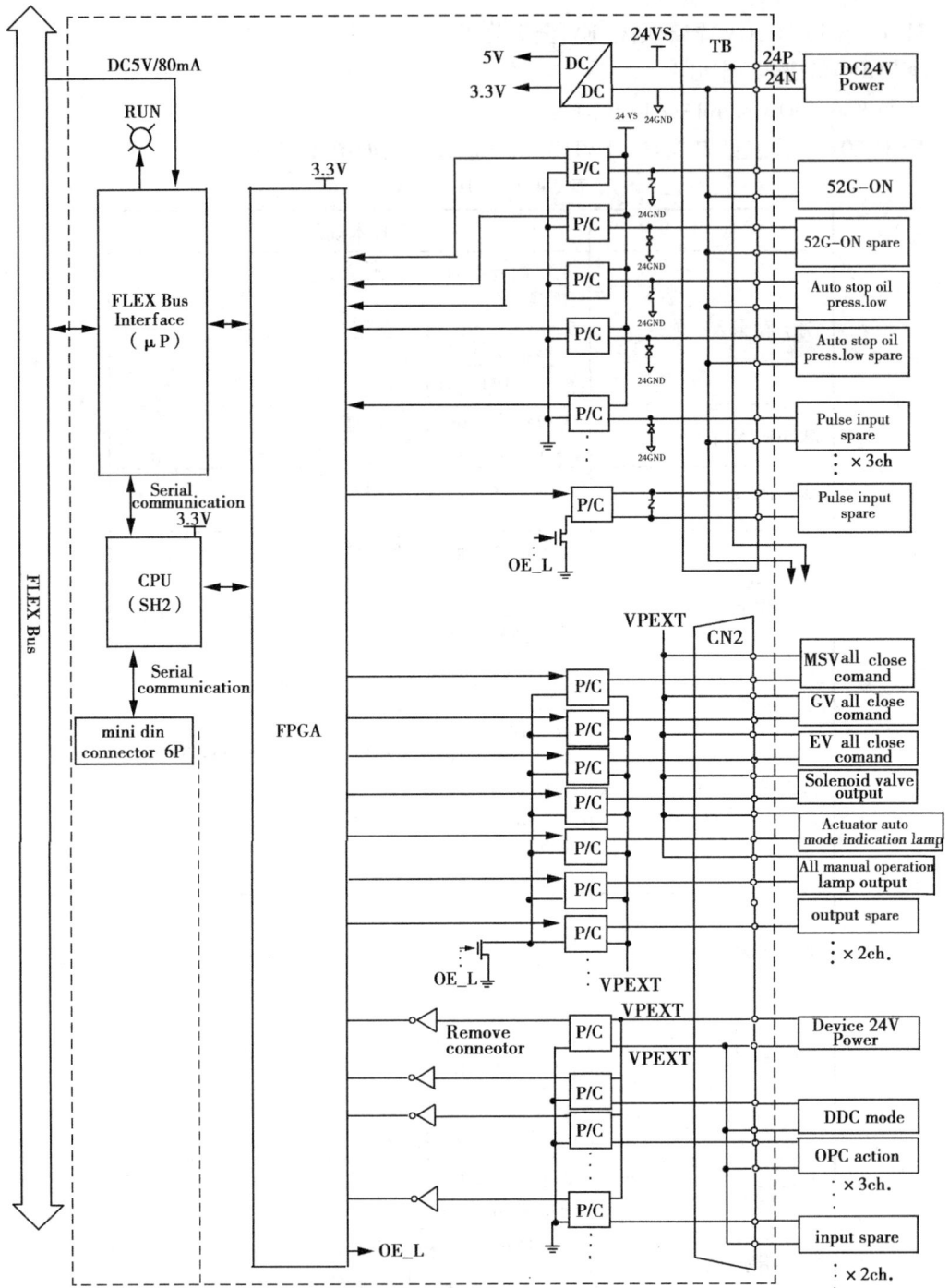

图 2.45　FXTCL01 设备方框图

F.FXTCL02

规格参数：

- 汽轮机/燃气轮机联锁逻辑模块。
- "52G oN"输入×1 通道；

"自动停机油压低"输入×1 通道；

"DDC 方式"输入 1 通道；

"OPC 动作"输入 3 通道；

汽轮机/燃气轮机联锁输出：

MSV 全部关闭,GV 全部关闭,EV 全部关闭。

- "OPC 电磁阀"输出。
- 与 Flex-I/O ControlNet LAN 兼容。
- 外部供电模块电压降探测。
- 双冗余。

FXTCL02 参数表见表 2.44。FXTCL02 设备方框图如图 2.46 所示。

表 2.44　FXTCL02 参数表

项　目	技术规范
端子底座数字输入	光电耦合器输入 * 4 通道 DC 24 V/5 mA 52 G 接通 * 2 通道 紧急油压低 * 2 通道
脉冲输入	光电耦合器输入 * 3 通道 24 V DC/8 mA
脉冲输出	开集电极输出 * 1 通道 30 V DC/10 mA
接口数字输入	光电耦合器输入 * 5 通道 24 V DC/5 mA DDC 动作 OPC 动作-1,2,3 备用输入 1 通道
接口数字输出	光电耦合器输出 * 7 通道 24 V DC/3 mA MSV 全部关闭,GV 全部关闭,EV 全部关闭 OPC 电磁阀输出 执行结构自动方式指示灯 全部人工操作输出 保留的输出
自我诊断	看门狗监视计时器 电源低电压 应用故障 时钟监视器
外部供电的电压降探测	探测 24 V DC-10% 恢复 24 V DC-5%
双冗余	FPGA 内部电路
串行接口(用于维护)	RS-232 * 1 通道 (微型 DIN 连接器 6P)
串行接口	同步：250 kHz 通信周期：5 ms

续表

项　目	技术规范
状态指示	一个绿色/红色模块状态 LED 指示灯 16 个通道状态 LED 指示灯
计算速度（SH2）	高速 *1 周期: 5 ms 中速 *1 周期: 10 ms 低速 *1 周期: 100 ms

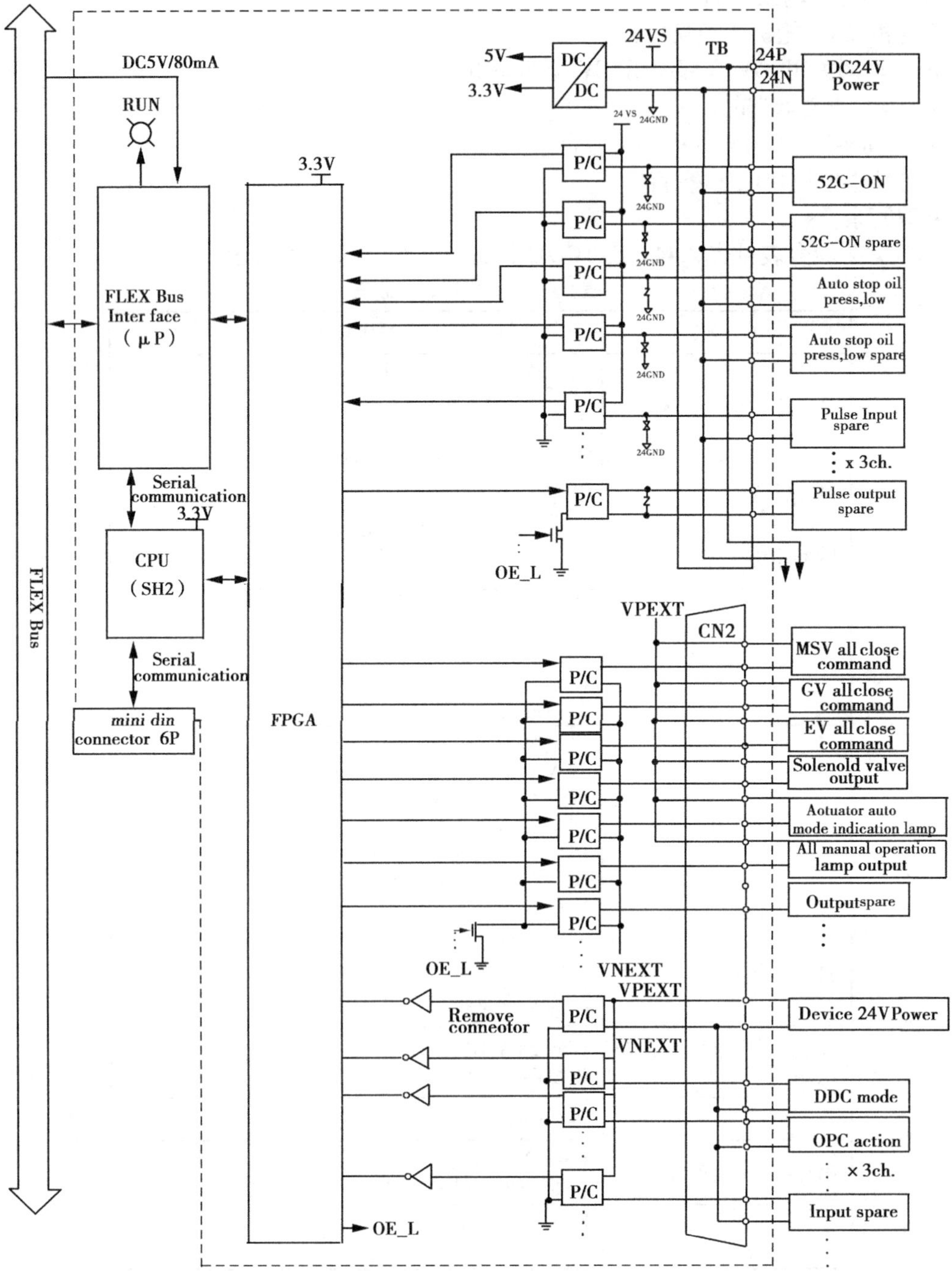

图 2.46　FXTCL02 设备方框图

G.FXGTI01 ControlNetFLEX I/O 燃气轮机联锁逻辑模块

规格参数:

- 燃气轮机联锁逻辑模块。
- RTD 输入。
- 燃烧压力输入。
- 叶片通道湿度输入。
- 排气温度输入。
- 燃气轮机联锁输出。
- 与 Flex-I/O ControlNet LAN 兼容。

FXGTI01 参数表见表 2.45。FXGTI01 设备方框图如图 2.47 所示。

表 2.45　FXGTI01 参数表

项　　目	技术规范
RTD 输入	91~140 Ω(−23~104 ℃)＊1 通道 (适合补偿)
燃烧压力输入	可以选择流动型＊1 通道 4~20 mA 4~20 mA/24 V DC 配电
叶片路径温度输入	−10~80 mV＊1 通道 (K 型: −270 ℃(−6.485 mV) −1 372 ℃(−54.886 mV))
排气温度输入	−10~80 mV＊1 通道 (K 型: −270 ℃(−6.485 mV) −1 372 ℃(−54.886 mV))
联锁输出	开式集电极＊4 通道 24 V DC/100 mA
模拟输入	4~20 mA＊1 通道 1~5 V DC＊1 通道
模拟输出	1~5 V DC＊2 通道
数字输入	光学耦合器输入＊6 通道 24 V DC/4 mA
数字输出	24 V DC/100 mA＊1 通道
自我诊断	监视计时器 电源低电压 应用故障 连接器松动 时钟监视器
串行接口(用于维护)	RS-232 (微型 DIN 连接器 6P)＊1 通道
串行接口	同步:250 kHz 通信周期:5 ms

续表

项　目	技术规范
状态指示	一个绿色/红色模块状态 LED 指示灯 16 个通道状态 LED 指示灯
计算速率(SH2)	高速 *1 周期:5 ms 中速 *1 周期:10 ms 低速 *1 周期:100 ms

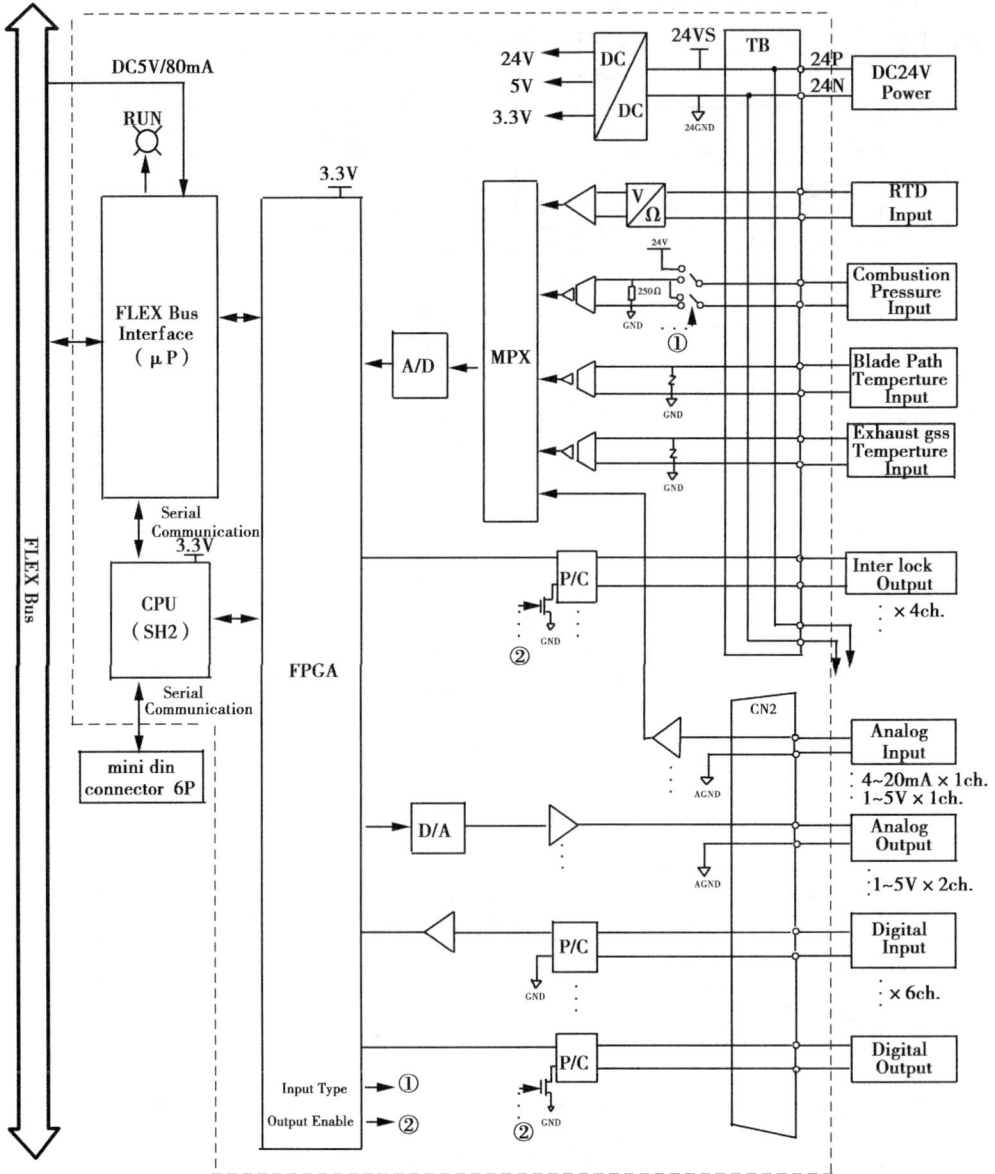

图 2.47　FXGTI01 设备方框图

H.FXVIM01

规格参数:

- 模拟信号(轴振动、燃烧压力波动等)。

- FFT 分析。

- 与 Flex-I/O ControlNet LAN 兼容。

FXVIM01 参数表见表 2.46。FXVIM01 设备方框图如图 2.48 所示。

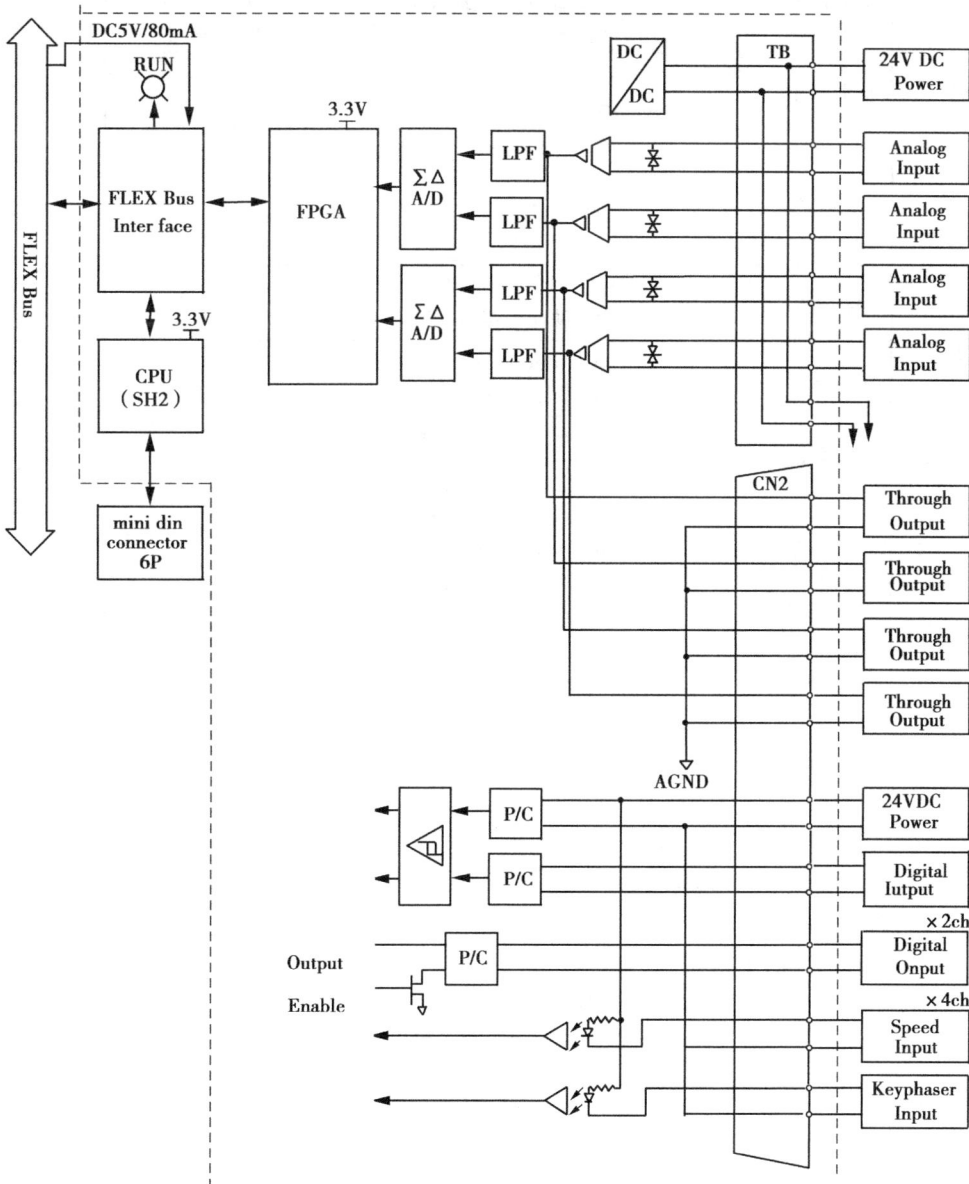

图 2.48　FXVIM01 设备方框图

表 2.46　FXVIM01 参数表

项　目	技术规范
模拟输入	±10 V＊4 通道
线性	±0.3%
输入阻抗	10 kΩ 以上
辅助输入	数字输入(光电耦合器)＊2 通道 转速输入:(接通:8 mA 以上,切断:0.1 mA 以下) 键相输入:(接通:8 mA 以上,切断:0.1 mA 以下)
辅助输出	1~5 V DC＊4 通道 数字输出(开集电极)＊4 通道
自我诊断	看门狗计时器 电源低电压 应用故障 时钟监视器
串行接口(用于维护)	RS-232 (微型 DIN 接口 6P)＊1 通道
串行接口	同步:250 kHz 通信周期:5 ms
状态指示	一个绿色/红色模块状态 LED 指示灯 16 个通道状态 LED 指示灯
计算速率(SH2)	高速＊1 周期:5 ms 中速＊1 周期:10 ms 低速＊1 周期:100 ms
低通滤波器	切断频率:15 kHz 衰减度:12 dB/倍频

I.FXVIM02

规格参数:

- 燃烧室压力波动输入。
- 燃烧室加速度压力波动输入。
- FFT 分析。
- 与 Flex-I/O ControlNet LAN 兼容。

FXVIM02 参数表见表 2.47。FXVIM02 设备方框图如图 2.49 所示。

表 2.47　FXVIM02 参数表

项　目	技术规范
模拟输入	1~5 V,回路电阻 250 Ω
线性	±0.3%
输入阻抗	10 kΩ 以上
辅助输入	数字输入(光电耦合器)＊2 通道 转速输入:(接通:8 mA 以上,切断:0.1 mA 以下) 键相输入:(接通:8 mA 以上,切断:0.1 mA 以下)

续表

项　目	技术规范
辅助输出	1~5 V DC * 4 通道 数字输出(开集电极) * 4 通道
自我诊断	看门狗计时器 电源低电压 应用故障 时钟监视器
串行接口(用于维护)	RS-232 (微型 DIN 接口 6P) * 1 通道
串行接口	同步:250 kHz 通信周期:5 ms
状态指示	一个绿色/红色模块状态 LED 指示灯 16 个通道状态 LED 指示灯
计算速率(SH2)	高速 * 1 周期:5 ms 中速 * 1 周期:10 ms 低速 * 1 周期:100 ms
滤波器	低通滤波器 1 切断频率:1.5 kHz 低通滤波器 2 切断频率:1.5 kHz

10)CPU 机架、CPU 电源和系统电源

MPS 站还包括 CPU 机架、CPU 电源和系统电源等设备。现介绍如下:

①CPCHS02

规格参数:

• CPCI 冗余 CPU 设备机架。

• 双 CPU,各有 8 个插槽。

• 每个 CPU 配置冗余电源。

CPCHS02 参数表见表 2.48。

表 2.48　CPCHS02 参数表

项　目	技术规范
CPCI 插槽	8 个模件槽(20 mm)/CPU 两个 CPU 设备机架
模件位置配置	CPU 右端配置两个槽 DIO 配置两个槽
电源设备	每个 CPU 系统配置冗余电源
CPCI 总线	基于 PICMG 2.0R 2.1

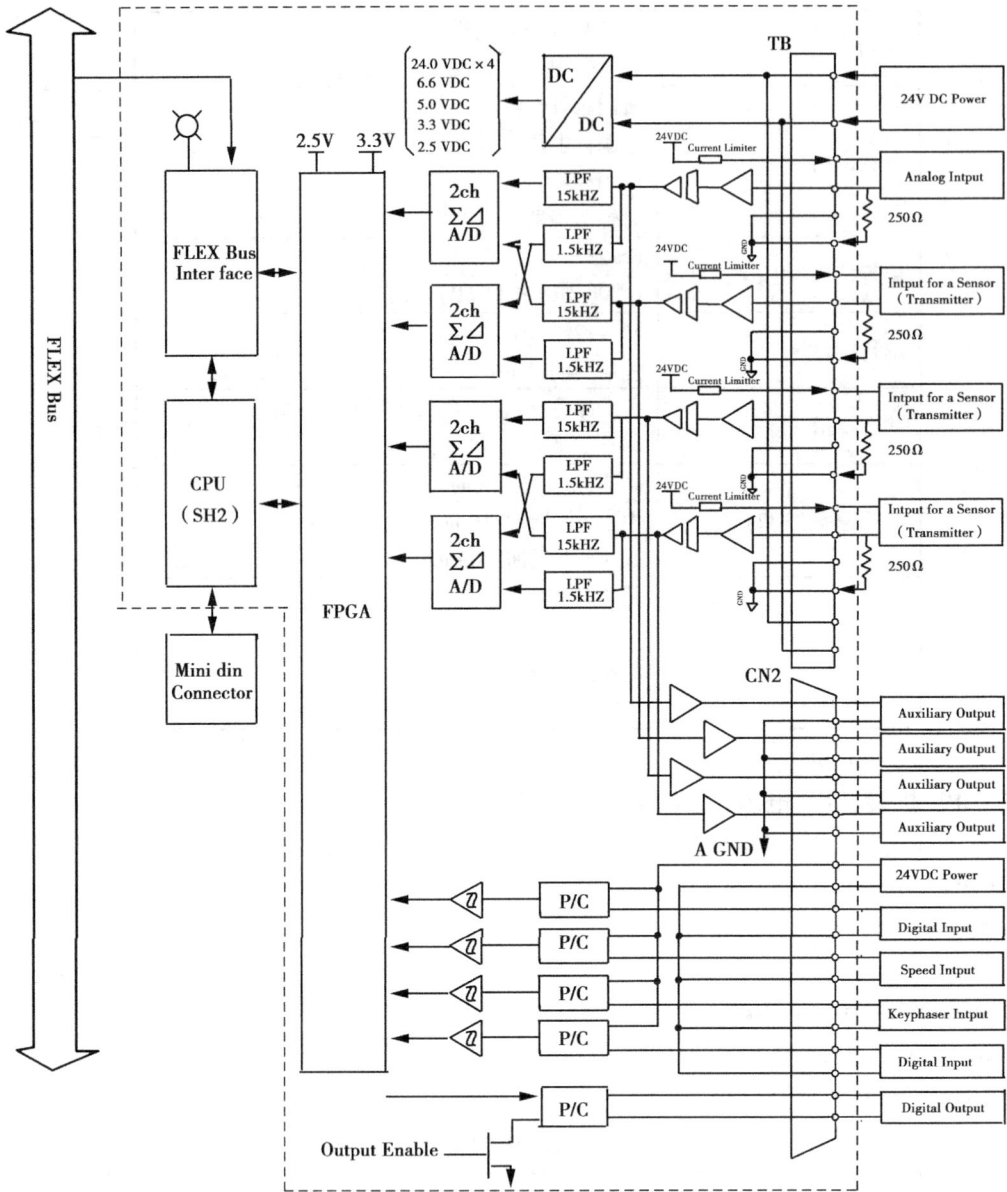

图 2.49　FXVIM02 设备方框图

②CPDDA01

规格参数:

- 3.3 V DC(最大电流 7 A)输出 1 通道。

- 5.0 V DC(最大电流 16 A)输出 1 通道。

- 输入电压:85~264 V AC/90~300 V DC。

- 双电压同时输出。

CPDDA01 参数表见表 2.49。

表 2.49　CPDDA01 参数表

项　目	技术规范
输入电压	85~264 V AC(47~63 Hz) 90~300 V DC
输出电压	3.3 V DC(最大电流 7 A)输出＊1 通道 5.0 V DC(最大电流 16 A)输出＊1 通道
效率	62%以上
保护	过电压保护 (人工复位) 过电流保护 (自动复位)

③FXDCC02

规格参数:

- 24 V DC(最大电流 1.65 A)输出 3 通道。
- 24 V DC(最大电流 0.56 A)输出 1 通道。
- 输入电压:85~264 V AC/90~300 V DC。
- 双电压同时输出。
- I/O 节点配置有模拟量和数字量模块时,采用该设备。

FXDCC02 参数表见表 2.50。

表 2.50　FXDCC02 参数表

项　目	技术规范
输入电压	85~264 V AC(47~63 Hz) 90~300 V DC
输出电压	24 V DC(最大电流 1.65 A)输出＊3 通道 24 V DC(最大电流 0.56 A)输出＊1 通道
效率	73%以上
报警输出	两接点开关提供电源异常报警输出
保护	过电压保护 (人工复位) 过电流保护 (自动复位)

④FXDCC03 电源设备(DC 24 V 输出,10 W＊1 通道,40 W＊1 通道)

规格参数:

- 24 V DC(最大电流 1.65 A)输出 1 通道。
- 24 V DC(最大电流 0.56 A)输出 1 通道。
- 输入电压:85~264 V AC/90~300 V DC。
- 双电压同时输出。
- I/O 节点配置有模拟量和数字量模块时,采用该设备。

FXDDC03 参数表见表 2.51。

表 2.51　FXDCC03 参数表

项　目	技术规范
输入电压	85~264 V AC(47~63 Hz) 90~300 V DC
输出电压	24 V DC(最大电流 1.65 A)输出 * 1 通道 24 V DC(最大电流 0.56 A)输出 * 1 通道
效率	73%以上
报警输出	两接点开关提供电源异常报警输出
保护	过电压保护 (人工复位) 过电流保护 (自动复位)

⑤FXDCG01 电源设备

规格参数：

- 24 V DC(最大电流 1.65 A)输出 2 通道。
- 24 V DC(最大电流 0.5 A)输出 1 通道。
- 48 V DC(最大电流 0.83 A)输出 1 通道。
- 输入电压:85~264 V AC/90~300 V DC。
- 双电压同时输出。

FXDCG01 参数表见表 2.52。

表 2.52　FXDCG01 参数表

项　目	技术规范
输入电压	85~264 V AC(47~65 Hz) 90~300 V DC
输出电压	24 V DC(最大电流 1.65 A)输出 * 2 通道 24 V DC(最大电流 0.5 A)输出 * 1 通道 48 V DC(最大电流 0.83 A)输出 * 1 通道
效率	73%以上
报警输出	两接点开关提供电源异常报警输出
保护	过电压保护 (人工复位) 过电流保护 (自动复位)

⑥CPDDA11

规格参数：

- 3.3 V DC(最大电流 7 A)输出 1 通道。
- 5.0 V DC(最大电流 16 A)输出 1 通道。

- 输入电压：85~264 V AC/90~300 V DC。
- 双电压同时输出。

CPDDA11 参数表见表 2.53。

表 2.53　CPDDA11 参数表

项　目	技术规范
输入电压	85~264 V AC(47~63 Hz) 90~300 V DC
输出电压	3.3 V DC(最大电流 7 A)输出 *1 通道 5.0 V DC(最大电流 16 A)输出 *1 通道
效率	62%以上
报警输出	两接点开关提供电源异常报警输出
保护	过电压保护 （人工复位） 过电流保护 （自动复位）

⑦FXDCC05

规格参数：

- 24 V DC(最大电流 0.45 A)输出 1 通道。
- 输入电压：85~264 V AC/90~300 V DC。
- 双电压同时输出。

FXDCC05 参数表见表 2.54。

表 2.54　FXDCC05 参数表

项　目	技术规范
输入电压	85~264 V AC(47~65 Hz) 90~300 V DC
输出电压	24 V DC(最大电流 0.45 A)输出 *1 通道
效率	70%以上
报警输出	两接点开关提供电源异常报警输出
保护	过电压保护（人工复位） 过电流保护 （自动复位）

⑧DTU

类型：

A 型：RS232　8 通道。

B 型:RS232 16 通道。

C 型:RS232 24 通道。

规格参数:

• RS-232C 接口与以太网数据传输转换装置。

DTU 参数表见表 2.55。

表 2.55 DTU 参数表

项 目	技术规范
接口	RS-232C(D-sub,9 针) * 1 通道 100 Base 以太网(RJ45) * 2 通道 A:RS-232C * 8 通道(36 针 amphenol * 2 通道) B:RS-232C * 16 通道(36 针 amphenol * 4 通道) C:RS-232C * 24 通道(36 针 amphenol * 6 通道) (用于连接 VIM)
状态指示	8 个红色 LED 状态显示
效率	70%以上

⑨CPCHS11

规格参数:

• CPCI 冗余 CPU 设备机架。

• 双 CPU,各有 8 个插槽。

• 每个 CPU 配置冗余电源。

CPCHS11 参数表见表 2.56。

表 2.56 CPCHS11 参数表

项 目	技术规范
CPCI 插槽	每个机架可以配置两个 CPU 系统 每个 CPU 系统配置 7 个 3U 模件槽和一个 6U 模件槽
模件位置配置	每个 CPU 系统有 8 个模件槽(20 mm) CPU 卡件:1 * 2 槽宽(6U) 系统 I/O 卡件:1 * 2 槽宽(3U) 其他卡件:6 * 1 槽宽(3U)
CPCI 总线	基于 PICMG 2.0R2.1
电源设备	每个 CPU 系统配置冗余电源

(2)CPU 机架模件布置

CPU 机架模件布置如图 2.50 所示。

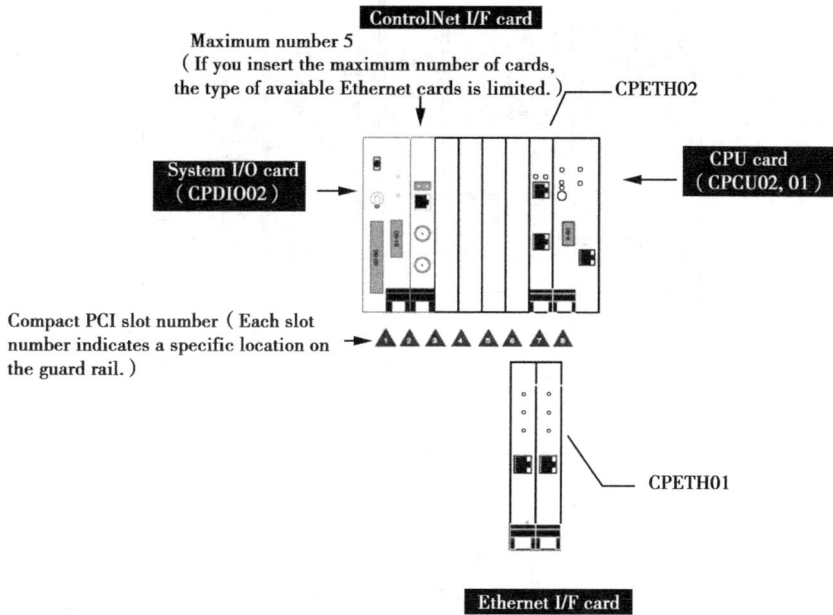

图 2.50 CPU 机架模件布置图

(3)CPU 机架 Control-Net 卡件配置

CPU 机架根据可以配置的 Control-Net 卡的数量分为以下 3 种类型：

①CPCHS01：配置 3 块或 3 块以下 Control-Net 卡。

②CPCHS02：配置 4 块 Control-Net 卡。

③CPCHS03：配置 5 块 Control-Net 卡。

CPU 机架可以配置的模件类型见表 2.57。

表 2.57 基座设备硬件参数表

CPU 基座类型	Control-Net 卡数量	CPU 卡		系统 I/O 卡		以太网卡	
		CPCPU01	CPCPU02	CPDIO01	CPDIO02	CPETH01	CPETH02
CPCHS01	3 块或更少	√	√	√		√	
CPCHS02	4	√	√		√	√	
CPCHS03	5	√	√		√		√

注：√:适用的;空白:不适用。

表 2.57 中,各种 CPU 基座类型的机架模件布置图如图 2.51~图 2.53 所示。

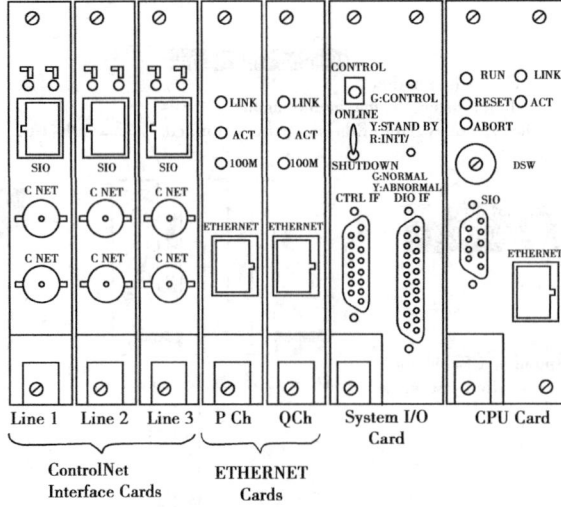

图 2.51 CPCHS01 机架模件布置图

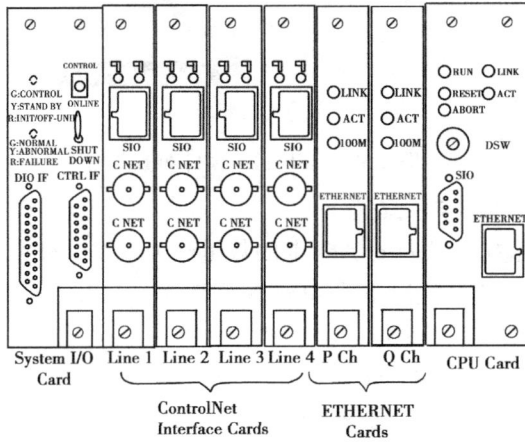

图 2.52 CPCHS02 机架模件布置图

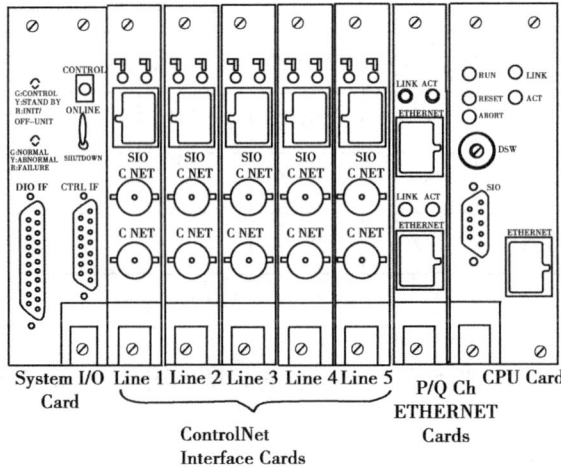

图 2.53 CPCHS03 机架模件布置图

（4）CPU 机架模件连接方式

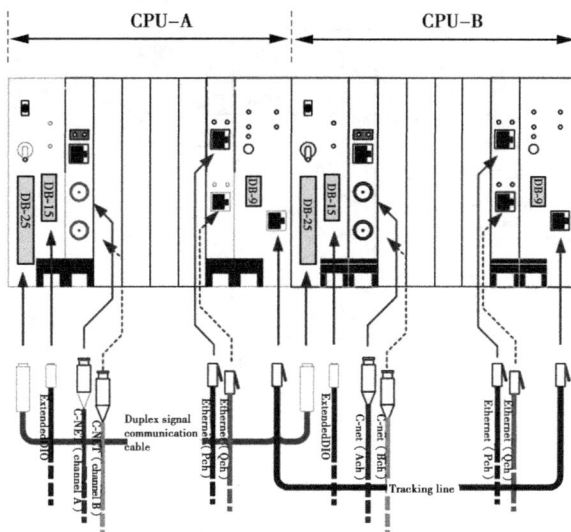

图 2.54　CPU 机架模件连接线路图

如图 2.54 中，以太网卡型号为 CPETH02，一个以太网卡上同时连接着 P 网络和 Q 网络，其中，P 网络和 Q 网络是相互冗余的。一个 Control-Net 卡同时连接着 A 网络和 B 网络，其中，A 网络和 B 网络是相互冗余的。CPU A 和 CPU B 的系统 I/O 卡通过控制线进行连接。该控制线用于监视 CPU 状态，当主用 CPU 故障时，系统可以自动无扰切换到备用 CPU 控制。

MPS 站总体连接线路图如图 2.55 所示。

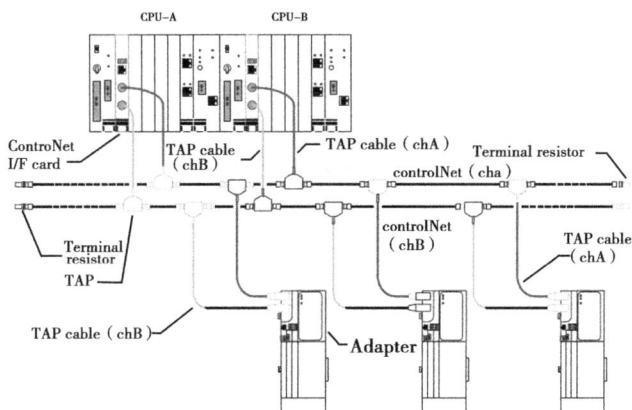

图 2.55　MPS 站总体连接线路图

（5）模件状态灯指示说明

模件上的各个指示灯都表示了设备的工作状态，能帮助技术人员确认设备运行情况，现对各个模件指示灯状态进行说明。

1）CPU 模件（CPCPU01/CPCPU02）

CPCPU01：用于标准系统配置。

CPCPU02：用于需要高速运算的控制系统中，如燃气轮机或单轴联合循环机组的控制系统。

两个 CPU 模件的外观结构和状态指示灯相同,只是内部 CPU 芯片有所不同,它们的外观示意图如图 2.56 所示。

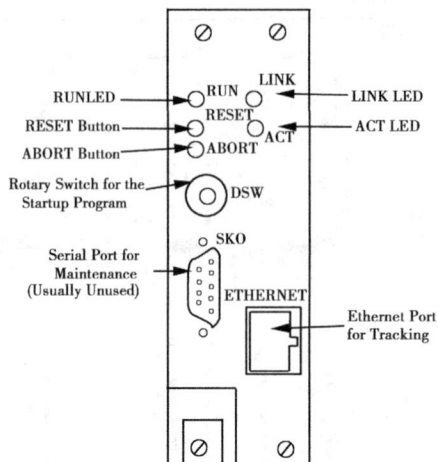

图 2.56　CPU 模件外观示意图

状态指示灯说明表见表 2.58。

表 2.58　CPU 模件状态指示灯说明表

指示灯	颜　色	状　态	含　义
RUN	无	—	断电状态
	黄色	保持	CPU 复位进行中
	红色	闪烁	当内存中的"Dump"文件在写入 CF 卡过程中出现错误时,CPU 在停运过程中
	红色	保持	特殊异常(运行中的软件出现故障)
	绿色	闪烁	停运完成
	绿色	保持	正常状态
LINK	绿色	保持	网络连接正常
	无	—	断网
ACT	绿色	闪烁	数据通信进行中
	无	—	无数据通信

2)系统 I/O 模件(CPDIO001/CPDIO002)

CPDIO001:用于配置 3 块及以下 Control-Net 模件系统中。

CPDIO002:用于配置 4 块及以上 Control-Net 模件系统中。

它们的外观示意图如图 2.57 所示。

状态指示灯说明表见表 2.59。

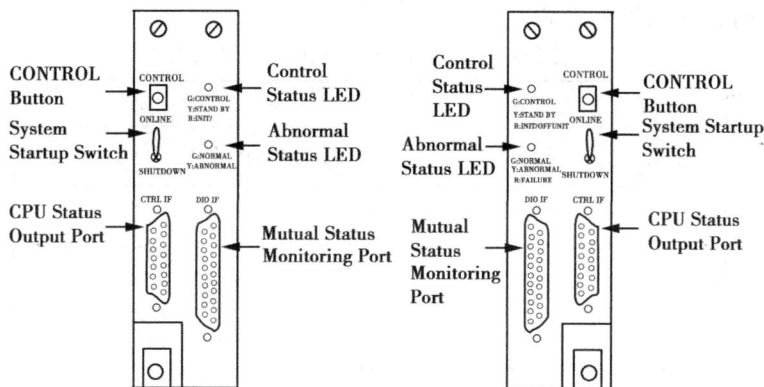

图 2.57　系统 I/O 模件外观示意图

表 2.59　系统 I/O 模件状态指示灯说明表

指示灯	颜　色	状　态	含　义
Any LED	无	—	系统 I/O 模件硬件故障
control status	绿色	保持	CPU:主控
	黄色	保持	CPU:备用
	红色	保持	CPU:离线
	红色	闪烁	CPU:正在初始化
Abnormal status	绿色	保持	CPU:正常
	黄色	保持	CPU:轻故障
	红色	保持	CPU:重故障

3)以太网模件(CPETH01/ CPETH02)

CPETH01:P 通道和 Q 通道分别连接至不同的以太网模件。该型号模件用于 CPH01 和 CPH02 型号的 CPU 机架中。

CPETH02:P 通道和 Q 通道都连接至同一块以太网模件。该型号模件用于 CPH03 型号的 CPU 机架中。

它们的外观示意图如图 2.58 所示。

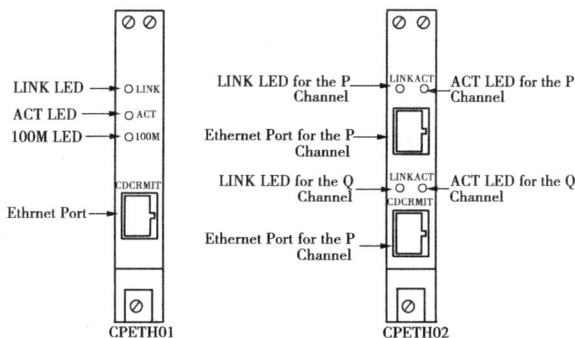

图 2.58　以太网模件外观示意图

状态指示灯说明表见表 2.60。

表 2.60　以太网模件状态指示灯说明表

指示灯	颜　色	状　态	含　义
LINK	绿色	保持	网络已建立
ACT	绿色	闪烁	数据通信进行中
	无	—	无数据通信
100M	黄色	保持	100BASE-TX 已建立

4）Control-Net 模件（CPCNT01）

该模件的外观示意图如图 2.59 所示。

状态指示灯说明表见表 2.61。

表 2.61　Control-Net 模件状态指示灯说明表

指示灯	颜　色	状　态	含　义
C NET A	无	—	（A 和 B）复位中或失电
	红色	保持	（A 和 B）连接故障
	红色/绿色	交替闪烁	（A 和 B）自我诊断中
	红色	闪烁	（A 和 B）节点设置故障
	无	—	（A 或 B）通道故障
	红色/绿色	交替闪烁	（A 或 B）通信设置故障
	红色	闪烁	（A 或 B）通信故障
	绿色	闪烁	（A 或 B）错误——在收到网络数据后需进行自纠正
	绿色	保持	（A 或 B）正常运行状态
C NET B	无	—	（A 和 B）复位或失电
	红色	保持	（A 和 B）连接故障
	红色/绿色	交替闪烁	（A 和 B）自我诊断中
	红色	闪烁	（A 和 B）节点设置故障
	无	—	（A 或 B）通道故障
	红色/绿色	交替闪烁	（A 或 B）通信设置故障
	红色	闪烁	（A 或 B）通信故障
	绿色	闪烁	（A 或 B）错误——在收到网络数据后需进行自纠正
	绿色	保持	（A 或 B）正常运行状态

多 Control-Net 网络硬件配置示意图如图 2.60 所示。

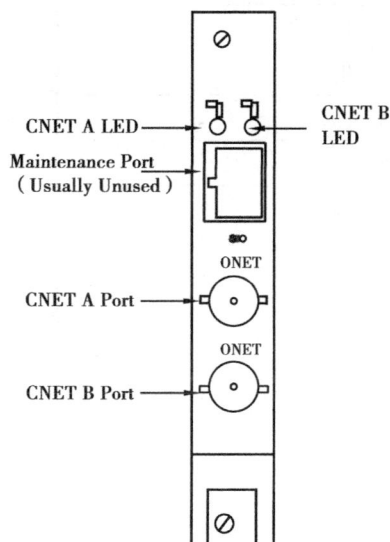

图 2.59　Control-Net 模件外观示意图　　　　　图 2.60　多 Control-Net 网络硬件配置示意图

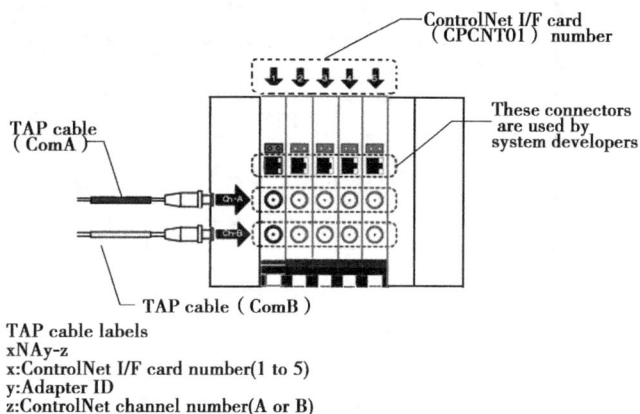

5）网络适配器

该设备的外观结构如图 2.61 所示。其中各个编码对应设备表见表 2.62。

适配器状态指示灯说明表见表 2.63。

图 2.61　网络适配器外观示意图

表 2.62　网络适配器设备表

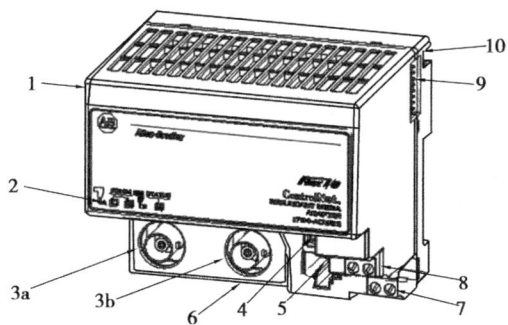

编码	名　称
1	适配器模块
2	LED 灯
3a	BNC 接口 A
3b	BNC 接口 B
4	适配器 ID 拨码开关
5	适配器编程端口
6	模块锁片
7	+24 V 直流电源接线端
8	+24 V 电源 COM 端
9	Flex Bus 接口
10	锁槽

表 2.63　适配器状态指示灯说明表

指示灯	颜　色	状　态	含　义
C NET A	无	—	(A 和 B)复位中或失电
	红色	保持	(A 和 B)连接故障
	红色/绿色	交替闪烁	(A 和 B)自我诊断中
	红色	闪烁	(A 和 B)节点设置故障
	无	—	(A 或 B)通道故障
	红色/绿色	交替闪烁	(A 或 B)通信设置故障
	红色	闪烁	(A 或 B)通信故障
	绿色	闪烁	(A 或 B)错误——在收到网络数据后需进行自纠正
	绿色	保持	(A 或 B)正常运行状态
C NET B	无	—	(A 和 B)复位中或失电
	红色	保持	(A 和 B)连接故障
	红色/绿色	交替闪烁	(A 和 B)自我诊断中
	红色	闪烁	(A 和 B)节点设置故障
	无	—	(A 或 B)通道故障
	红色/绿色	交替闪烁	(A 或 B)通信设置故障
	红色	闪烁	(A 或 B)通信故障
	绿色	闪烁	(A 或 B)错误——在收到网络数据后需进行自纠正
	绿色	保持	(A 或 B)正常运行状态

适配器用于将 I/O 模块连接至 Control-Net 网络,其连接示意图如图 2.62 所示。

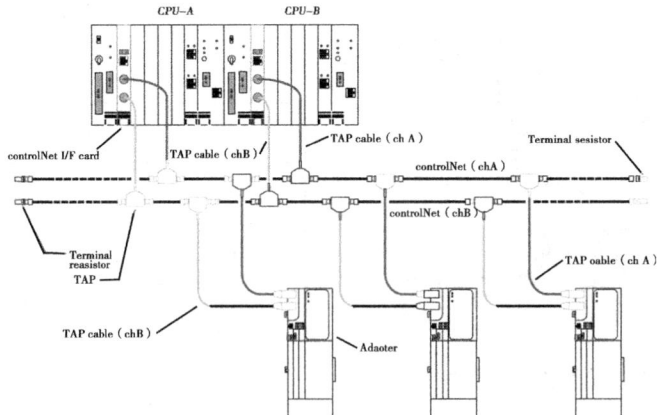

图 2.62　适配器连接示意图

6) I/O 模块

模块外观示意图如图 2.63 所示。所有的模块都有相似的外观,各类模块通过不同颜色的标签纸和标识说明来区分模块型号。

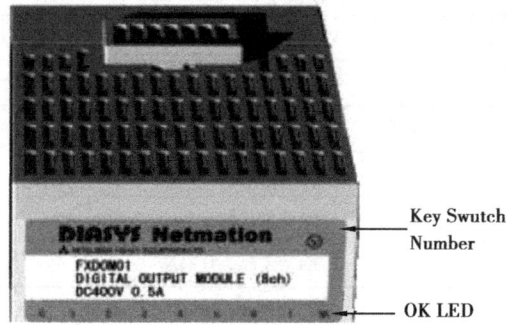

图 2.63　I/O 模块外观示意图

①AI/AO 模块（FXAIM∗，FXAOM∗）

AI/AO 模块状态指示灯的说明：

AI/AO 模块（单模块配置）（FXAIM01/02/03/04/05，FXAOM01）状态指示灯说明表见表 2.64。

表 2.64　AI/AO 模块（单模块配置）状态指示灯说明表

指示灯	颜　色	状　态	含　义
OK	红色	保持	初始化中或产生异常
	绿色	闪烁	调整未完成
	绿色	闪烁	未建立远程 I/O 的通信
	绿色	保持	建立远程 I/O 的通信

AO 模块（冗余模块配置）（FXAOM01D）状态指示灯说明表见表 2.65。

表 2.65　AO 模块（冗余模块配置）状态指示灯说明表

指示灯	颜　色	状　态	含　义
OK	红色	保持	初始化中或产生异常
	红色/黄色	交替闪烁	备用状态（调整未完成）
	绿色	闪烁	主用状态（调整未完成）
	红色/黄色	交替闪烁	备用状态（未建立远程 I/O 的通信）
	绿色	闪烁	主用状态（未建立远程 I/O 的通信）
	黄色	保持	备用状态（建立远程 I/O 的通信）
	绿色	保持	主用状态（建立远程 I/O 的通信）

②DI/DO 模块（FXDIM∗，FXDOM∗）

DI/DO 模块（单模块配置）（FXDIM01—FXDIM13，FXDOM01/02，FXDOT01）状态指示灯说明表见表 2.66。

表 2.66　DI/DO 模块(单模块配置)状态指示灯说明表

指示灯	颜色	状态	含义
OK	红色	保持	初始化中或产生异常
	绿色	闪烁	未建立远程 I/O 的通信
	绿色	保持	建立远程 I/O 的通信
LED 输入	—	—	输入信号为 OFF
	绿色	保持	输入信号为 ON

DO 模块(冗余模块配置)(FXDOM01D/FXDOM02D)状态指示灯说明表见表 2.67。

表 2.67　DO 模块(冗余模块配置)状态指示灯说明表

指示灯	颜色	状态	含义
OK	红色	保持	初始化中或产生异常
	红色/黄色	交替闪烁	备用状态(调整未完成)
	绿色	闪烁	主用状态(调整未完成)
	黄色	保持	备用状态(未建立远程 I/O 的通信)
	绿色	保持	主用状态(建立远程 I/O 的通信)
LED 输入	—	—	输入信号为 OFF
	绿色	保持	输入信号为 ON

③其他模块

功能模块:FXEDI01/02,FXPIM01/02,FXPOM01,FXVIF01。

透平控制模块:FXSVL01/02/03/04,FXSVT01/02/03/04,FXOPC01,FXEOS01,FXTCL01,FXGTI01。

其他功能模块状态指示灯说明表见表 2.68。

表 2.68　其他功能模块状态指示灯说明表

指示灯	颜色	状态	含义
OK	红色	保持	初始化中或出现异常
	绿色	闪烁	未建立远程 I/O 的通信
	绿色	保持	建立远程 I/O 的通信

备注:根据现场实际情况,现举伺服模块(FXSVL∗)为例,对模块上的指示灯说明如下:

LED_7　　　　　NORMAL　(模块正常)

LED_9　　　　　AUTO　(自动设定 ON)

LED_11　　　　　Own-ACT　(自控)

LED_12　　　　　Primary　(优先设定 ON)

LED_13　　　　　DUAL　(DUAL 设定 ON)

LED_14　　　　　Other-ACT　(他控)

LED_15　　　　　　　Other-NORMAL　（他控正常）

LED_OK　　　　　　（正常:绿;异常:红;待机:橙）

注:该部分图片引用自三菱手册 TAS71-G500E TA Version 5.0 issue date。

2.2.3　控制系统通信组成

DIASYS 控制系统中,内部数据通信采用的是 Control-Net 实时性现场总线网络。Control-Net是一种实时的控制层网络,在单一物理介质链路上,可以同时支持对时间有苛刻要求的实时 I/O 数据的高速传输,以及报文数据的发送,包括编程和组态数据的上载、下载以及对等信息传递等。Control-Net 网络的速度始终保持在 5 Mbit/s 而不会随距离衰减,并可在噪声环境中使用,因此 Control-Net 网络是构建控制系统内部通信理想的网络总线技术。

(1) DIASYS 控制系统 Control-Net 网络结构

DIASYS 控制系统中,现场信号送至输入 I/O 模块后,经 I/O 模块适配器通过 Control-Net 网络送入 Control-Net 接口卡件。Control-Net 接口卡件再通过 CPCI 总线将现场信号送入 CPU 卡件进行逻辑运算。运算后的控制指令再反向通过 CPCI 总线,经 Control-Net 接口卡件和I/O 模块适配器,最终通过输出 I/O 模块,将控制指令发送至现场设备。DIASYS 系统信号传送路径如图 2.64 所示。

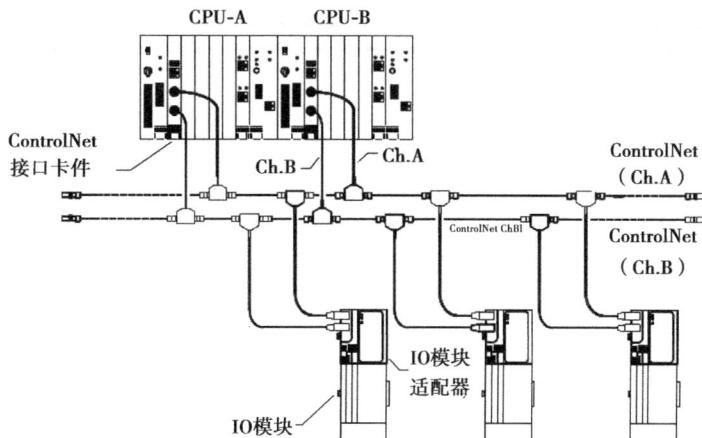

图 2.64　现场信号传送路径示意图

从图 2.64 可以看到,在 DIASYS 控制系统中,Control-Net 网络是冗余配置的。每个 I/O 模块适配器同时通过 Control-Net 网络 A 和 Control-Net 网络 B 向 Control-Net 接口卡件传送数据。当有一个网络通道出现问题时,依然能够保证数据的正常传送。

(2) 透平控制系统(TCS)模块物理地址配置说明

在透平控制系统中共配置了 5 组互为冗余的 Control-Net 网络,如图 2.65 所示。在对 I/O 信号的硬件通道进行定义时,主要考虑 4 项因素:Control-Net 网络号、I/O 模块适配器号、I/O 模块号和信号通道号。如硬件通道地址为 5NA02-3-10 的 I/O 信号,其中的"5"代表 Control-Net 网络号,在此时表示 Control-Net 5;"02"代表 I/O 模块适配器号,此时表示在 Control-Net 5 网络下编号为"02"的 I/O 模块适配器;"3"代表 I/O 模块号,此时表示在编号为"02"的 I/O 模块适配器下的第 3 块 I/O 模块;"10"代表 I/O 通道地址号,此时表示在第 3 块 I/O 模块中的第 10 号通道。

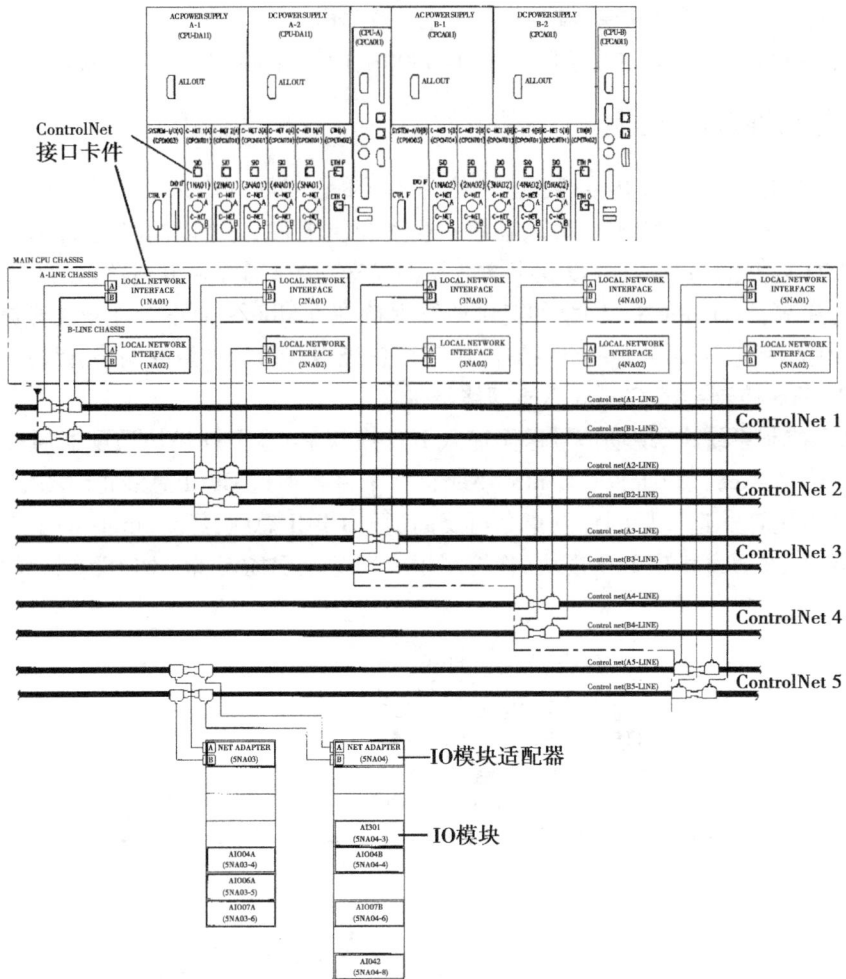

图 2.65   TCS 系统模块物理地址配置说明

2.3   DIASYS 控制系统软件

DIASYS 控制系统软件主要由 3 部分软件系统组成：WSM（Work Space Manager）人机接口监控软件；ORCA View 系统组态软件；LogicCreator 逻辑组态软件。

2.3.1   Work Space Manager（WSM）人机接口监控软件

Work Space Manager（WSM）监控软件是三菱 DIASYS 控制系统的人机接口软件。软件设计了多种形式的人机交互接口，它包括机组状态监控窗口、机组报警监控窗口、历史数据查询窗口等。运行操作人员通过 WSM 监控软件可有效地完成对机组运行状态的监视和控制。

Work Space Manager（WSM）监控软件主要包含的监控窗口类型及打开数量限制说明表见表 2.69。

表 2.69　监控窗口类型及显示数量限制说明表

窗口类型	限制数量
机组状态监控窗口和逻辑监视窗口	4
数据趋势查询窗口	3
控制回路窗口	2
控制操作面板	4
报警查询窗口	1
OPS 浏览器	1
快速趋势查询窗口	4
维护日志查询窗口	1
报警列表	1
数据修改查询窗口	1
数据查询窗口	1
组点值显示窗口	1
数字点组趋势查询窗口	1

2.3.2　ORCA View 组态工具软件

DIASYS-IDOL^{++}是构建 DIASYS 控制系统工程工具的通用术语,它由数据库(ObjectDatabase)、数据文件(ORCA files)和人机接口组态软件(ORCA View)组成。组态完成的画面信息,如逻辑画面、系统画面等都以数据文件的形式进行保存。构建画面的各种元素,以及元素本身所具有的属性参数都保存在数据库中。数据文件与数据库共同组成 ORCA 服务器。通过系统组态软件 ORCA View,可对 ORCA 服务器中的文件进行修改、参数进行调整以及对硬件配置和逻辑画面进行组态。

组态工具 ORCA View 由 6 个工具窗口组成,分别是 System 窗口、Logic 窗口、Graphic 窗口、HMI 窗口、Document 窗口及 Drawing 窗口。

①System 窗口。定义系统结构和硬件配置。

②Logic 窗口。逻辑创建工具,生成系统控制运算逻辑。

③Graphic 窗口。图形创建工具,生成系统监控图形。

④HMI 窗口。人机接口功能创建工具。

⑤Document 窗口。数据库编辑工具,编辑数据库(ObjectDatabase)。

⑥Drawing 窗口。将每个工具窗口的文件内容转化为可打印的电子文档。

2.3.3　Logic Creator 逻辑组态软件

Logic Creator 是三菱 DIASYS 控制系统的逻辑组态软件,基于 Windows 系统下的绘图软件 VISIO2000 的平台开发而成。工作人员通过 ORCA View 的 Logic 窗口可新建、修改、存储、编译控制逻辑组态。

2.3.4　功能块

(1) 应用说明

功能模块是指数据说明、可执行语句等程序元素的集合,它是指单独命名的可通过名字来访问的过程、函数、子程序或宏调用。功能模块化是将程序划分成若干个功能模块,每个功能模块完成一个子功能,再把这些功能模块汇总起来组成一个整体,以满足所要求的整个系统的控制功能。

本部分详细介绍三菱 DIASYS 系统中各个功能块的作用。

(2) 功能块

1) AND

功能:

X_{01}
X_{02}　Y
X_{03}

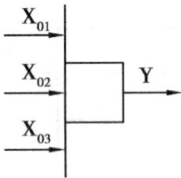

● 多输入条件的逻辑与输出。
● 最多20个数字量输入信号。
● 只有当所有输入条件全部置1时输出才置1。
● 只要有一个输入条件置0,输出也置0。

2) OR

功能:

X_{01}
X_{02}　Y
X_{03}

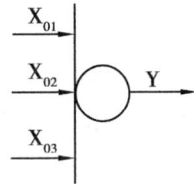

● 多输入条件的逻辑或输出。
● 最多20个数字量输入信号。
● 只要有一个输入信号置1,输出就置1。
● 只有当所有输入条件都置0时,输出才置0。

3) NOT

功能:

X　Y

● 将输入条件反向输出。
● 当输入信号置0时,输出信号置1。
● 当输入信号置1时,输出信号置0。

4) XOR

功能:

X_1
X_2　XOR　Y

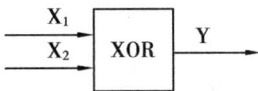

● 对于两个不同的数字量输入信号,输出置1。
● 对于两个相同的数字量输入信号,输出置0。

5）SSR

功能：

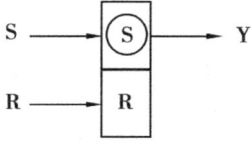

●设置信号置1时输出置1；复位信号置1时输出切断。

●如果设置置1/复位信号切断，输出保持以前的输出。

●如果设置置1/复位信号都置1，设置信号优先。

●用于警告存储器以防异常状态在该状态进行过程中复位。

注意：

● 如果设置/复位信号在运算开始初始状态下切断，运算则从输出参数指定的初始值的状态开始。

SSR 增值表如图 2.66 所示。

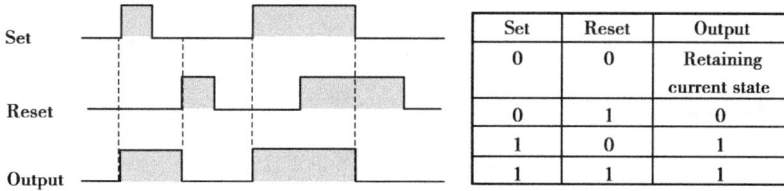

Set	Reset	Output
0	0	Retaining current state
0	1	0
1	0	1
1	1	1

图 2.66　SSR 增值表

6）SRR

功能：

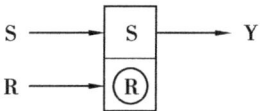

●设置信号置1时输出置1；复位信号置1时输出切断。

●如果设置置1/复位信号切断，输出保持以前的输出。

●如果设置置1/复位信号都置1，复位信号优先。

●用于通过自动/人工按钮等方式切断。

注意：

● 如果设置/复位信号在运算开始初始状态下切断，运算则从输出参数指定的初始值的状态开始。

SRR 增值表如图 2.67 所示。

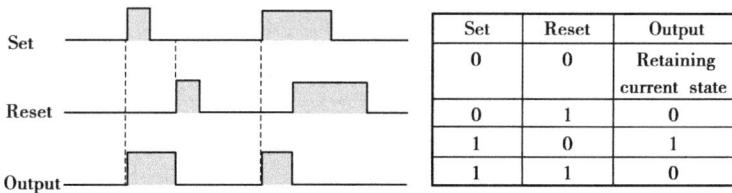

Set	Reset	Output
0	0	Retaining current state
0	1	0
1	0	1
1	1	0

图 2.67　SRR 增值表

7) OND

功能:

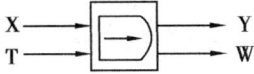

> ●如果输入信号X置1并持续时间T，那么输出Y则置1。
> ●输入信号X置0时，输出Y同时置0。
> **注意:**
> ●控制系统启动初始化时，如果输入信号X状态为1，那么输出Y置1。

W 为计时剩余时间。

8) OFD

功能:

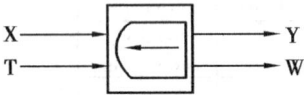

> ●如果输入信号X置0并保持时间T，那么输出信号Y置0。
> ●输入信号X置1时，输出信号Y同时置1。
> **注意:**
> ● 对于运算开始初始状态，如果输入信号置1，那么输出信号也置1。

W 为计时剩余时间。

9) OSP

功能:

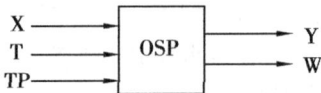

> ●输入信号置1时，输出置1。信号持续置1一定时间后，输出置0。
> ●即使输入在该指定时间内置0，输出也应该继续保持置1指定的时间。

W 为计时剩余时间。

10) TDW

功能:

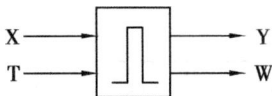

> ●输入信号置1时，输出置1。信号持续置1指定时间后，输出切断。
> ●输入切断后，输出立即切断。
> ●用于生成单触发启动命令信号等。

W 为计时剩余时间。

11）TON

功能：

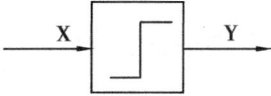

| ●只有当输入信号由0变1时，输出一个运算周期的脉冲。 ●用于生成单触发启动命令信号等。 注意： ●　TDW用作不同步的运算逻辑启动命令时，TON用作同一控制系统中同步运算逻辑的启动命令。 |

12）TOF

功能：

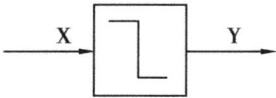

| ●只有当输入信号由1变0时，输出一个运算周期的脉冲。 ●用于生成单触发启动命令信号等。 |

13）HIM

功能：

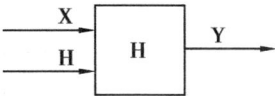

| ●模拟输入信号超过设定值上限时，输出置1。 |

14）LOM

功能：

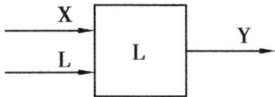

| ●模拟输入信号超过设定值下限时，输出置1。 |

15）HLM

功能：

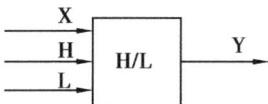

| ●模拟输入信号超过设定值上限或下限时，输出置1。 ●用于判断信号的高/低警告。 注意： ●输入等于设定值上限或下限时，输出切断。 ●如果设定值上限和下限相颠倒，则有块运算误差。 |

113

16）HMH

功能：

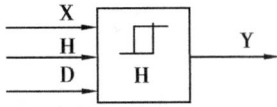

● 模拟输入信号超过设定值上限时，输出置1。

● 该设定值存在死区。

● 用于当信号围绕警告设定值波动时防止反复发生警告。

17）HLH

功能：

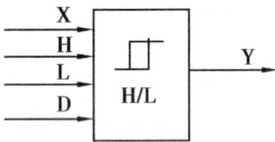

● 模拟输入信号超过设定值上限或下限时，输出置1。

● 用于当信号围绕警告设定值波动时防止反复发生警告。

● 如果设定值的上限和下限相反，则有块运算误差。

18）DHL

功能：

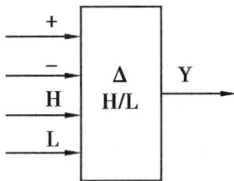

● 两个模拟信号的差超过上/下限设定值时，输出置1。

● 输入1减去输入2得到该差值。

● 用于判断控制设定值与过程值之间偏差的警告。

注意：

● 该差值与上限或下限值相同时，输出切断。

● 如果上限与下限值颠倒，则有块运算误差。

19）RHL

功能：

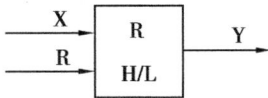

● 模拟输入信号的变化速率绝对值超过设定值时，输出置1。

● 用于判断信号的突然变化。

20）M/N

功能：

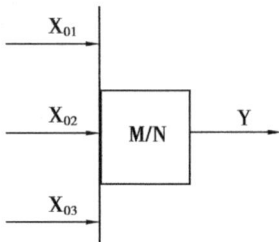

● 多个条件中M个或M以上个条件置1时，输出置1。

● 输入条件最多为20个。

● 用于3取2判断。

21）MON

功能：

$$X_{01}$$
$$X_{02}$$ ── M ── Y
$$X_{03}$$

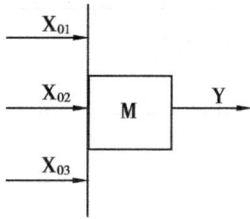

● 多个输入条件中M个条件置1时，输出置1。
● 输入条件最多为20个。

22）UPC

功能：

X ── CPU ── Y_1 Y_2 Y_3 Y_{32}

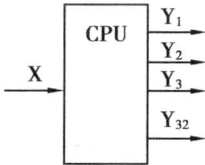

● 将32位整数信号分包为32个数字量输出点，每一位各为一个数字量信号输出点。

23）FLC

功能：

X
T_{on} ── Y
T_{off}

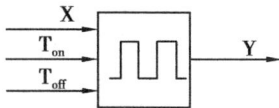

● 输入信号X置1时，输出信号Y为不间断脉冲。脉冲高电平宽度由T_{on}定义，低电平宽度由T_{off}定义。

24）ADD

功能：

X_{01}
X_{02} ── + ── Y
X_{03}

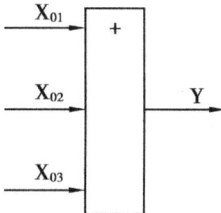

● 输出信号Y为多个输入信号的和。
● 输入信号最多20个。
$$Y = X_{01} + X_{02} + X_{03}$$

25）SUM

功能：

X_1
X_2
K_1 ── Σ ── Y
K_2

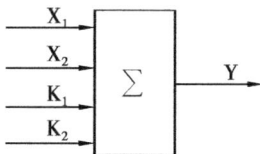

● 输出信号Y为输入信号X_1和X_2与各自增益乘积的和。
$$Y = X_1 \times K_1 + X_2 \times K_2$$

26）DLT

功能：

X_1
X_2 ── Δ ── Y

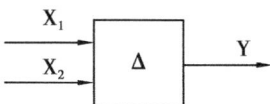

● 输出信号Y为输入信号X_1减去输入信号X_2的差值。
$$Y = X_1 - X_2$$

27) MUL

功能：

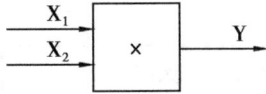

X₁ ── X₂ ── [×] ── Y	●输出信号Y为输入信号X₁、X₂的乘积。 $$Y = X_1 \times X_2$$

28) DIV

功能：

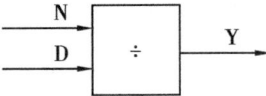

N ── D ── [÷] ── Y	●输出信号Y为输入信号N除以输入信号D的商值。 $$Y = N/D$$

29) ABS

功能：

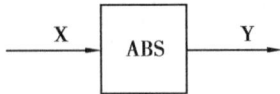

X ── [ABS] ── Y	●输出信号Y为输入信号X的绝对值。 ●用于采集有正负波动值的绝对值，如变差信号等。

30) ROT

功能：

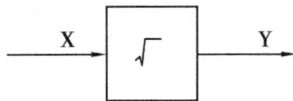

X ── [√] ── Y	●输出信号Y为输入信号X的平方根值。

31) NEG

功能：

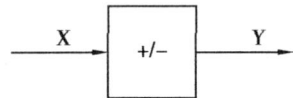

X ── [+/−] ── Y	●输出信号Y为输入信号X的反相输出。

32) PWR

功能：

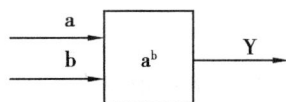

a ── b ── [aᵇ] ── Y	●输出信号Y为输入信号的幂值。 $$Y = a^b$$

33) ZER

功能：

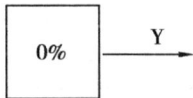

[0%] ── Y	●0%模拟量信号输出。

34）INF

功能：

∞ ────→ Y

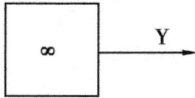

●3.40×10^{38}模拟量信号输出。
●用于设置变化速率数值。

35）SG

功能：

SG ────→ Y

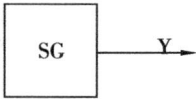

●用数值指定的模拟量信号输出。

36）HSL

功能：

X_{01}
X_{02} >H ────→ Y
X_{03}

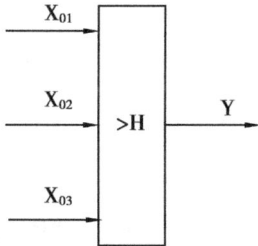

●输出信号Y为输入信号X中的最大值。
●最多20个输入信号。

37）LSL

功能：

X_{01}
X_{02} <L ────→ Y
X_{03}

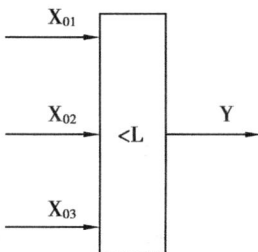

●输出信号Y为输入信号X中的最小值。
●最多20个输入信号。

38）MED

功能：

X_1
X_2 MED ────→ Y
X_3

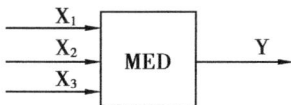

●输出信号Y为3个输入信号X中的中间值。

39）LMT

功能：

X
H ────→ Y
L

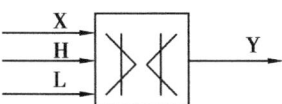

●输出信号Y等于输入信号X，其上下限分别由H和L定义。

40）LIN

功能：

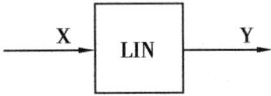

●输出信号Y为输入信号X的线性函数输出。

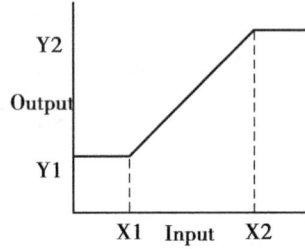

41）LAG

功能：

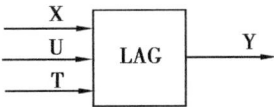

● 当输入信号T置0时，输出信号Y为输入信号X的积分延时输出；当输入信号T置1时，输出信号Y等于输入信号X。

42）RLT

功能：

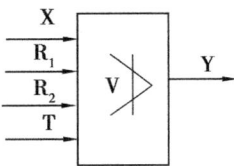

●当输入信号T置1时，输出信号Y等于输入信号X；当输入信号T置0时，输出信号Y跟随输入信号X变化，其上升变化速率限制由R_1定义，其下降变化速率限制由R_2定义。

43）MAV

功能：

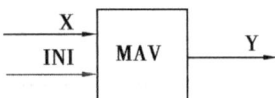

●输出信号Y等于输入信号X在指定时间段内的平均值。
●输入信号INI为运算初始化脉冲。

44）DLY

功能：

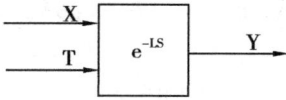

- ●模拟量输出信号Y为模拟量输入信号X的延时输出。
- ●输入信号T为延时时间，其应该小于运算周期的65倍。

45）PR

功能：

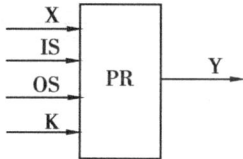

- ●输出信号Y为输入信号X与K的乘积。
- ●输入信号IS为输入信号X的量程限制。
- ●输入信号OS为输出信号Y的量程限制。

46）PI

功能：

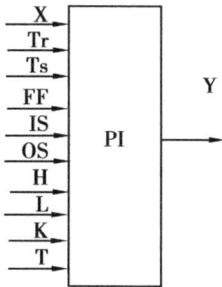

- ●输出信号Y为输入信号X的比例积分输出。
- ●当输入信号Ts置1时，输出信号Y等于输入信号Tr。
- ●FF为前馈信号；
- ●IS为输入信号量程；
- ●OS为输出信号量程；
- ●H为输出信号高限；
- ●L为输出信号低限；
- ●K为比例增益；
- ●T为积分时间。

47）PIQ

功能：

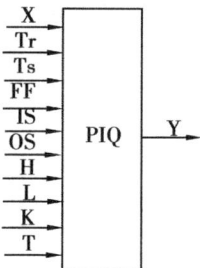

- ●输出信号等于输入信号比例调节量与积分调节量之和。
- ●积分调节量受到输出上限、输出下限、前馈信号、比例系数的限制。

48) AM

功能：

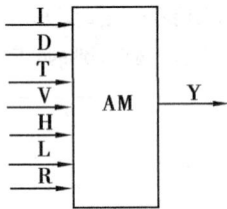

- 当输入信号T置1时，输出信号Y等于输入信号V。
- 当输入信号T置0时：

  若输入信号I置1，输出信号Y以速率R递增；

  若输入信号D置1，输出信号Y以速率R递减。
- H为输出信号高限；

  L为输出信号低限。

49) FX

功能：

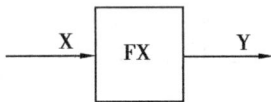

- 输出信号Y为输入信号X的函数输出。

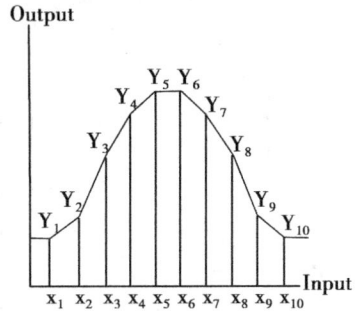

50) DGC

功能：

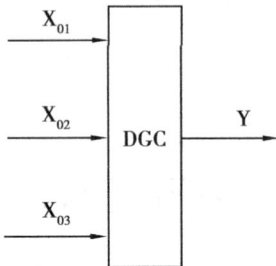

- 置1的数字量输入信号数量作为模拟量值输出。
- 最多20个数字量输入信号。

51) D/A

功能：

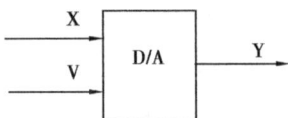

- 当输入信号X置1时，输出信号Y等于V；否则Y等于0。

52）MDA

功能：

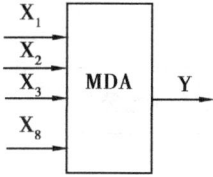

- 当输入信号X_n置1时，输出信号Y等于X_n所对应的参数值。
- 优先级顺序：X_1、X_2、X_3、X_4、X_5、X_6、X_7、X_8。

53）FT

功能：

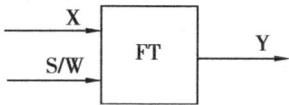

- 当S/W置1时，输出信号Y等于输入信号X。
- 当S/W置0时，输出信号Y为预设的时间函数值。
- 最多可设置4个时间函数点。

54）SW

功能：

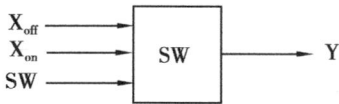

- 当SW置1时，数字量输出信号Y等于数字量输入信号X_{on}。
- 当SW置0时，数字量输出信号Y等于数字量输入信号X_{off}。

55）T

功能：

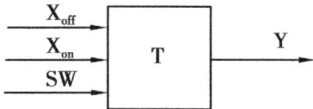

- 当SW置1时，模拟量输出信号Y等于模拟量输入信号X_{on}。
- 当SW置0时，模拟量输出信号Y等于模拟量输入信号X_{off}。

56）TR

功能：

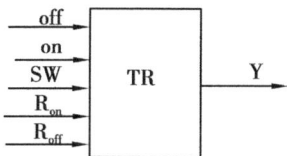

- 当SW置1时，模拟量输出信号Y等于模拟量输入信号on，其变化率受R_{on}设定值限制。
- 当SW置0时，模拟量输出信号Y等于模拟量输入信号off，其变化率受R_{off}设定值限制。

57）DAN

功能：

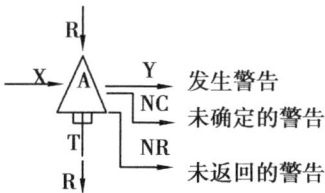

- 数字量报警输出。
- 保持最新报警发生时的时间标签。

121

58) AAN
功能：

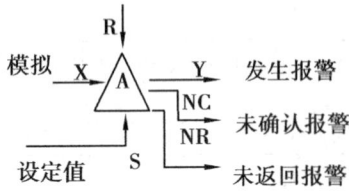

●模拟量报警输出，R置1时，屏蔽报警。

R
模拟 X ⟶ △A ⟶ Y 发生报警
NC 未确认报警
NR
设定值 S ⟶ 未返回报警

59) AVE
功能：

X
C ⟶ AVE ⟶ Y
T

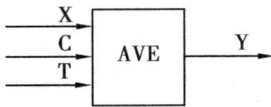

●当计算禁止条件无效时，Y输出X的平均值。
●Y始终输出X的平均值，当触发信号"T"置1时，Y重新由下一时刻开始计算X的平均值。
●内部工作变量精确度应该是实数的2倍。
●请注意，有效位数随采样频率的提高而减少。

60) ONT
功能：

X
Tr ⟶ ONT ⟶ Y
Ts

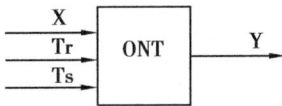

●当Ts置1时，模拟量输出信号Y等于Tr。
●当Ts置0时，模拟量输出信号Y等于数字量输入信号X保持为1的时间（以秒为单位）。

61) ONC
功能：

X
Tr ⟶ ONC ⟶ Y
Ts

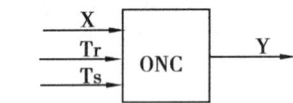

●当Ts置1时，模拟量输出信号Y等于Tr。
●当Ts置0时，模拟量输出信号Y等于数字量输入信号X由0变1的次数。

62) LDW
功能：

X ⟶ LDW
No.

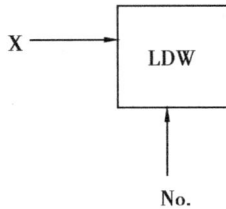

●将数字量输入信号X的状态写入数字域LD。
●No.为数据域LD的存储地址。
●存储地址介于0与8 000之间。

63) LAW
功能：

X ⟶ LAW
No.

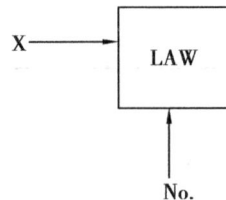

●将模拟量输入信号X的值写入数字域LA。
●No.为数据域LA的存储地址。
●存储地址介于0与2 000之间。

64）LDR

功能：

```
        ┌─────────┐
        │         │
        │   LDR   │────────► Y
        │         │
        └────▲────┘
             │
            No.
```

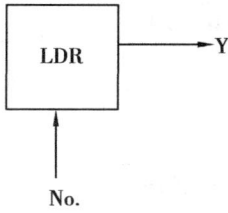

●将数字域LD中指定地址的数字量信号状态读出。
●No.为数据域LD的存储地址。
●存储地址介于0与8 000之间。

65）LAR

功能：

```
        ┌─────────┐
        │         │
        │   LAR   │────────► Y
        │         │
        └────▲────┘
             │
            No.
```

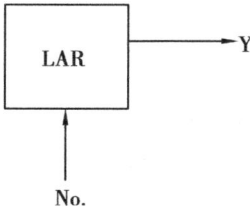

●将数字域LA中指定地址的模拟量信号值读出。
●No.为数据域LA的存储地址。
●存储地址介于0与2 000之间。

66）LDS

功能：

```
              SW
              │
        ┌─────┴───┐
   X ───►│  LDS   │────────► Y
        └────▲────┘
             │
            No.
```

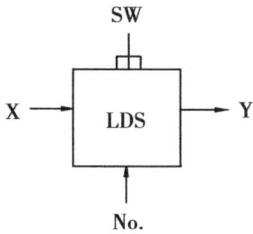

●当SW置0时，执行LDW功能。
●当SW置1时，执行LDR功能。
●存储地址介于0与8 000之间。

67）LAS

功能：

```
              SW
              │
        ┌─────┴───┐
   X ───►│  LAS   │────────► Y
        └────▲────┘
             │
            No.
```

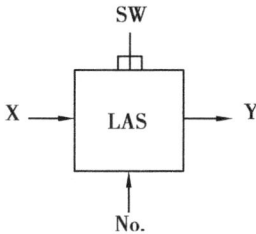

●当SW置0时，执行LAW功能。
●当SW置1时，执行LAR功能。
●存储地址介于0与2 000之间。

68）IAD

功能：

```
   X₁ ──►┌─────┐
         │ I+  │──── Y
   X₂ ──►└─────┘
```

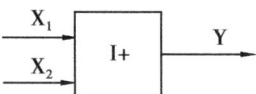

●输出信号Y等于两个整数输入的和。
（$-2147483648 \leqslant Y \leqslant 2147483647$）

69）IDL

功能：

$$X_1, X_2 \rightarrow I\triangle \rightarrow Y$$

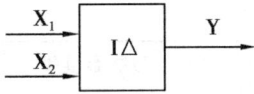

●输出信号Y等于两个整数输入的差（$X_1 - X_2$）。
（$-2147483648 \leqslant Y \leqslant 2147483647$）

70）IML

功能：

$$X_1, X_2 \rightarrow I\times \rightarrow Y$$

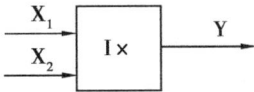

●输出信号Y等于两个整数输入的积。
（$-2147483648 \leqslant Y \leqslant 2147483647$）

71）IDV

功能：

$$N/, /D \rightarrow I\div \rightarrow Y$$

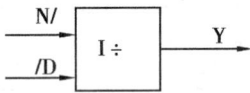

●输出信号Y等于两个整数输入的商（N/D），
D不能为0。
（$-2147483648 \leqslant Y \leqslant 2147483647$）

72）IMD

功能：

$$X_1, X_2 \rightarrow IMD \rightarrow Y$$

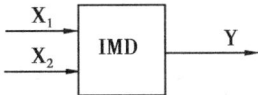

●输出信号Y等于两个整数相除的余数
（X_1/X_2），X_2不能为0。
（$-2147483648 \leqslant Y \leqslant 2147483647$）

73）ISW

功能：

$$X_{off}, X_{on}, SW \rightarrow ISW \rightarrow Y$$

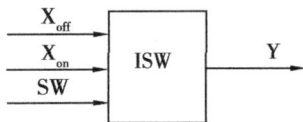

●当SW置1时，输出信号Y等于整数输入信号X_{on}。
●当SW置0时，输出信号Y等于整数输入信号X_{off}。

2.4　DIASYS 控制功能

2.4.1　DIASYS 系统 TCS 控制

M701F 型燃气轮机控制主要由燃气轮机控制系统（Turbine Control System，TCS）、燃气轮机程序控制系统（Process Control System，PCS）、燃气轮机保护系统（Turbine Protection System，TPS）和高级燃烧压力波动监控系统（Advanced Combustion Pressure Fluctuation Monitoring，ACPFM）组成。其中，TCS 控制系统主要实现从启动到满负荷运行各种运行工况下，燃气轮机和汽轮机的转速控制、负荷调节和温度限制等控制功能。控制功能主要包含燃气轮机控制和汽轮机控制两个主要部分。

燃气轮机控制主要功能是自动负荷调节（ALR）、转速控制、负荷控制、温度控制、燃料限制控制。燃气轮机控制包含的功能还有燃料分配控制、燃料压力控制、燃料气温度控制、IGV控制、燃烧室旁路阀控制及 RUNBACK 控制等。

汽轮机控制包含汽轮机启机程控、停机程控、超速控制等各种顺控功能,以及高、中、低压主蒸汽调节阀和高压主蒸汽截止阀的控制功能。

机岛控制系统的结构原理图如图 2.68 所示。

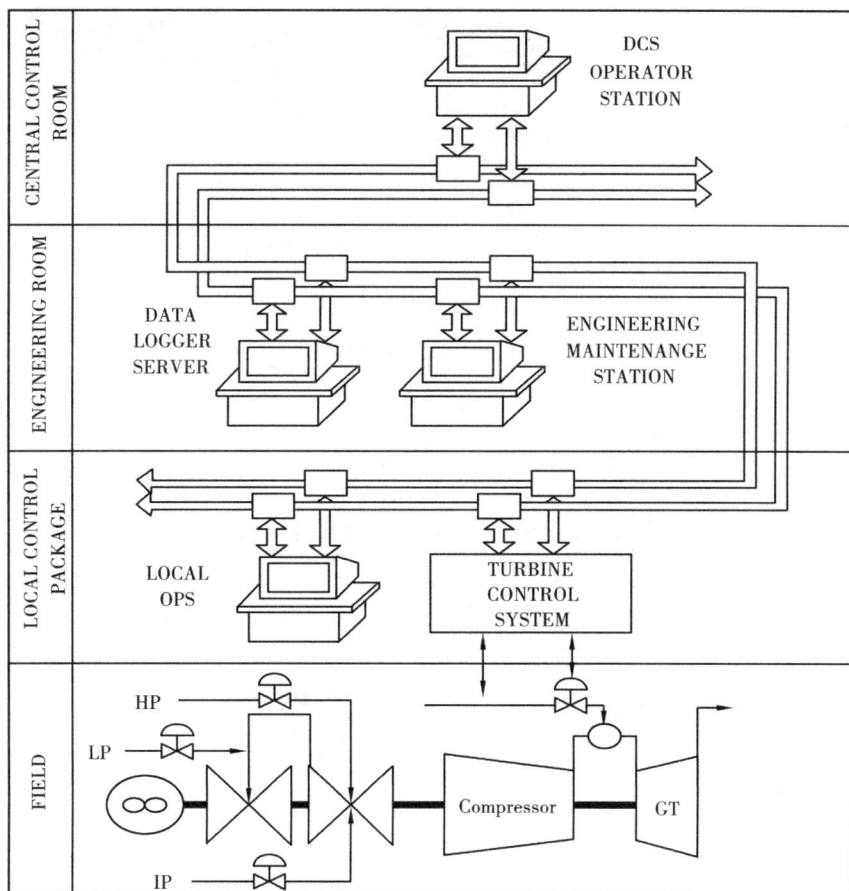

图 2.68　机岛控制系统的结构原理图

(1)燃气轮机控制

GT 主控制系统框图如图 2.69 所示。由图 2.69 可知,燃气轮机主控系统通过小选器从 5个控制基准信号(Control Signal Output,CSO)中选择最小燃料基准值,然后经过大选器与最小燃料量限制值比较,获得最终燃料控制指令输出值。最小燃料量限制为燃气轮机点火后防止燃气轮机熄火的重要保护功能,分为 MDO、FIRE、WUP、MIN 4 个阶段。

燃气轮机自动负荷调节分为 GOVERNOR 方式和 LOAD LIMIT 方式,两种模式下都可接受 AGC 指令。由于一次调频的回路设计主要在 GOVERNOR 回路上实现,因此 GOVERNOR方式下一次调频效果优于 LOAD LIMIT 方式,这是三菱控制设计决定了的。

小选后的控制基准经过燃料分配和差压、流量调节阀的调整,分别控制值班燃料喷嘴和主燃料喷嘴的燃料量,进行燃气轮机转速、负荷调整。值班燃料喷嘴采用扩散燃烧,有助于保障燃烧稳定性;主燃料喷嘴采用预混燃烧,在降低 NO_x 方面有很好的作用。

M701F 燃气轮机燃烧室剖面图如图 2.70 所示。

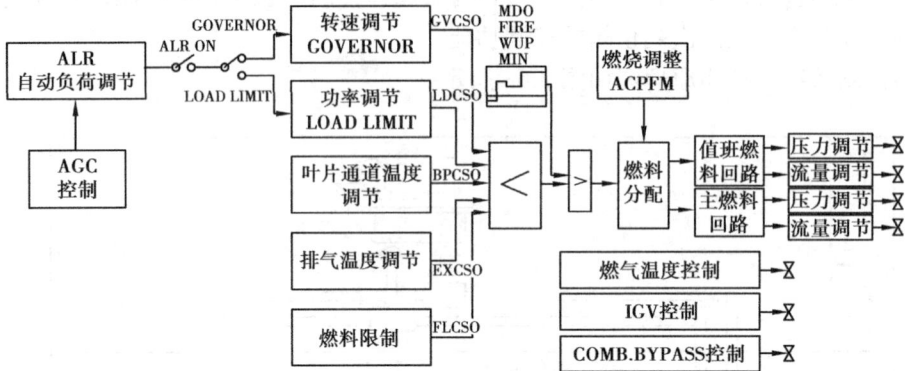

图 2.69　GT 主控制系统框图

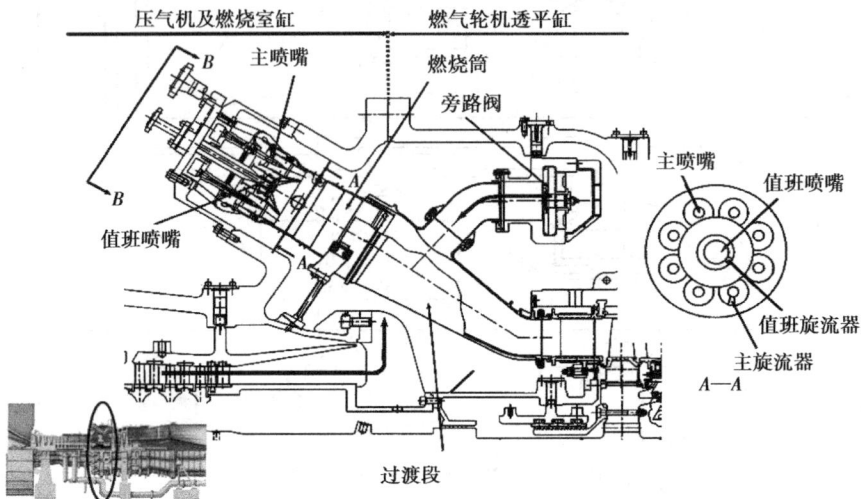

图 2.70　M701F 燃气轮机燃烧室剖面图

1)自动负荷调节(ALR:AUTO LOAD REGULATION)

自动负荷调节有 ALR ON 和 ALR OFF 两种模式,可从操作面板上进行选择和切换操作。在 ALR ON 下还有"ALR MAN"和"ALR AUTO"两种方式。无论在 ALR ON 模式或是在 ALR OFF 模式下,都可通过操作面板选择 GOVERNOR 或 LOAD LIMIT 方式。

①ALR MAN 和 ALR AUTO

在"ALR MAN"方式下,ALR 目标功率可手动给定或机组根据工况自动给定。在"ALR AUTO"方式下,ALR 目标功率跟踪中调 RTU 来的目标负荷指令信号,也就是 AGC 控制模式。控制算法为

ALR ON = (ALR ON SELECT) · 33KALM · MD3 · $\overline{\text{LOAD　RUN　BACK}}$

(注:MD3 为发电机并网,33KALM 为发电机功率变送器 3 选 2 故障)

ALR AUTO = (ALR AUTO SELECT) · (ALR ON SELECT) · MD3 ·

$$\overline{(\text{ST LOAD UP COMPLETED})\cdot\overline{\text{APR LOAD SIGNAL RANGE OVER}}\cdot}$$
$$\overline{\text{GT STOP OPERATION}}$$

ALR MAN 与 ALR AUTO 互斥,非此即彼。

在 ALR OFF 模式下转速设定值或负荷设定值由运行人员手动设定。

②GVAUTO 和 LDAUTO

机组负荷的工作状态由 GVAUTO 和 LDAUTO 算法决定,即

$$\text{LLOPE}=\text{LDLIMIT}\cdot(\overline{\text{MD3}+\text{MD3}(\text{延时 10 s})}\cdot(\text{LDLIMIT}(\text{延时 100 s})+$$
$$33\text{LD}(\text{延时 3 s})))(\text{负荷限制},\text{同时 LDLIMIT}\cdot(\overline{\text{MD3}+\text{MD3}(\text{延时 10 s})}\cdot$$
$$(\overline{\text{LDLIMIT}(\text{延时 160 s})+33\text{GV}(\text{延时 6 s})})\text{需为 0},\text{假若不为 1},\text{LLOPE 将为 0})$$

（注:33LD 为 LDCSO-CSO<1%,33GV 为 GVCSO-CSO<1%）

$$\text{GVAUTO}=\text{LLOPE}\cdot\overline{33\text{KALM}}+(\text{ALR ON})\cdot\text{MD3}$$
$$\text{LDAUTO}=\overline{\text{LLOPE}}+(\text{ALR ON})\cdot\text{MD3}$$

在 ALR ON 模式下,GVAUTO 和 LDAUTO 值均为 1,转速和负荷都为自动调节。即控制系统将根据 ALR SET 值与实际负荷比较,自动调整调速器的参照点 SPREF 或负荷控制器的参照点 LDREF,让机组产生的实际负荷与 ALR SET 的负荷需求相同。ALR 的输出作为机组功率设定值 ALR SET 送到 GOVERNOR 方式和 LOAD LIMIT 方式回路。

而在 ALR OFF 时,则主要由 LLOPE(LOAD LIMIT OPERATION)决定,如果 LLOPE 为 1,则为 GVAUTO 方式,反之则为 LDAUTO 方式。当 MD3 为 1,且工作在 LOAD LIMIT 方式下或 LDCSO 作为实际输出,则 LLOPE 为 1。即机组运行在负荷限制方式下,此时保持恒定负荷输出,转速可随电网进行波动(即 GVAUTO);反之,当 MD3 为 1,发电机功率测量正常且工作在 GOVERNOR MODE 下或 GVCSO 作为实际输出,处于调频运行模式,负荷可根据电网频率进行自由增减(即 LDAUTO)。

③GOVERNOR 控制方式

GOVERNOR 控制框图如图 2.71 所示。

ALR ON 模式下的 GOVERNOR 方式,ALR 的输出 ALR SET 与实际功率相比较,改变 GOVERNOR 的转速设定值,使机组实际功率与 ALR SET 相等,这样负荷变动就通过调速器的调节来实现。同时,LOAD LIMIT 的功率设定值加上一个+5%的偏置,当电网频率突然快速下降时,LOAD LIMIT 会限制负荷的快速增加。

GOVERNOR 方式下采用比例控制回路,不等率为 4%(可在逻辑上进行修改),进行转速自动调节。在机组并网前,实现空载负荷时的转速调节或额定转速下自动同期调节。

机组并网后,若机组在 GOVERNOR 方式下运行,通过改变转速设定值"SPSET"来改变机组的负荷,转速设置 3 000 r/min 时为 0 MW,转速设置 3 120 r/min(不等率为 4%)时为额定负荷。机组转速由电网频率决定。当机组运行在 100%负荷和 100%转速点(点 A),此时保持转速设定基准 SPREF 恒定,如果转速增加到 104%,此时机组的负荷将减少到 0%(点 B)。这样的动作特性有利于维持电网的频率的稳定,这样的调节特性就称为调速器调节特性或者转差调节特性。通常斜率设定为 4%的转速差对应 100%的负荷变化,这被称为 4%的转速调差率(转速不等率)。转速与负荷的有差调节特性关系如图 2.72 所示。

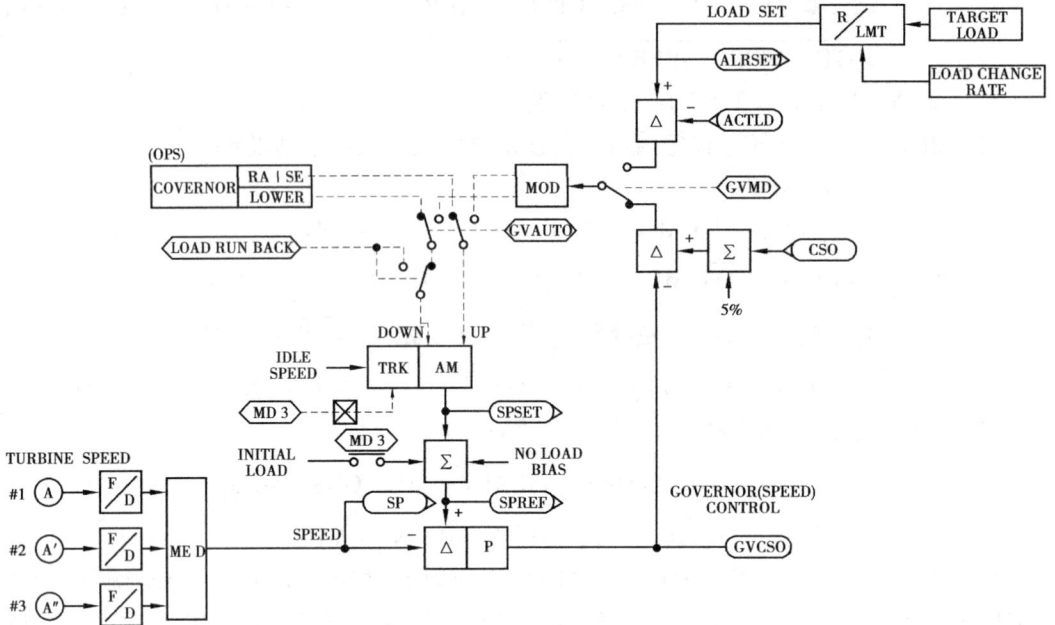

图 2.71 GOVERNOR 控制框图

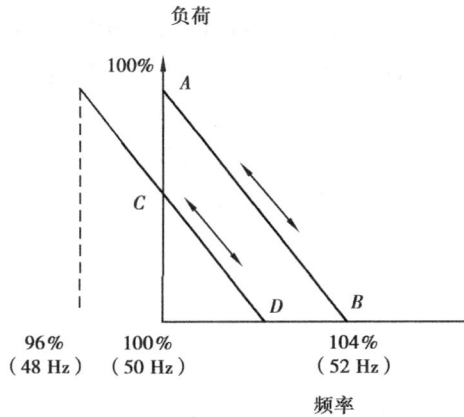

图 2.72 转速与负荷的有差调节特性关系

负荷调节可通过改变转速设定基准 SPREF 的值来调节。如果 SPREF 减少,负荷从 A 点100%减少到 C 点,此时斜率特性没有变化,对于转速变化来说还是 4% 的调差率(线 C 到 D)。在这种情况下,如果电网频率出现突然降低的时候,机组会自动增加负荷维持电网负荷平衡。

在 ALR ON 模式下,GOVERNOR 的转速设定值为 ALR 的负荷设定值 ALR SET 与机组实际功率信号比较后得到,GOVERNOR 输出 GVCSO 使机组实际负荷始终等于 ALR SET,机组负荷实际上为闭环无差调节,此时机组是否具有一次调频功能取决于 ALR ON 模式是否有调频功能,由于三菱公司在 LOAD LIMIT 模式下基本无一次调频能力,故一般在 GOVERNOR 配备一次调频功能。

在 ALR OFF 模式下 GOVERNOR 转速设定值由运行人员手动设定,此时机组具有一次调频功能。

GOVERNOR 方式不等率的设置在 TCS 的 GC040 页逻辑,通过设置给定值模块 GC040_SG08 的参数 S=4,不等率就为 4%了。

④LOAD LIMIT 方式

LOAD LIMIT 控制框图如图 2.73 所示。

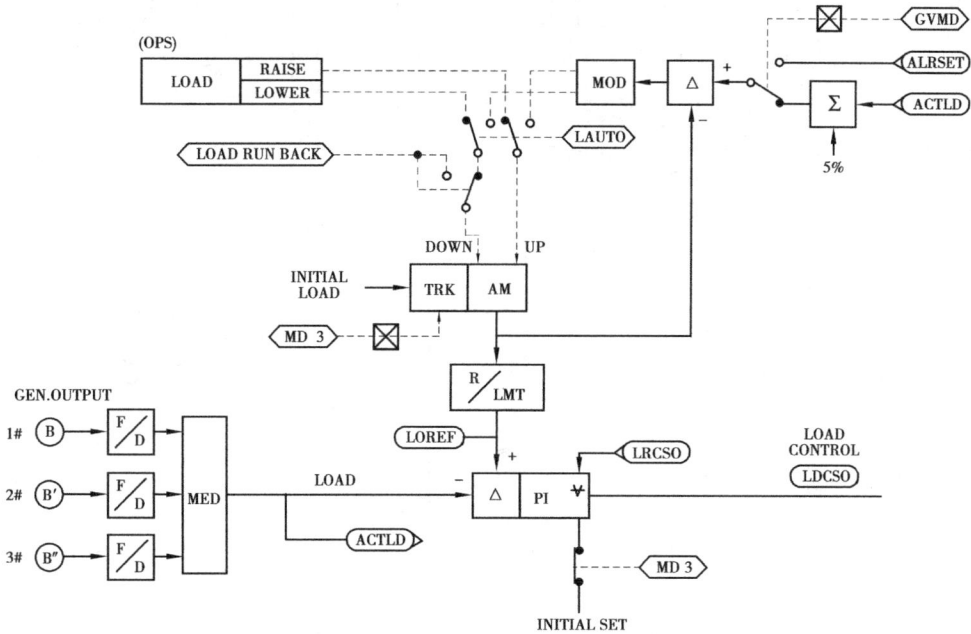

图 2.73 LOAD LIMIT 控制框图

LOAD LIMIT 方式是与 GOVERNOR 方式互斥的方式,若不是 GOVERNOR 方式就是 LOAD LIMIT 方式。LOAD LIMIT 方式为功率闭环无差调节,机组功率设定值为 LDSET(LOAD SET)。

LOAD LIMIT 方式下,GOVERNOR 方式则处于跟踪状态,即 GOVERNOR 的输出指令信号为控制信号 CSO 加上 5%。当电网频率以很快的速度上升造成 GOVERNOR 的控制输出 GVCSO 减少超过 5%时,机组控制信号输出 CSO 会暂时切换到 GOVERNOR 的 GVCSO 输出,当电网频率一直都上升使 GVCSO 减小超过 5%并持续超过 6 s 时,LDLIMIT 和 LLOPE 不一致,使得 ALRCG 置 1,GOVERNOR 的输出跟踪控制信号不再加上 5%,GOVERNOR 会参与调频作用,在电网频率下降后恢复;当电网频率下降时,GOVERNOR 的控制输出 GVCSO 只会增加,CSO 不会切换到 GVCSO。由此可见,这种方式下机组对电网的调频作用意义不大,可以说这种方式下机组是没有一次调频功能的。

在 ALR ON 模式下,LOAD LIMIT 的目标功率设定值为 ALR 的负荷设定值 ALR SET,此时机组是否具有一次调频功能取决于 ALR ON 模式是否有调频功能。

在 ALR OFF 模式下 LOAD LIMIT 的功率设定值由运行人员手动设定,此时机组没有一次调频功能。

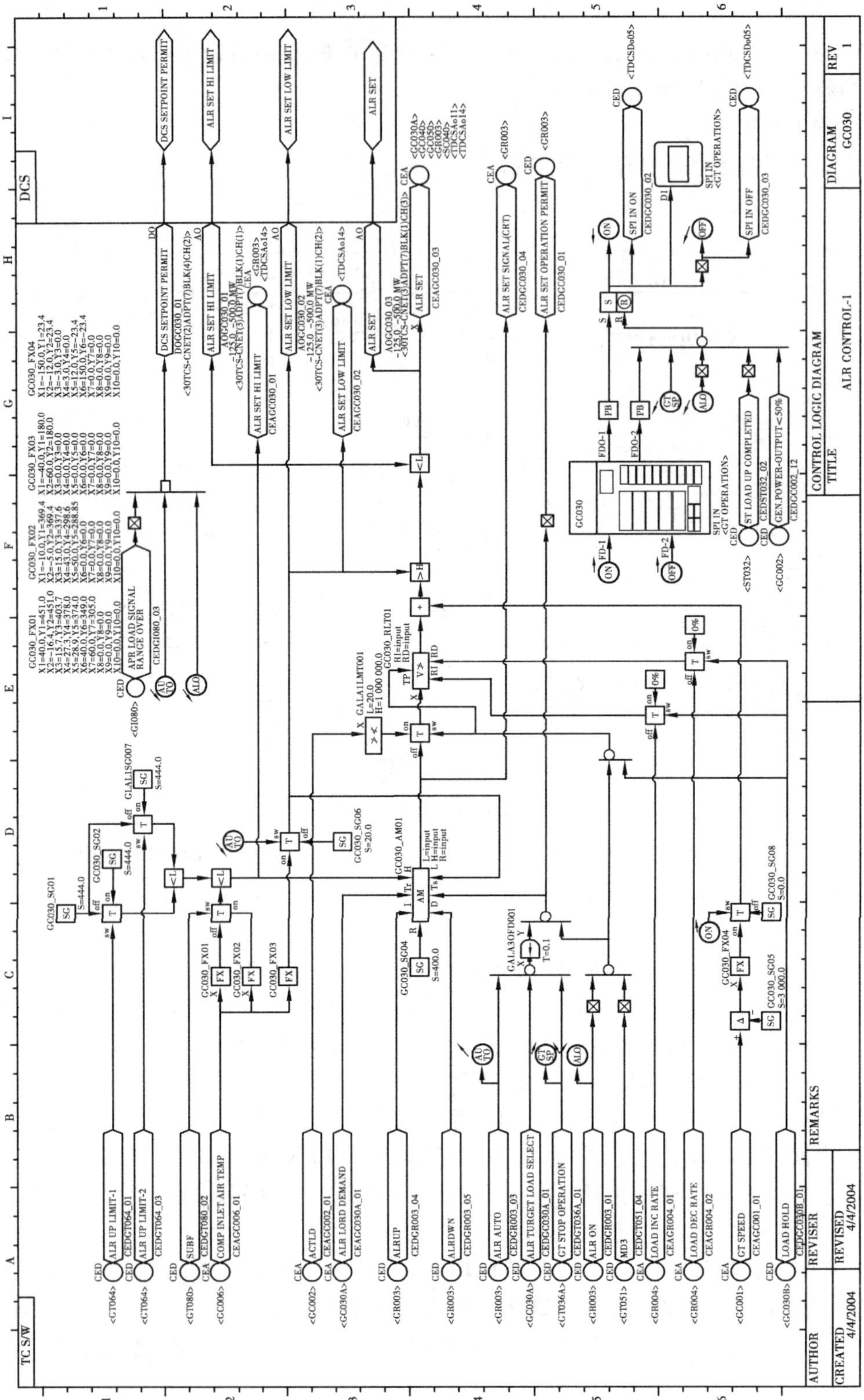

图2.74 ALR控制逻辑图-1

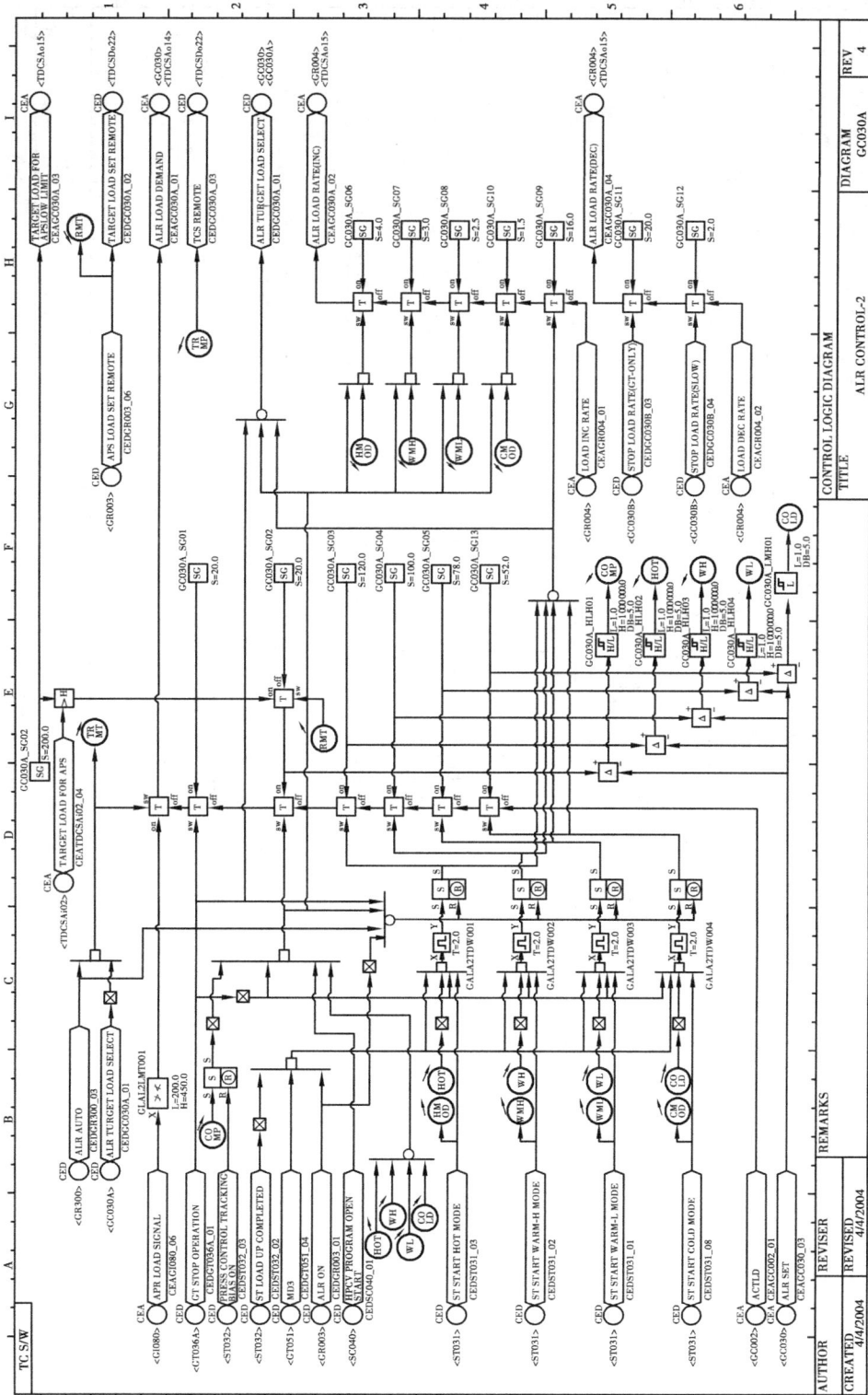

图2.75 ALR控制逻辑图-2

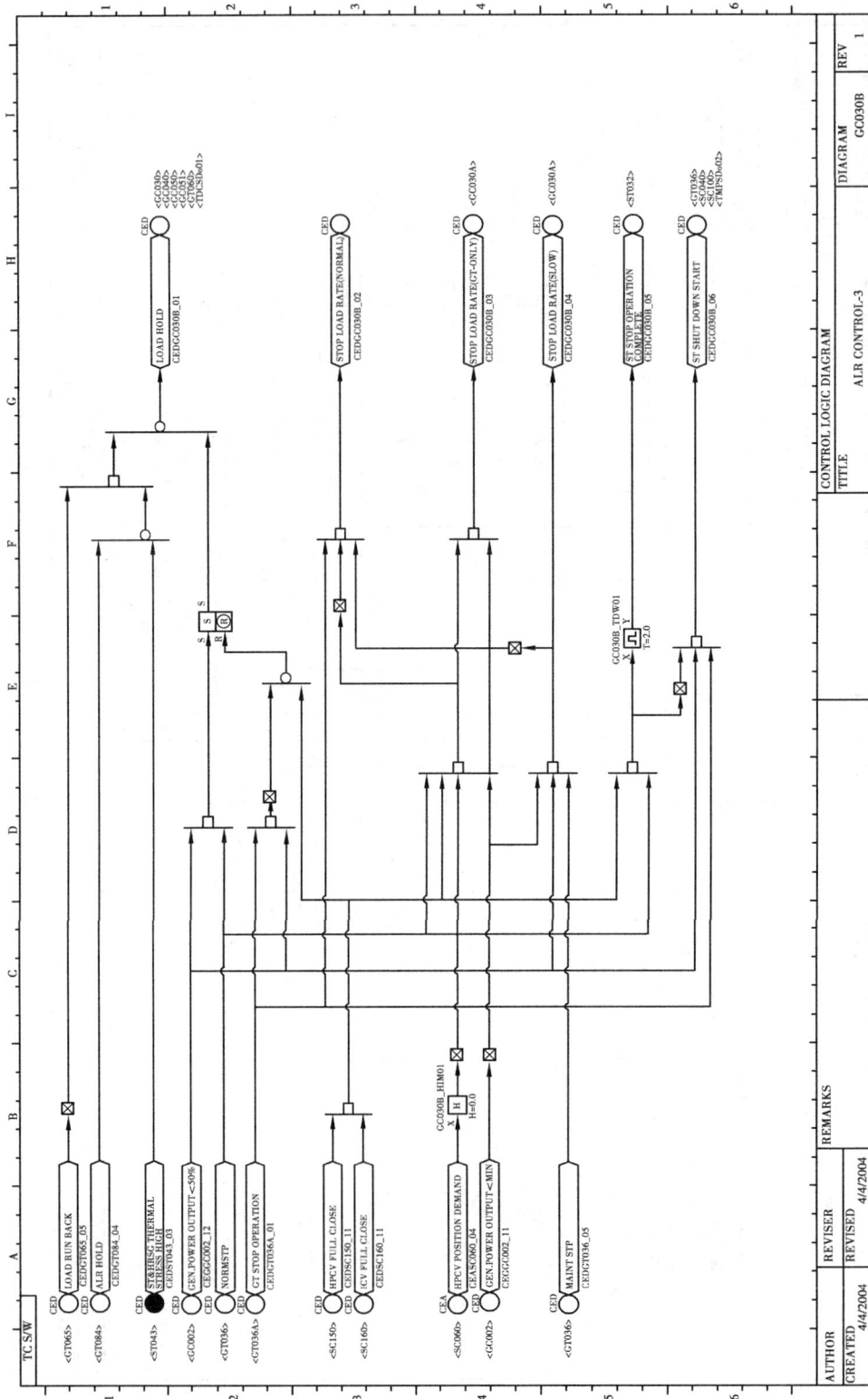

图2.76 ALR控制逻辑图-3

⑤ALR SET 和 ALR LOAD RATE

在 ALR MAN 模式下且机组已并网,选择 ALR ON 后,可通过操作键盘进行负荷设定,否则 ALR 调节器输出处于跟踪 ALR LOAD DEMAND 指令模式。当 LOAD HOLD 时,ALR SET 直接为实际负荷值,调整速率均为 0。如果一次调频投入,ALR SET 值为 ALR LOAD DEMAND 和一次调频分量之和。

在并网后,根据点火或并网时汽轮机高压透平进气金属温度值小于 230 ℃、230~350 ℃、350~400 ℃ 或大于 400 ℃ 来确定汽轮机启动的冷态、温态 L、温态 H 和热态 4 种模式,汽轮机升负荷完成前分别赋予 ALR LOAD DEMAND 为 52 MW、78 MW、100 MW 和 120 MW 初始负荷,ALR LOAD RATE 分别为 1.5、2.5、3.0 和 4.0;在高压主蒸汽调节阀开启时,将 ALR LOAD DEMAND 赋值为 200 MW,如果 APS LOAD SET REMOTE 为 1,则 ALR LOAD DEMAND 为 TARGET LOAD FOR APS 的值(低限为 200 MW);当 ALR AUTO 模式下,ALR LOAD DEMAND 值为 APR LOAD SIGNAL。减指令速率正常为 18,慢速为 2。

⑥控制逻辑图

ALR 控制逻辑图如图 2.74—图 2.76 所示。

2)转速控制(Speed control)

燃气轮机转速控制主要是在额定转速下进行自动同期调节或进行空载运行时的转速调节,是有差调节过程。比例调节环节的输入为转速设定基准 SPREF 与实际转速的差值,SPREF 在机组定速后会执行负荷初始化(5%,约为 20 MW)。通过在 GOVERNOR 方式下采用比例控制回路,进行转速自动调节。机组并网后,若机组在 GOVERNOR 方式下运行,负荷指令与实际负荷的差值分别转换为 SPSET UP 或 SPSET DOWN 的信号,通过改变转速设定值"SPSET"来改变机组的负荷。

①控制框图

Speed control 控制框图如图 2.77 所示。

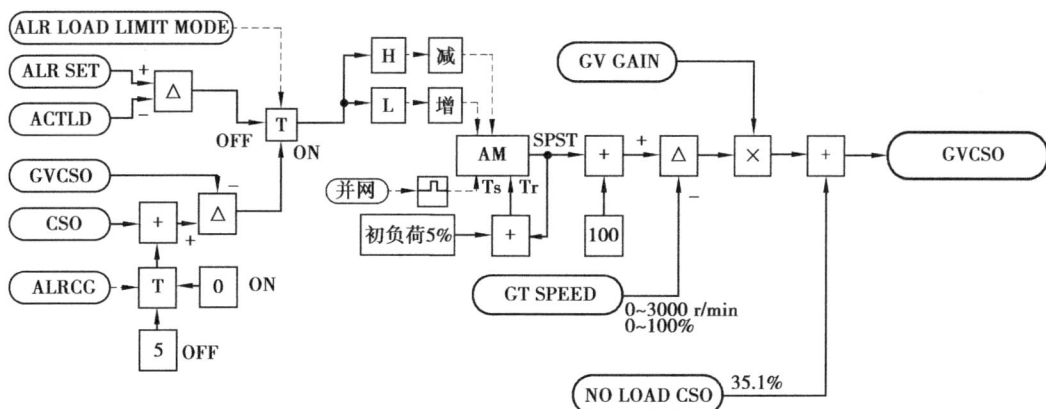

图 2.77　Speed control 控制框图

②功能

用于额定转速控制(定速空载、自动同期等)和负荷控制,转速不等率为 4%;自动加初始负荷控制;并网后,也可以用转速控制来控制负荷,通过设定转速设定值即可改变机组负荷,按照4%的不等率计算,转速设定3 120 r/min 时为额定负荷,负荷率由 AM 模块来实现。

一次调频,并网后采用转速控制来改变机组负荷。显然,这时机组是在进行一次调频。当电网频率升高时,GVCSO 变小;当电网频率降得太快或频率值过低,GVCSO 的输出急剧增大至大于 LDCSO,负荷控制 LDCSO 则变为实际的 CSO 输出,维持负荷恒定,不再参与调频。直到频率稳定下来之后,机组再缓慢地调升负荷至调频要求的负荷值。一次调频转速-负荷修正量见表2.70。GC030-FX04 一次调频频差-负荷曲线设置如图2.78 所示。

表2.70　一次调频转速-负荷修正量(转速不等率=4%)

转速差$(n-n_0)/(\text{r} \cdot \text{min}^{-1})$	-120	-14	-2	2	14	120
负荷修正量/MW	23.4	23.4	0	0	-23.4	-23.4

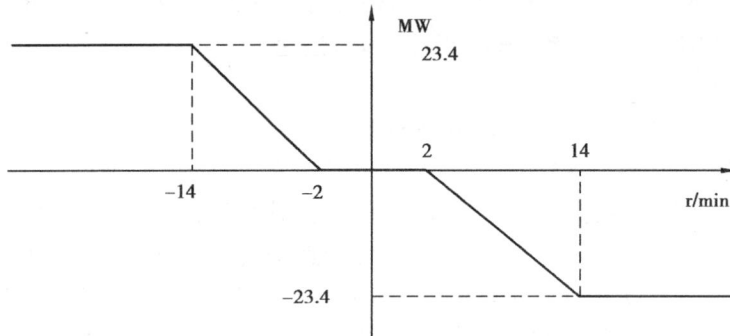

图2.78　GC030_FX04 一次调频频差-负荷曲线设置

③转速控制算法

$$\text{GVCSO} = (\text{SPREF}/30 - n \times 100/3\ 000) \times \text{GV GAIN} + \text{NO LOAD CSO}$$

(NO LOAD CSO = 35.1,GV GAIN = (83 - 35.1)/4 = 11.975,SPREF = (SPSET + 100) × 30,n 为燃气轮机转速)

A.全速空载以前的控制

转速控制的 SPREF = (SPSET + 100) × 30,在 LDON 为零时(即点火及升速阶段),SPSET = 0.266(GC041_SG08),因此 SPREF 约为 3 008 r/min。SPSET 加上 100 后为 100.266,减去实际转速得到偏差值 INPUT,对该偏差进行比例调节。由于实际转速较低,使得偏差值很高,在转速低于2 845 r/min 以前,GVCSO 输出都大于 100%,因此 GVCSO 不参与控制,即点火升速过程中转速控制不参与控制,此时起作用的是 FLCSO。直到转速达到2 990 r/min 以上,GVCSO 才与 FLCSO 接近。

B.全速空载和并网过程中转速控制

MD2 = 14CRTD · 33GV · FLON · $\overline{52\text{G CLOSE}}$(14CRTD 为1 时,Speed>2 940 r/min)

MD3 = 14CRTD · 33GV · FLON · (52G CLOSE)

LDON = MD3 + MD2 · $\overline{\text{MD3}}$(ON 延时120 s)

Ts = $\overline{\text{LDON}}$ + MD3(上升沿触发) + (LOAD RUNBACK(MOMENT))(上升沿触发)

MD2 为1 时(空载全速,点火且转速大于2 940 r/min,33GV 为1,52G CLOSE 为0),跟踪信号 Ts 为0。此时操作员将同期装置投入自动,自动同期装置则会根据同步并网的要求分别

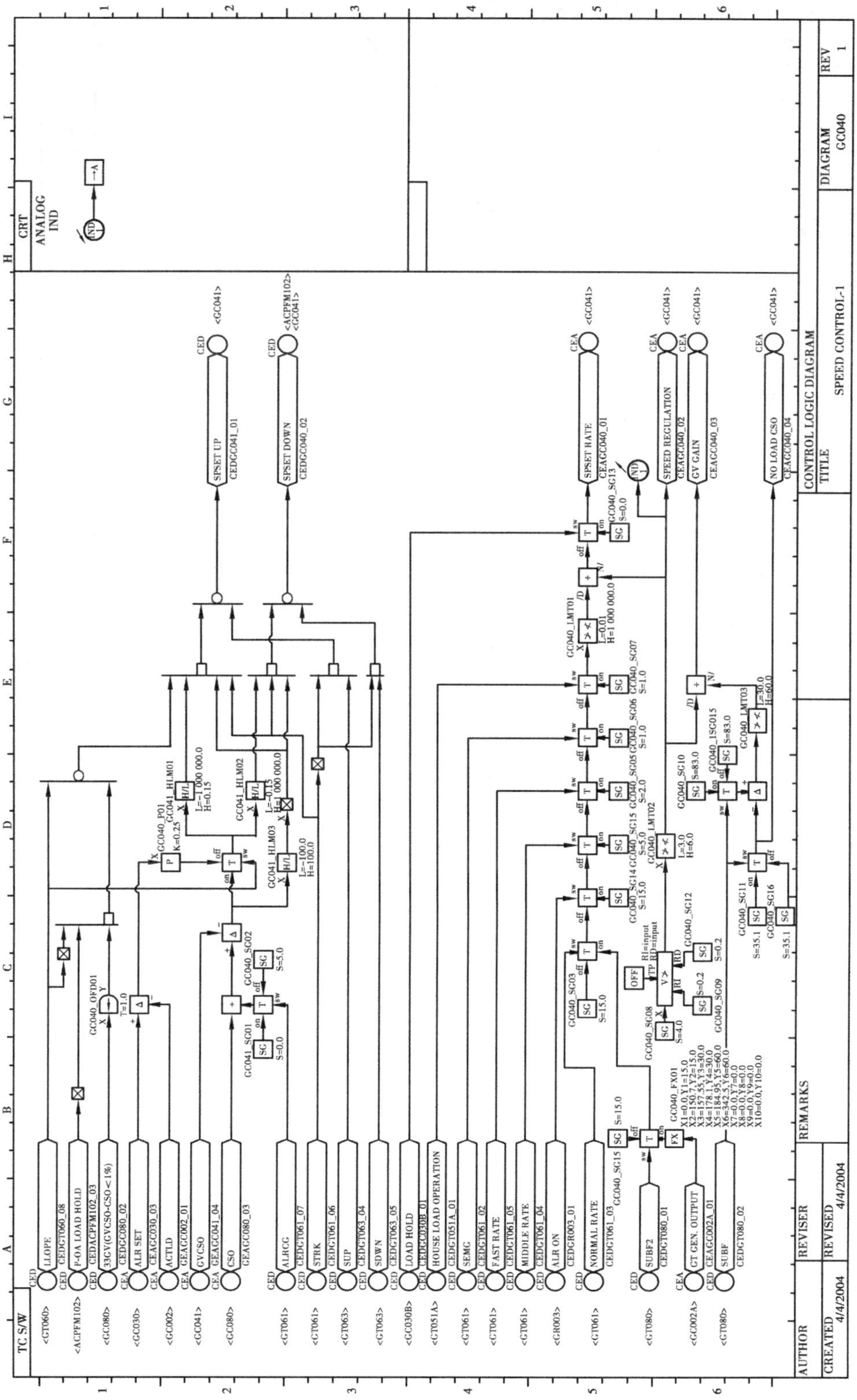

图 2.79　转速控制逻辑图-1

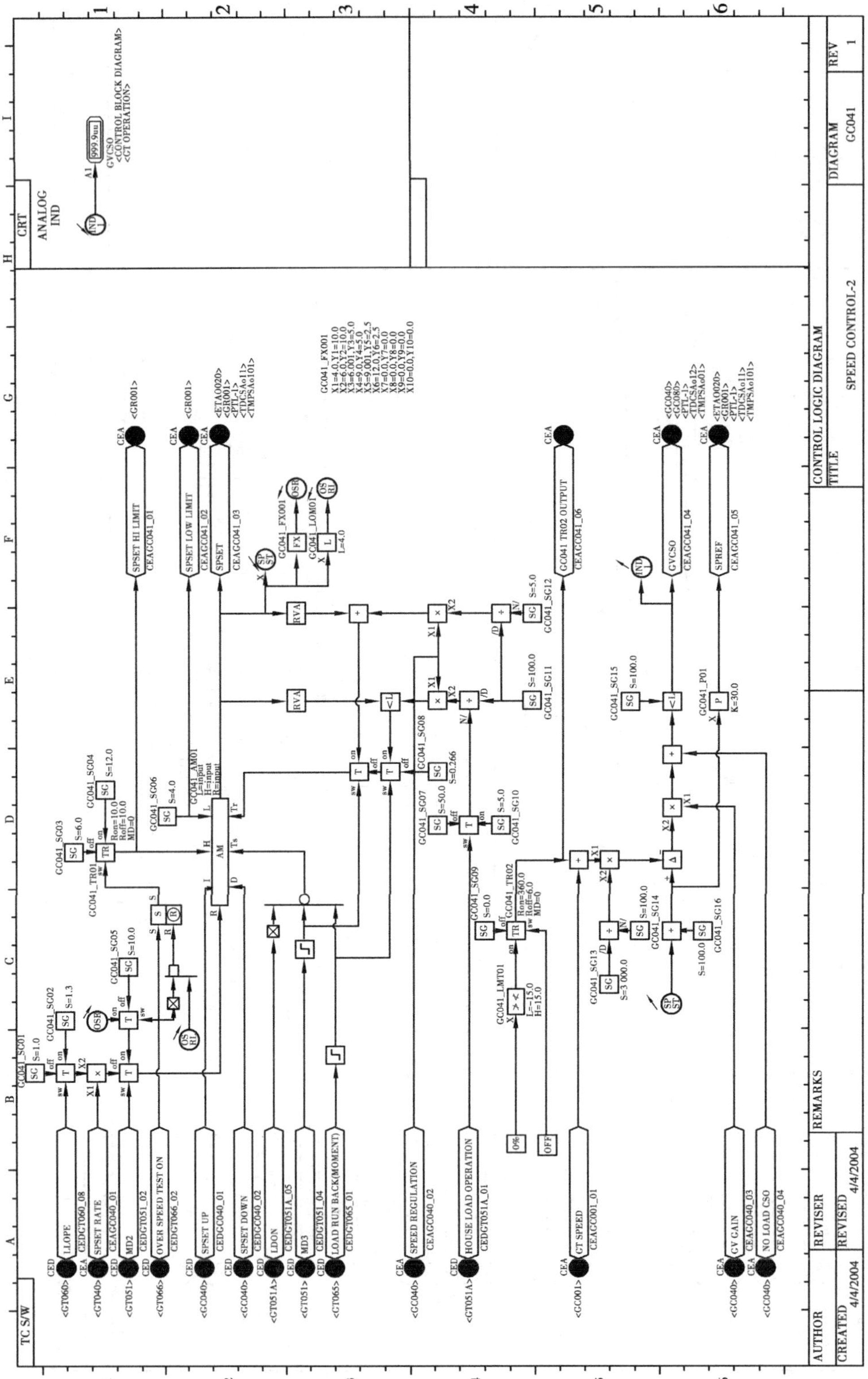

图2.80 转速控制逻辑图-2

产生 SPSET UP 和 SPSET DOWN 的信号,使 SPSET(转速设定值)以一定的斜率(10/min)增减,从而实现发电机频率与电网频率的匹配。

MD3(已并网,发电机出口断路器合闸)上升沿触发跟踪信号 Ts 为 1,SPSET=Tr,被跟踪的数值 Tr 为(SPSET$_0$+0.2),SPSET$_0$ 为空载前的转速设定值,即 0.266。此时 SPSET 为 0.466,根据 GVCSO 公式可得此时 GVCSO 约为 40.7%,为实际输出的 CSO,即实现机组并网后,GVCSO 使机组升负荷至初始负荷 20 MW。触发完成后,跟踪信号 Ts 恢复为 0,GVCSO 工作状况则与 MD2 时相同,但 SPSET 速率从 10/min 变为正常速率 0.267/min(转速不等率=4%)。

如果并网后仍选择 GOVERNOR 方式运行,此时 GVCSO 将 ALRSET 设定值与实际负荷的差值来分别产生 SPSET UP 和 SPSET DOWN 的信号,通过变动 SPSET 进而改变 GVCSO 值来调整负荷。此时,SPSET 调整速率仍为正常速率 0.267/min。在一次调频投入后,其调节量叠加在 ALRSET 值中,从而完成一次调频功能。如果运行在 LOAD LIMIT 方式下,SPSET 调整速率为正常速率的 1.3 倍。

转速不等率与 GV GAIN 之间的运算关系,如全速空载时的控制指令输出值为 35.1%,满负荷时的控制指令输出值为 83%,不等率为 4%时,则 GV GAIN=(83−35.1)/4=11.975。

④控制逻辑图

转速控制逻辑图如图 2.79、图 2.80 所示。

3)负荷控制(Load control)

负荷控制同样可以通过 GOVERNOR 和 LOAD LIMIT 方式来对负荷进行控制。这两种方式的组合有以下两种模式:

①GOVERNOR 控制负荷而 LOAD LIMIT 进行跟踪

这种方式下,机组负荷由控制转速来实现。当电网频率下降太快或太多使 GVCSO 的输出快速增加超过 5%(或 0.5%~5%)时,则控制转换到 LOAD LIMIT 方式下,限制负荷的快速增加。

如图 2.81 所示,初始运行点的负荷是 A,频率是 a,如果机组频率从 a 突然变化到 b,频率的增加意味着相对于有功消耗而言发出的有功偏多,因此调速器根据 5%的调差率减少机组出力,以维持电网频率的稳定。如果频率很快地从 a 突然变化到 d 时,机组运行工况点将从 A 变化到 C,再到 D,在此过程中 A 变化到 C 是转速控制下的负荷增加,其变化量是 5%负荷量,C 到 D 过程是受负荷限制控制,此时负荷维持不变,如果此时频率维持在 d 点运行,那么负荷将根据预设的负荷变化率逐渐地变化到 E 点,E 点位于转速调整率的直线上。

在这种运行方式下,通过手动按钮增减转速设定值,此时机组运行曲线将向上和向下平移,如图 2.82 所示。

②LOAD LIMIT 控制负荷而 GOVERNOR 进行跟踪

这种方式在希望机组并网后负荷保持在一个常数不变的情况下使用(常用方式,没有一次调频的作用,机组稳定)。这种方式下,机组一次调频基本上不起作用,但当电网频率升得太高太快引起 GOCSO 下降超过 5%时,则机组负荷会相应地减少。而在电网频率下降时,机组负荷是不会改变的。

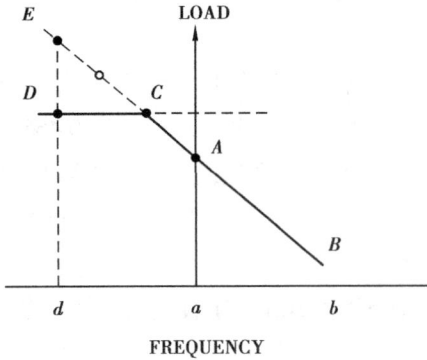

图 2.81 在 GOVERNOR 调节、
LOAD LIMIT 自动跟随方式下
的负荷和与频率关系

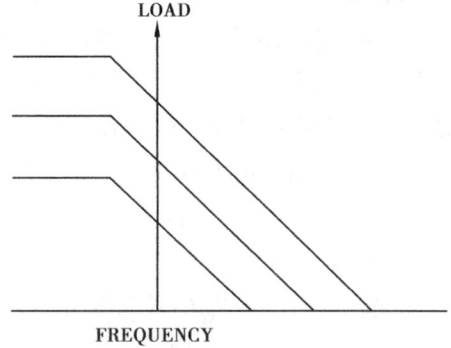

图 2.82 负荷与频率关系曲线

如图 2.83 所示,初始运行点是 A,频率是 a,对于 B 到 C 运行范围,负荷控制调节维持负荷稳定,如果频率突增并高于频率 c,此时机组的出力和 CSO 将减少,负荷与频率关系在 C 到 D 范围是按照 5% 的转速调整率的转速控制调节的,在这种情况下,如果频率维持在 d,此时负荷将按照预设的速率逐渐增加到 E 点运行,E 点的负荷就是负荷控制上设定的负荷值。

在这种运行方式下,通过手动按钮增减负荷设定值,此时运行曲线将按照平行线的形式向上和向下平移,如图 2.84 所示。

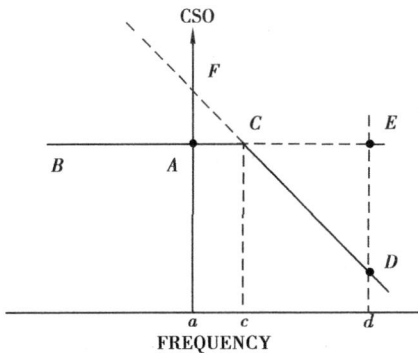

图 2.83 在 LOAD LIMIT 调节、
GOVERNOR 自动跟随
方式下的负荷与频率关系

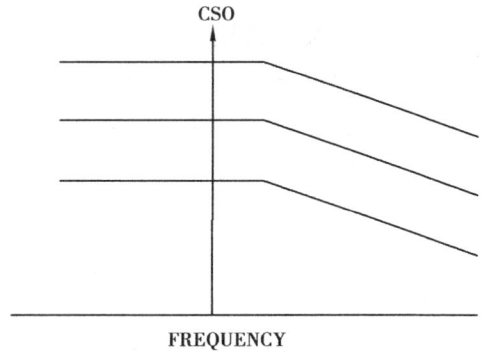

图 2.84 在 LOAD LIMIT 调节、
GOVERNOR 自动跟随
方式下的 CSO 与频率关系

①控制框图

负荷控制框图如图 2.85 所示。

②功能

LOAD LIMIT 负荷闭环调节,负荷率由 AM 模块输入 R 值来确定。在 GOVERNOR 方式下,限制 CSO 的快速增加(在电网频率快速下降时)。在燃气轮机负荷未达到最大限值(由压气机入口空气温度来决定)的 90% 时,对 CSO 的增加速率进行限制,防止燃气轮机超温(当到达燃气轮机最大限值的 90% 时,由于余热锅炉的迟延,汽轮机的负荷不会立即上来,需要等待)。

138

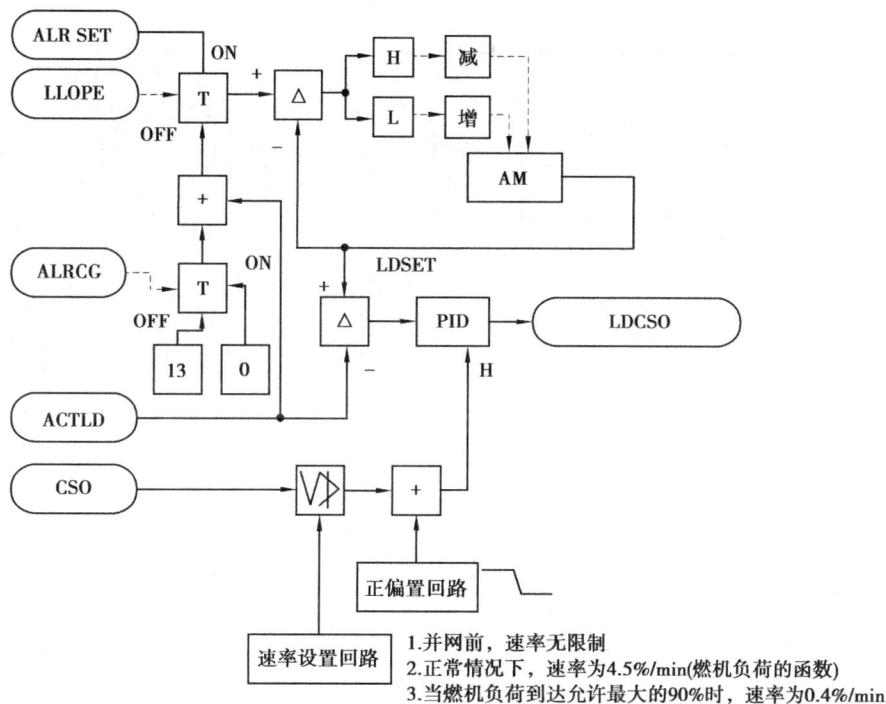

图 2.85　负荷控制框图

③负荷控制算法

LOAD LIMIT 负荷控制为比例积分调节,即功率闭环无差调节。

LDON 为 0 时(升速过程),LDREF = LASET = 20 MW(GC050_SG14),LDCSO 高限为 CSO +5%,而 PID 算法输入信号为正,因此 LDCSO 达到并输出其高限值 CSO+5%,其不可能通过最小选门。同期时 LDSET 为下限值 20 MW。

等到 GVCSO 使机组并网带负荷至该初始负荷后,在 LDLMT CHANGE 作用下(LOAD LIMIT 方式),LDCSO 高限值为 CSO,则转由 LDCSO 进行控制,此时 LDSET 根据 16.7 MW/min 的升速率不断增加,则控制机组继续升负荷至 ALR SET 值。在燃气轮机负荷达到最大限值(由压气机入口空气温度来决定)的 90%时,升负荷率为 1.48 MW/min。

考虑到机组投入 AGC 运行的稳定性和一次调频的投入,一般在 240 MW(AGC 投入许可低限值)以后将机组切换到 GOVERNOR 方式下运行。而在 200 MW 负荷以上,机组若处于 GOVERNOR 方式运行,负荷跟踪 LDCSO=CSO+0.5%,防止由于 GVCSO 突然上升而导致的控制不稳定。

在 GOVERNOR 方式下,则 LLOPE 为 0,ALRCG 为 0,LDSET = ACTLD+13,LDCSO 将达到其高限值 CSO+Bias(Bias 是发电机功率的函数,在 180 MW 以下为 5%,205 MW 以上为 0.5%, 180~250 MW 间线性变化)。

在 LOAD LIMIT 方式下,如果 LDCSO 为输出值 CSO,则 LLOPE 为 1,ALRCG 为 0,LDSET 将调整到 ALRSET 值,在 LDLMT CHANGE 作用下(LOAD LIMIT 方式),LDCSO 高限值为 CSO,则转由 LDCSO 进行控制。当由于电网频率以很快的速度上升造成 GOVERNOR 的控制

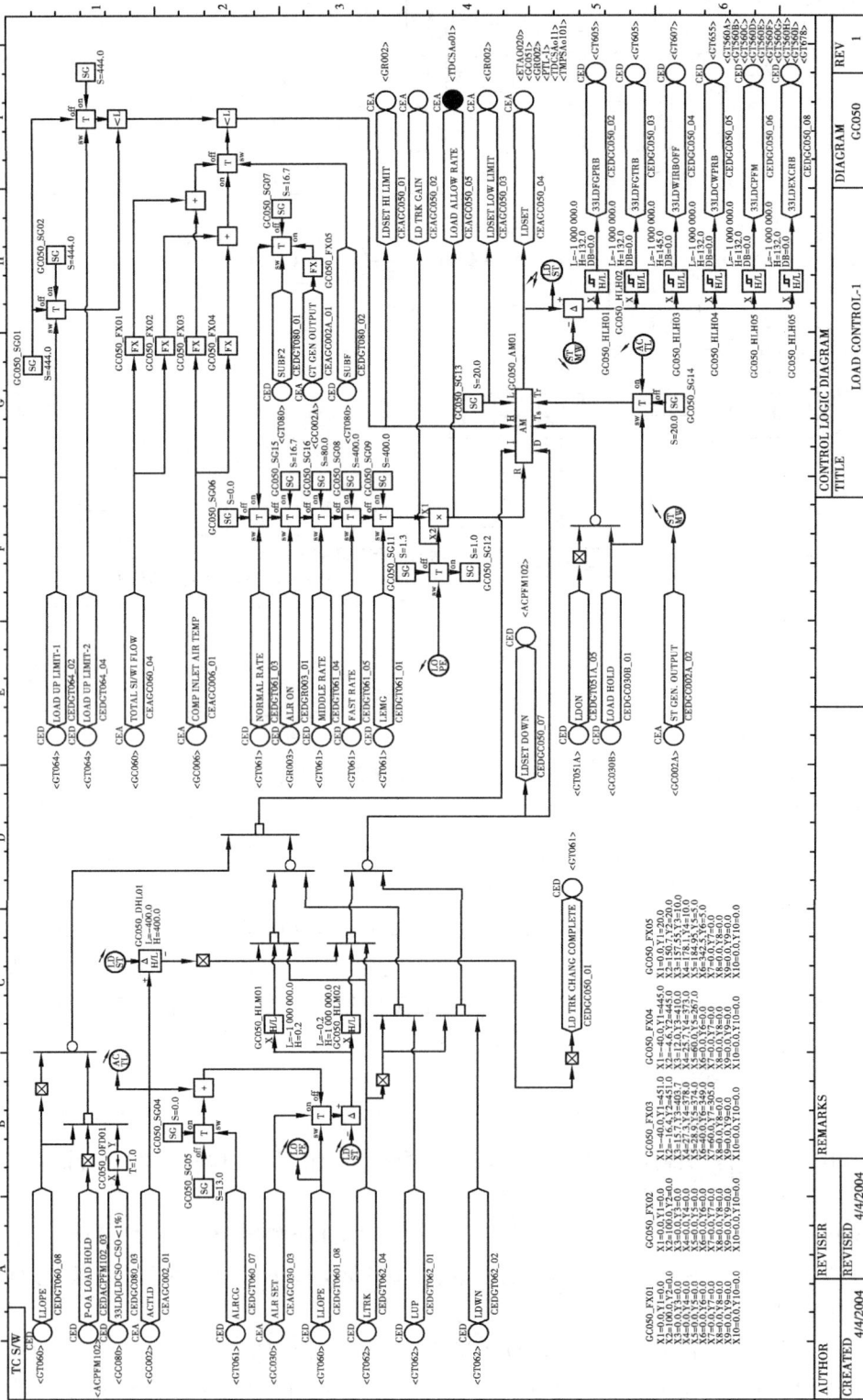

图2.86 负荷控制逻辑图-1

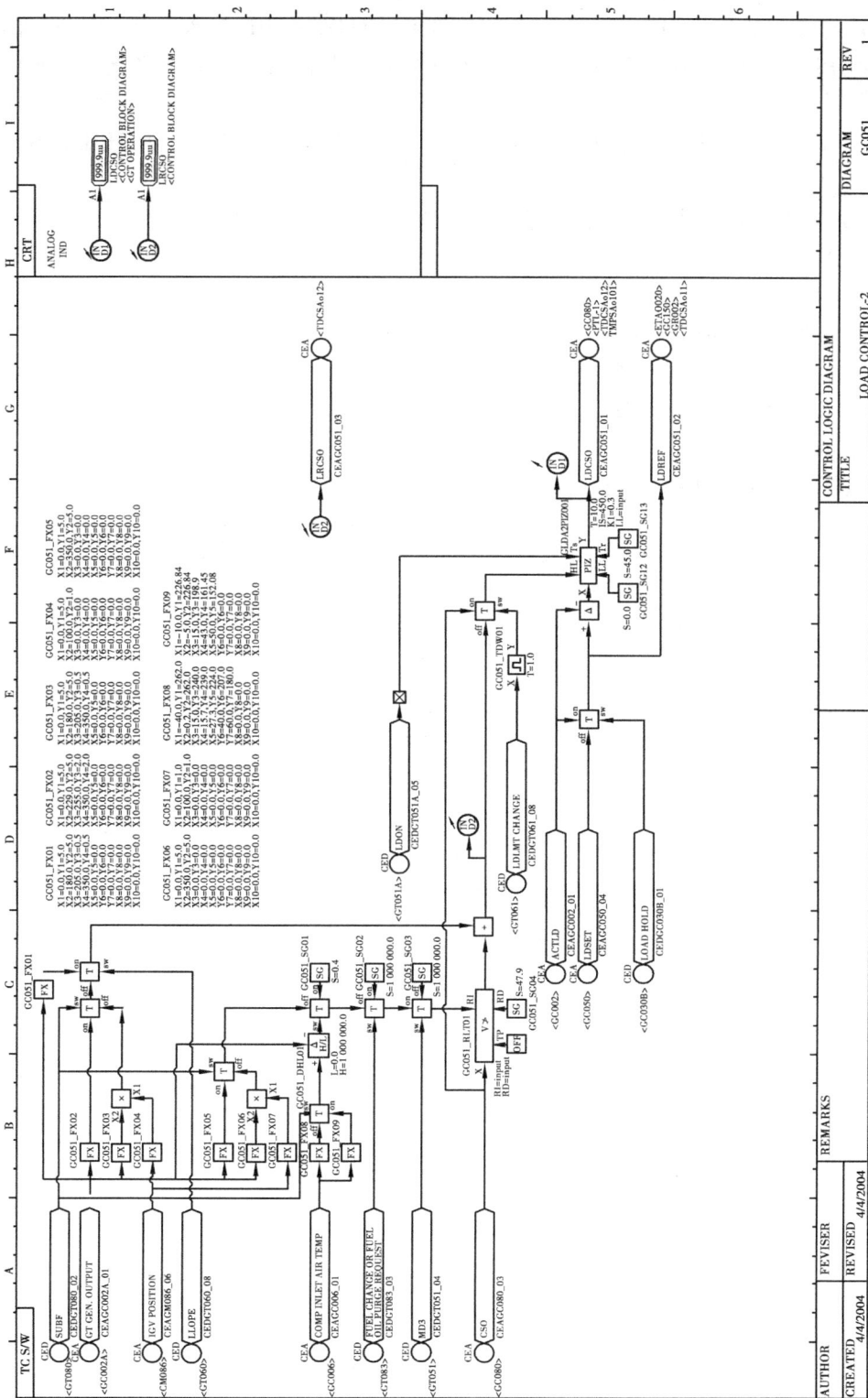

图2.87　负荷控制逻辑图-2

输出 GVCSO 减少超过 5% 时,或电网频率持续上升使 GVCSO 减小超过 5% 并持续超过 6 s 时,33GV 为 1,使得 LLOPE 为 0,ALRCG 为 1,LDSET = ACTLD,则 PID 输入为 0,LDCSO 保持不变,这时将暂时切换至 GOVERNOR 控制,CSO = GVCSO,直到系统频率下降到 GVCSO 大于 LDCSO。

当信号 LOAD HOLD = 1 时,LDREF = ACTLD,LDCSO 保持不变;LOAD HOLD 为 0 时,LDREF = LDSET。

关于 GOVERNOR 方式下的负荷调节,可参见转速控制相关介绍。

④控制逻辑图

负荷控制逻辑图如图 2.86、图 2.87 所示。

4)温度控制(Temperature Control)

温度控制用于调节燃烧室燃气温度,限制燃气轮机透平进气温度,防止由于超温造成燃气轮机透平叶片烧毁、断裂等事故发生,减小超温对叶片的腐蚀。

①控制框图

温度控制框图如图 2.88 所示。

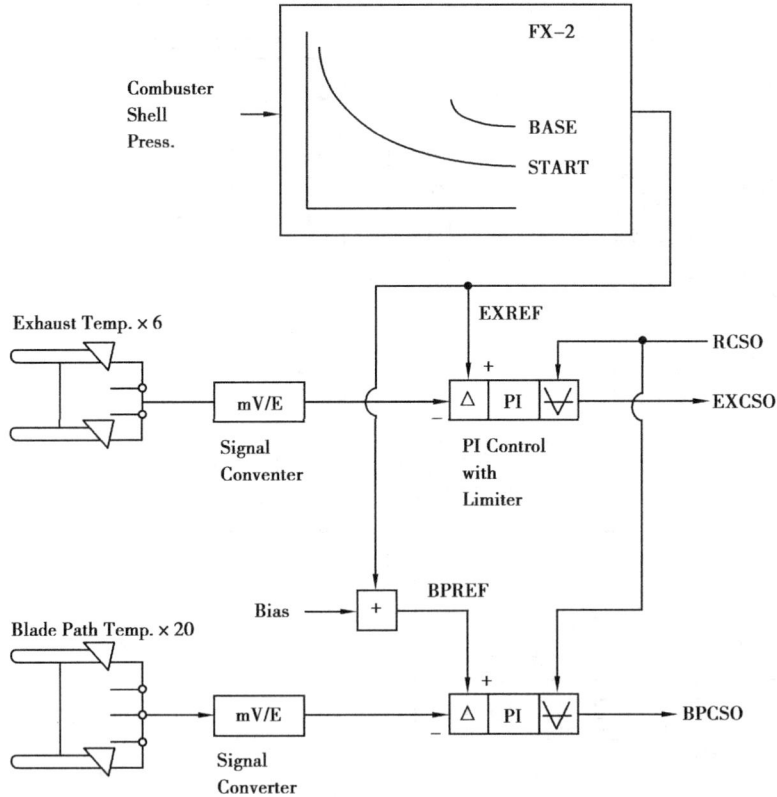

图 2.88 温度控制框图

②功能

温控的主要作用是限制最大燃料流量,以保证在启动和带负荷阶段时燃气轮机透平进气温度在一个安全值上,防止超温造成叶片损坏。

燃气轮机透平进气温度非常高,高达 1 400 ℃,这是无法用热电偶测温元件直接测量的。

另一方面,燃气轮机透平入口温度场很不均匀,差值有可能高达 100 ℃,用有限的热电偶不能准确地测出其平均温度。再者,燃气轮机透平入口的温度场也是不稳定的,这给计算平均温度带来难度。而透平排气温度远低于透平入口温度,且透平排气温度的温度场也因燃气经过透平做功时有所混合而比较均匀,因此透平排气温度便于测量和控制。而由透平排气温度经燃气轮机透平进气压力(这个压力与燃烧室压力是相同的)补偿计算来获得透平进气温度,因此可通过测量燃气轮机透平排气温度来间接反映透平进气温度的大小。温度控制也就可以通过测量透平排气温度来实现,

透平进气温度、压力与透平排气温度、压力之间的关系为

$$T_2 = T_1 \times \left(\frac{P_2}{P_1}\right)^{\frac{n-1}{n}}$$

式中　T_1——透平进气温度;

　　　T_2——透平排气温度;

　　　P_1——透平进气压力;

　　　P_2——透平排气压力(常数);

　　　n:绝热指数。

M701F 是采用压气机出口压力(COMB.SHELL PRESS)作为修正参数,为使透平进气温度为常数,排气温度与压气机出口压力之间有一条关系曲线,这就是温控基准线。进气和排气温度与燃烧室压力关系图如图 2.89 所示。

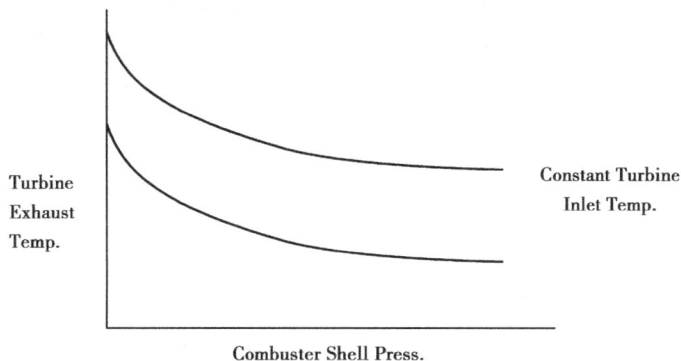

图 2.89　进气和排气温度与燃烧室压力关系图

温度控制就是基于以上曲线来进行的,创建函数用于建立以上的关系,需要产生两组曲线,一组用于机组启动阶段的温控,另一个用于正常负荷调节的温控,两组曲线自动切换,两组曲线间基本偏置值为 283 ℃。

为了提高温控的可靠性,采用两处测点来测试温度:一个是排气温度,另一个是叶片通道温度。叶片通道温度反应快,采用 20 支热电偶,而排烟温度在排烟管处充分混合,采用 6 支热电偶即可。

在带基本负荷时,由于设定值远远大于测量值,会造成温度控制 PI 的输出到达 100%,当出现超温时,PI 的输出会减少,但是太慢了,这样不适合用于进行超温保护。为此,逻辑设定值对温度控制 PI 的高限进行动态限幅,使其高限为 CSO+5%,这样当出现超温时,在最短的时间温控就起作用,这种设计非常适用于后备控制。

M701F 的温度控制具体分为两类:叶片通道温度限制控制和排气温度限制控制。相应的

温度测点也分为两类:叶片通道温度测点(20 个)和排气温度测点(6 个),都是环形均匀布置。

压气机出口压力有 3 个测点,取中值后作为温控基准函数的输入,温控基准函数的输出则作为排气温度的参考基准值(EXREF)。

EXREF 加上一个偏差量(BLADE PATH BIAS)即作为叶片通道温度的参考基准值(BPREF)。由于叶片通道温度在排气温度的上游,因此其温度参考基准(BPREF)应该比排气温度参考基准(EXREF)高,这个偏差值大约为 15 ℃,可在 GC060_SG09 更改,但不能超过17 ℃。622 ℃是 BPT 和 EXT 允许的极限值。

温度控制系统分别根据参考基准值(EXREF 和 BPREF)与平均值的实际偏差值 x,输入到有高低值限制的 PI 调节器,各自的输出则分别为 BPCSO 和 EXCSO。BPCSO 高限值为 RCSO−G060_FX01。EXCSO 高限值介于(RCSO−4.5)~RCSO,若 EXREF ≤ EXHUAST GAS AVG(EXT),EXCSO 高限值为(RCSO−4.5);若 EXREF ≥ EXHUAST GAS AVG(EXT)+25,EX-CSO 高限值为 RCSO;EXHUAST GAS AVG(EXT) ≤ EXREF ≤ EXHUAST GAS AVG(EXT)+25,EXCSO 高限值与 EXREF−EXHUAST GAS AVG(EXT)呈线性关系。其中 RCSO = CSO+5%。BPT 和 EXT 温控线如图 2.90 所示。燃烧室压力与 BPT 和 EXT 温控值换算表见表 2.71。

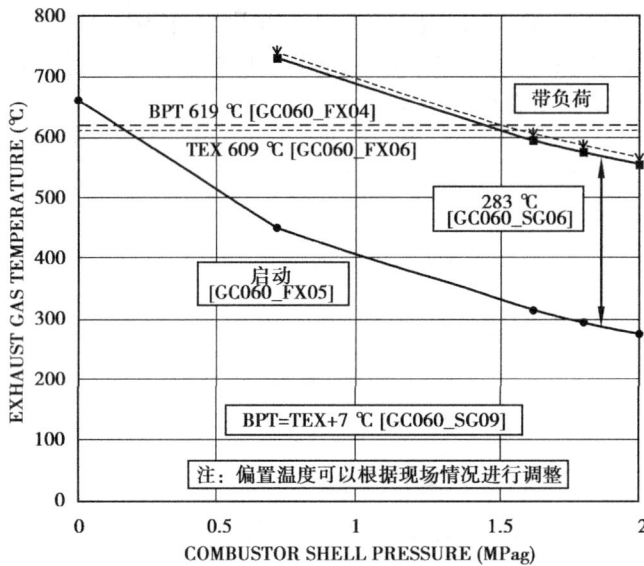

图 2.90　BPT 和 EXT 温控线

表 2.71　燃烧室压力与 BPT 和 EXT 温控值换算表

序号	启　动		带负荷	
	PCS/MPa	Tex/℃	PCS/MPa	Tex/℃
1	0	660		
2	0.715 9	449.7	0.715 9	732.7
3	1.62	314	1.62	597
4	1.8	295	1.8	578
5	2.0	274	2.0	557

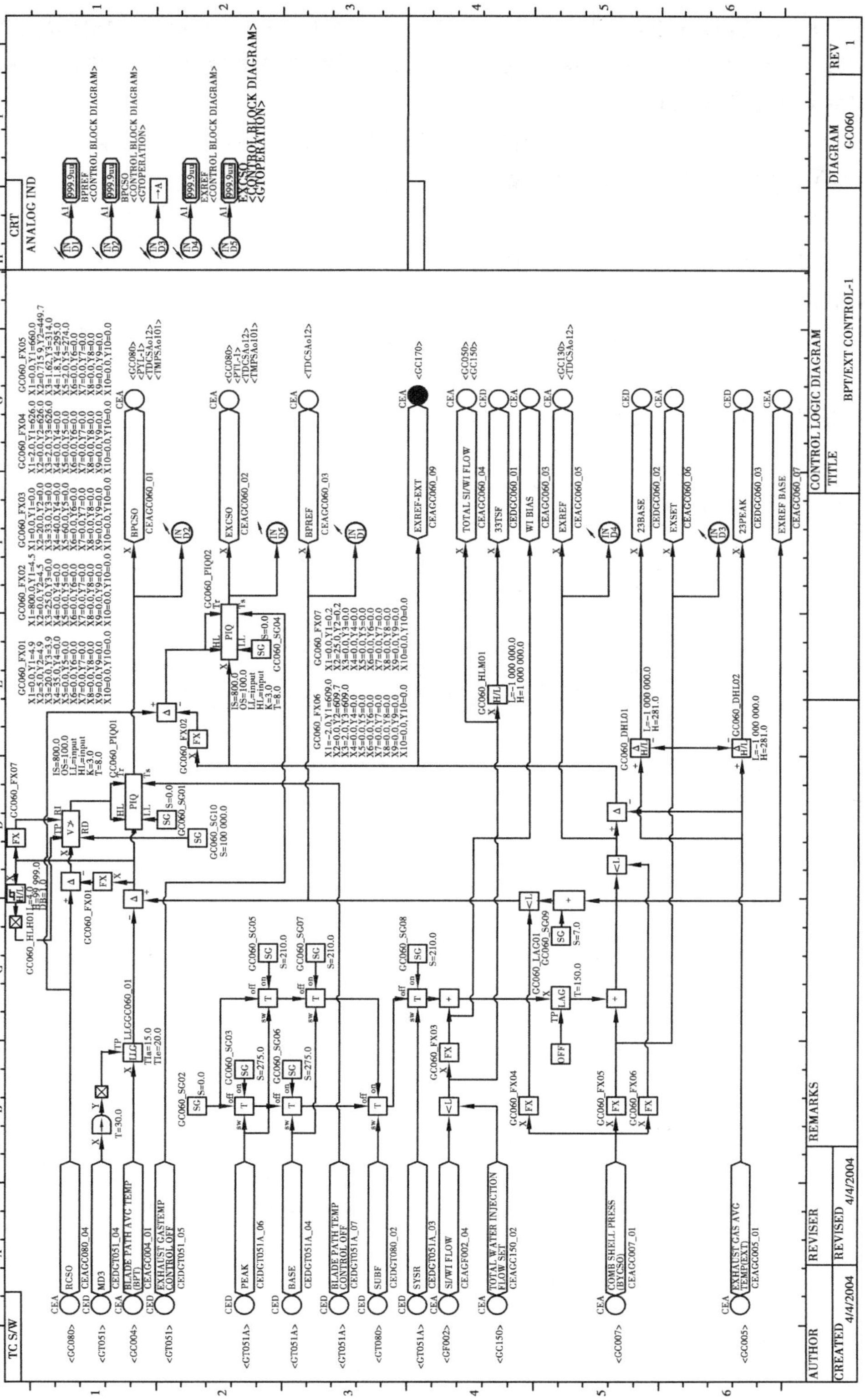

图2.91　BPT/EXT控制逻辑图

BPT 平均温度值为 20 个测点温度值去掉最高和最低值再进行平均。如果有热电偶故障就用平均值取代测量值,若所有测点均有问题,平均值就为 0。排气平均温度值为 6 个测点温度值进行平均。如果有热电偶故障就用平均值取代测量值,若所有测点均有问题,平均值就为 0。

当偏差为正值时(BPT/EXT 均值比参照点低),控制器的输出为上限值:当前 CSO 加 5,以跟踪当前的实际控制 CSO。

倘若出现负值的偏差(BPT/EXT 均值比参照点高),控制器将削减自己的燃料控制信号 CSO(BPCSO/EXCSO),直至达到正值的偏差为止。

③控制逻辑图

BPT/EXT 控制逻辑图如图 2.91 所示。

5)燃料限制控制(Fuel limit control)

燃料限制控制作用于燃气轮机从点火到定速期间的点火和升速燃料流量控制。

①控制框图

燃料限制控制框图如图 2.92 所示。

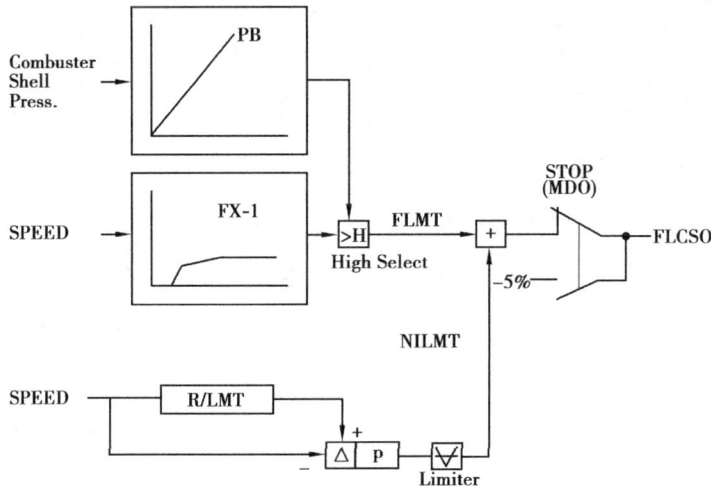

图 2.92　燃料限制控制框图

②功能

燃料限制控制是为了限制燃气轮机最大的燃料流量,进而限制加速率。为实现该控制策略,控制环节采用了前馈控制方法。通过函数 GC070_FX02,可得到一个输出 FLMT,它就是燃料限制的输出。如果这个预先设定的燃料量太大,升速率超过允许的设定值限制(它是通过 R/LMT 模块实现的),比例模块输出将减少燃料流量,控制升速率为允许的设定值。R/LMT 模块功能是限制输出的变化速率。如果转速的变化率超过 R/LMT 预设的速率值,比列环节 P 的输出将减小燃料限制输出(FLCSO)来控制升速率。R/LMT 的输入与输出关系图如图 2.93所示。

在任何时候燃料流量都不可能超过函数发生器输出值(FLMT)。在负荷运行期间,转速基本维持恒定,因此函数发生器的输出值不变,这意味着燃料可能无法增加,为了实现燃料随着负荷的增加而增加,引入一个前馈信号和修正函数 GC070_FX01(-60%),它是燃烧室壳压的函数,当负荷增加时,燃料限制 FLMT 也一起增加,以便获得有效的限制功能。

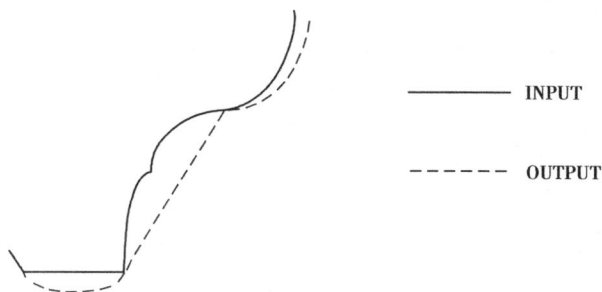

图 2.93　R/LMT 的输入与输出关系图

停机时,输出值为-5%。

③燃料限制控制算法

MDO(点火前),MDO-INV 为 1,FLCSO 值为-5%。

FIRE(点火时),根据两个函数的性质(GC070_FX01-60,GC070_FX02)以及 PR 模块的功能,FLCSO=20-10(n-500),其中 n 为点火转速,FLCSO 一般小于 0。转速达到 1 045 r/min 左右,FLCSO 才逐渐为正值。

ACC 为 1 时(在 580~2 500 r/min),FLCSO 随着转速的增加线性地增大(1/76.8 r/min)。达到额定转速后,即 MD2,FLCSO 略小于 45。转速在 780 r/min 以下加速度为 300 r/min^2;在高于 860 r/min 时加速度为 135 r/min^2;转速在 780~860 r/min,加速度在 300~135 r/min^2 线性递减。

升速过程中,由于转速函数输出值高于 20%,而并网前(燃烧室压力函数-60%)要达到 20%以上,燃烧室压力至少达到 1 MPa 以上,根据压气机特性,这实际不可能实现,因此整个升速过程中,是速度函数起作用,而燃烧室压力函数只在并网后起作用。

带上负荷后,即 MD3 时,FLCSO 为 GC070_FX01,变成略小于 100,其值最大,不可能通过最小选,从而退出实际控制。

由此可知,燃料限制控制只用于启动升速过程中的燃料量开环控制。

④控制逻辑图

燃料限制控制逻辑图如图 2.94 所示。

6)小选控制(Minimum selected control)

小选和最小流量控制示意图如图 2.95 所示。

①小选

启动开始时,选择 FLCSO,在点火前 CSO=-5%;点火时,CSO 由于最小点火流量限制,CSO_{FIRE}=15.4%;升速至定速时,FLCSO=45%,而 GVCSO 下降至 40%附近,故选择 GVCSO;并网后若选择 LOAD LIMIT 方式,则选择 LDCSO,若选择 GOVERNOR 方式,则选择 GVCSO;当进入温控模式时,选择 BPCSO 或 EXCSO。并网后,除 FLCSO 为 100%外,其他未参与控制的信号均跟踪当前的 CSO 并加上一个+0.5%~+5%的偏置,通过动态改变 PID 的高限值来实现。

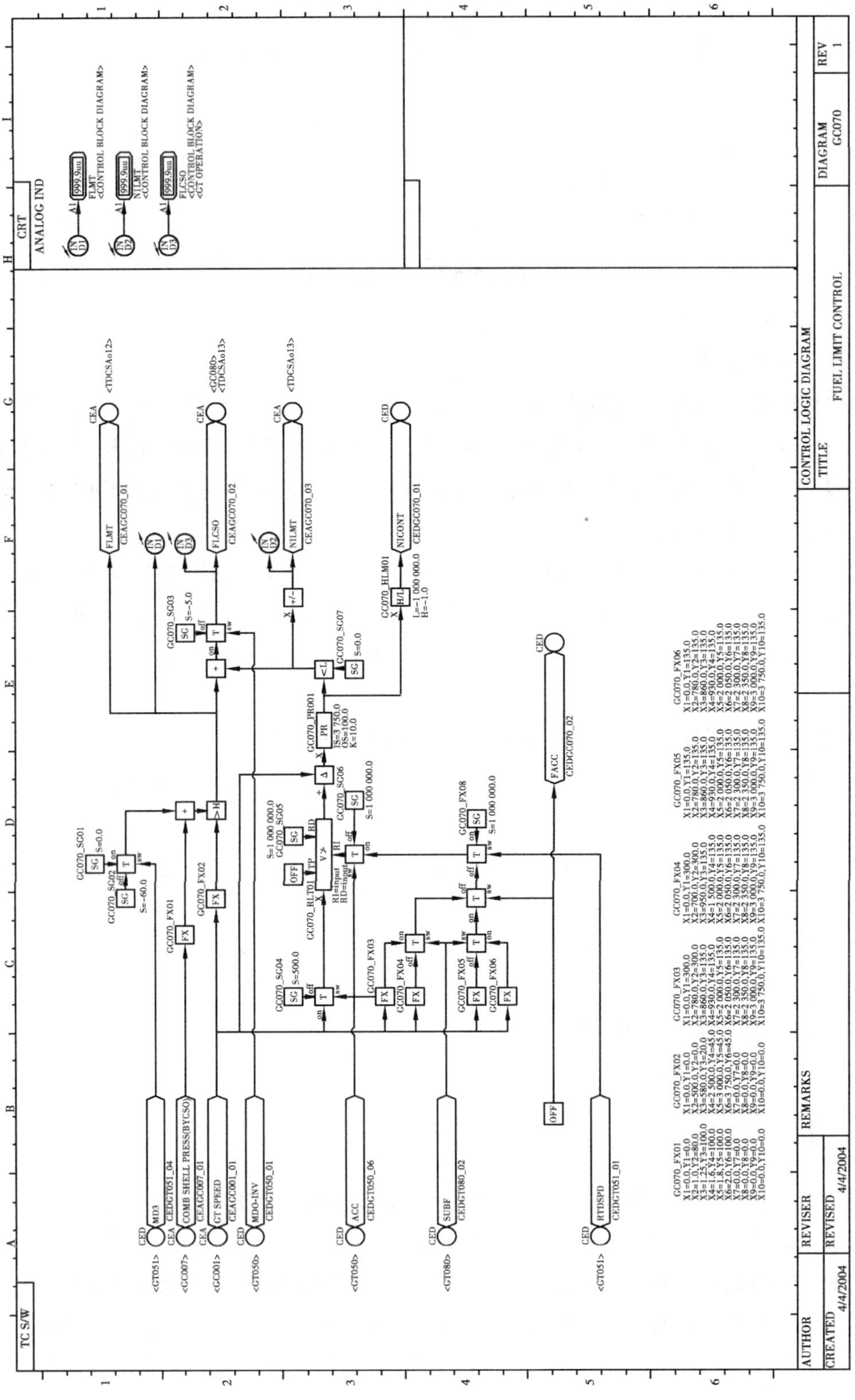

图2.94　燃料限制控制逻辑图

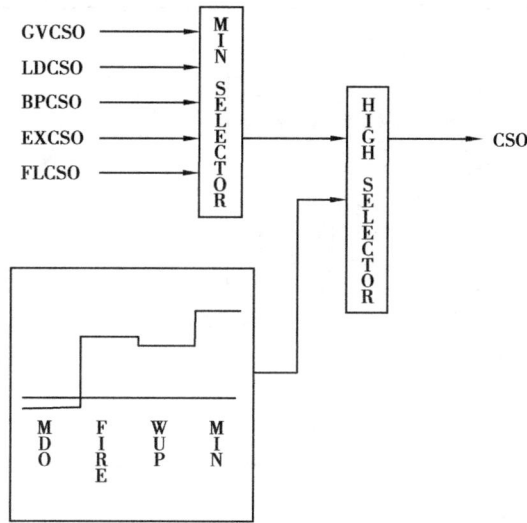

图 2.95　小选和最小流量控制示意图

②最小流量限制算法

MDO 是点火之前流量限制,输出为-5%。

FIRE 是点火时流量限制,维持燃料流量以取得可靠点燃。当燃气加热器出口温度高于 215 ℃时,$CSO_{FIRE} = 17\%$;当燃气加热器出口温度低于 215 ℃时,$CSO_{FIRE} = 15.4\%$,基本上点火时燃气出口温度都小于 215 ℃。

WUP 是在加速期间流量限制,维持燃料流量,防止火焰熄灭,并足以预热及加速达到额定速度。当燃气加热器出口温度高于 215 ℃时,$CSO_{WUP} = 17\%$;当燃气加热器出口温度低于 215 ℃时,$CSO_{WUP} = 15.4\%$。

MIN 是加速后快达到额定速度前阶段流量限制,维持最低的燃料流量以防止火焰在瞬变操作期间熄灭。当 CSO>27.6%[LDOFF(INITAIAL POSITION SET)为 0 时]或 CSO>27.6% * GC080_FX02[LDOFF(INITAIAL POSITION SET)为 1 时],MIN 替代 WUP 作为高选输入值。GC080_FX02 为燃气加热器出口温度函数,27.6% * GC080_FX02 的取值区间在 21.83% ~ 34.7%。而 LDOFF(INITAIAL POSITION SET)一般为 0,故燃气轮机升速到控制输出信号 CSO=FLCSO=27.6%以后,MIN = 27.6%作为最小燃料流量限制值。在此以后若甩负荷导致 CSO 迅速下降,低于 MIN 值,MIN 将接替小选器输出,对燃气轮机进行控制。

高选门的作用是防止 CSO 过分降低,而导致在过渡过程期间贫油熄火。例如,在最极端的例子,机组突然甩全部负荷,燃气轮机控制系统回路要把 CSO 信号迅速压低,而高选门的最小 CSO 给定值则建立了避免熄火的最小燃料流量值。

③控制逻辑图

控制信号输出控制逻辑图如图 2.96 所示。

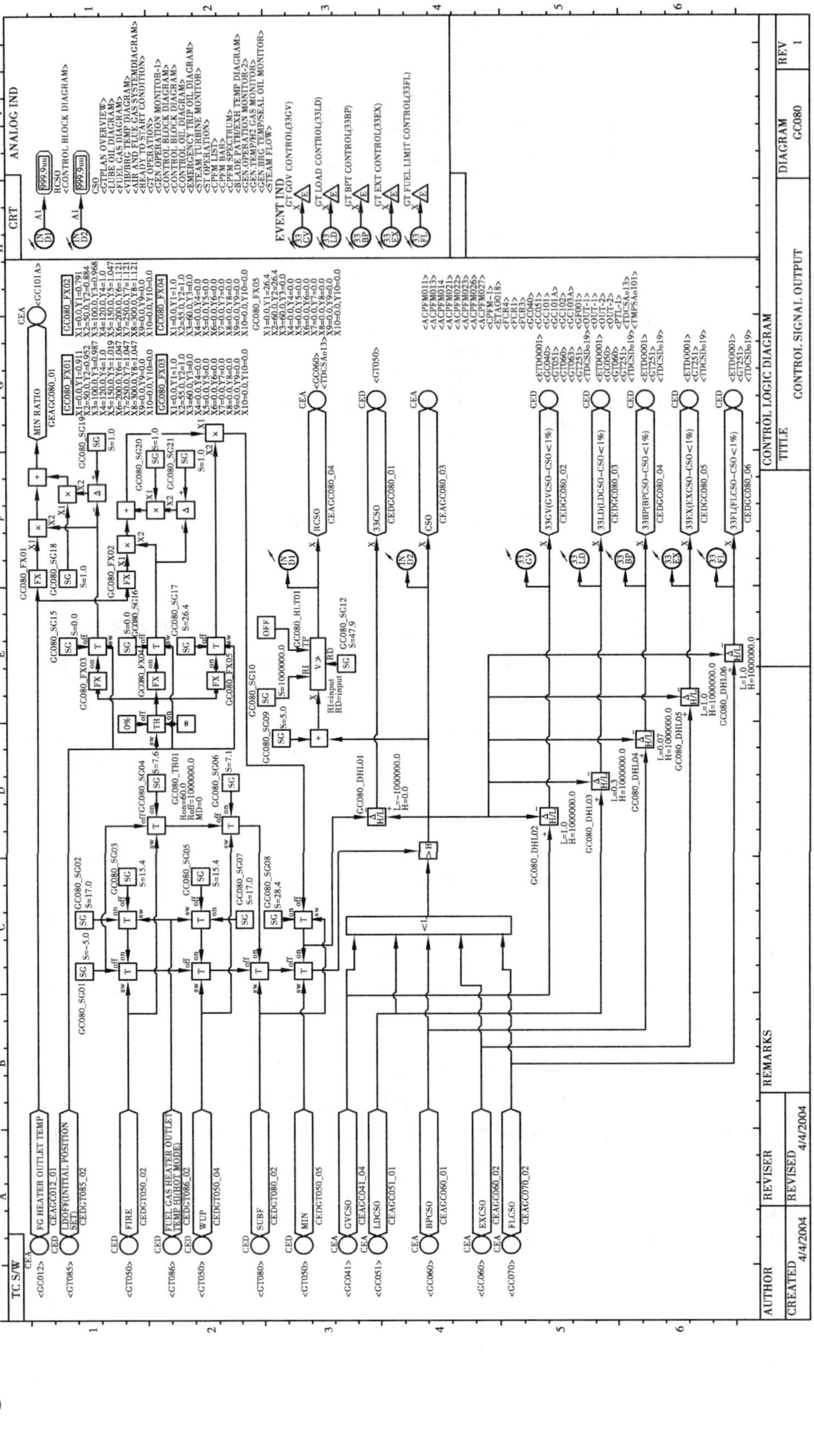

图2.96 控制信号输出控制逻辑图

7)燃料分配控制(Fuel distribution control)

M701F 燃气轮机共有 20 个 DLN 燃烧室,通过联焰管连接,每个燃烧室燃料喷嘴包括值班燃料喷嘴和主燃料喷嘴,燃烧室喷嘴剖视图如图 2.97 所示。值班燃料喷嘴采用扩散燃烧方式,额定负荷情况下大约使用5%的燃料以保持火焰稳定。其余95%的燃料供给主燃料喷嘴。主燃料喷嘴采用预混燃烧方式,顶部装设有空气混合风扇。当空气通过主燃料喷嘴的时候,推动风扇旋转,形成涡流与燃气预混合。预混合之后的空气和燃气在燃烧时形成的火焰温度较低,而且均匀。因此,NO_x 排放量可明显减少。

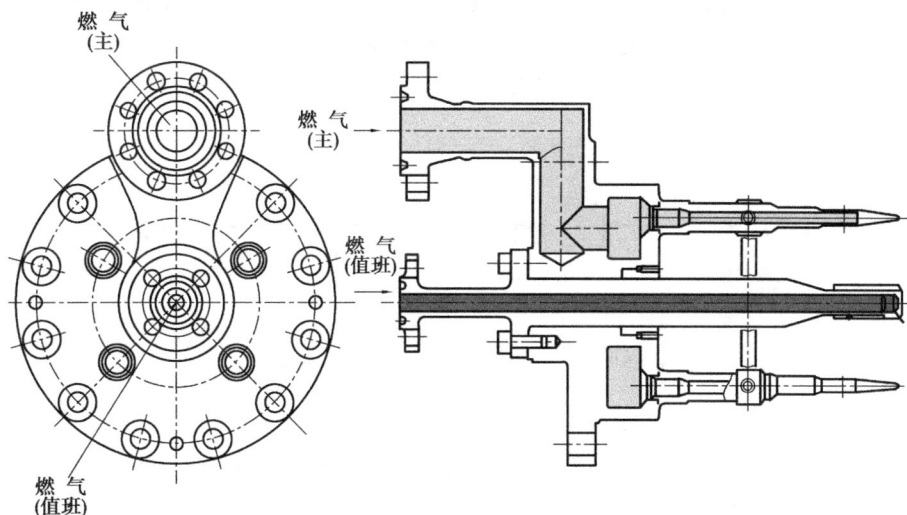

图 2.97 燃烧室喷嘴剖视图

喷嘴燃料通过值班燃料供应回路和主燃料供应回路供应,燃气供气回路如图 2.98 所示。在各种工况下将燃气流量作为控制信号输出的函数加以控制,该输出即为 CSO(CONTROL SIGNAL OUTPUT),CSO 为 PLCSO(值班燃料控制指令)和 MCSO(主燃料控制指令)之和。PLCSO 是 CSO 的函数输出值,分为加速阶段和带负荷运行阶段。

①控制框图

燃气分配控制框图如图 2.99 所示。

②功能

将 CSO 分配到主燃料调节阀指令(MFMCSO)和值班燃料调节阀指令(MFPLCSO),它们的关系曲线如图 2.100 所示。

③燃料分配控制算法

A.PLCSO 算法

a.加速阶段

当 Speed<2 815 r/min 时,14CM 为 0,低压防喘阀尚未有关闭指令,START CO. A 为 1,START CO. B 为 0,此时 MFPLSET 即 PLCSO 为

$$PLCSO = FXS * CSO * (MIN\ RATIO)$$

(FXS 为加速时转速的函数 GC101A_FX01;MIN RATIO 为密度修正,燃气轮机升速时为1)

151

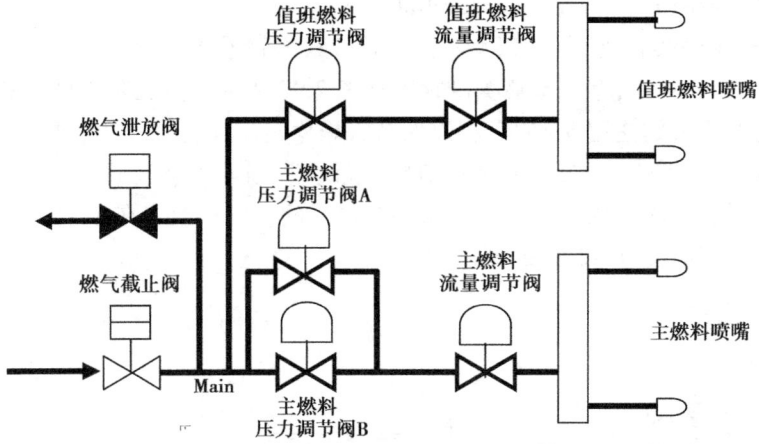

图 2.98　燃气供气回路

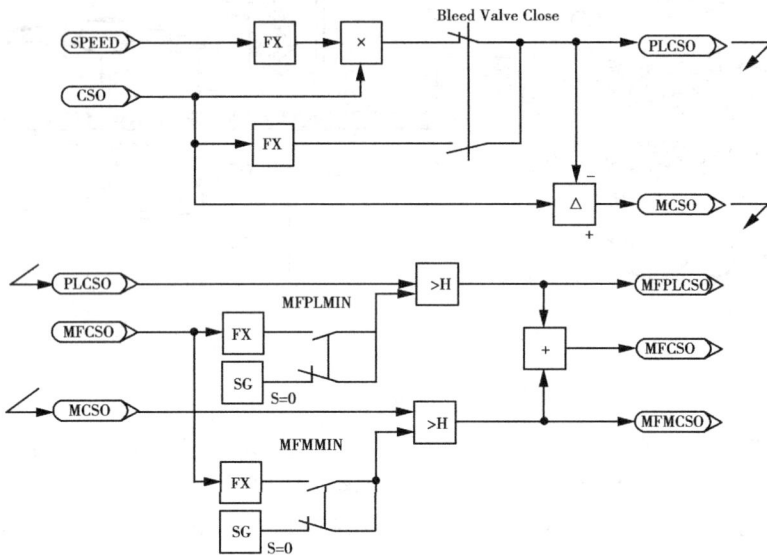

图 2.99　燃气分配控制框图

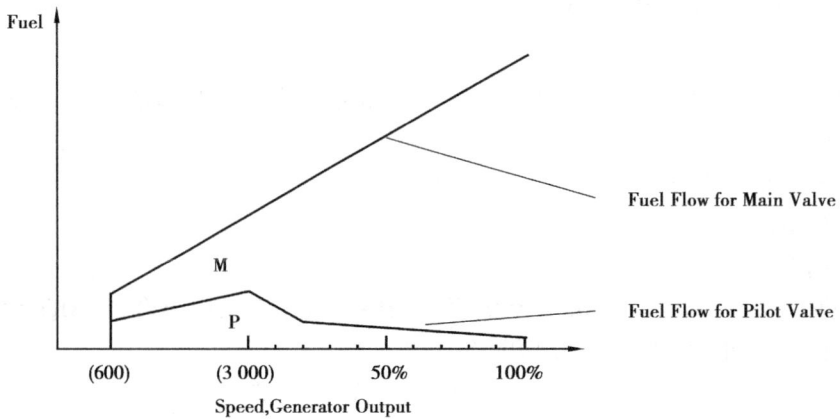

图 2.100　燃气流量分配图

b.带负荷运行阶段

当 Speed ≥ 2 815 r/min 时,14CM 为 0,低压防喘阀关闭,START CO. A 为 0,START CO. B 为 1,此时 MFPLSET 即 PLCSO 为

$$PLCSO = (PLCSO_{0W} - \Delta PLCSO * T_{PLCSO} + \Delta PLCSO_{ACPFM}) * (MIN\ RATIO)$$

($PLCSO_{0w}$ 为 CSO 的函数 ACPFM011_FX101,$\Delta PLCSO$ 为压气机进气温度对 $PLCSO_{0w}$ 修正函数 ACPFM011_FX102(CSO 的函数),T_{PLCSO} 为压气机进气温度修正因子 ACPFM012_FX101,$\Delta PLCSO_{ACPFM}$ 为 ACPFM 系统对 PLCSO 的调节量)。

在燃气轮机负荷超过 70 MW,出现燃气轮机甩负荷到空载或负荷变化率低于-53 MW 时,如果 CSO 变化率同时低于-5%,则 MFPLSET 即 PLCSO 为

$$PLCSO = (PLCSO_{0W} + FXS1 - \Delta PLCSO * T_{PLCSO} + \Delta PLCSO_{ACPFM}) * (MIN\ RATIO)$$

(FXS1 为带负荷时 CSO 的函数 GC101A_FX03,其为负荷突然变化引起的 PLCSO 偏差,实际设定为 0)

MIN RATIO 为燃气密度对 PLCSO 的修正,正常运行时为 1。当 LDOFF(INITIAL POSITION SET)为 1 后 55 s 内,MIN RATIO 为函数 GC080_FX01 的输出值;在 55~60 s,MINRATIO 为函数 GC080_FX01 的输出值乘以 $(1 - t/5)$ 再加上 $t/5$,t 为从 0~5 的时间;60 s 后,MIN RATIO 为常数 1。

在线水洗时 PLCSO 偏置量为 0。

B.MCSO 算法

MCSO 的算法为

$$MCSO = CSO - PLCSO$$

④控制逻辑图

燃料控制逻辑图如图 2.101、图 2.102 所示。

8)燃料压力控制(Fuel pressure control)

M701F 燃气轮机压力控制的目的是根据 CSO 的变化保持值班燃料流量调节阀和主燃料流量调节阀前后差压的稳定,使得燃气流量调节阀的开度与燃气流量成比例关系。燃气流量控制由值班流量调节阀和主流量调节阀分别根据 MFPLCSO 和 MFMCSO 来实现。由于全运行工况压力调节阀前后差压为一个定值,燃气流量与燃气流量调节阀的开度就成正比,通过控制燃气流量调节阀的开度来控制流量,而压力调节阀则通过比例积分控制方式对差压进行控制。为了覆盖较宽的压力控制范围,主燃气供气回路包含两个不同性能的压力控制调节阀,由 MFMPACSO 和 MFMPBCSO 来进行调整。值班燃气供气回路压力控制由 MFPLPCSO 进行调节。

①控制框图

流量调节阀差压控制框图如图 2.103 所示。

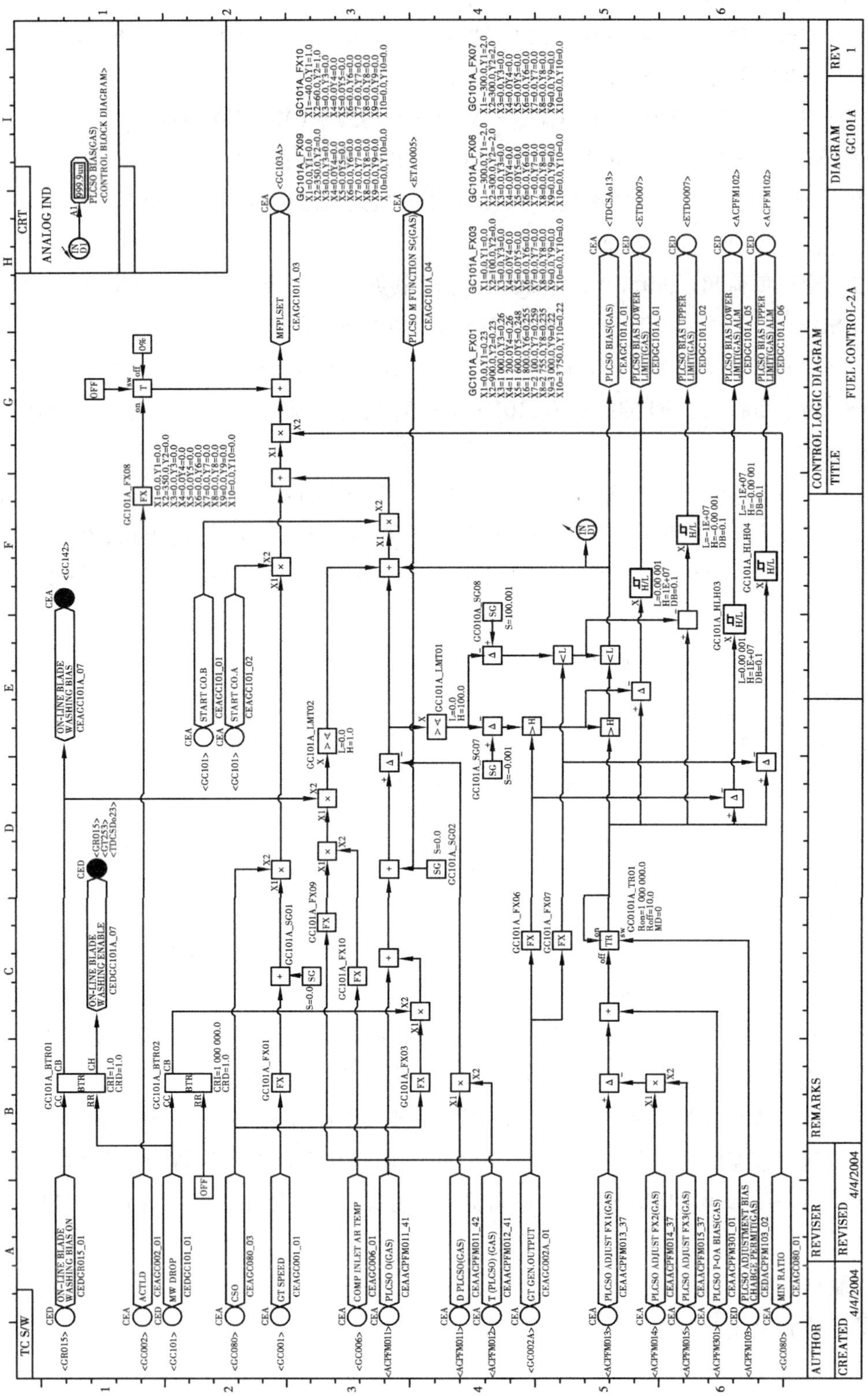

图2.101 燃料控制逻辑图 -1

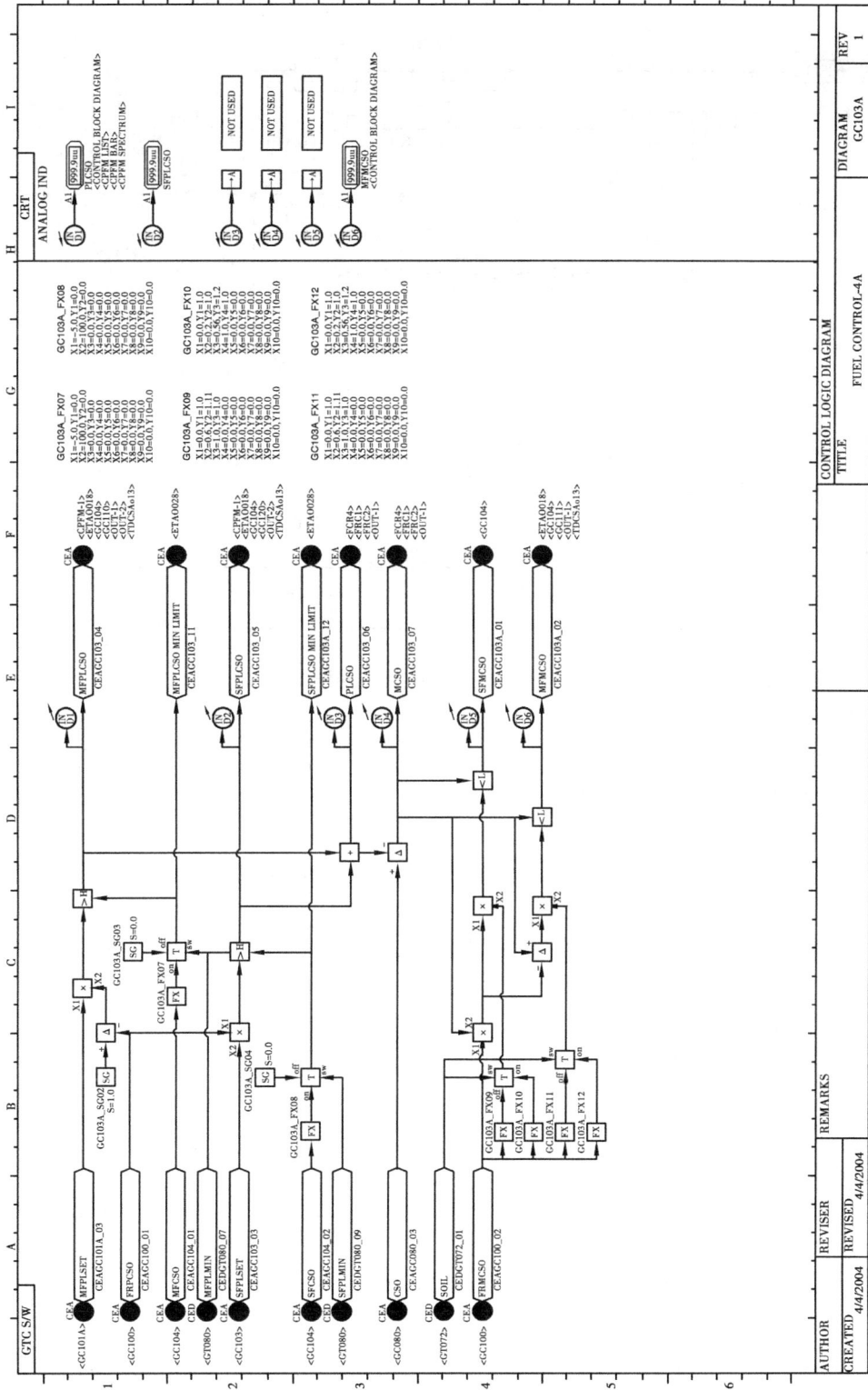

图2.102 燃料控制逻辑图-2

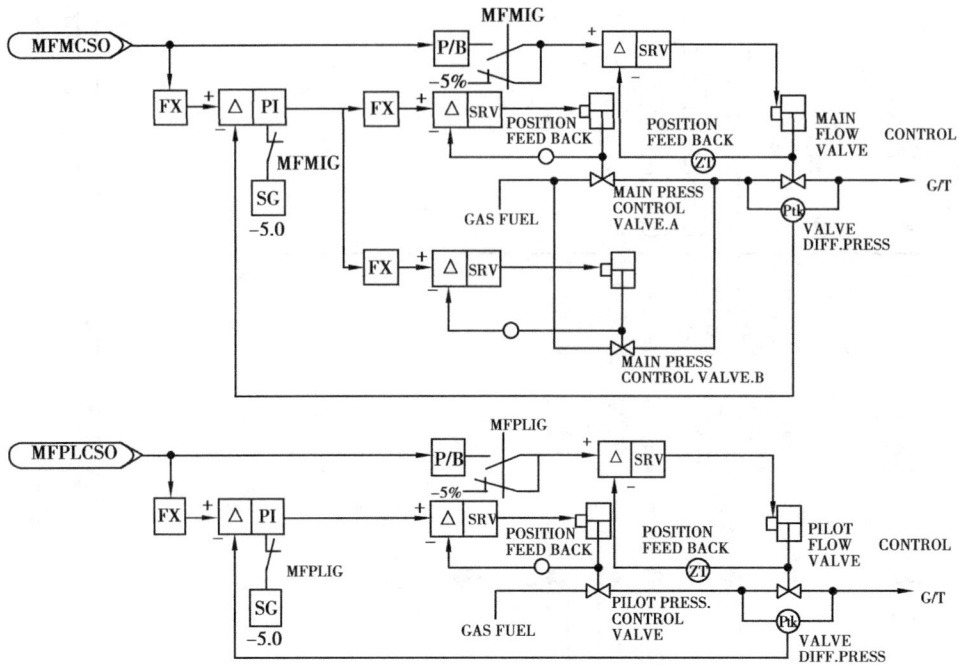

图 2.103　流量调节阀差压控制框图

②功能

燃气轮机燃烧室燃料流量受燃料流量调节阀控制,该阀的开度决定于 CSO 信号,并通过 PB(带偏置的比例算法块)进行修正。

燃气流量调节阀控制输出信号 MFMCSO 和 MFPLCSO 控制调节对应的流量调节阀。通过上游压力调节阀的调节,可保持流量调节阀入口和出口间的差压为常量。因此,流量控制和 CSO 成正比例关系。

每个流量调节阀采用高压控制油驱动,伺服阀驱动回路用于控制伺服阀,保证每个带阀位反馈的控制信号输出一致。

③燃料压力控制算法

当 MFPMIG 为 0 时,MFPLPCSO 为-5%。

当 MFPMIG 为 1 后延时 0.5 s,即 GAS ON 为 1 后 15 s,或 GAS ON 为 1 且 RTDSPD 为 0 (转速<2 940 r/min,或 33GV 为 0,或 GAS ON 为 1 不到 10 s),MFPLPCSO 是信号(0.392-P) 通过比例积分算法的输出。

当 MFMIG 为 0 时,即 MFPMIG 为 0 或 FRCSO>0.5(FRCSO 等于 1),则 MFMPACSO 和 MFMPBCSO 为-5%。

当 MFMIG 为 1 时,MFMPACSO 和 MFMPBCSO 为(0.392-P)通过比例积分算法的输出信号分别作为函数 GC111_FX04 和 GC111_FX05 输入所得的输出值。

④控制逻辑图

燃料阀控制逻辑图如图 2.104、图 2.105 所示。

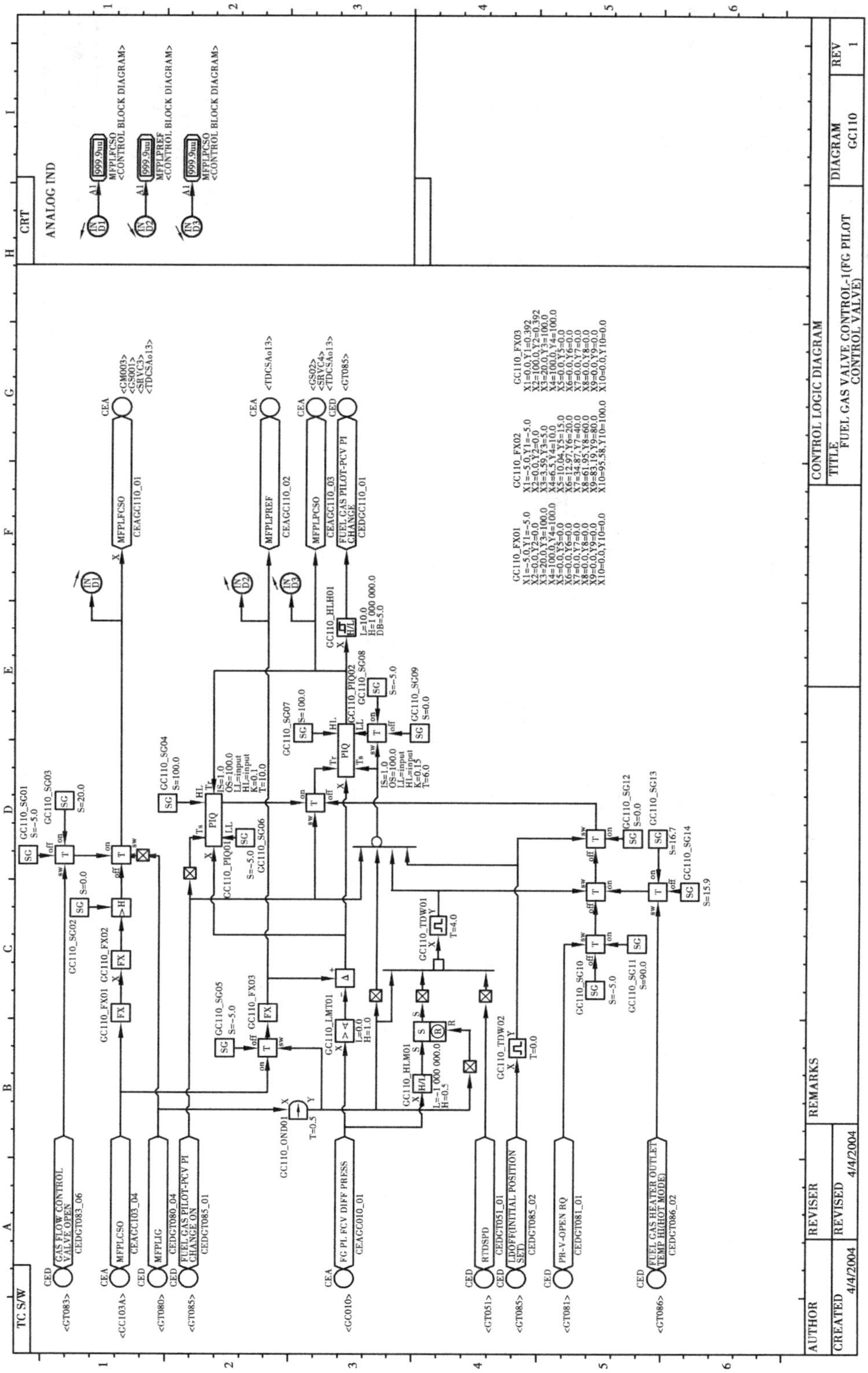

图2.104　燃料阀控制侧逻辑图-1

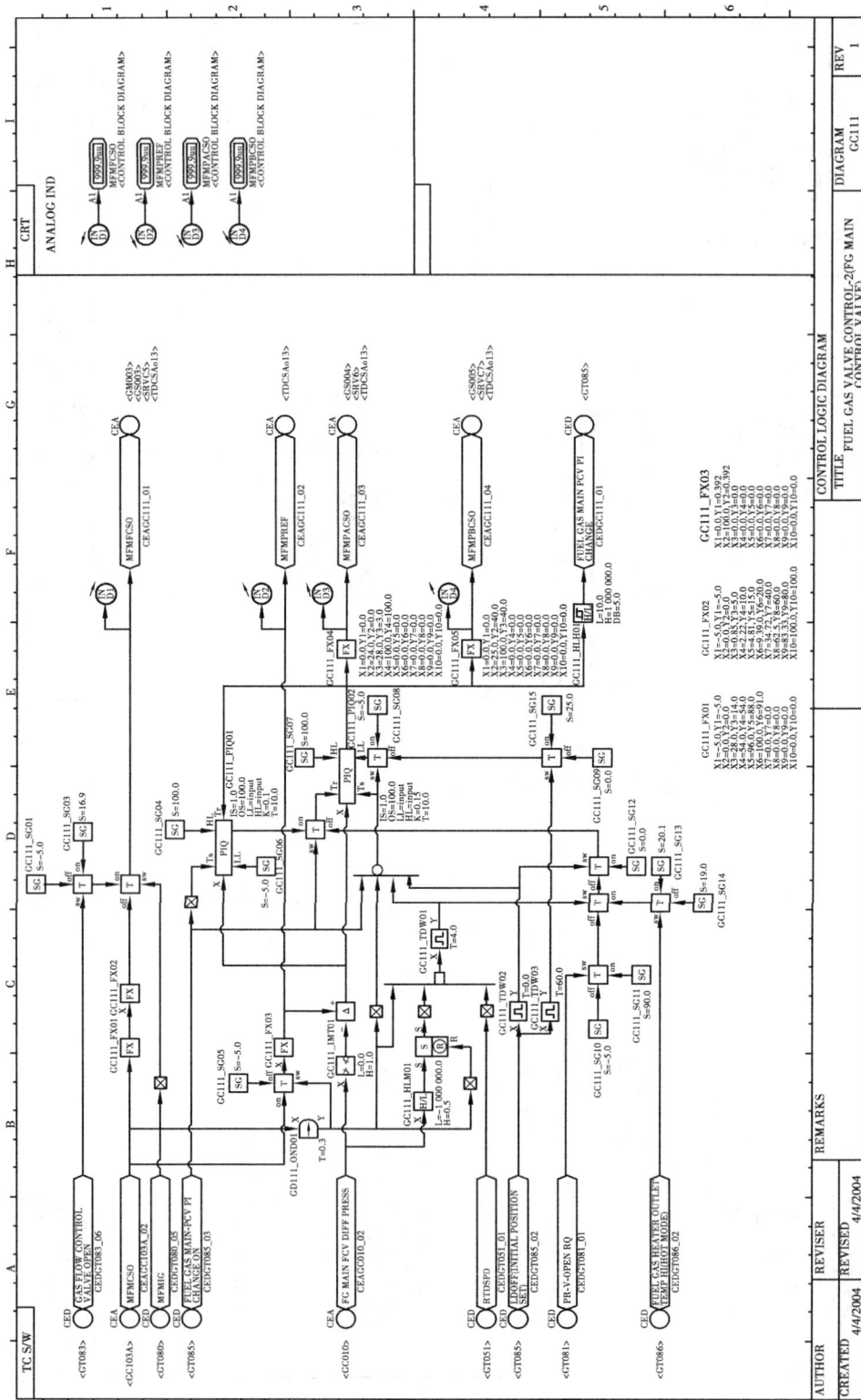

图2.105 燃料阀控制逻辑图-2

9）燃气温度控制（Fuel gas temperature control）

为了充分回收 TCA（Turbine Cooling Air）热能，同时有效降低转子冷却空气温度，利用 TCA（Turbine Cooling Air）排气温度通过 TCA 冷却器与燃气加热器进行热交换，使燃气在进入燃烧时前预热，增加焓值。进入加热器燃气流量由三通燃气温度调节阀控制，其控制曲线由燃气轮机负荷计算而成的预设值决定。

①控制框图

燃气温度控制框图如图 2.106 所示。

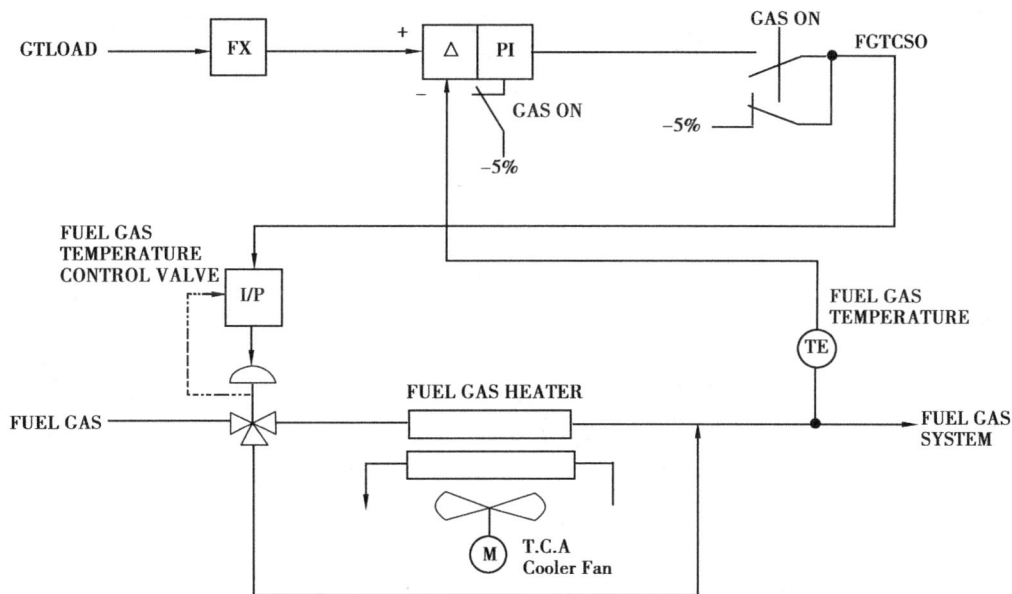

图 2.106　燃气温度控制框图

②功能

回收 TCA（Turbine Cooling Air）的热量，减少热量损失从而提高效率；采用三通阀进行控制，燃气温度设定值与燃气轮机负荷相对应。

③燃气温度控制算法

燃气温度控制信号输出为 FGHTCSO，FGHTCSO = FGHTCSO（AUTO）。

在燃气截止阀关闭（GAS ON 为 0）或燃气截止阀开启但转速未达到 2 250 r/min 以前，FGHTCSO = FGHTCSO（AUTO）= −5%，未投入燃气温度控制。三通阀保持关闭，无燃气进入燃气加热器。

在燃气截止阀开启且燃气轮机转速达到 2 250 r/min 以后，FUEL GAS HEATER CONTROL ON 为 1，此时投入燃气温度控制。

当燃气加热器出口温度异常时，异常信号会将比例积分器 GC170_PIQ01 输入钳制在 0，此时 FGHTCSO 保持在温度未异常前的输出值不变。

在正常燃气温度控制状态下，FGHTCSO（AUTO）为比例积分器 GC170_PIQ01 输出值，比例积分器 GC170_PIQ01 输入信号为发电机出口功率经过函数 GC130_FX01 修正后的值与燃气加热器出口温度之差。

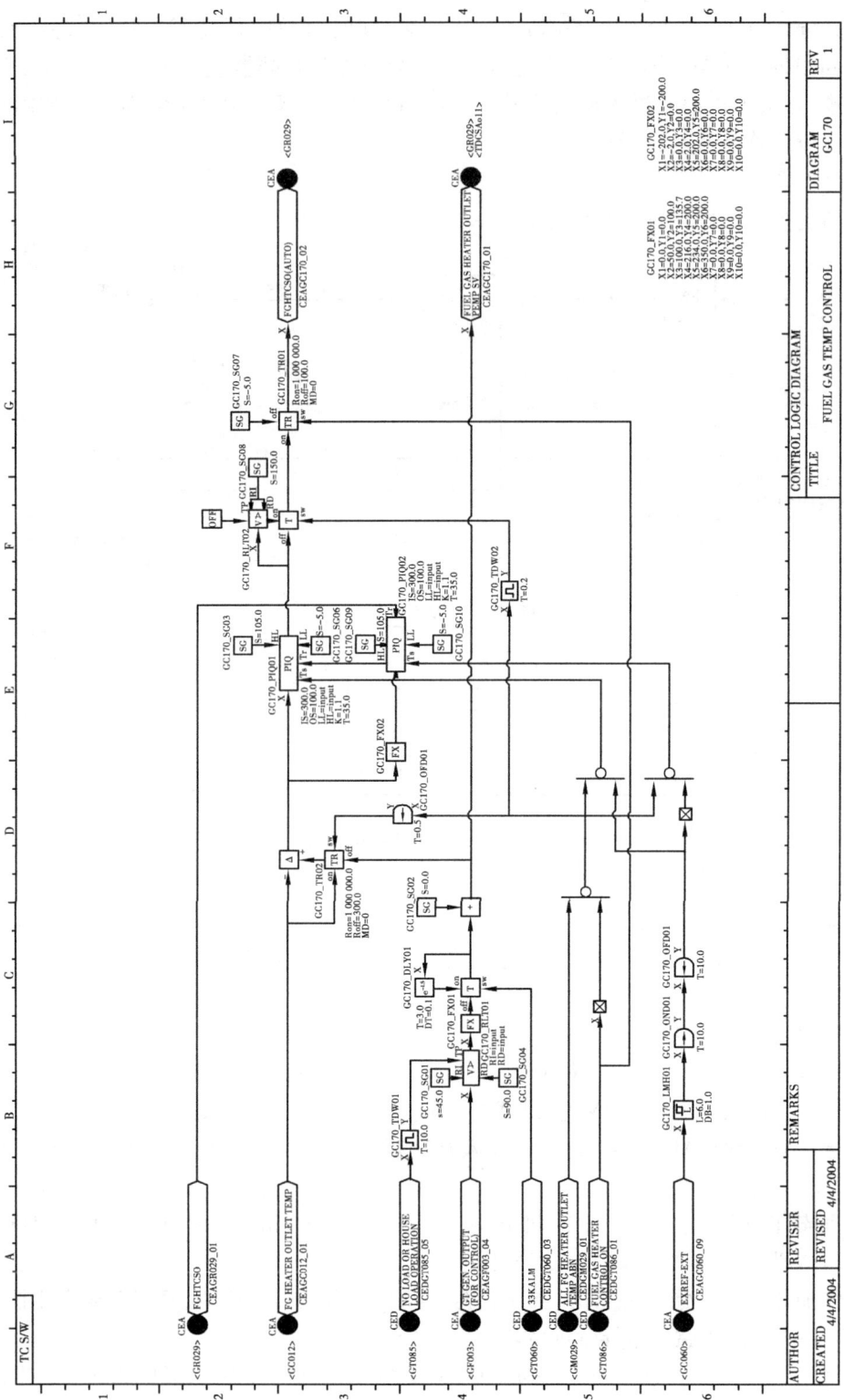

图2.107　燃气温度控制逻辑图

当（EXREF-EXT）<6% 延时 10 s 后，即排气温度基准与排气平均温度之差小于 6 ℃ 延时 10 s 后，FGHTCSO（AUTO）为比例积分器 GC170_PIQ01 输出值，而比例积分器 GC170_PIQ01 输出跟踪比例积分器 GC170_PIQ02 的输出值，比例积分器 GC170_PIQ02 输入信号为发电机出口功率经过函数 GC130_FX01 修正后的值与燃气加热器出口温度之差，再经过函数 GC130_FX02 进行修正。当发电机功率两个及以上传感器故障时，发电机出口功率保持故障前一扫描周期的值不变。

④控制逻辑图

燃气温度控制逻辑图如图 2.107 所示。

10）IGV 控制（IGV control）

IGV（Inlet Guide Vane）可以提高燃气轮机启动加速性能和循环效率，并能防止转子喘振和热悬挂发生。导叶（IGV）、执行环（Actuator ring）、连接器（link）、行程杆（Stroke Bar），执行机构（actuator），控制信号作用在执行机构伺服阀上，通过调节进入液压执行机构控制油流量控制执行机构行程，调节行程杆轴向运动，通过连接器和执行环带动入口导叶角度旋转。

在流过压气机空气流量较小时，轴流式压气机通流部分容易出现气流脱离现象。这是因为当压气机在偏离设计工况运行时，在压气机工作叶栅进口处会出现气流的正冲角和负冲角。当冲角增大到某种程度，黏附在叶型表面的气流附面层在逆流动方向的压力梯度下就会出现局部逆流区，形成涡流，造成气流脱离现象。气流脱离的形成，势必会导致压气机后流量和压力发生一定程度的波动，出现喘振现象。

IGV 可以通过可调节导叶改变压气机首级叶片进气角度，在小流量时改变气流的正冲角，增加一级叶片后的进气量，一定程度上避免喘振的发生。辅之以防喘阀来增大启动过程中压气机进气量，可以完全抑制压气机低负载时喘振的发生。在启动期间，通过控制 IGV 角度，能有效防止燃气轮机喘振。而且较小的进气导叶安装角，也会减小机组启动功率。IGV 在部分负荷运行时保持关到最小开度（空气流量大约 70%），随着燃气轮机负荷的增加开度逐渐增大，目的是为了提高排烟温度，从而产生较多蒸汽流量，获得较高的效率。IGV 开度是根据预设的排气温度进行控制的，其开度的大小直接影响着排气温度，进而影响热通道部件的寿命。

IGV 结构示意图如图 2.108 所示。

①控制框图

IGV 控制框图如图 2.109 所示。

②功能

在启动和停机阶段，IGV 开度为转速的函数。特别在低转速时，通过调节 IGV 角度和防喘抽气调节进口空气流速，能有效地防止喘振。在机组启动指令（L4 master on）发出后，直到转速小于 2 745 r/min 阶段，IGV 保持 19°（39.5%）开度，以减小进气流量，扩大压气机稳定工作范围。在转速大于 2 745 r/min 以后，机组并网前这段时间，IGV 关闭到最小开度（34°），在保持一定进气流量的同时，迅速提升燃气轮机排烟温度，如图 2.110 所示。

带负荷期间，在部分负荷时，保持最小开度（0～123.5 MW）；随着负荷的增加慢慢地增大开度。这样的目的是通过调节燃气轮机排烟温度，从而产生较多蒸汽流量，获得较高的效率。此时 IGV 控制可分为两部分：其一，燃气轮机负荷和压气机入口温度信号作为前馈信号，进行 IGV 负荷前馈控制；其二，根据燃烧壳压力控制排气温度，实现 IGV 的排气温度闭环反馈控制目的，满足联合循环变工况时余热锅炉的温度要求，并有效地控制排气温度在允许范围内。闭环反馈控制器输出值为排气平均温度与排气温度参考值之差经过比例积分器的输出值。

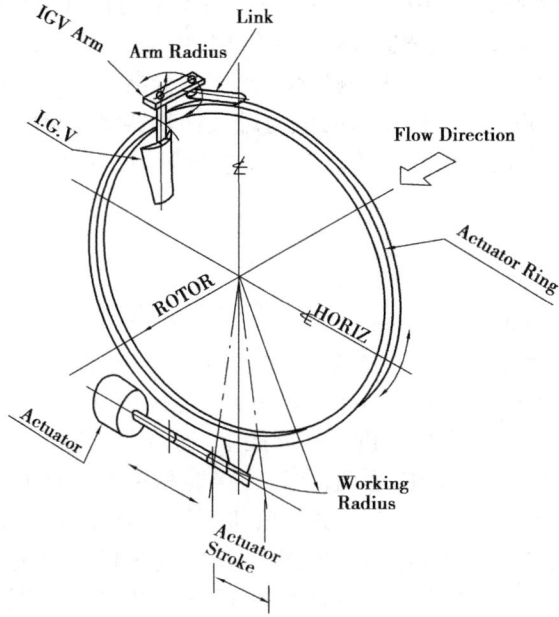

图 2.108 IGV 结构示意图

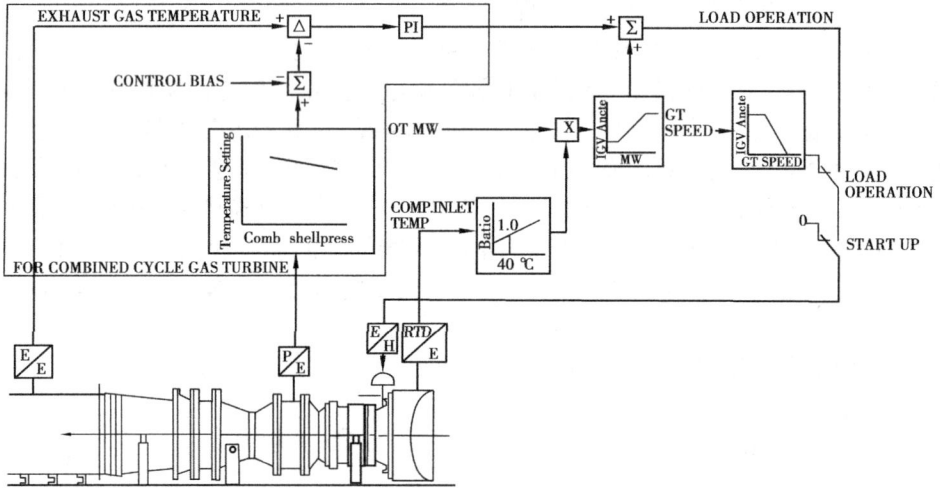

图 2.109 IGV 控制框图

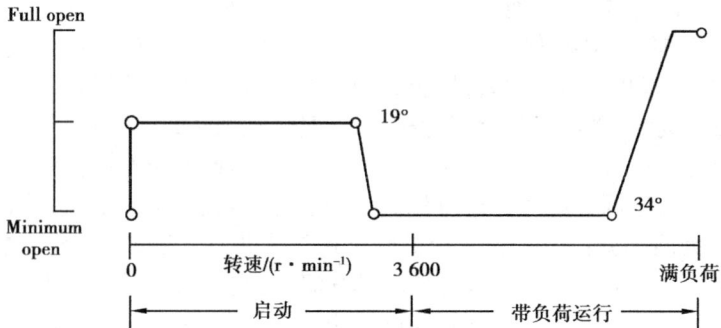

图 2.110 IGV 开度曲线

对于联合循环的机组,在低负荷时,可以关小压气机入口导叶,以获得较高的排烟温度,获得较高的效率。

燃机负荷与 IGV 开度关系如图 2.111 所示。

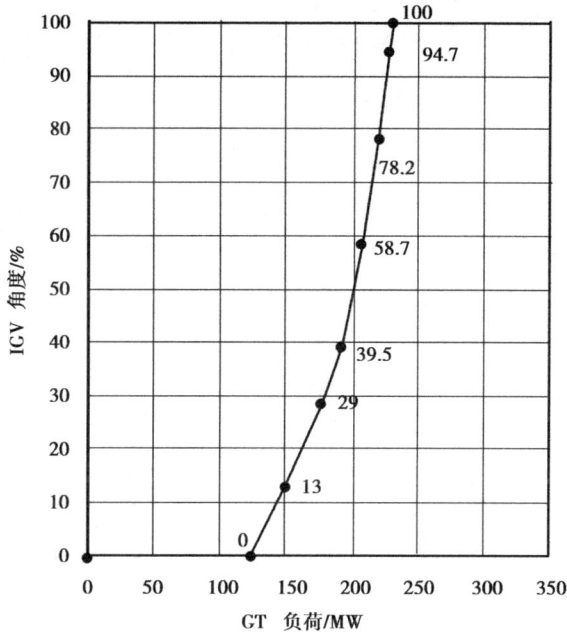

图 2.111　燃机负荷与 IGV 开度关系

③IGV 控制算法

IGV 执行机构采用电-液执行器对导叶角度进行调节,调节范围为 34°(0 %)至-4°(100 %)。

IGVCSO 为 IGVREF 的函数,IGVREF 作为函数 GC130_FX07 和 GC130_FX12 的输入,其输出 IGVCSO 和 IGVCSO2 作为控制信号输出送到伺服模件进行 IGV 调节。

IGVCSO 与 IGV 角度的关系可以由下式得出,即

$$IGV_{deg} = 34° - (38 \times IGVCSO)/100°$$

式中　IGV_{deg}——IGV 实际转动角度。

在启动阶段,转速低于 2 745 r/min 时,IGVREF 是转速的函数(GC130_FX08),IGV 设定角度为 19°。当 2 745 r/min<转速≤3 000 r/min,IGV 设定角度为 34°(GC130_SG12)。

停机过程转速从额定转速降至盘车转速过程中,IGV 从 -4° 关闭到 34°,速率为 400%/min。

在带负荷阶段,IGVREF 是 GT 发电机出口功率的函数,但最大开度被函数 GC130_FX11 限制。在 GT 发电机出口功率低于 123.5 MW 以前,IGV 仍然保持最小开度(34°),以维持较高的燃气轮机排烟温度,提高联合循环效率。若发电机出口功率测点两个或两个以上故障(共 3 个测点),IGV 将保持当前开度。

当 IGVREF 是 GT 发电机出口功率的函数时,负荷变化率决定 IGV 开度变化率。GT 发电机功率经过压气机温度修正(GC130_FX10),作为函数 GC130_FX06 的输入值,函数 GC130_FX06 的输出值乘以(1-FRPCSO),所得值与发电机功率减去压气机温度函数(GC130_FX15)的值,经过与函数(GC130_FX14)的输出值进行比较,两者取高值(该值作为函数

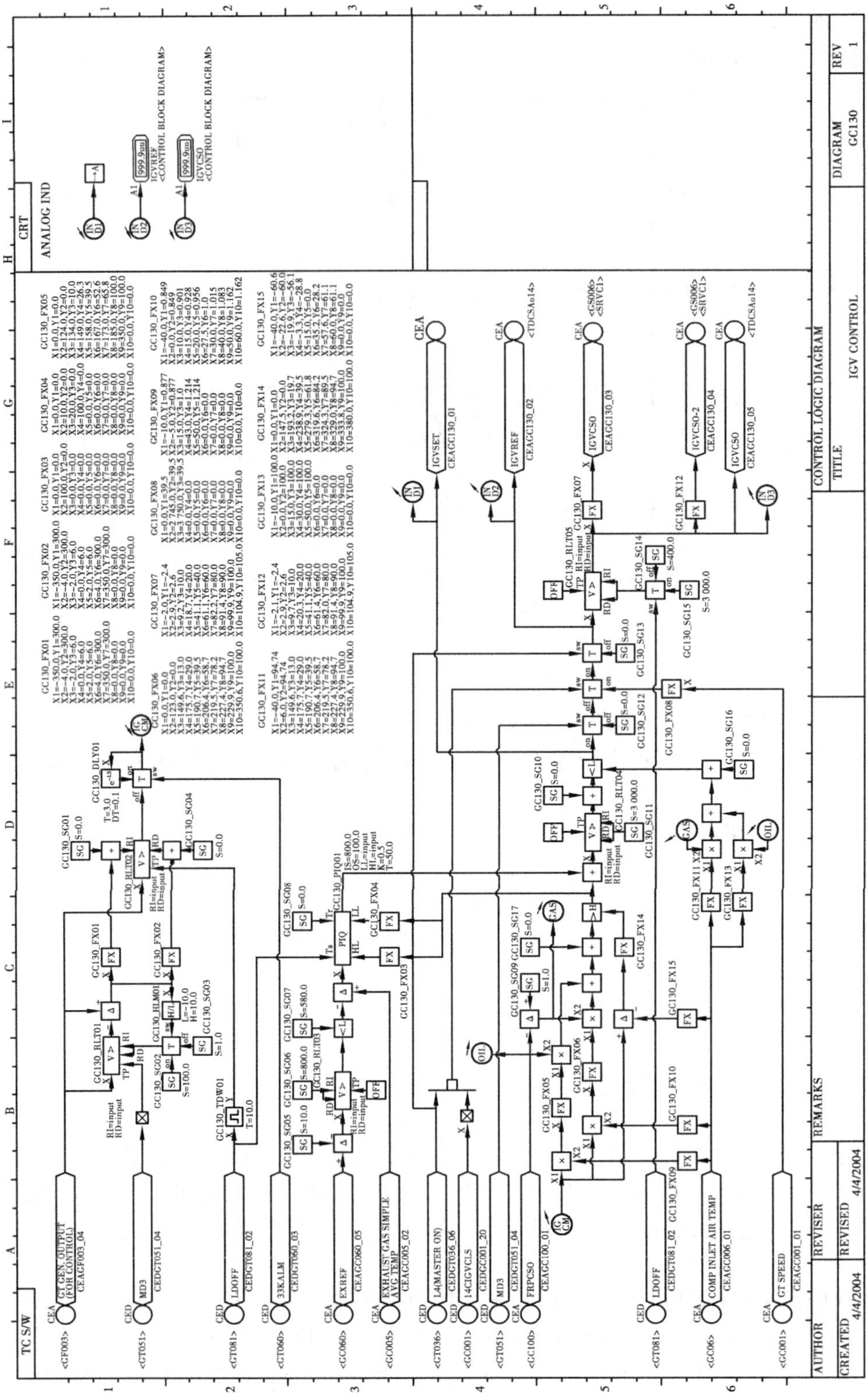

图2.112 IGV控制逻辑图

（GC130_FX03）和函数（GC130_FX04）的输入信号,可获得 EXREF 修正值的高限值和低限值）。输出的高值加上 EXREF 的修正值就得到了 IGVREF 值。其中,FRPCSO 是 FRCSO（FRCSO=1）的函数输出。排气温度平均值减去（EXREF−10）与设定常量 580 两者较小的那个值,经过比例积分器获得 EXREF 修正值。在 GT 发电机出口功率>229.9 MW 后,IGV 开度达到全开（100%）。

④控制逻辑图

IGV 控制逻辑图如图 2.112 所示。

11）燃烧器旁路控制（combustor bypass valve control）

M701F 燃气轮机上安装有燃烧室旁路机构,以改进部分负载时燃烧的稳定性。旁路机构由栅形阀、执行机构和连接杆组成。栅形阀有 20 个孔,这些孔都通过旁路弯头连接到过渡段。栅形阀由旁路本体和旁路环组成。执行机构转动旁路环,使栅形阀打开和关闭。这可调节经旁路弯头进入过渡段的空气量。旁路系统控制进入燃烧筒内参与燃烧的空气量,以达最佳的燃料/空气比,使低负荷下火焰稳定,同时高负荷下燃烧空气充足,燃烧温度低,NO_x 形成量小的目的。

燃烧室旁路阀根据燃气轮机实际转速（升速阶段）和燃气轮机功率（带负荷运行阶段）进行相应的控制。燃烧室旁路阀控制信号输出（BYCSO）由发电机输出函数、燃烧室壳体压力、压气机入口温度和速度决定。BYCSO 控制燃烧室旁路阀的位置进而影响排气温度和叶片通道温度。

燃烧器旁路阀结构示意图如图 2.113 所示。

①控制框图

燃烧室旁路控制框图如图 2.114 所示。

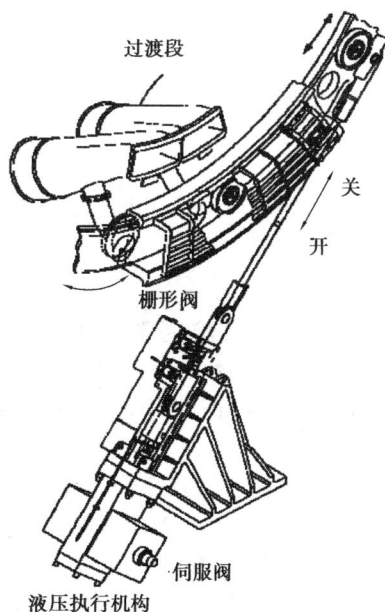

图 2.113　燃烧器旁路阀结构示意图

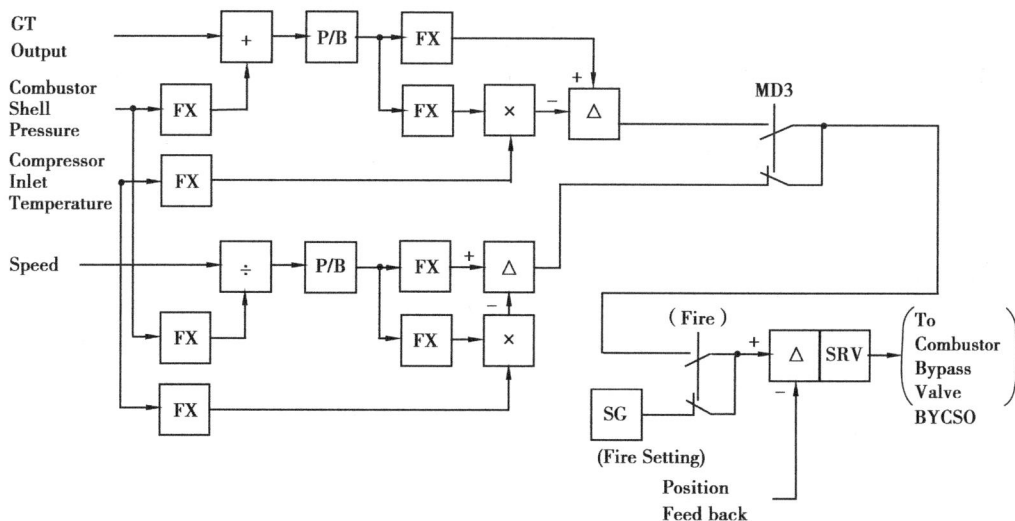

图 2.114　燃烧室旁路控制框图

165

②功能

燃烧室旁路调节阀可调整到燃烧室的空气流量,从而保证燃烧器稳定燃烧。因此,燃空比可以通过此阀来调节;燃烧室旁路阀的控制信号输出(BYCSO)为机组负荷、燃烧室压力、压气机入口空气温度和机组转速的函数,BYCSO 控制着燃烧室旁路阀的开度。燃烧室旁路开度曲线如图 2.115 所示。

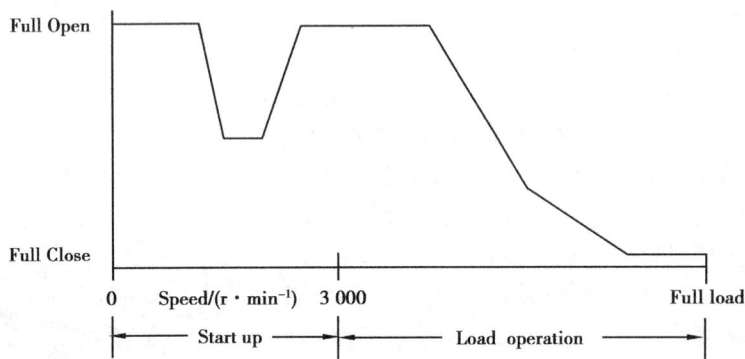

图 2.115 燃烧室旁路开度曲线

③燃烧室旁路阀控制算法

BYCSO 是函数 GC142_FX07 相关于 BYREF 的输出,BYREF 则为函数 GC142_FX01 相关于 BYCSO1 的输出。BYCSO1 转换成 BYCSO,是为了 BYCSO1 与燃烧室旁路空气流量间获得更好的线性关系。为了保持旁路阀开度指令与实际行程间的线性关系,进行了开度线性修正和反馈线性修正,得到燃烧室旁路调节阀伺服阀指令 BYCSO1 和 BYCSO2,它们分别是函数 GC142_FX04 和 GC142_FX04 相关于 BYCSO 的输出。

燃烧室旁路阀控制分为启动阶段和带负荷阶段。BYCSO 高/低限分别为<101.6%和>−5%。带负荷运行时全行程动作速率为 600%/min(10 s),甩负荷时全行程动作速率为 3 000%/min(2 s),如果 BYCSO1 偏离较大时,其动作速率是 BYCSO1 的函数(GC142_FX08),有

$$BYCSO1 = BYCSO0 + \Delta BYCSO * T$$

式中   BYCSO1——燃烧室旁路阀控制信号输出;

          BYCSO0——燃烧室旁路阀控制信号;

          $\Delta BYCSO$——受大气温度影响的修正;

          T——大气温度修正因子。

A.启动阶段

在燃气轮机点火前,FIRE HOUR 为 0,BYCSO1 为 100%。

燃气轮机点火后至并网前启动过程中,BYCSO1 为燃气轮机转速的函数,有

$$BYCSO1 = BYSET(G) = GC140\_FX01(n/3\ 750) -$$
$$GC140\_FX03(n/3\ 750) * GC140\_FX04(t)$$

式中 n——燃气轮机转速;

      t——压气机进气温度。

B.带负荷运行阶段

在并网以后,MD3 为 1,BYCSO1 为燃气轮机负荷的函数,有

$$BYCSO1 = BYSET(G) = BYCSO0 + \Delta BYCSO * T + BIASBV$$
$$= ACPFM031\_FX101(MW/(KPcs + B)) +$$

$$ACPFM031\_FX102(MW/(KPcs + B)) *$$
$$ACPFM032\_FX101(t) + BIAS_{BV}$$
$$BYCSO0 = ACPFM031\_FX101(MW/(KPcs + B))$$
$$MW/(KPcs + B) = CPFM031\_FX2(P/(300 * ACPFM031\_FX01(Pcs/3))) +$$
$$CPFM031\_FX3(t) * P/(300 * ACPFM031\_FX01(Pcs/3))$$

式中　$BIAS_{BV}$——燃烧自动调整 BV 阀偏置；

　　　P——燃气轮机负荷；

　　　Pcs——燃烧室压力；

　　　K——增益；

　　　B——偏置；

　　　t——压气机进气温度。

④控制逻辑图

燃烧室旁路阀控制逻辑图如图 2.116—图 2.118 所示。

12）负荷 RB 控制（Load runback control）

①功能

LNG 燃气轮机联合循环机组 RB 控制为参数越限后负荷快速减少的控制，即当主要辅助系统发生故障导致部分运行参数超限，控制系统强制机组按要求的速率减负荷，直到负荷降低到机组运行能够承担的负荷水平，以维持机组继续安全运行。RB 速率有常速、快速、紧急等挡速率，RB 发生后切换到 ALR OFF，GOVERNOR 方式，燃气轮机按设定速率降负荷至预定负荷。

②RB 模式

A. 常速 RB（LOAD RUN BACK（NORMAL））

当燃气轮机负荷高于 22 MW 时，若出现下列其中一种状态，燃气轮机进入常速 RB，降负荷速率（机岛）为 16.7 MW/min（GC050_SG07），预定负荷为 132 MW（燃气轮机负荷）。

● 燃气供气温度低（温度设定值为 GT 负荷的函数）。

● 燃气供气温度高过 230 ℃。

● RCA（转子冷却空气）温度高过 235 ℃（初始设计没有，后增加）。

● 燃气值班喷嘴吹扫故障。

● 励磁系统失磁。

● 自动停机（BPT 变化大自动停机、发电机定子绕组温度高自动停机、BPT 分散度大自动停机）。

B. 快速 RB（LOAD RUN BACK（MIDDLE））

在发电机功率高于 50% 时，若出现下列其中一种状态，燃气轮机进入快速 RB，降负荷速率（机岛）为 80 MW/min（GC050_SG16），预定负荷为 200 MW（机岛负荷）。

● 发电机定子绕组温度高于 99 ℃（10 个测点中有 3 个及 3 个以上测点高于 99 ℃）。

C. 紧急 RB（LOAD RUN BACK（V-FAST））

当燃气轮机负荷高于 22 MW 时，若出现下列其中一种状态，燃气轮机进入紧急 RB，降负荷速率（机岛）为 400 MW/min（GC050_SG09），预定负荷为 132 MW（燃气轮机负荷）。

● 余热锅炉 RB 状态。

● CPFM 高 RB。

● 循环水泵跳泵 RB。

● 燃气供气压力低（GT 负荷在 230 MW 以下低于 2.9 MPa，GT 负荷在 300 MW 以上低于 3.2 MPa）。

③控制逻辑图

RUNBACK 控制逻辑图如图 2.119、图 2.120 所示。

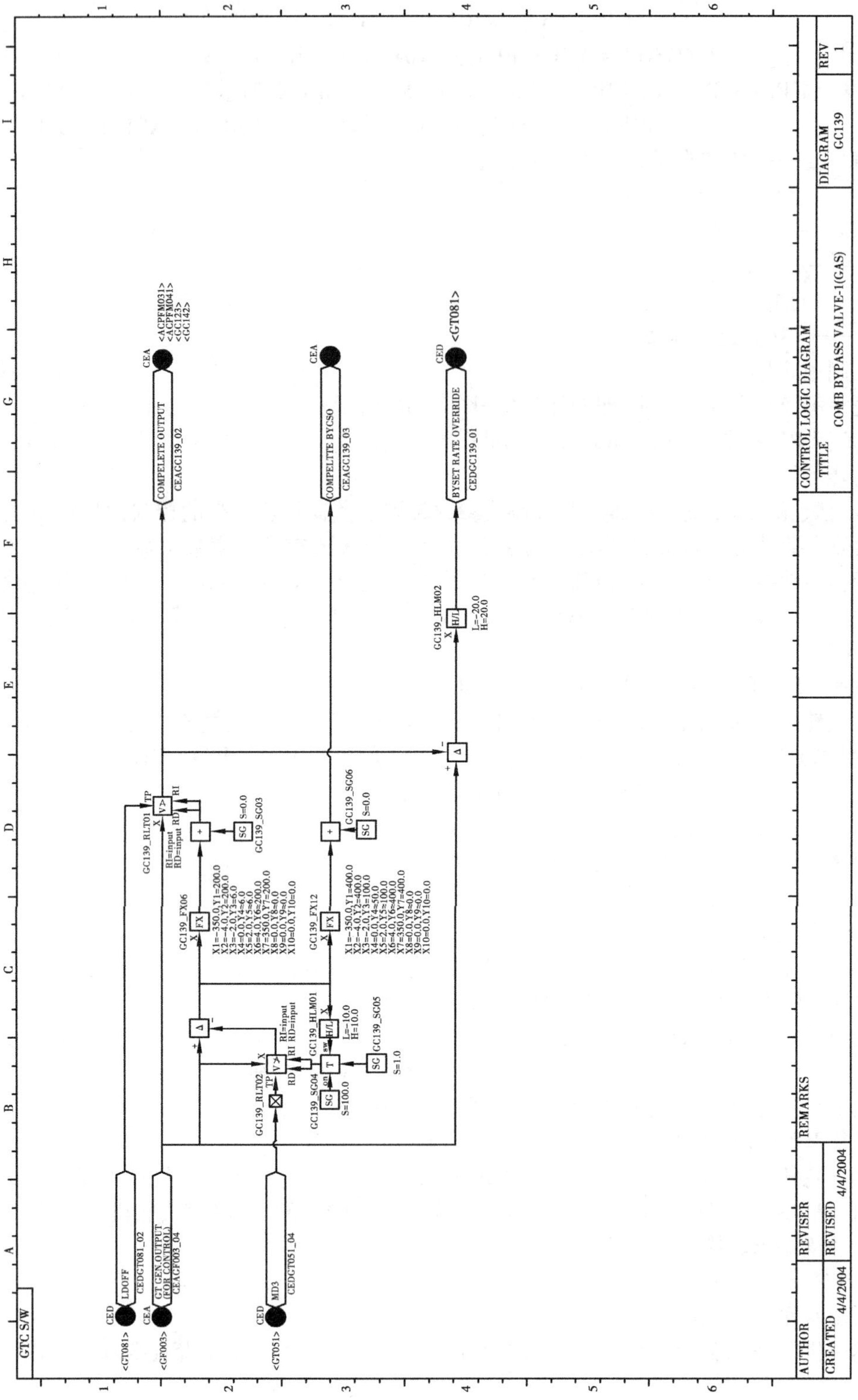

图2.116 燃烧室旁路阀控制逻辑图-1

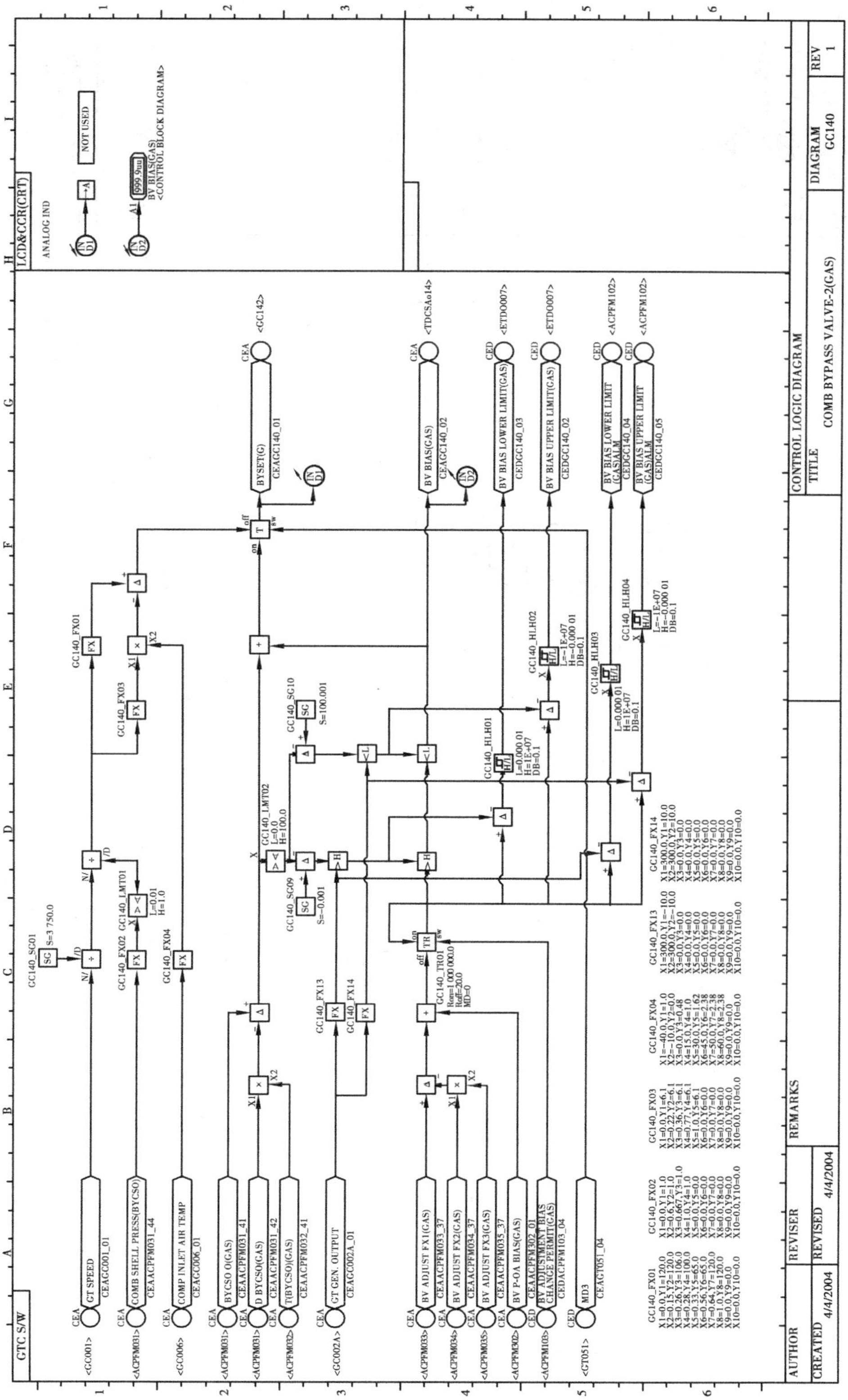

图 2.117　燃烧室旁路阀控制逻辑图-2

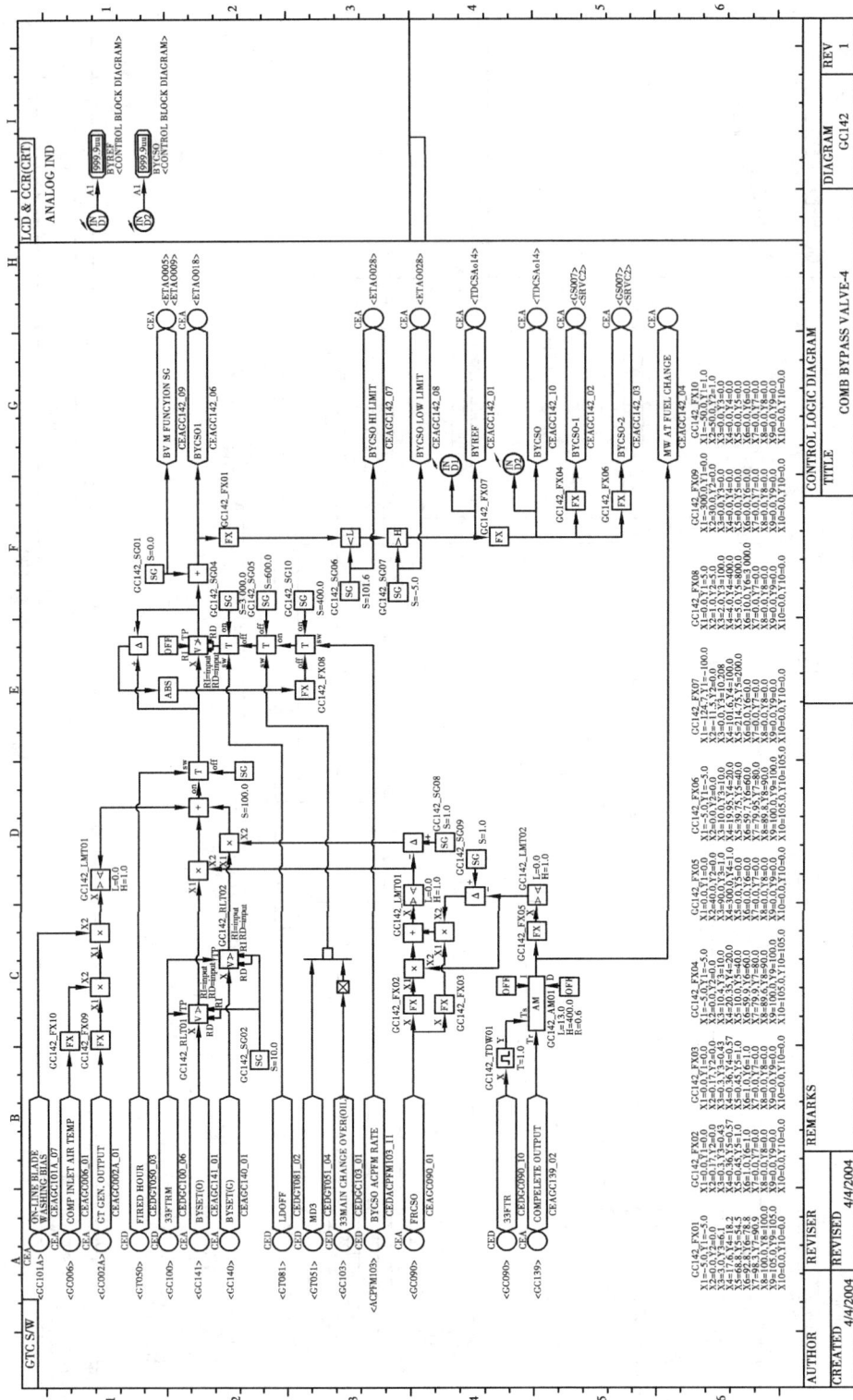

图2.118　燃烧室旁路阀控制逻辑图-3

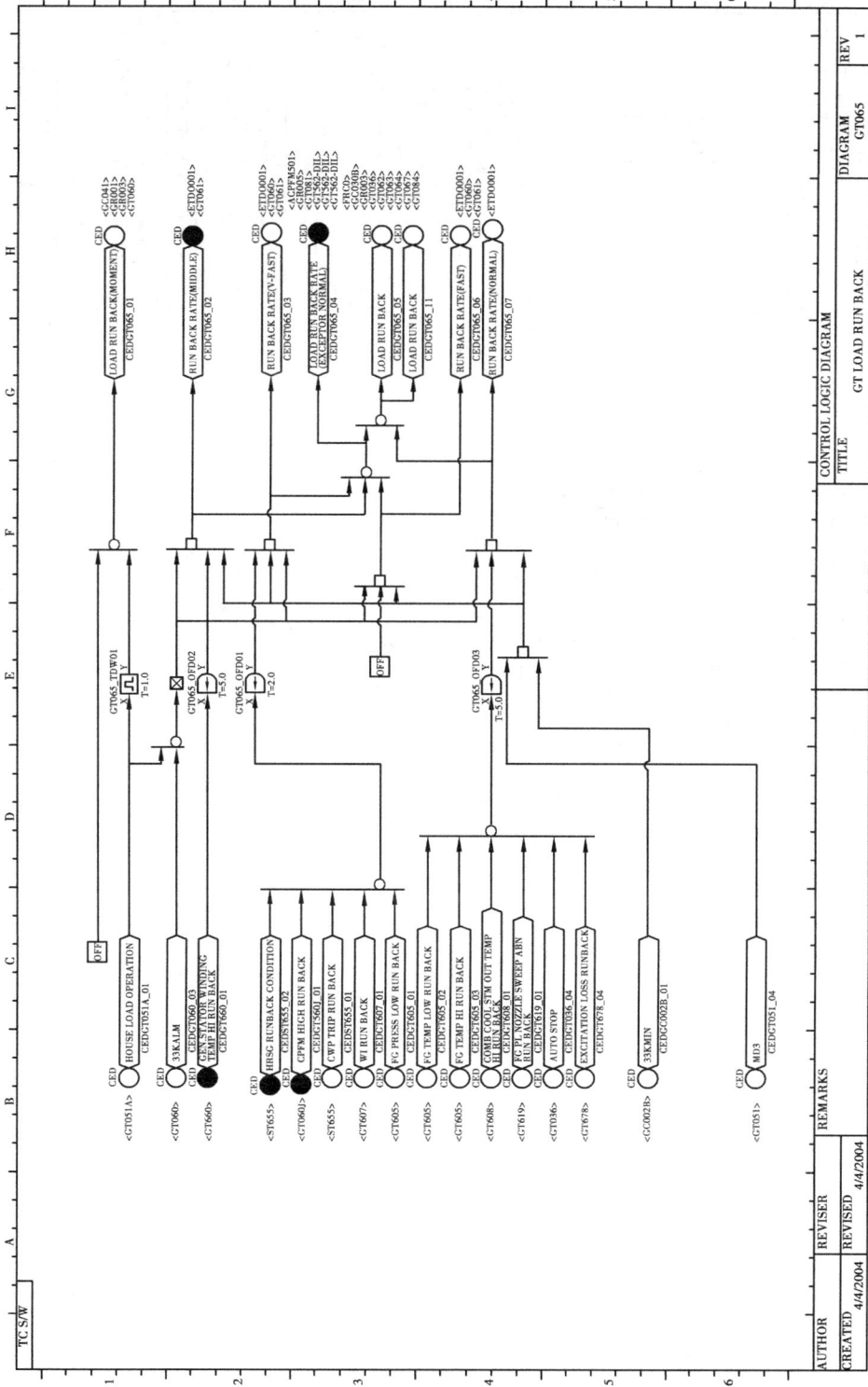

图2.119　RUNBACK控制逻辑图-1

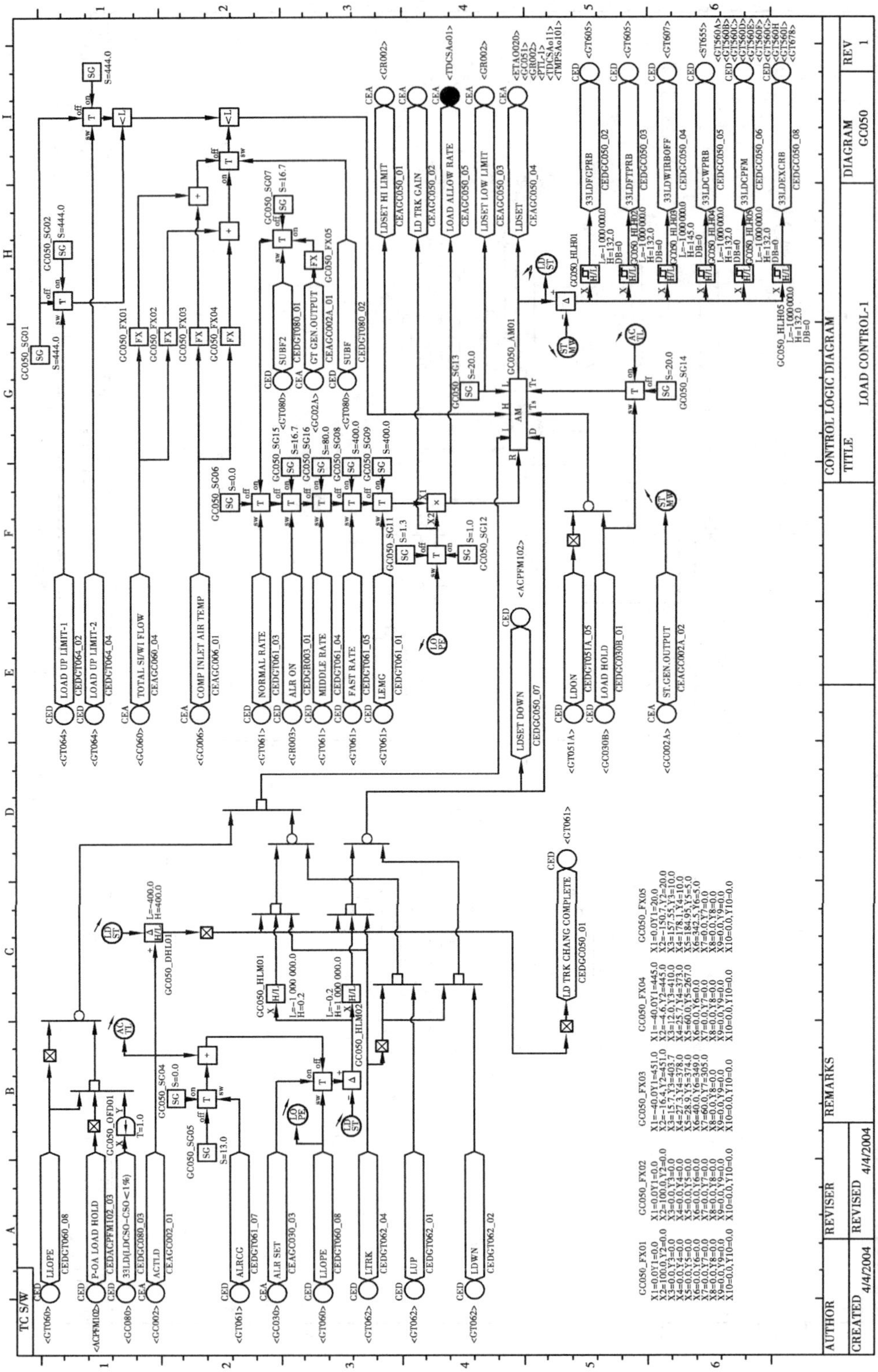

图2.120 RUNBACK控制逻辑图-2

（2）汽轮机控制

汽轮机在燃气轮机和发电机之间。汽轮机接受来自余热锅炉产生的蒸汽，将蒸汽的热能转换为机械能，再由发电机将其机械能转换为电力。TC2F-30 型汽机是一台三压、单轴、双缸双排气、一次中间再热、凝汽式汽机，具有高运行效率和高安全可靠性。高压（HP）和中压（IP）部分采用高中压（HIP）合缸布置。高中压部分采用冲动式叶片。低压缸采用反动式叶片。高压蒸汽通过高压主气阀和高压调节阀进入高中压（HIP）合缸的高压部分。蒸汽通过高压叶片做功后，由高压缸尾部的排气口回到余热锅炉（HRSG）的再热部分。从余热锅炉出来的再热蒸汽通过中压主气阀和中压调节阀进入高中压（HIP）合缸的中压部分。中压蒸汽经过中压叶片做功后，由中压缸尾部的中压排气口排向联通管与低压主蒸汽会合。从余热锅炉出来的低压蒸汽通过低压主气阀和低压调节阀与中压排气会合，然后进入低压缸。低压汽机为双排气反动式，蒸汽从叶片通流级的中间进入，向两侧排气，两侧的蒸汽各自排向凝汽器。

汽轮机控制主要包含对主蒸汽截止阀和调节阀进行控制，以实现汽轮机启动暖机、压力控制、OPC 和停机等功能。高压、中压和低压主蒸汽管道配置截止阀和调节阀，均采用电液控制。

机组启动期间，点火前，汽轮机靠 SFC 拖动，跳闸电磁阀关闭后，低压主气阀和中压主气阀打开。点火后和 SFC 退出前，汽轮机靠燃气轮机和 SFC 共同拖动。当机组转速达到 2 000 r/min 以后，低压主蒸汽调节阀开到预定开度，低压透平缸导入冷却蒸汽（来自于辅助蒸汽），防止低压缸叶片温度过热引起动静碰摩。

当主蒸汽压力和温度满足汽轮机进气条件后，汽轮机主蒸汽调节阀按程控预设速率开到全开位置。中压主蒸汽调节阀开度跟随高压主蒸汽调节阀开度，开启速率取决于汽轮机启动模式。当热应力到达一定值时，主蒸汽调节阀将保持当前开度，防止热应力的继续增加，直至热应力回到安全范围，调节阀门才会重新继续增加开度。而低压主蒸汽调节阀在冷却蒸汽完成从启动锅炉切换到余热锅炉供气后（低压合并蒸汽），会按程控预设速率开启到全开位置。

余热锅炉或汽轮机旁路可能引起主蒸汽压力下降，所以当主蒸汽压力下降或者低负荷运行期间，汽轮机调节阀从程序控制切换到最小压力控制模式，通过调整阀门开度来维持主蒸汽压力高于预设最小压力值。

在带负荷运行时，为了获得较高的机组效率，汽轮机调节阀保持全开状态，通过燃气轮机实现转差调节（转速调节）功能，汽轮机调节阀不用参与转差调节。

停机时调节阀也采取按预设速率程序控制，首先低压主蒸汽调节阀关到冷却位置，保证汽轮机叶片最小冷却蒸汽流量。高压主蒸汽调节阀和中压主蒸汽调节阀按照预设速率从全开关闭到全关位置，低压主蒸汽调节阀在打闸后全关。如果停机过程中出现热应力超过规定值，调节阀开度保持不变，直到热应力重新回到安全范围内。

当汽轮机转速超过 107.5% 或机组甩负荷 OPC 动作时，高/中/低压主蒸汽调节阀都将立即关闭防止机组超速。

汽轮机启动模式：

汽轮机启动模式分为冷态、温态和热态 3 种模式，各种模式下的启动曲线如图 2.122—图 2.124 所示。模式根据高压透平进气金属温度在点火、同期或 OPC 动作时的值来自动选择（冷态：温度低于 230 ℃，温态：温度为 230～400 ℃，热态：温度高于 400 ℃）。为了防止给汽轮机部件寿命带来不必要的损害和延迟启机进度,不对机组设置模式手动选择方式。

汽轮机进气条件(全部满足):

● 高压主气阀入口蒸汽温度过热度>56 ℃。

● 高压主蒸汽不匹配温度>-56 ℃且<+110 ℃,或高压主蒸汽不匹配温度>-56 ℃且高压主气阀进口蒸汽温度<430 ℃(高压主蒸汽不匹配温度=高压主气阀入口蒸汽温度-高压缸首级金属温度)。

● 高压主蒸汽压力>4.7 MPa。

● 高压缸入口金属温度测点正常,高压主蒸汽温度测点、压力测点正常。

● 中压主气阀入口蒸汽温度过热度>56 ℃。

● 中压主蒸汽不匹配温度>-56 ℃(中压主蒸汽不匹配温度=中压主气阀入口蒸汽温度-中压缸叶环金属温度)。

● 中压主蒸汽压力>1.0 MPa。

● 中压缸叶环金属温度测点正常,中压主蒸汽温度测点、压力测点正常。

汽轮机主蒸汽系统示意图如图 2.121 所示。

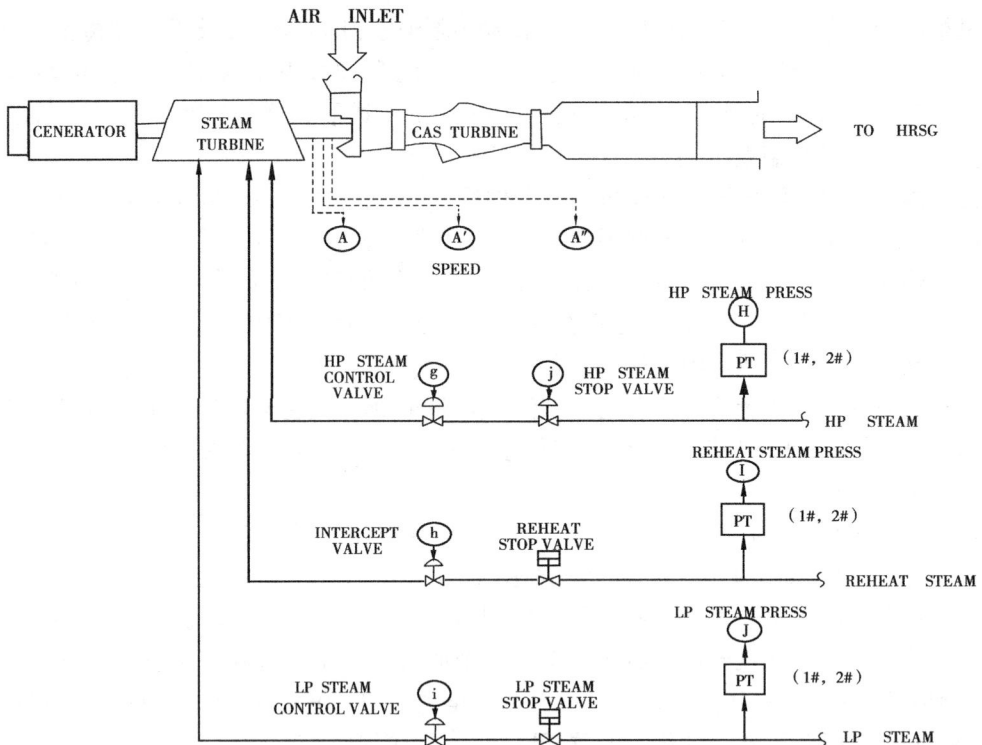

图 2.121　汽轮机主蒸汽系统示意图

1)启动顺序

①在完成机组启动前的准备工作之后, 确认润滑油系统、燃气轮机罩壳通风系统和控制油系统处于运行状态。

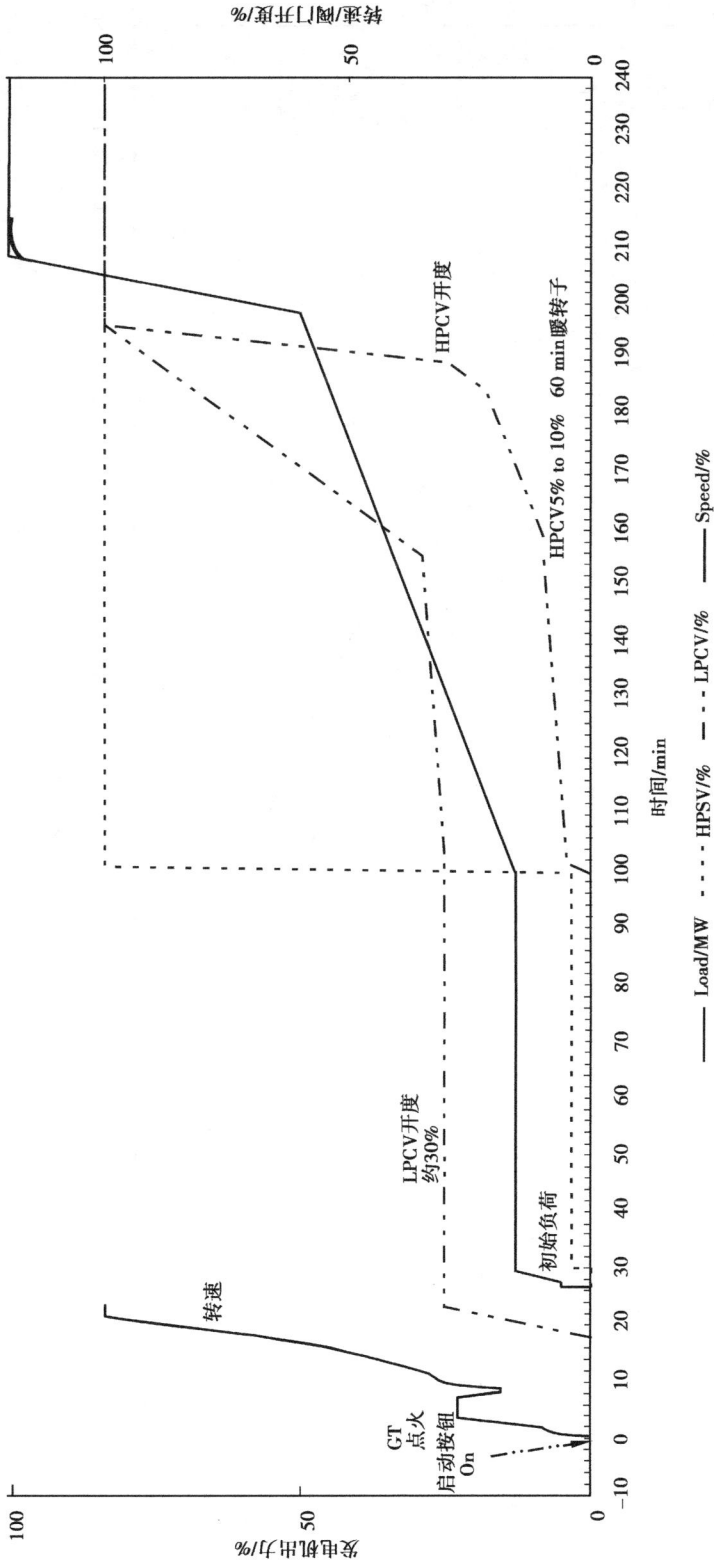

图2.122　冷态启动曲线

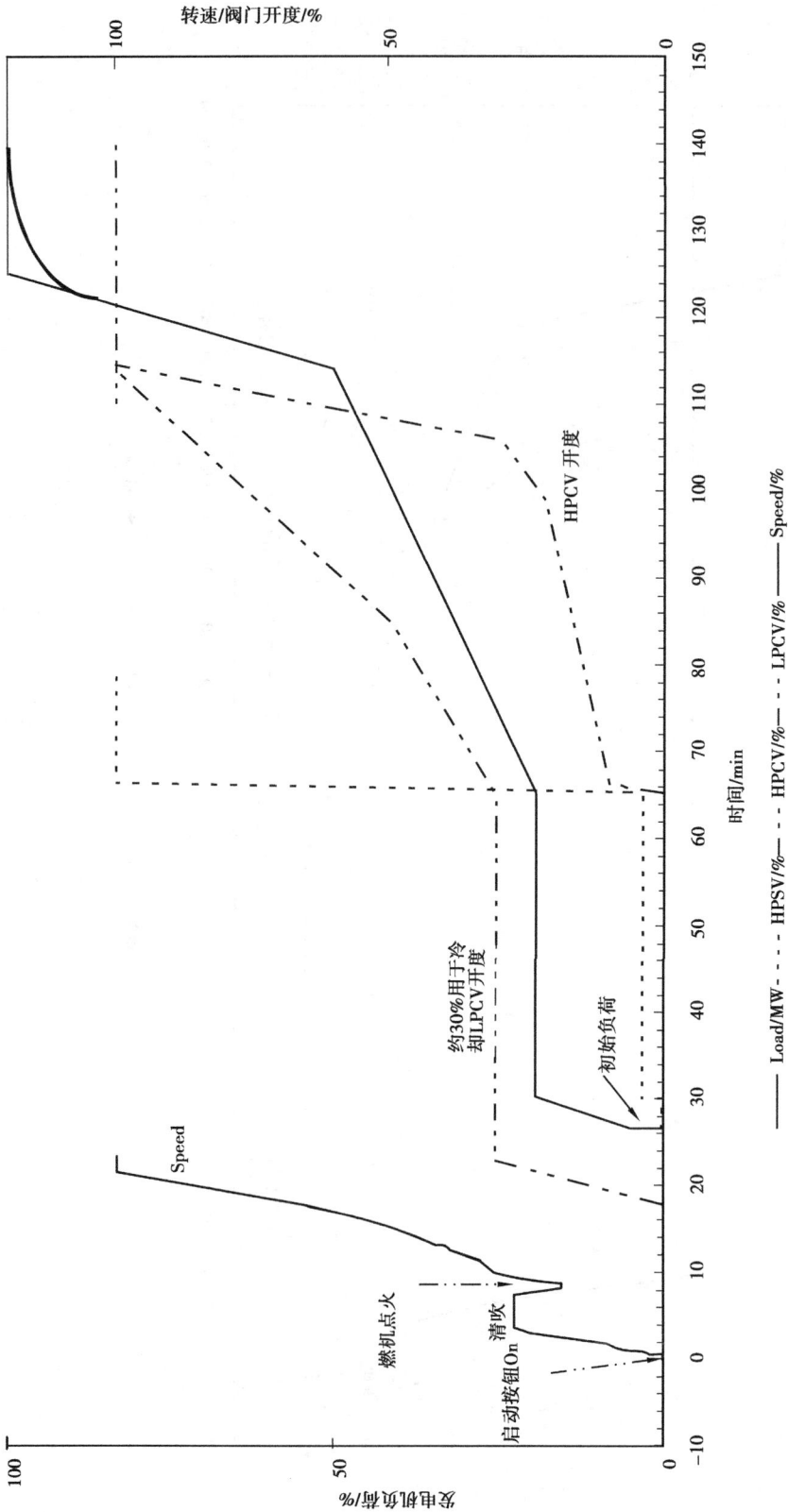

图2.123　温态启动曲线

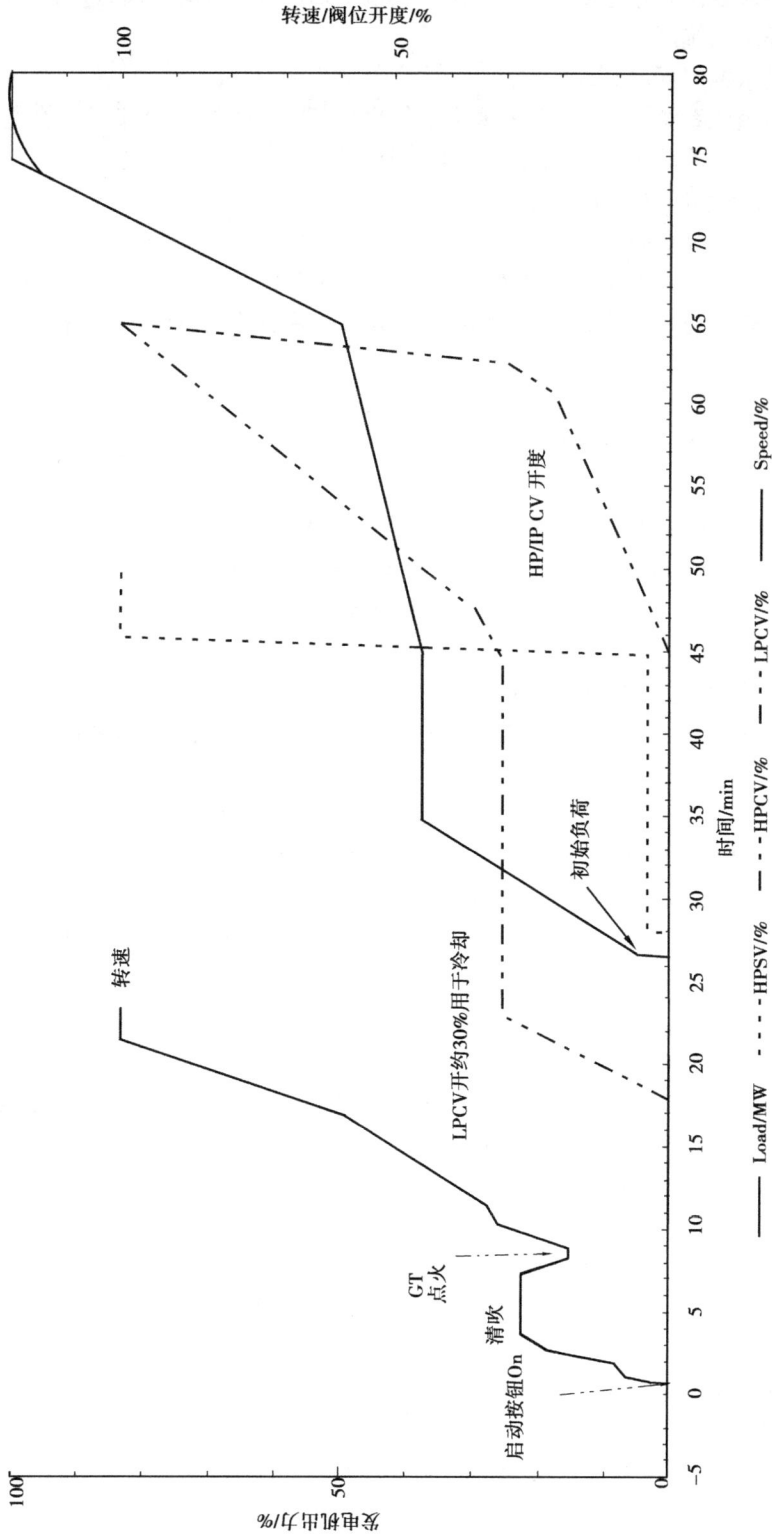

图2.124　热态启动曲线

②在冷凝器真空没有建立的情况下,在余热锅炉(HRSG)启动之前,进行以下操作:

- 启动循环水系统。
- 启动凝结水抽气泵。
- 启动辅助蒸汽系统,气封蒸汽按规定条件供应,ST 汽轮机的冷却蒸汽管道开始暖管。
- 启动气封蒸汽冷凝器风扇和冷凝器真空泵。

③高压、中压和低压给水泵启动。

④余热锅炉出口挡板打开。

⑤由 SFC 带动燃气轮机和汽轮机转子提速到大约 700 r/min。

⑥吹扫燃气轮机排气烟道,在转速达到 500 r/min 后启动余热锅炉(吹扫时间不包括在启动时间内)。

⑦吹扫完成后,转子转速将降低到 550 r/min,准备燃气轮机点火。

⑧跳闸电磁阀上电,建立跳闸油压。打开燃气关断阀(燃气放空阀关闭),中压主气阀(IPSV)和低压主气阀(LPSV)打开。

⑨在大约 550 r/min 的转速时燃气轮机点火并提速。

⑩升速到 2 000 r/min 时,由 SFC 和燃气燃烧来进一步提升转速。

⑪在转速达 2 000 r/min 时,低压主蒸汽调节阀(LPCV)打开到冷却位置,从而将辅助蒸汽引入。

⑫汽轮机低压段,这时退出 SFC 运行。

⑬在不带负荷的情况下,燃气轮机通过自身内部的燃烧作用来将转速从 2 000 r/min 升到全速。

⑭启动期间,高/中/低压主蒸汽压力将提升到预先确定的目标压力值。压力的升速要与启动模式一致,并考虑到余热锅炉受压元件的压力许可极限。

⑮在启动期间,燃气轮机进气导叶栅(IGV)开到全开范围的一半左右,而且燃气轮机的中压和低压抽气阀要根据预先设定的顺序逐一打开,从而实现平滑加速而不导致压气机喘振。

⑯在额定转速附近,IGV 将开到最小位置,而且燃气轮机中压和低压抽气阀也完全关闭,完成同步并网并且将初始负荷提升到 5%。

⑰同步并网之后,机组负荷将按预先设定的升高速率提升到以下预先设定值:

热启动模式:120 MW＊(大约 30%负荷)。

温态启动模式:78 MW＊(大约 20%负荷)。

冷启动模式:52 MW＊(大约 13%负荷)。

(注:＊进气负荷将在现场调试期间进行调整)

⑱机组继续在预先设定的负荷下运行,一直到汽轮机主蒸汽进气条件建立为止。

⑲当主蒸汽压力建立完成之后,所有旁路阀的控制模式将切换到"最低压力控制模式"。

⑳当余热锅炉的蒸汽供气条件满足后,根据程序控制设定打开高压主蒸汽调节阀(HPCV)、中压主蒸汽调节阀(IPCV)、低压主蒸汽调节阀(LPCV)向 ST 送入蒸汽。然后这些 HPCV、IPCV 和 LPCV 将按预先设定的打开速率打开,并开始提升机组负荷到大约 200 MW。

㉑当 HPCV、IPCV 和 LPCV 开始打开时,汽轮机 HP、IP 和 LP 旁路阀开始关闭以维持各自的最小压力。当汽轮机 HP、IP 和 LP 旁路阀完全关闭后,它们的控制模式将从"最小压力控制"改变到"后备压力控制"模式。另外,在所有调节阀完全打开后,所有蒸汽调节阀也要

切换到"压力控制模式"。

㉒同时,机组的负荷将提升到某一负荷水平。当燃气轮机排气温度(叶片通道温度)达到额定温度时,则启动完成。

2)停机顺序

①正常停机过程

正常停机是指一个机组正常的停机模式。正常停机曲线如图2.125所示。在此模式下,汽轮机转子将在尽可能短的时间内保持最高的温度。为了能在短时间内从余热锅炉(HRSG)得到足够的蒸汽进行再启动,所有高压、中压和低压主蒸汽的压力及温度将保持在尽可能高的水平。

a.负荷降低到50%,负荷降低速率为4.5%/min(负荷)。

b.当负荷降到50%后,根据程序控制将低压主蒸汽调节阀(LPCV)关闭到预先设定的冷却位置,并向汽轮机低压段通冷却蒸汽。

c.与此同时,当低压主蒸汽调节阀(LPCV)开始关闭时,汽轮机低压旁路阀则开始将以"压力控制模式"控制低压主蒸汽压力。压力设定点将是当时的实际压力。

d.在将低压主蒸汽调节阀(LPCV)开度改变到冷却位置后,高压主蒸汽调节阀(HPCV)和中压主蒸汽调节阀(IPCV)完全关闭。

e.与此同时,当高压主蒸汽调节阀(HPCV)和中压主蒸汽调节阀(IPCV)开始关闭时,汽轮机高压和中压旁路阀将处于"压力控制模式"以控制高压和中压主蒸汽压力。这时的实际压力将是压力设置点的值。

f.在此停机期间,每个疏水阀、冷态再热蒸汽逆止阀和冷态再热蒸汽通气阀处于自动控制。

g.在完全关闭高压主蒸汽调节阀(HPCV)和中压主蒸汽调节阀(IPCV)以后,负荷以4.5%/min的下降速率降低到5%的负荷水平。

h.在机组负荷降到5%的负荷水平时,发电机解列。

i.解列后5 min内,在不带负荷的情况下,燃气轮机继续运转从而让燃气轮机冷却下来。

j.切断到燃烧器的燃气供应,从而停机燃气轮机。同时高压主蒸汽截止阀(HPSV)、中压主蒸汽截止阀(IPSV)和低压主蒸汽截止阀(LPSV)完全关闭,并关闭冷却蒸汽,但需打开燃气轮机的高压、中压和低压抽气阀。

k.在燃气轮机转速到达500 r/min后,停转高压/中压/低压(HP/IP/LP)锅炉给水泵(BFP)(BFP由DCS控制)。

l.在燃气轮机(GT)转速降低到300 r/min之后(大约30 min),关闭余热锅炉出口挡板(由DCS控制)。

m.另外开启燃气轮机吹扫空气,在燃气轮机停机后冷却燃气轮机燃烧器缸体,从而尽可能降低上缸体与下缸体之间的温差。

n.关闭去预热器的给水管线,关闭余热锅炉的每个省煤器,并关闭来自余热锅炉的蒸汽供应管道。

o.燃气轮机停机(燃气切断)后1 h之内不能再次启动。

②检修停机过程

检修停机指的是冷却汽轮机和余热锅炉的停机模式。检修停机曲线如图2.126所示。这个停机模式可以用在计划的周期性检查和/或检修的情况下。

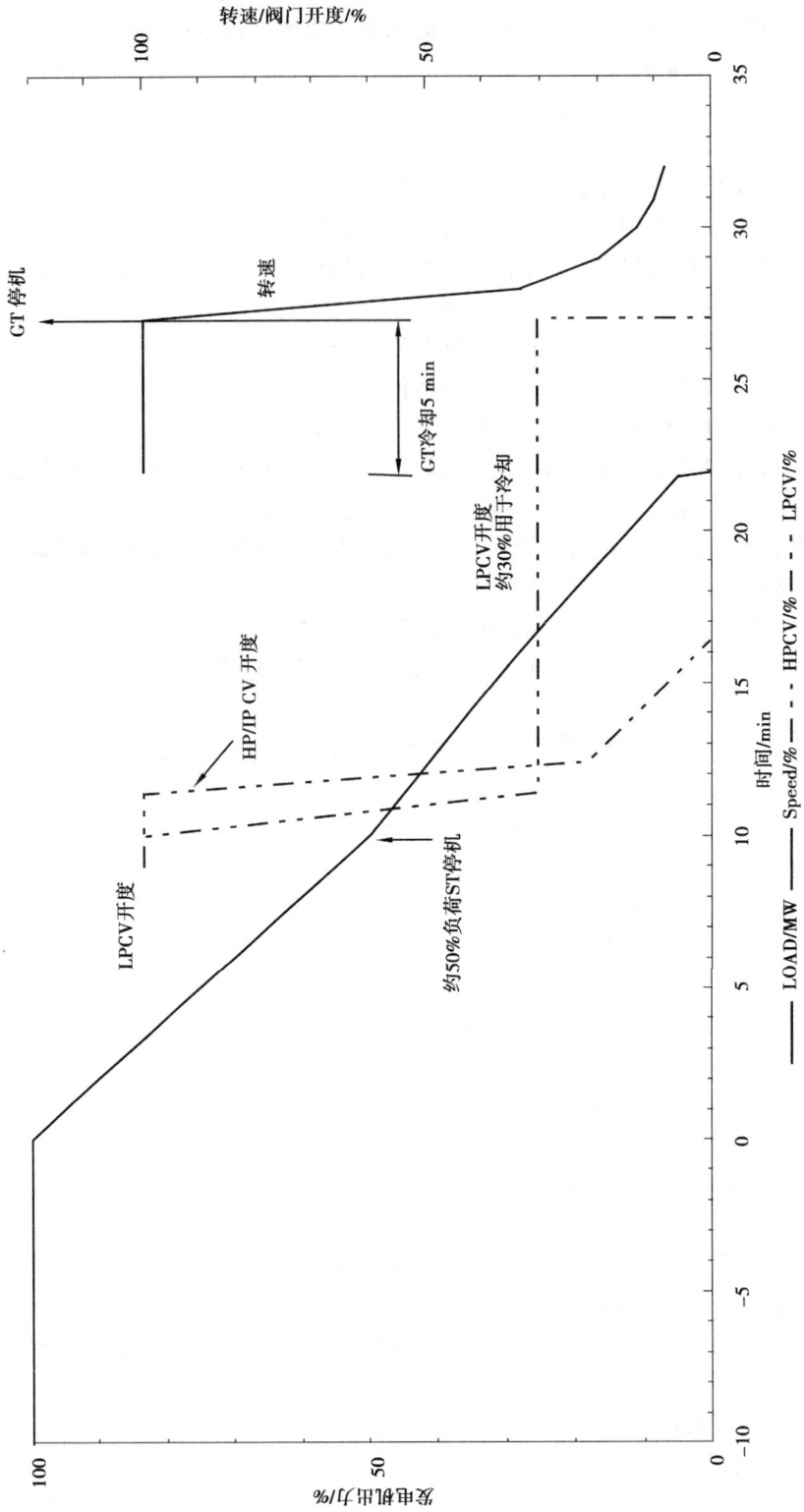

图2.125 正常停机曲线

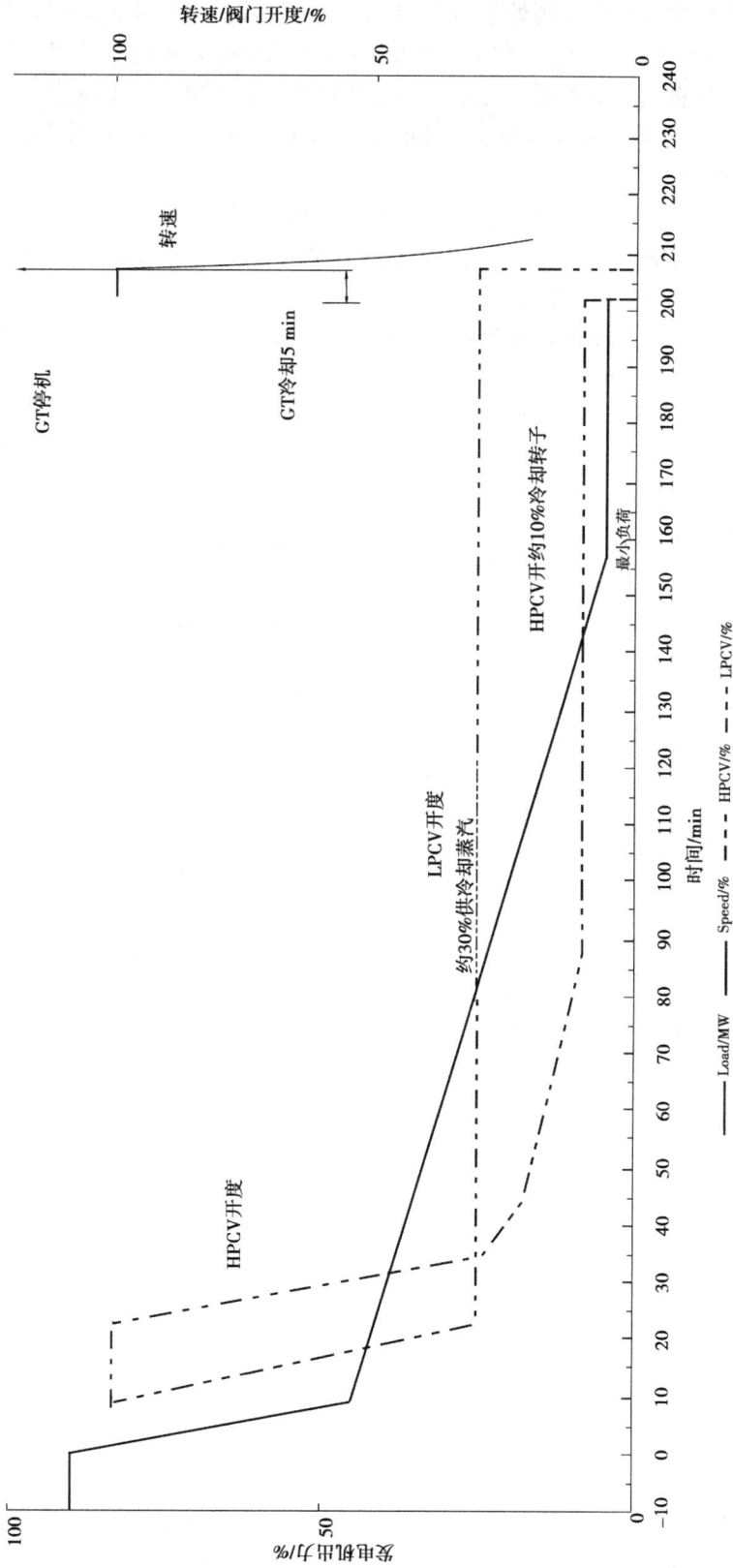

图2.126 检修停机曲线

a.在所有的主蒸汽调节阀处于"压力控制模式"情况下,按 4.5%/min 的负荷下降率将机组负荷逐渐降低到额定负荷的 50%。另外,汽轮机的所有旁路阀处于"背压压力控制"模式。

b.当机组负荷达到 50%的额定负荷后,以 4.5%/min 的降速关闭低压主蒸汽调节阀,直到完全关闭位置。除低压主蒸汽调节阀外的所有高压和中压旁路阀的调节阀仍然保持在"后备压力控制模式"下。

c.连续地将机组负荷降低到额定负荷的 50%或以下。

d.当低压调节阀开始关闭时,汽轮机低压旁路阀控制模式将相应地从"后备压力控制模式"变成"最小压力控制模式"。

e.在低压主蒸汽调节阀打开开始冷却后,高压和中压主蒸汽调节阀也将关闭到预先确定的位置。

f.当高压和中压主蒸汽调节阀开始根据程序设定关闭时,高压和中压旁路阀控制从"后备压力控制模式"切换到"最小压力控制模式",而且将阀门的压力设定为实际压力,然后缓慢减小压力设定直到最小压力。

g.在此停机期间,每个疏水阀、冷态再热蒸汽逆止阀和冷态再热蒸汽通气阀都将处于自动控制。

h.在高压/中压主蒸汽调节阀(HPCV/IPCV)达到预先确定的位置和机组的负荷达到 20 MW 后,保持这一状况从而冷却余热锅炉和汽轮机。这一冷却操作将在金属温度冷到350 ℃之后持续 50 min(冷却操作的时间将根据调试结果决定)。

i.在上述冷却操作完成后,高压和中压主蒸汽调节阀完全关闭,机组解列。

j.解列后 5 min 内,在不带负荷的情况下,燃气轮机继续运转进行自身冷却。

k.停止燃烧器的燃气供应,同时高压主蒸汽阀(HPSV)、中压主蒸汽阀(IPSV)和低压主蒸汽阀(LPSV)完全关闭,并关闭冷却蒸汽,但需打开燃气轮机的高压、中压和低压抽气阀。

l.在燃气轮机降到 300 r/min 之后 30 min 左右,关闭余热锅炉的出口挡板。

m.另外,在燃气轮机停机后,开启燃气轮机吹扫空气以冷却燃气轮机燃烧室,持续冷却以便将上下缸体温差控制到最低水平。

n.在打开余热锅炉的出口挡板后,燃气轮机将进行冷却运转,以缩短冷却时间从而尽早开始检修工作。

o.燃气轮机停机(燃气切断)后 1 h 之内不能再次启动。

3)高压主蒸汽阀控制

高压主蒸汽阀是油压传动的"双塞"型阀门,油动机(执行器)控制油流量靠伺服阀控制,单动作方式。高压流体通过伺服阀进入液压缸,使蒸汽阀开启。通过安全阀释放工作流体,使蒸汽阀关闭。输出流量随控制指令变化。控制系统采用双伺服阀模块构成的冗余回路对伺服阀进行控制。OPC 动作时,通过 OPC 电磁阀打开泄油回路,紧急关闭调节阀。阀位反馈使用线性可变差动变送器(LVDT)。

①控制框图

HPSV 控制框图如图 2.127 所示。

②控制算法

正常运行时,HPSV 阀位指令为 HPSV 控制指令经过函数 SC060_FX01 进行线性修正所得。在燃气轮机跳闸时,输出值为-10%,阀门全关。

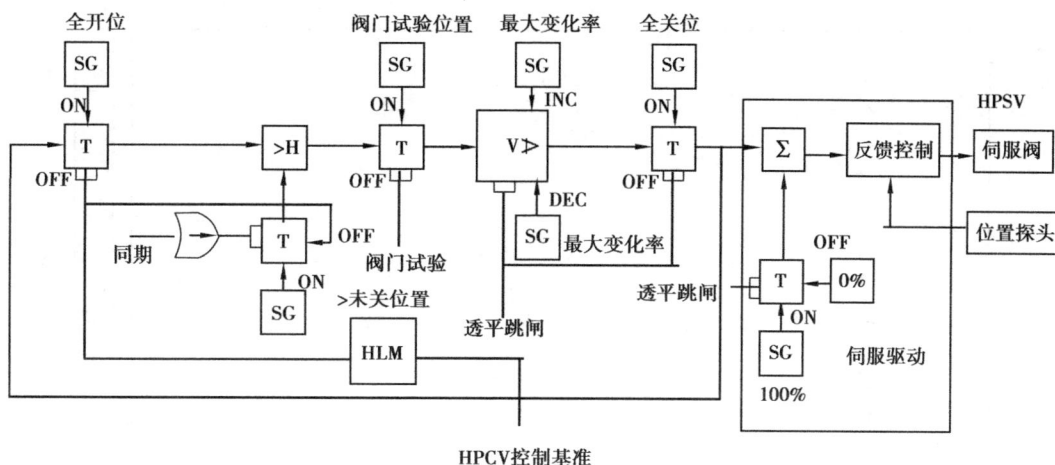

图 2.127　HPSV 控制框图

HPSV 控制指令的增减速率均为 100%/min。

在并网前,阀门保持−5%。

并网后,若高压主蒸汽调节阀开度小于 2%,高压主蒸汽阀开启到 5%位置;若高压主蒸汽调节阀开度大于 2%,HPSV 将迅速开启到全开位。

③控制逻辑图

HPSV 控制逻辑图如图 2.128 所示。

4)高压主蒸汽调节阀控制

高压主蒸汽调节阀用于控制来自余热锅炉高压主蒸汽进入汽轮机高压透平的蒸汽流量。高压主蒸汽调节阀是液压型单座插入式调节阀,油动机(执行器)控制油流量靠伺服阀控制,单动作方式。高压流体通过伺服阀进入液压缸,使蒸汽阀开启。通过释放工作流体,使蒸汽阀关闭。控制系统采用双伺服阀模块构成的冗余回路对伺服阀进行控制。伺服阀是四通滑阀,输出流量随控制指令变化。伺服阀设置机械偏置,确保在电信号丢失情况下,阀门动作到安全位置。OPC 动作时,通过 OPC 电磁阀打开泄油回路,紧急关闭调节阀。阀位反馈使用线性可变差动变送器(LVDT)。

①控制框图

HPCV 控制框图如图 2.129 所示。

②控制算法

高压主蒸汽不匹配温度的计算式为

$$Tmishp = T1 - (P0 + SM01SG007) * SM01SG008 *$$
$$ST031\_SG03/(T1 - 167) + ST031\_SG02 - T2$$

式中　P0——高压主蒸汽压力;

　　　T1——高压主蒸汽温度;

　　　T2——高压透平入口金属温度;

　　　SM01SG007、SM01SG008、ST031_SG02、ST031_SG03——常数。

汽轮机进气条件在前面已经介绍,当进气条件满足后,如果出现以下状态之一,进气条件已满足信号会被复归:

183

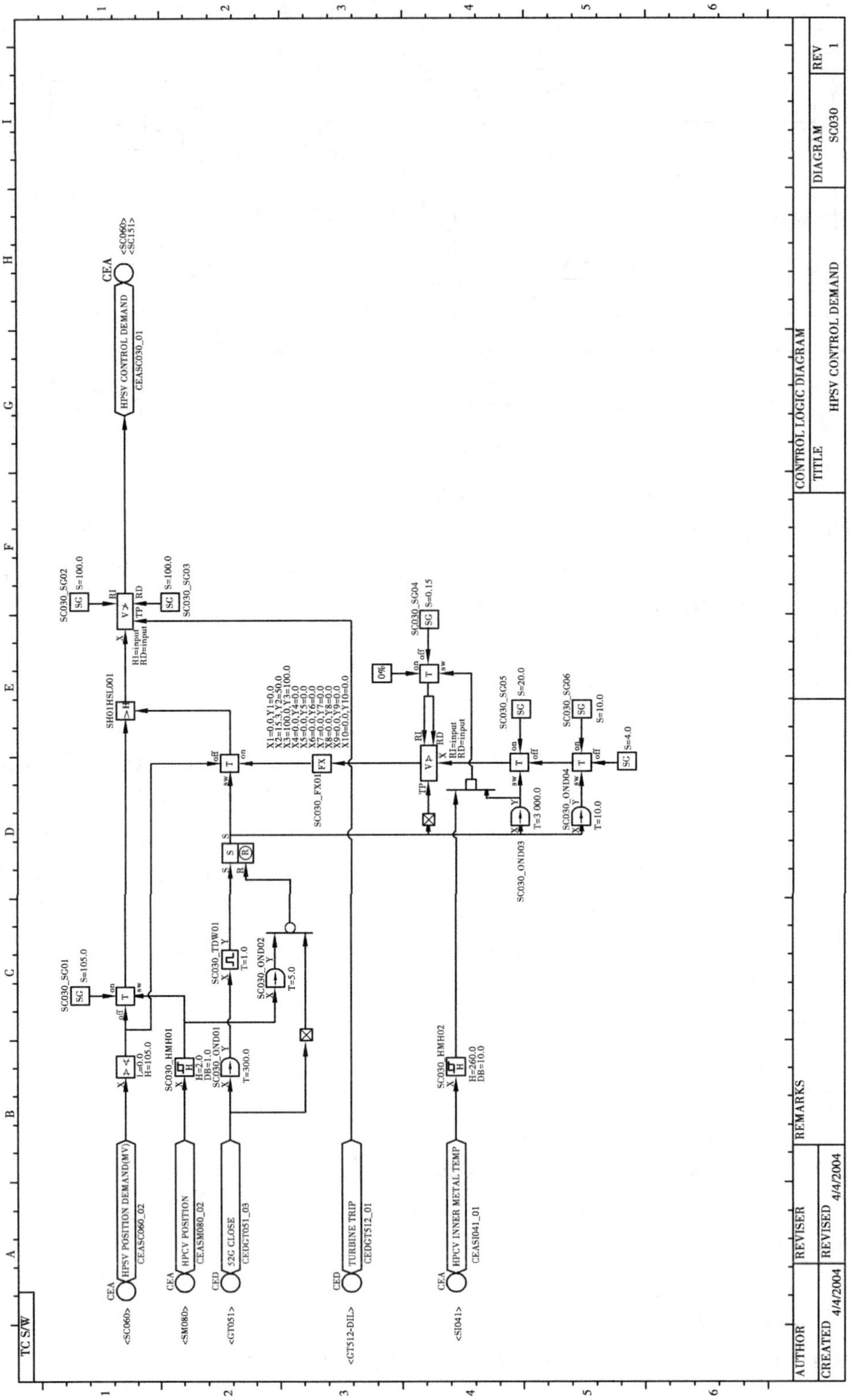

图2.128 HPSV控制逻辑图

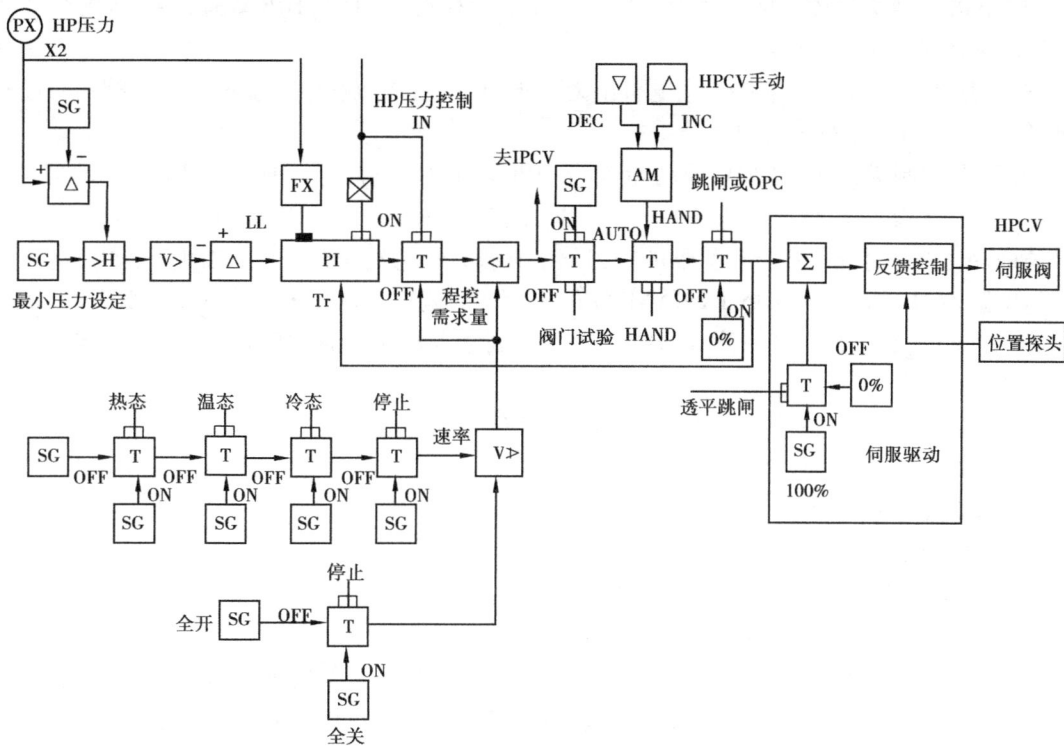

图 2.129　HPCV 控制框图

- 发电机出口断路器(52G)断开。
- 机组跳闸。
- 汽轮机停机操作完成。
- 发电机出力高于 50%,且高压和中压主蒸汽调节阀指令超过 100%。

当发电机断路器未闭合、机组跳闸或 OPC 动作时,高压主蒸汽调节阀控制指令变为 -5%,阀门强制关闭。

高压主蒸汽调节阀(HPCV)可以选择手动或自动两种模式,在手动模式下,运行人员可以直接进行阀门开度设定,此时对 HPCV 控制指令进行跟踪。

在自动模式下,HPCV 控制指令(HPCV CONTROL DEMAND)经过函数 SC060_FX02 进行线性修正,成为伺服阀输出指令(HPCV POSITION DEMAND)。当未进入高压/中压压力控制模式时,高压主蒸汽调节阀处于程控开启模式,在此模式下,阀门将依据冷、温、热态启机预设的开度值开启阀门。

程控开启模式下,HPCV 控制指令为 HPCV 程序控制指令(HPCV PROGRAM DEMAND)。当"HPCV PROGRAM OPEN START"为 1 后 1 min 内,预设的 HPCV 程序控制指令值:冷态,18.35%(SC041_SG11),变化率为 18.35%/min;温态,36.7%(SC041_SG12),变化率为36.7%/min;热态,36.7%(SC041_SG13),变化率为36.7%/min。1 min 后,HPCV 程序控制指令值以不同速率开启到全开位:冷态,变化率为 1.7%/min(正常)或 0.24%/min(HPCV 冷态启动速率高);温态,变化率为 1.85%/min(正常)或 0.9%/min(HPCV 温态启动速率高);热态,变化率为 7.2%/min(正常)或 1.8%/min(HPCV 热态启动速率高)。在正常停机时,HPCV

程序控制指令值为 −5%，变化率为 1.85%/min。在检修停机时，HPCV 程序控制指令值为 36.7%，变化率为 0.9%/min。

进入压力控制模式的条件为发电机出力高于 50%，且高压和中压主蒸汽调节阀指令超过 100%，中压和高压旁路阀关闭。

在压力控制模式下，HPCV 控制指令为 HPCV 压力控制指令（HPCV PRESS CONTROL DEMAND），该指令是高压主蒸汽压力与压力控制基准值（HPCV PRESS CONTROL REFRENCE）之差经过比例积分运算器的输出值。在投入压力控制模式前，比例积分器跟踪伺服阀输出指令（HPCV POSITION DEMAND）值加上 5% 的偏置。在高压主蒸汽压力低于 5.8 MPa 时，压力控制基准为 5.3 MPa；当高压主蒸汽压力高于 5.8 MPa 时，高压主蒸汽压力与压力控制基准值之差为 0.5 MPa。

当高压/中压冷却请求（HP/IP COOLING REQ）为 1 时，HPCV 控制指令为 HP/IP 冷却位置指令（HP/IP COOLING POSITION DEMAND），HP/IP 冷却位置指令是函数 SC080_FX01 相关于再热蒸汽压力的输出。

③控制逻辑图

HPCV 控制逻辑图如图 2.130—图 2.136 所示。

5）中压主蒸汽调节阀控制

中压主蒸汽调节阀用于控制来自余热锅炉再热蒸汽进入汽轮机中压透平的蒸汽流量。中压主蒸汽调节阀是液压"双塞"型调节阀，油动机（执行器）控制油流量靠伺服阀控制。高压流体通过伺服阀进入液压缸，使蒸汽阀开启。通过释放工作流体，使蒸汽阀关闭。控制系统采用双伺服阀模块构成的冗余回路对伺服阀进行控制。伺服阀是四通滑阀，输出流量随控制指令变化。伺服阀设置机械偏置，确保在电信号丢失情况下，阀门动作到安全位置。OPC 动作时，通过 OPC 电磁阀打开泄油回路，紧急关闭调节阀。阀位反馈使用线性可变差动变送器（LVDT）。

①控制框图

IPCV 控制框图如图 2.137 所示。

②控制算法

中压主蒸汽不匹配温度的计算式为

$$Tmisip = T3 - (P1 + SM01SG009) * SM01SG010 * \\ SM01SG006/(T3 - 147.9) + SM01SG005 - T4$$

式中　P1——再热蒸汽压力；

　　　T3——中压主蒸汽温度；

　　　T4——中压透平叶环金属温度；

　　　SM01SG005、SM01SG006、SM01SG009、SM01SG010——常数。

汽轮机进气条件在前面已经介绍了，当进气条件满足后，如果出现以下状态之一，进气条件已满足信号会被复归：

- 发电机出口断路器（52G）断开。
- 机组跳闸。
- 汽轮机停机操作完成。
- 发电机出力高于 50%，且高压和中压主蒸汽调节阀指令超过 100%。

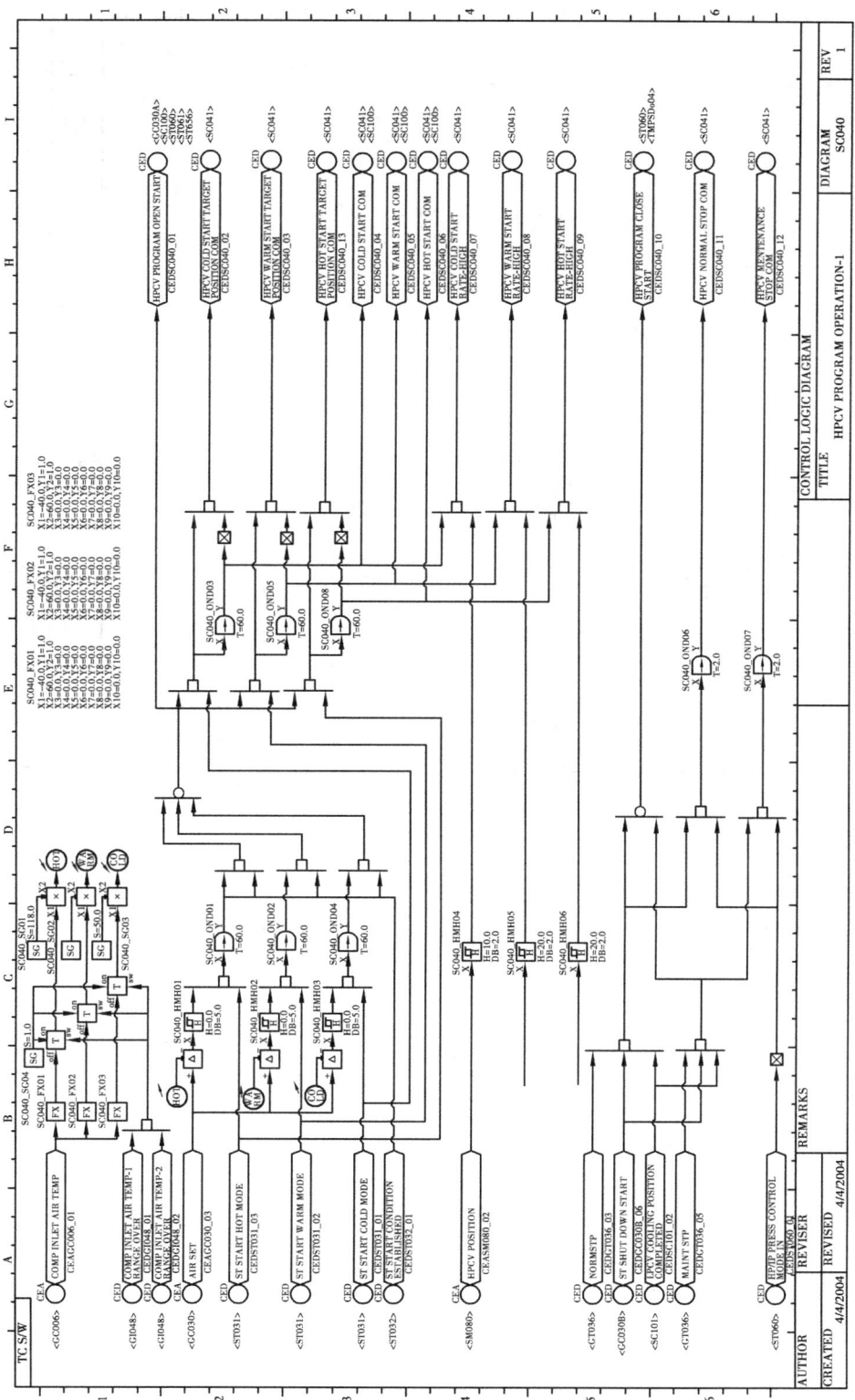

图2.130 HPCV控制逻辑图-1

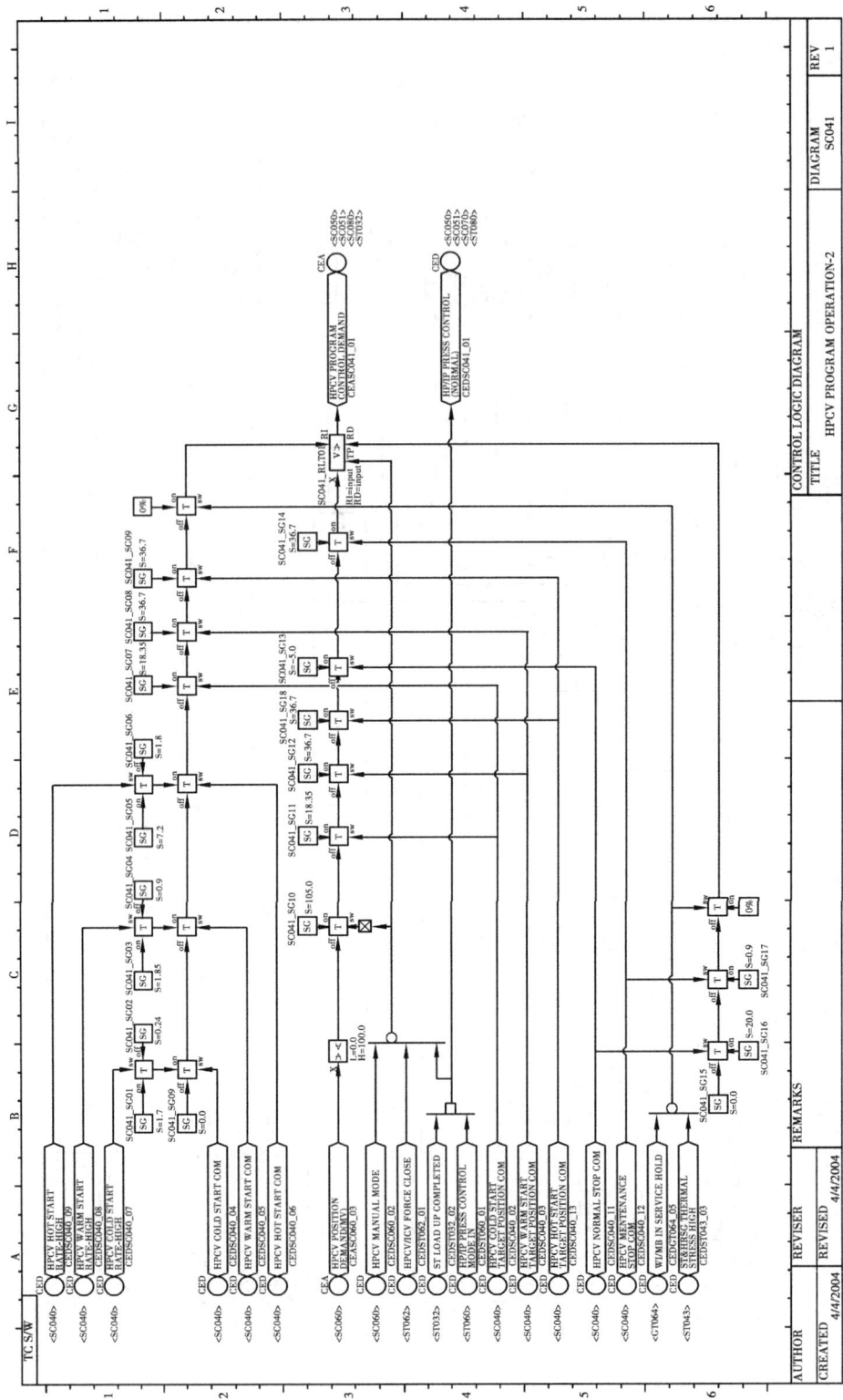

图2.131　HPCV控制逻辑图-2

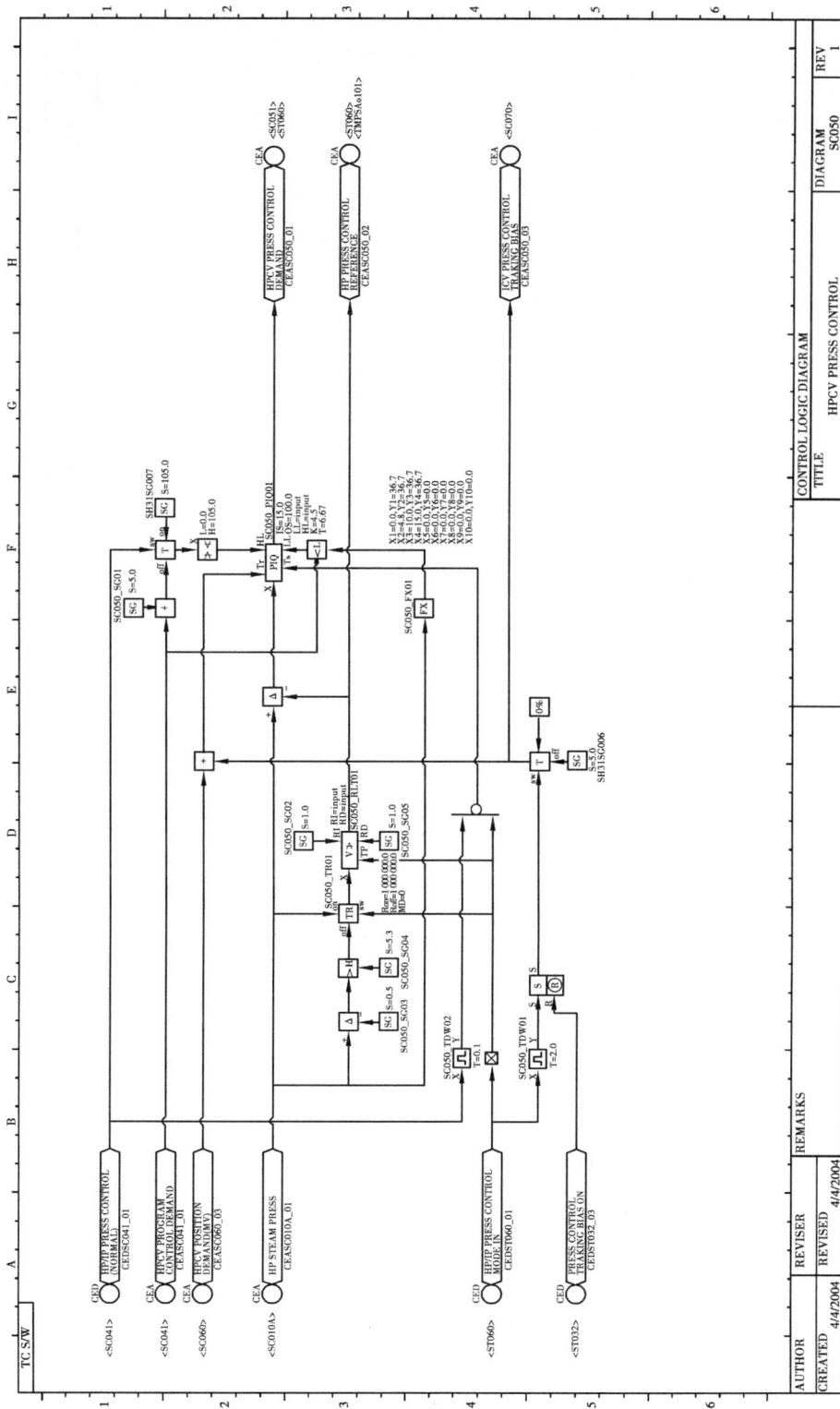

图2.132 HPCV控制逻辑图-3

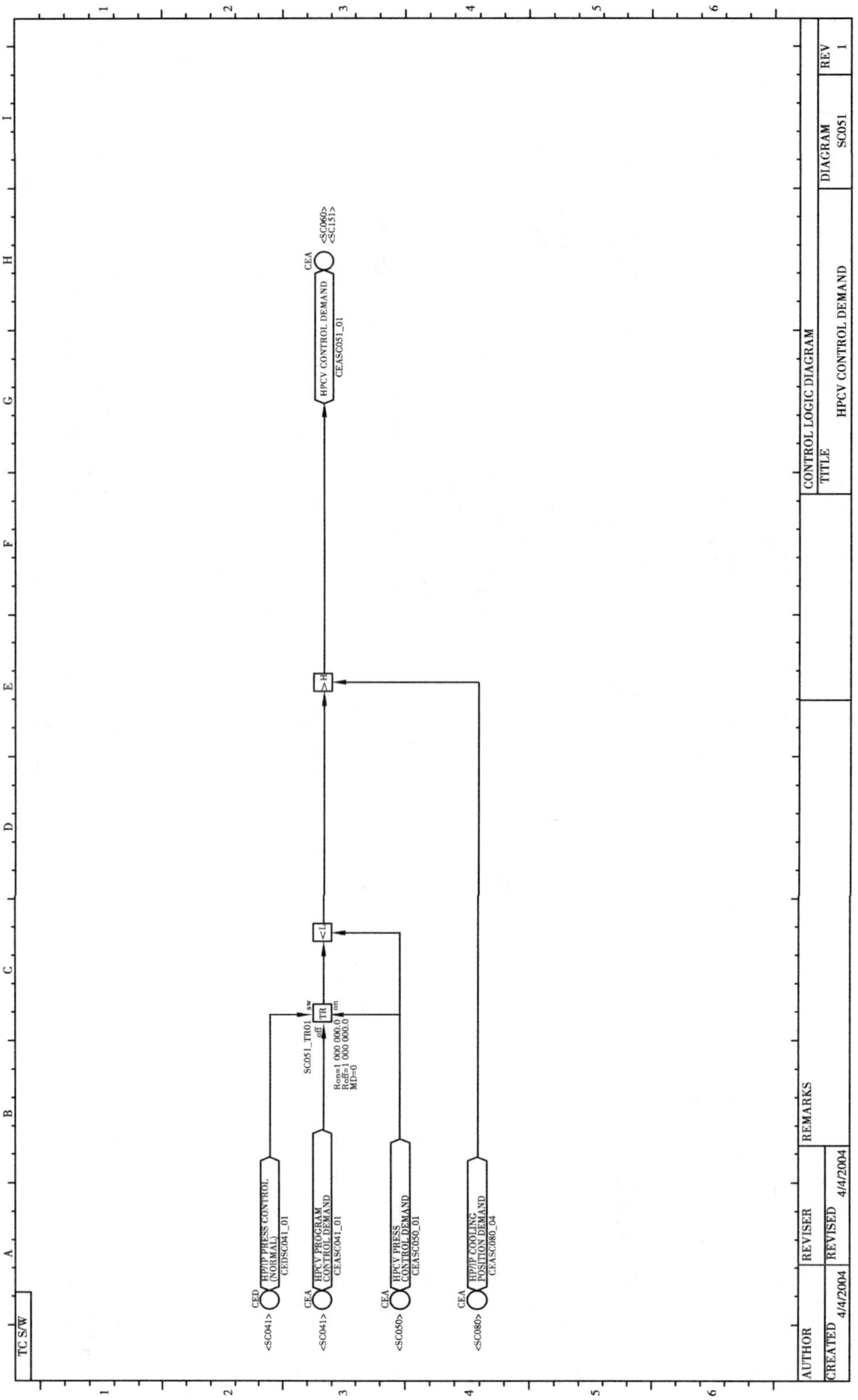

图2.133　HPCV控制逻辑图-4

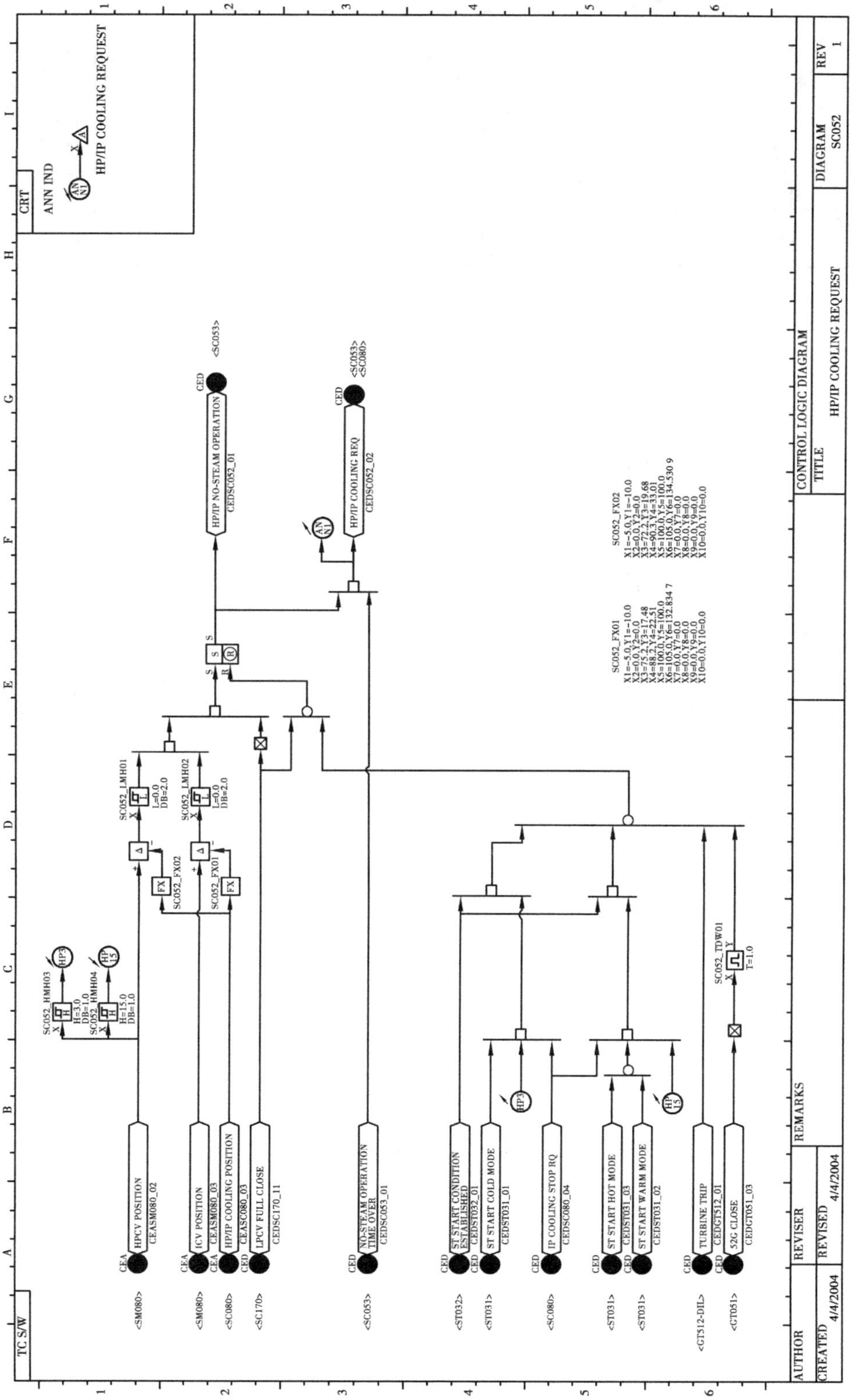

图2.134　HPCV控制逻辑图-5

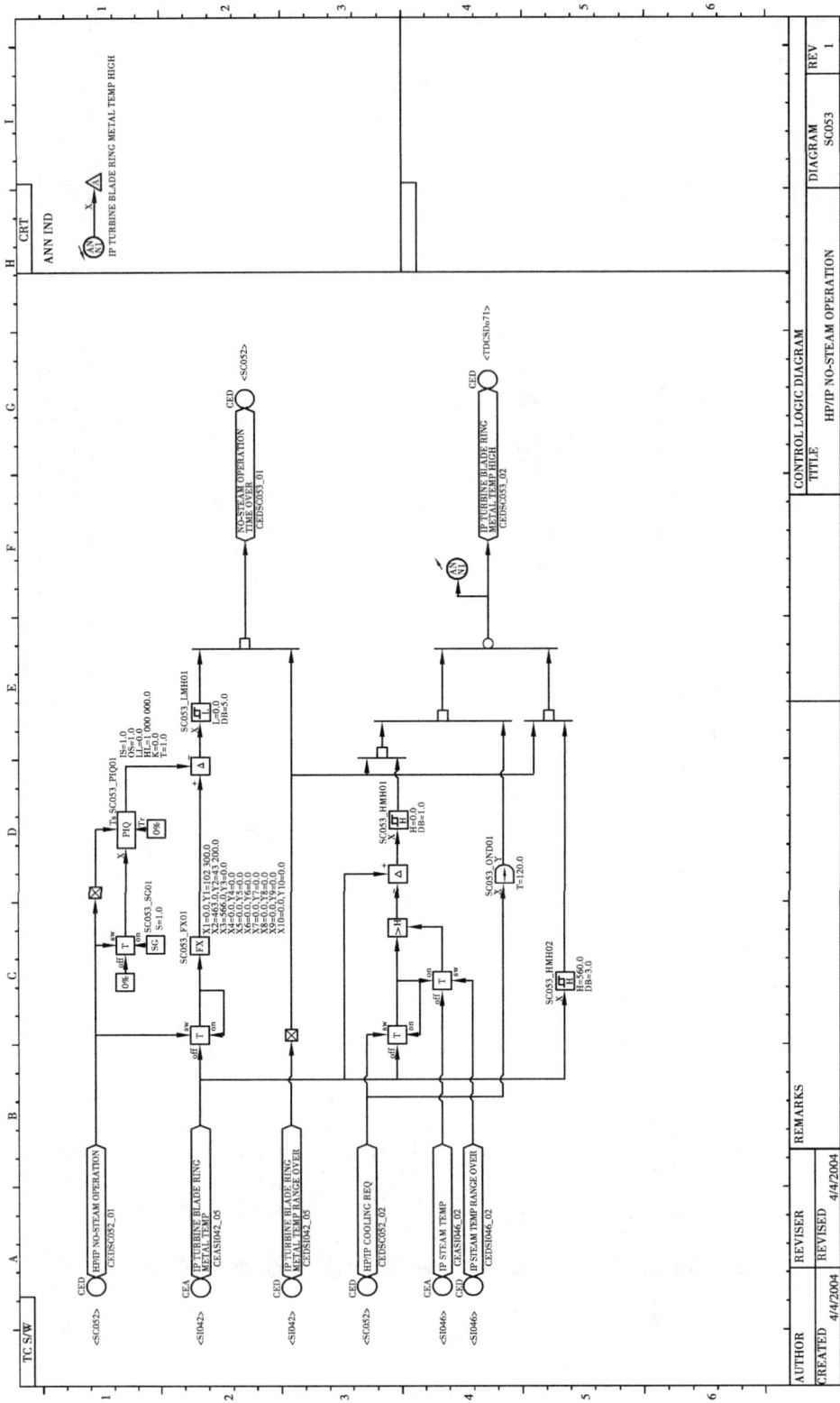

图2.135 HPCV控制逻辑图-6

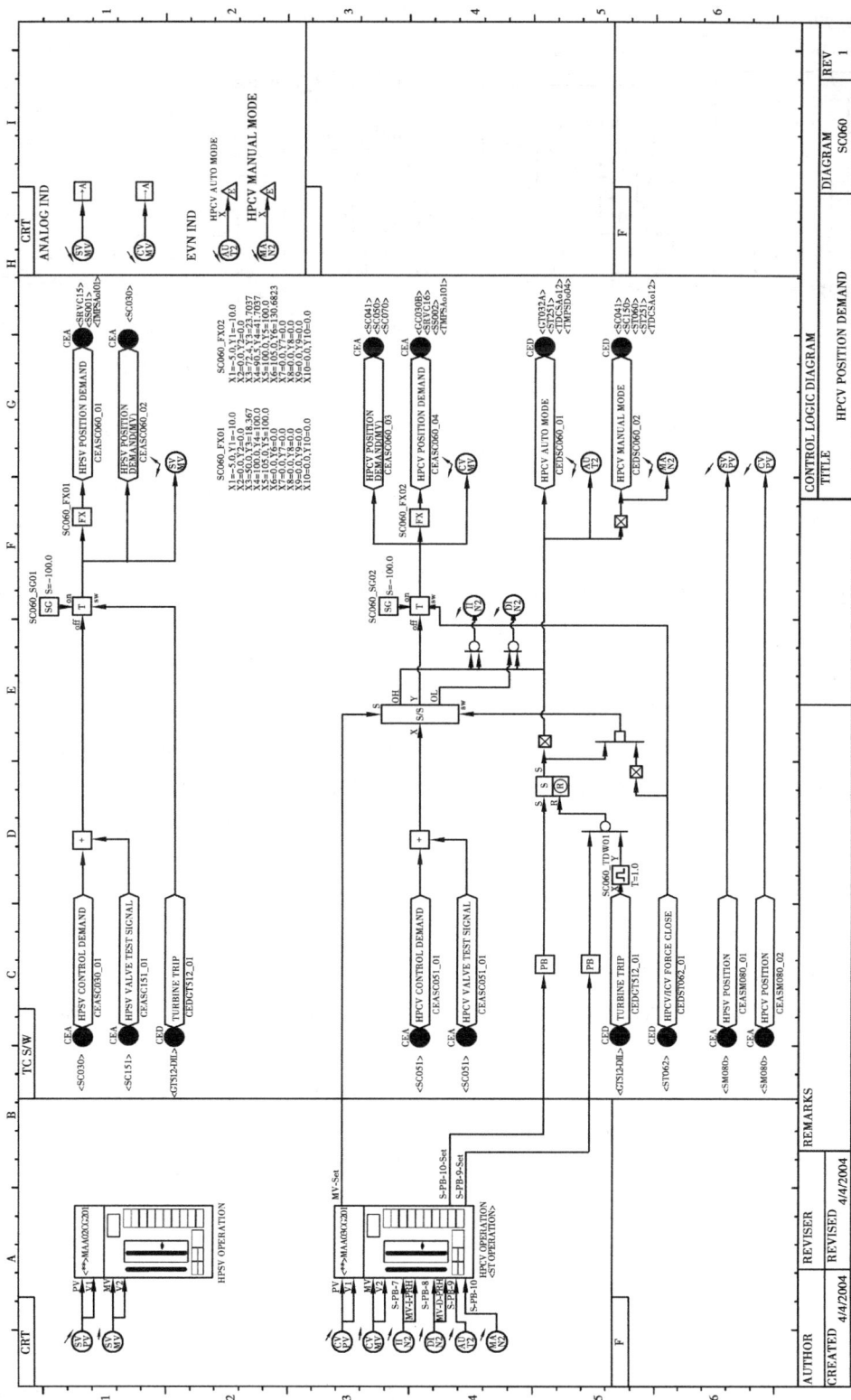

图2.136 HPCV控制逻辑图-7

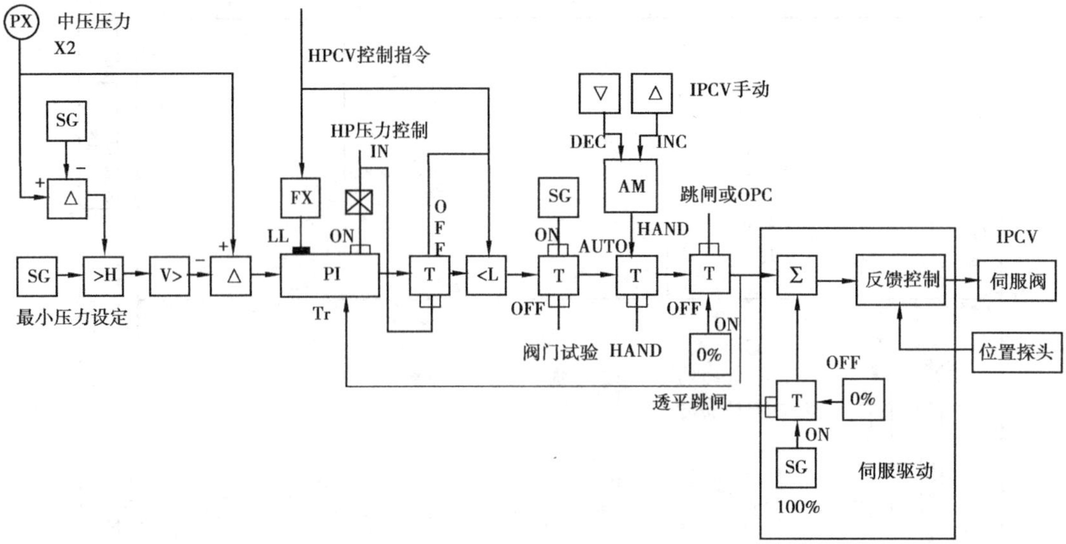

图 2.137　IPCV 控制框图

当发电机断路器未闭合、机组跳闸或 OPC 动作时,中压主蒸汽调节阀控制指令变为 −5%,阀门强制关闭。

中压主蒸汽调节阀(IPCV)可以选择手动或自动两种模式,在手动模式下,运行人员可以直接进行阀门开度设定,此时对 IPCV 控制指令进行跟踪。

在自动模式下,IPCV 控制指令(IPCV CONTROL DEMAND)经过函数 SC090_FX01 进行线性修正,成为伺服阀输出指令(IPCV POSITION DEMAND)。当未进入高压/中压压力控制模式时,中压主蒸汽调节阀处于程控开启模式,在此模式下,阀门将依据冷、温、热态启机预设的开度值开启阀门。

程控开启模式下,IPCV 控制指令为 HPCV 程序控制指令(HPCV PROGRAM DEMAND)。当"HPCV PROGRAM OPEN START"为 1 后 1 min 内,预设的 IPCV 程序控制指令值:冷态, 18.35%(SC041_SG11),变化率为 18.35%/min;温态,36.7%(SC041_SG12), 变化率为 36.7%/min;热态,36.7%(SC041_SG13), 变化率为 36.7%/min。1 min 后,IPCV 程序控制指令值以不同速率开启到全开位:冷态,变化率为 1.7%/min(正常)或 0.24%/min(IPCV 冷态启动速率高);温态,变化率为 1.85%/min(正常)或 0.9%/min(IPCV 温态启动速率高);热态,变化率为 7.2%/min(正常)或 1.8%/min(IPCV 热态启动速率高)。在正常停机时,IPCV 程序控制指令值为 −5%,变化率为 1.85%/min。在检修停机时,IPCV 程序控制指令值为 36.7%,变化率为 0.9%/min。

进入压力控制模式的条件为发电机出力高于 50%,且高压和中压主蒸汽调节阀指令超过 100%,中压和高压旁路阀关闭。

在压力控制模式下,IPCV 控制指令为 IPCV 压力控制指令(IPCV PRESS CONTROL DE-MAND),该指令是中压主蒸汽压力与压力控制基准值(IPCV PRESS CONTROL REFRENCE)之差经过比例积分运算器的输出值。在投入压力控制模式前,比例积分器跟踪伺服阀输出指令(IPCV POSITION DEMAND)值加上 5% 的偏置。在中压主蒸汽压力低于 1.67 MPa 时,压力

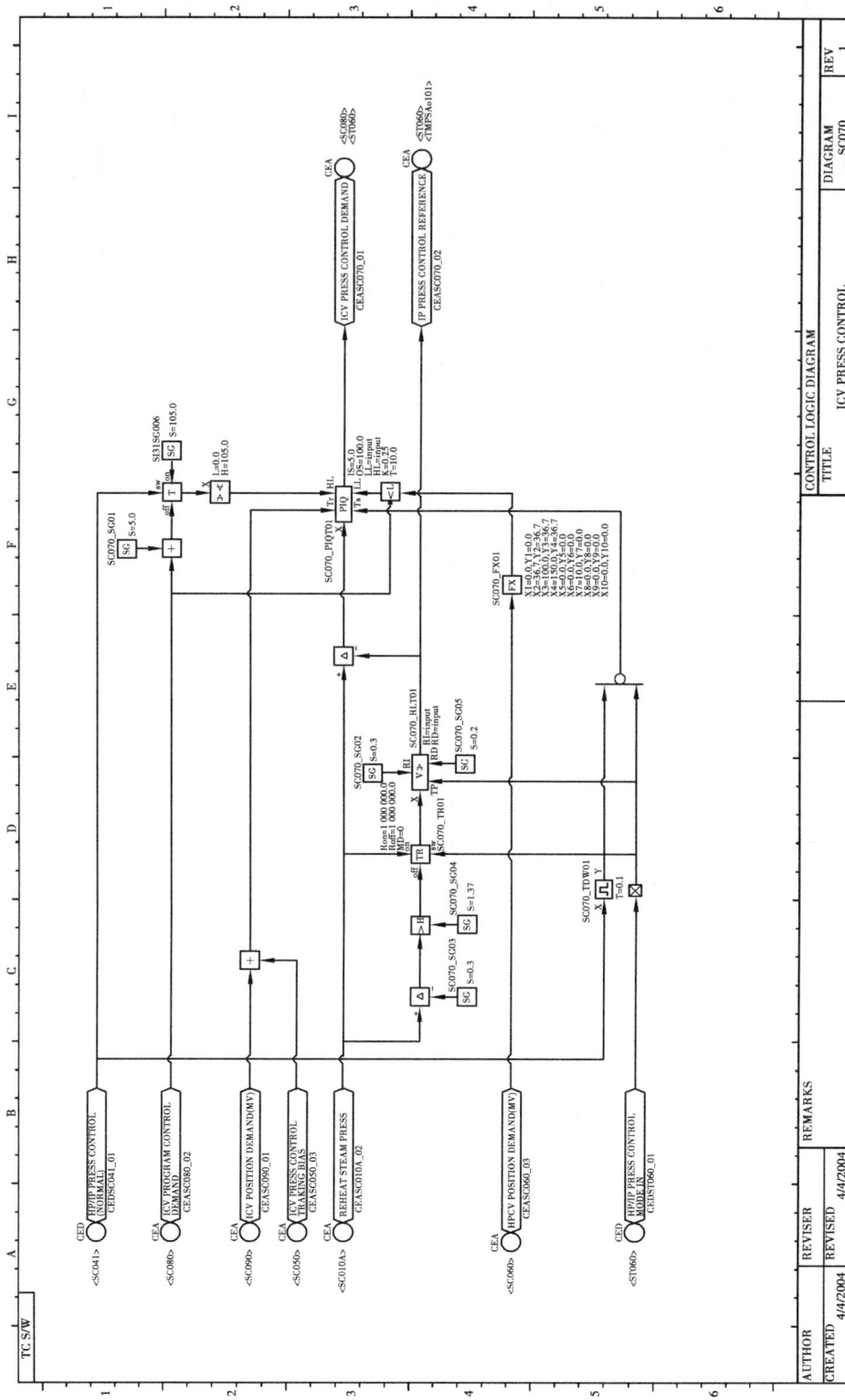

图2.138　IPCV控制逻辑图-1

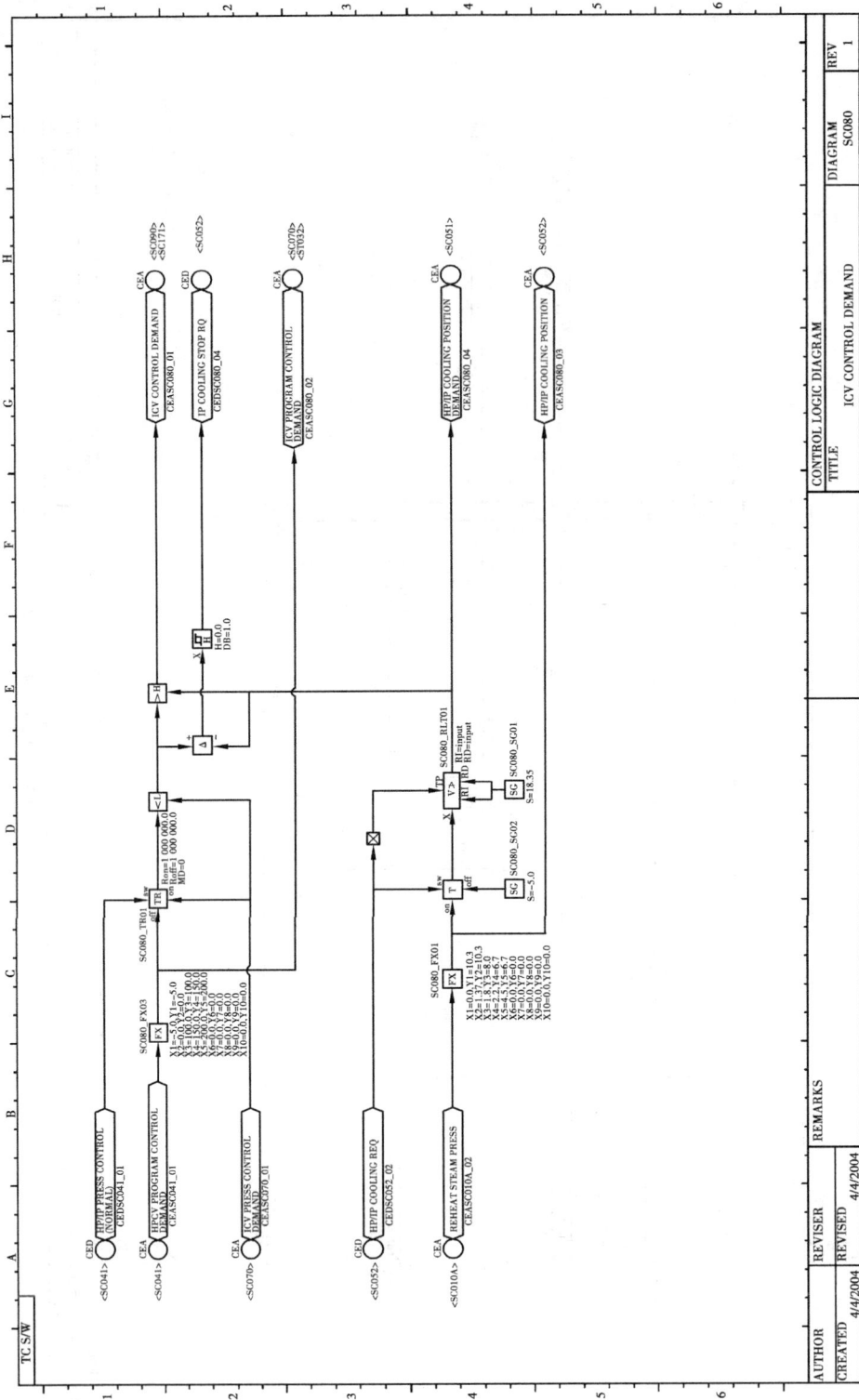

图2.139　IPCV控制逻辑图-2

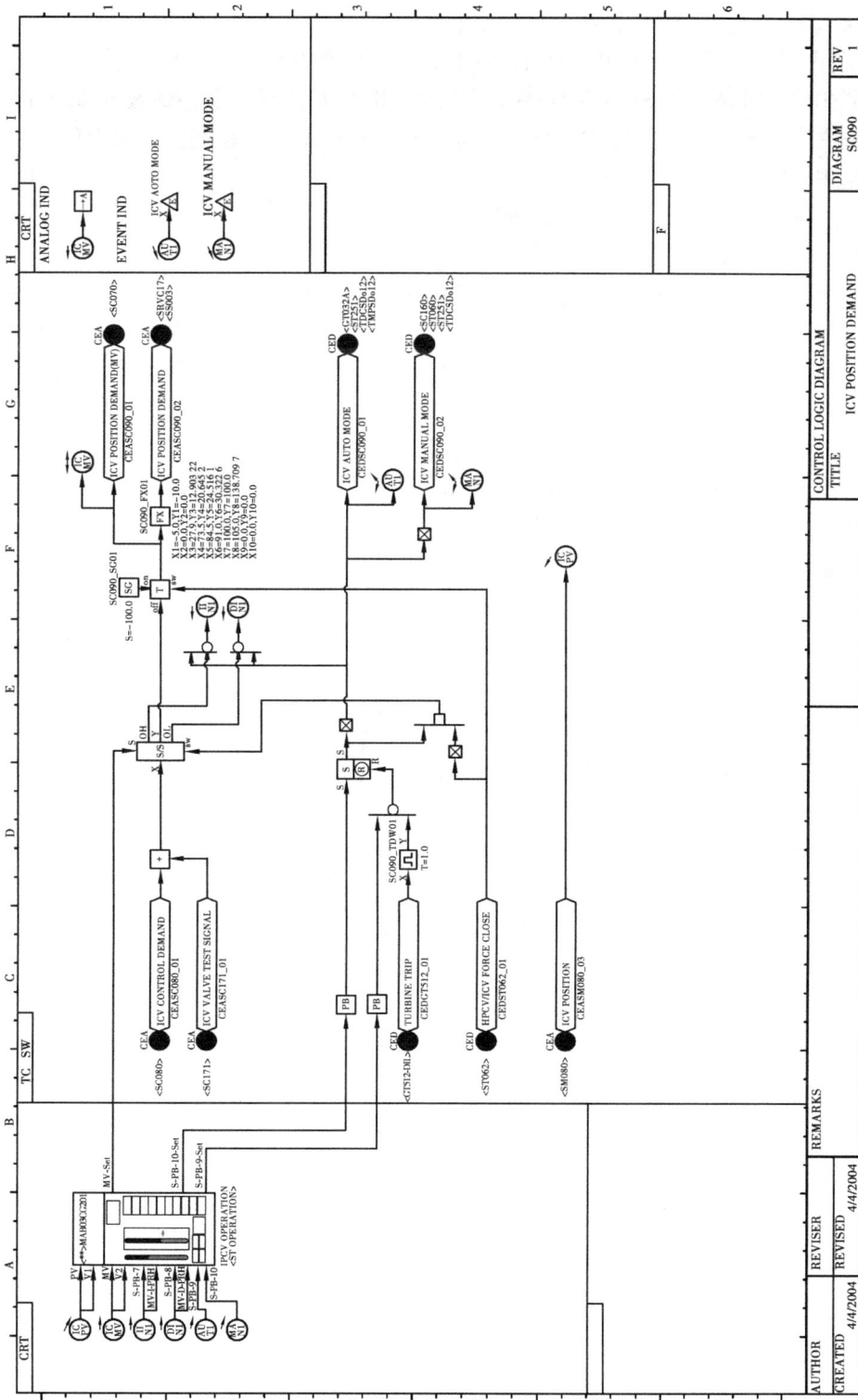

图2.140　IPCV控制逻辑图-3

197

控制基准为 1.37 MPa；当中压主蒸汽压力高于 1.67 MPa 时，中压主蒸汽压力与压力控制基准值之差为 0.3 MPa。它与 IPCV 程序控制指令取小值。

当高压/中压冷却请求（HP/IP COOLING REQ）为 1 时，IPCV 控制指令为 HP/IP 冷却位置指令（HP/IP COOLING POSITION DEMAND），HP/IP 冷却位置指令是函数 SC080_FX01 相关于再热蒸汽压力的输出。它与 IPCV 压力控制指令和 IPCV 程序控制指令取大值。

③控制逻辑图

IPCV 控制逻辑图如图 2.138—图 2.140 所示。

6）低压主蒸汽调节阀控制

低压主蒸汽调节阀用于控制来自余热锅炉低压主蒸汽和中压缸排气进入汽轮机低压透平的蒸汽流量。低压主蒸汽调节阀是液压型单座插入式调节阀，油动机（执行器）控制油流量靠伺服阀控制，单动作方式。高压流体通过伺服阀进入液压缸，使蒸汽阀开启。通过释放工作流体，使蒸汽阀关闭。控制系统采用双伺服阀模块构成的冗余回路对伺服阀进行控制。伺服阀是四通滑阀，输出流量随控制指令变化。伺服阀设置机械偏置，确保在电信号丢失情况下，阀门动作到安全位置。OPC 动作时，通过 OPC 电磁阀打开泄油回路，紧急关闭调节阀。阀位反馈使用线性可变差动变送器（LVDT）。

①控制框图

LPCV 控制框图如图 2.141 所示。

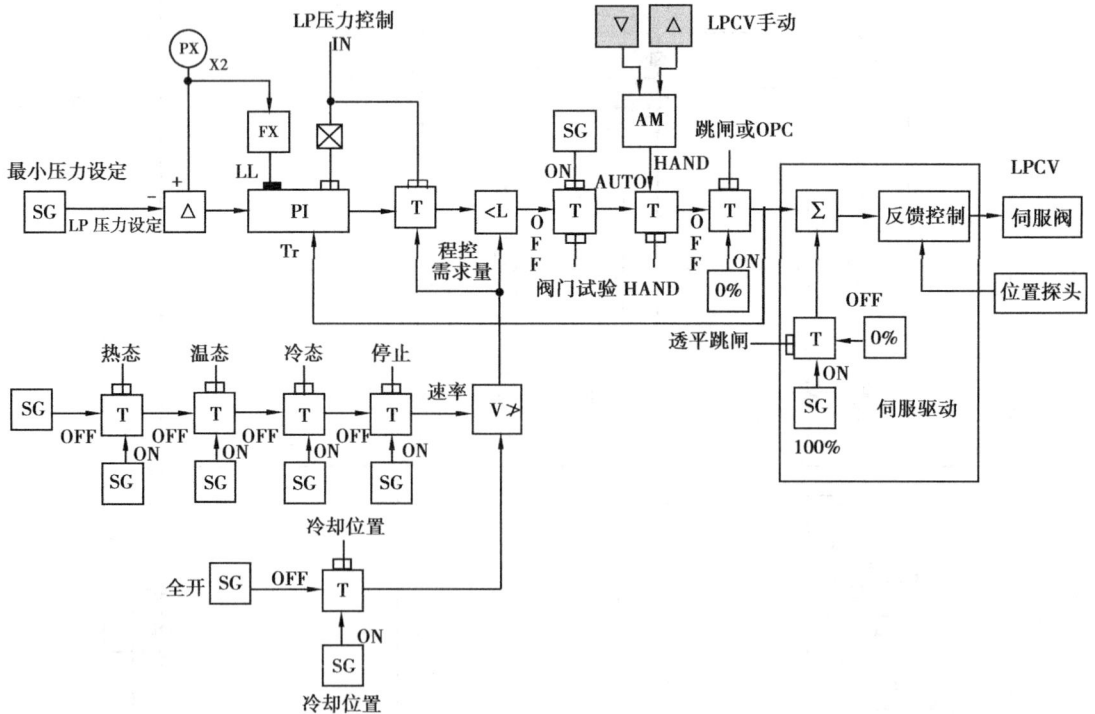

图 2.141　LPCV 控制框图

②控制算法

当机组跳闸或 OPC 动作时,低压主蒸汽调节阀控制指令变为 -5%,阀门强制关闭。

低压主蒸汽调节阀(LPCV)可选择手动或自动两种模式,在手动模式下,运行人员可直接进行阀门开度设定,此时对 LPCV 控制指令进行跟踪。

在自动模式下,LPCV 控制指令(IPCV CONTROL DEMAND)经过函数 SC130_FX01 进行线性修正,成为伺服阀输出指令(IPCV POSITION DEMAND)。当未进入高压/中压压力控制模式时,低压主蒸汽调节阀处于程控开启模式,在此模式下,阀门将依据冷、温、热态启机预设的开度值开启阀门。

程控开启模式下,LPCV 控制指令为 LPCV 程序控制指令(LPCV PROGRAM CONTROL DEMAND)。当转速高于 2 000 r/min 且高压/中压主蒸汽调节阀阀位<3%时,或停机(正常停机或检修停机)且未进入低压压力控制模式时,LPCV 控制指令为低压调节阀冷却位置预设值,该值是函数 SC102_FX01 关于低压主蒸汽压力的输出值。退出冷却位置后,LPCV 程序控制指令值以不同速率开启到全开位:冷态,变化率为 0.183 3%/min;温态,变化率为 0.370 7%/min;热态,变化率为 0.904 5%/min。在正常停机和检修停机时,LPCV 程序控制变化率为 5.0%/min。

进入压力控制模式的条件为发电机出力高于 50%,且高压和中压主蒸汽调节阀指令超过 100%,低压、中压和高压旁路阀关闭。

在压力控制模式下,LPCV 控制指令为 LPCV 压力控制指令(IPCV PRESS CONTROL DE-MAND),该指令是低压主蒸汽压力与压力控制基准值(LPCV PRESS CONTROL REFRENCE)之差经过比例积分运算器的输出值。在投入压力控制模式前,比例积分器跟踪伺服阀输出指令(LPCV POSITION DEMAND)值加上 5% 的偏置。在低压主蒸汽压力低于 0.29 MPa 时,压力控制基准为 0.25 MPa;当低压主蒸汽压力高于 0.29 MPa 时,低压主蒸汽压力与压力控制基准值之差为 0.04 MPa。它与 LPCV 程序控制指令取小值。

机组停机过程中,当机组负荷下降到 200 MW 之下时,低压主蒸汽调节阀(LPCV)缓慢关闭至冷却位置然后保持开度,并在机组打闸时瞬间关闭至 0%。

③控制逻辑图

LPCV 控制逻辑图如图 2.142—图 2.147 所示。

(3)伺服阀控制回路

M701F 型燃气轮机联合循环机组共有 11 个 EH 油阀门通过 MOOG 伺服阀进行控制,包括主燃料流量控制阀、主燃料压力控制阀 A、主燃料压力控制阀 B、值班燃料流量控制阀、值班燃料压力控制阀、IGV 阀门、燃烧器旁路阀、高压主蒸汽截止阀(HPSV)、高压主蒸汽调节阀(HPCV)、中压主蒸汽调节阀(IPCV)、低压主蒸汽调节阀(LPCV)。各 EH 油阀门所使用的 MOOG 伺服阀型号和伺服控制模块型号见表 2.72 所示。

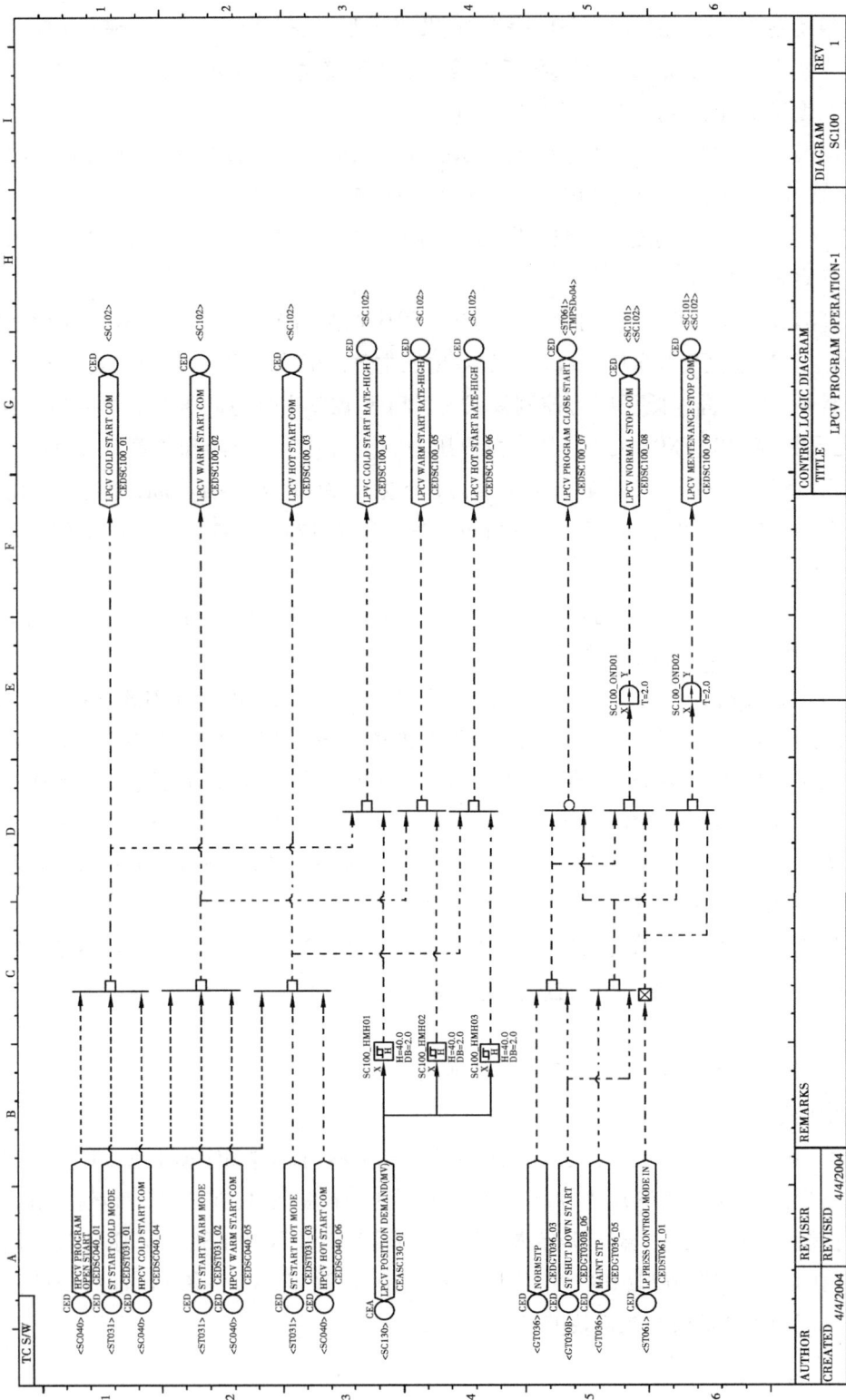

图2.142 LPCV控制逻辑图-1

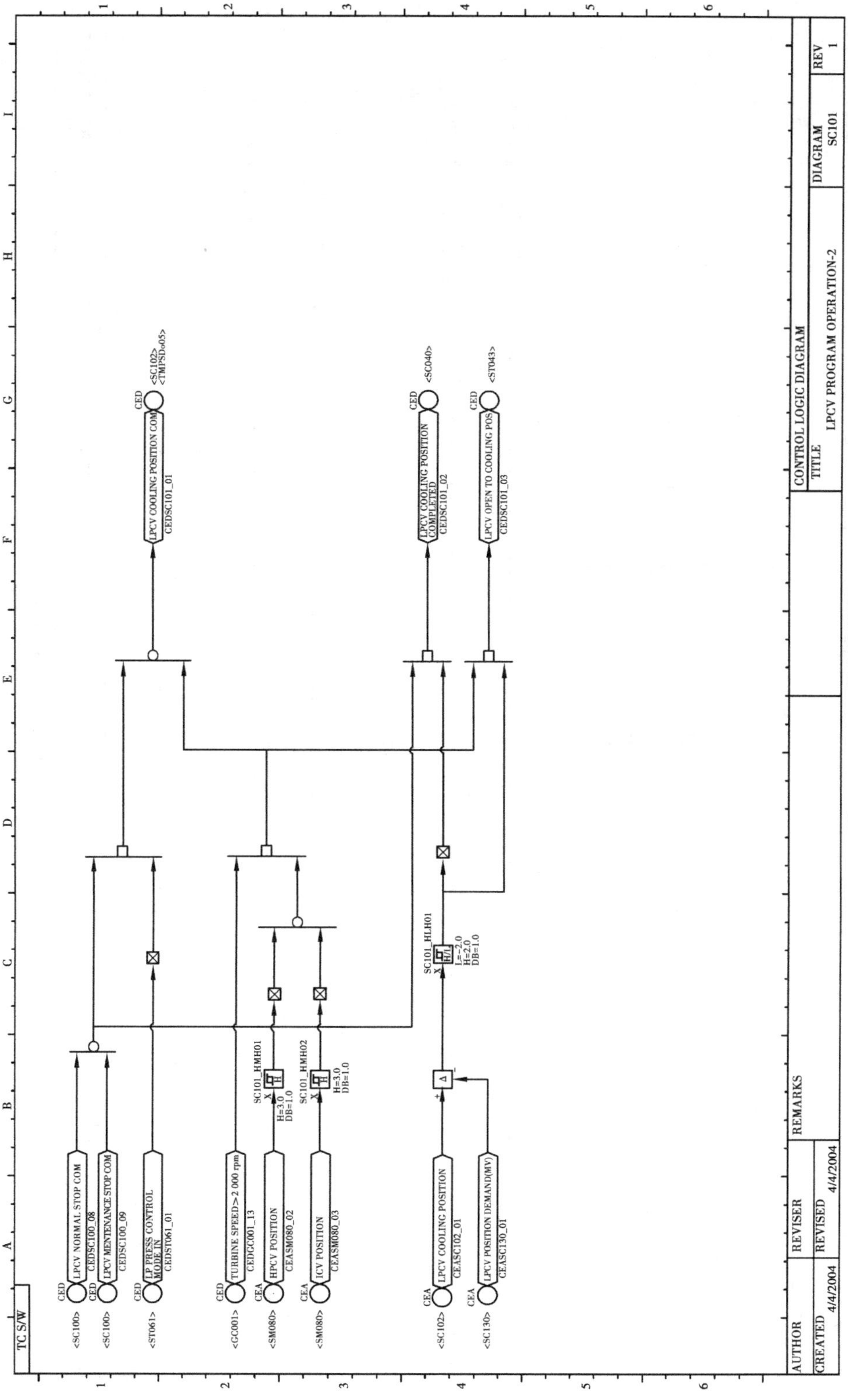

图2.143 LPCV控制逻辑图-2

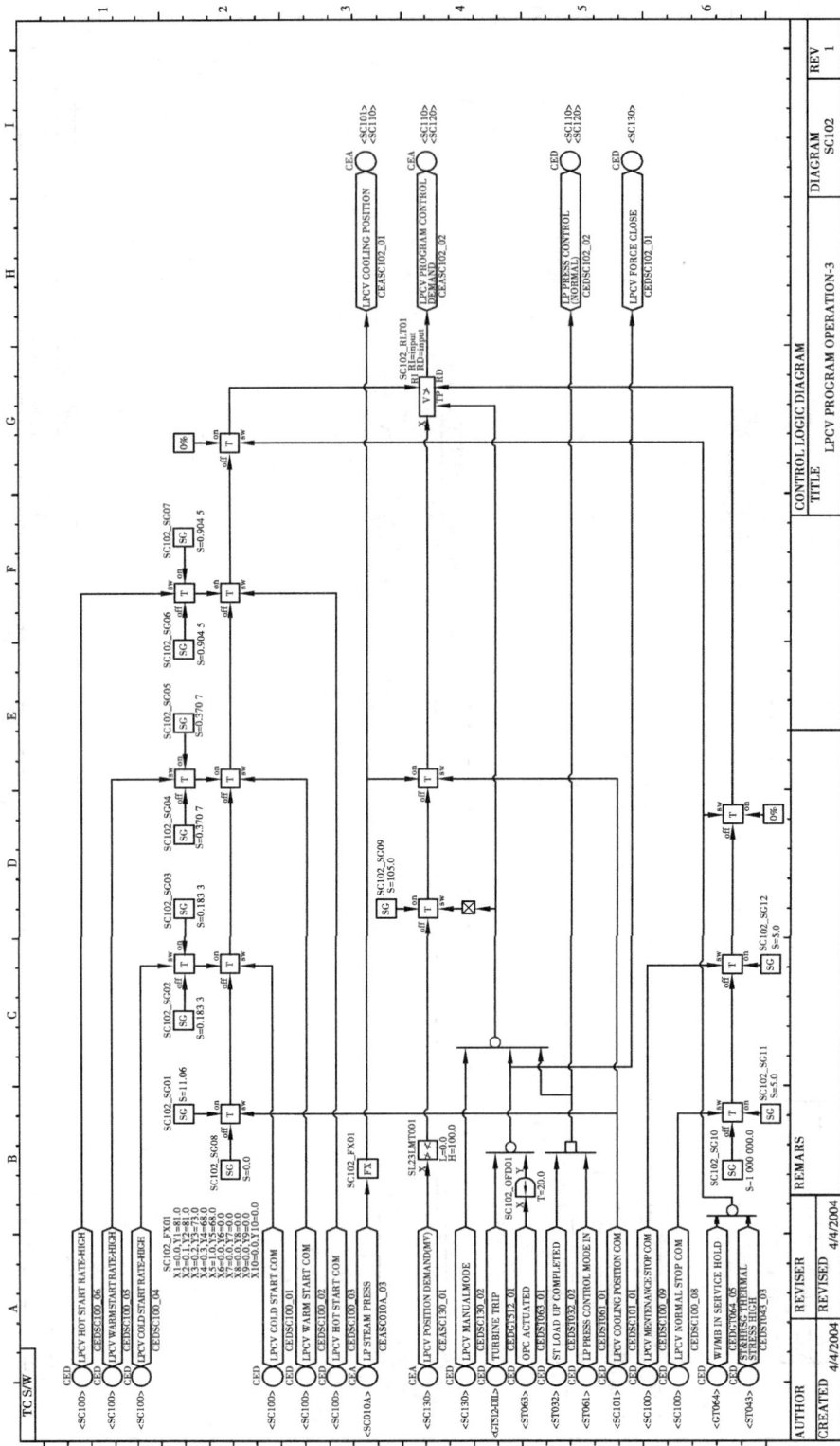

图2.144 LPCV控制逻辑图-3

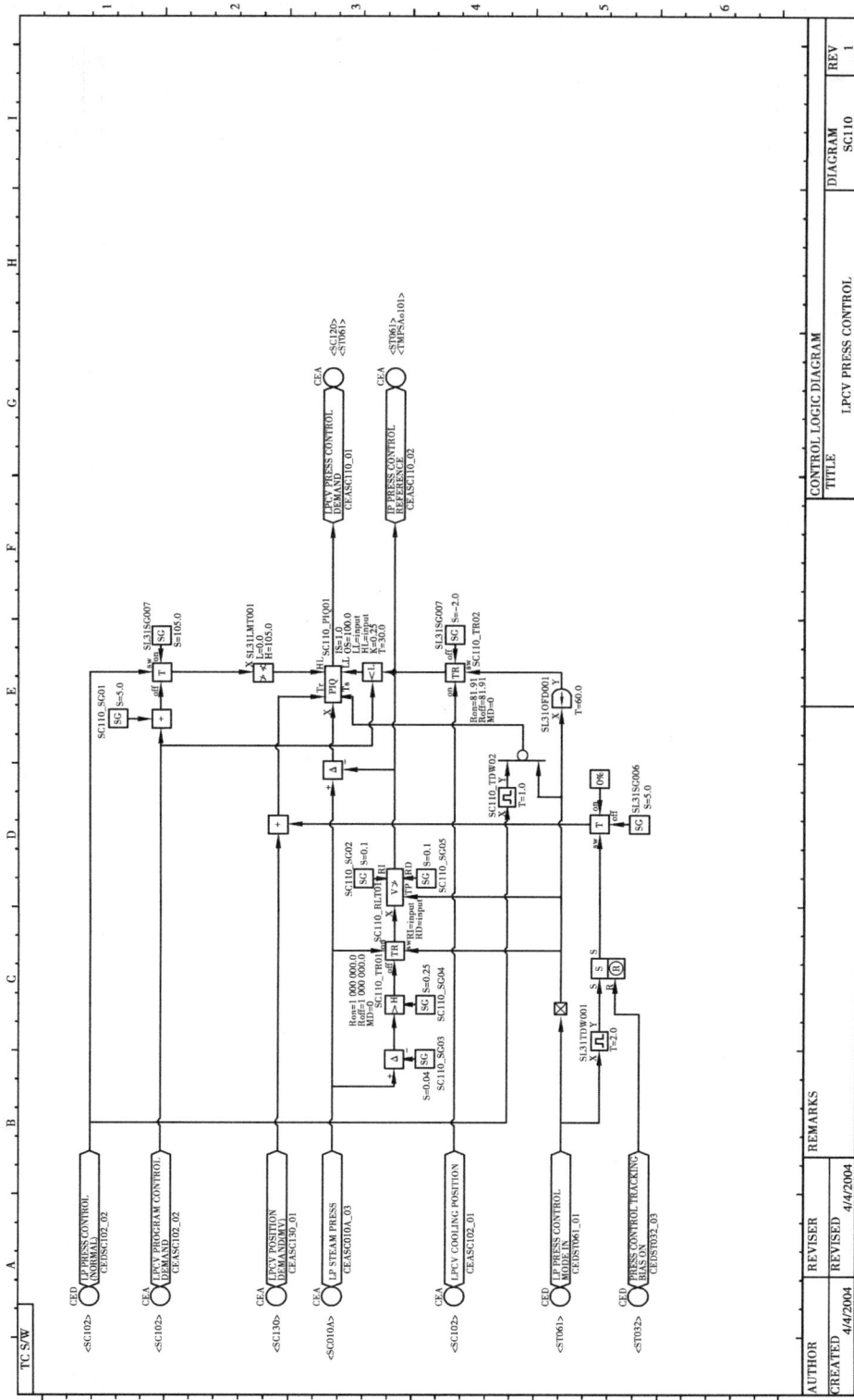

图2.145　LPCV控制逻辑图-4

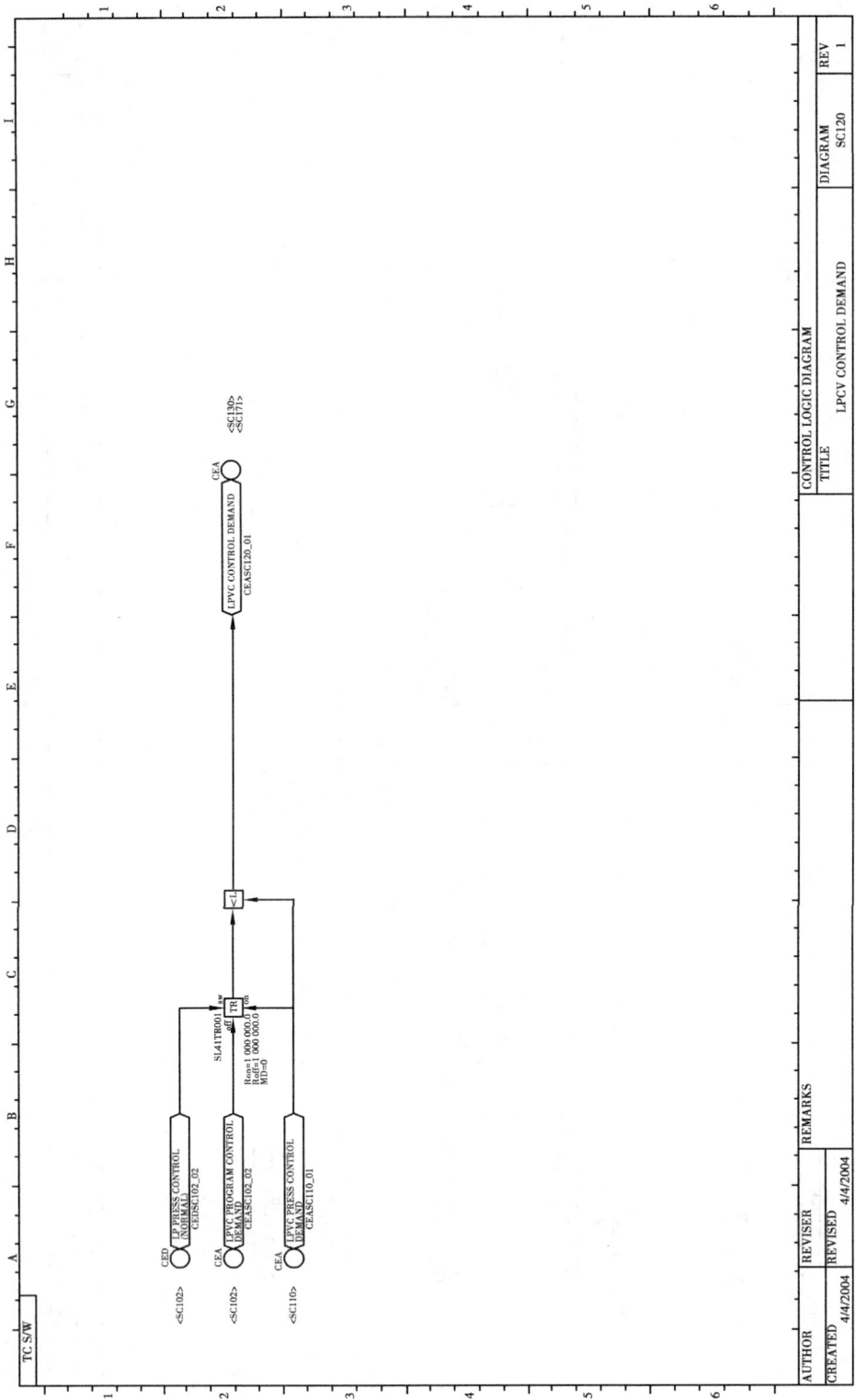

图2.146 LPCV控制逻辑图-5

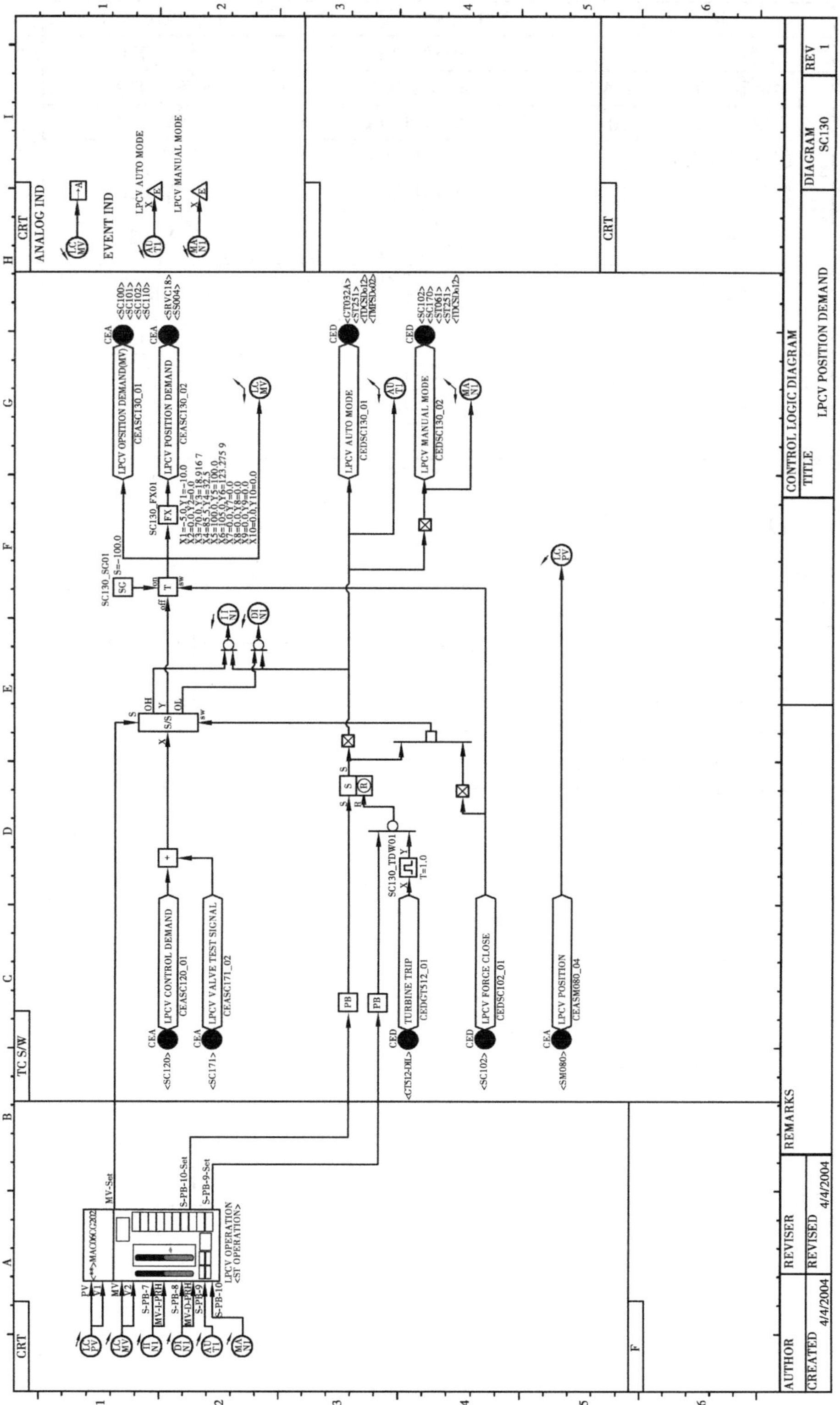

图2.147 LPCV控制逻辑图-6

表 2.72　EH 油阀门使用伺服阀型号和伺服控制模块型号对照表

阀　门	MOOG 伺服阀型号	伺服模块型号
主燃料流量控制阀	-078N209C	FXSVL02B
主燃料压力控制阀 A	-078N209C	FXSVL02B
主燃料压力控制阀 B	-760N1190A	FXSVL02B
值班燃料流量控制阀	-760N1190A	FXSVL02B
值班燃料压力控制阀	-760N1190A	FXSVL02B
IGV 阀门	-078N208C -078N210C	FXSVL02B
燃烧器旁路阀	-078N208C -078N210C	FXSVL02B
高压主蒸汽截止阀	J073-185	FXSVL02A
高压主蒸汽调节阀	J073-185	FXSVL02A
中压主蒸汽调节阀	J073-185	FXSVL02A
低压主蒸汽调节阀	J073-185	FXSVL02A

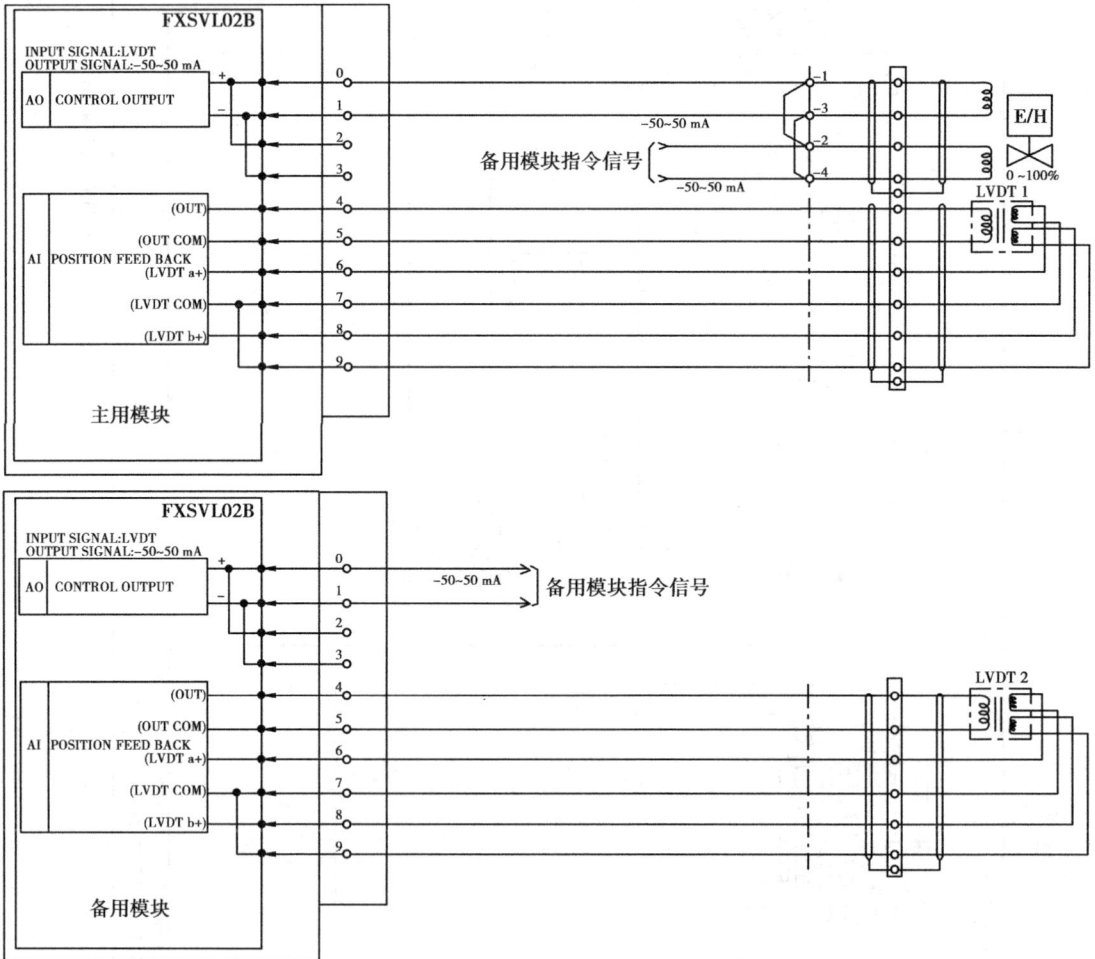

图 2.148a　燃气轮机侧伺服阀控制回路示意图

主燃料流量控制阀、主燃料压力控制阀 A、主燃料压力控制阀 B、值班燃料流量控制阀、值班燃料压力控制阀、IGV 阀门、燃烧器旁路阀,这 7 个阀门的伺服阀都由两块互为冗余的伺服模块进行控制。主伺服模块和备用伺服模块同时工作,它们输出的阀门开度控制指令在端子排并接后,送入伺服阀控制线圈。每个 EH 油阀门配两个 LVDT,LVDT 采用四线制接法。主、备伺服模块分别各向一个 LVDT 的主线圈输出激励信号,同时分别接收来自两个 LVDT 的阀门位置反馈信号。两个伺服模块之间有通信电缆连接,互相监视彼此的工作状态。当主模块发生故障时,可以立即自动切至备用模块工作,不会影响 EH 油阀门的工作状态。伺服模块与伺服阀及 LVDT 连接示意图如图 2.148a 所示。

高压主蒸汽截止阀(HPSV)、高压主蒸汽调节阀(HPCV)、中压主蒸汽调节阀(IPCV)、低压主蒸汽调节阀(LPCV),这 4 个阀门的伺服阀同样也都由两块互为冗余的伺服模块进行控制。主伺服模块和备用伺服模块同时工作,它们输出的阀门开度控制指令在端子排并接后,送入伺服阀控制线圈。每个阀门配一个 LVDT,LVDT 采用两线制接法。主、备伺服模块输出的激励信号在端子排处并接后送入 LVDT 主线圈,LVDT 的阀门位置反馈信号同样也在端子排并接后返回至主、备伺服模块。两个伺服模块之间有通信电缆连接,互相监视彼此工作状态。当主模块发生故障时,可立即自动切至备用模块工作,不会影响 EH 油阀门的工作状态。伺服模块与伺服阀及 LVDT 连接示意图如图 2.148b 所示。

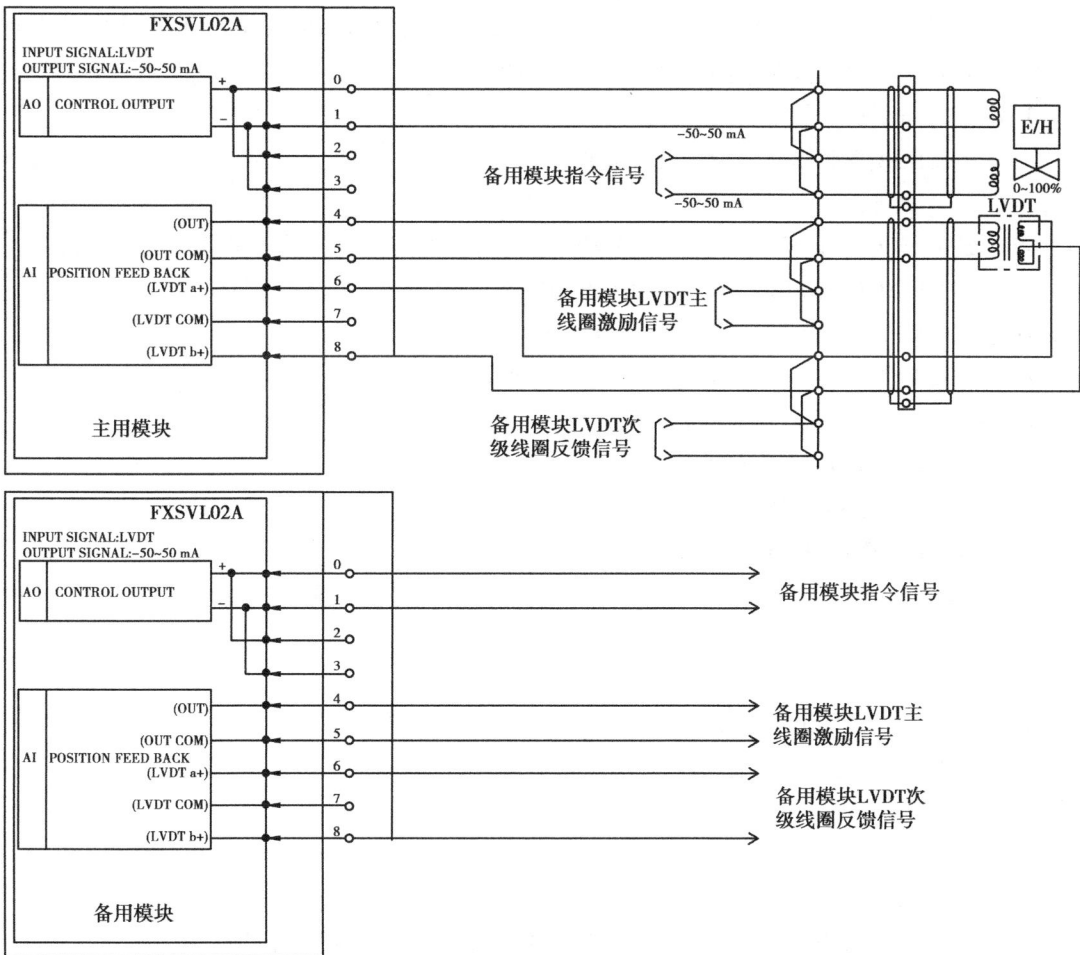

图 2.148b　汽轮机侧伺服阀控制回路示意图

2.4.2 PCS 系统功能(Process Control System)

三菱主机系统主要采用的是 DIASYS 控制系统,它分为 TCS、PCS、TPS、TSI 和 CPFM 5 个部分。本部分主要介绍的是 PCS 控制系统。PCS 系统全称为燃气轮机/汽轮机辅助控制系统、主要完成对汽轮机旁路、汽轮机轴封系统、凝汽器真空系统和汽轮机侧疏水阀的控制和监控,其通过交换机与其他各子系统间进行相互通信。

PCS 控制系统所涉及的设备包括汽轮机高/中/低压旁路阀、汽轮机轴封压力控制阀、凝汽器真空泵、真空破坏阀、凝汽器水幕喷水阀和凝汽器低压缸喷水阀等重要设备,在机组启动和停运中起着重要的作用。下面将对 PCS 中各个重要设备的作用和控制逻辑进行详细介绍。

(1)汽轮机旁路阀控制(高/中/低压)

三菱联合循环机组余热锅炉设置了 3 个蒸汽包,这样就产生了 3 个压力级别的蒸汽,汽轮机旁路系统分别设置有高/中/低压旁路阀门各一个,均按 100%冬季工况下最大蒸汽流量设计。汽轮机旁路系统的作用是在机组启停和甩负荷时,保证锅炉最小负荷的蒸发量,防止余热锅炉再热器、过热器干烧,保护再热器和过热器;在甩负荷和紧急停机时,旁路阀快速打开,排出锅炉内蒸汽防止锅炉超压;另外在启动过程中通过旁路系统可以加快启动速度,改善启动条件,使蒸汽参数与汽缸金属温度相匹配,从而提高机组运行的安全性和灵活性;在机组异常情况下为了保护凝汽器,旁路阀配有快关功能。

1)高压旁路逻辑介绍

可以将高压旁路动作过程分为几个阶段:

①机组启动到点火前

点火成功前,FIRED HOUR 信号置 0,相关控制信号状态如下(具体参考逻辑 TBP02):

HP/IPTBV ACTUAL PRESS.TRACKING ON = 1

HPTBV ACTUAL PRESS. SET RATE PASS = 0

HPTBV BACKUP PRESS. SET TRACKING ON = 1

HP/IPTBV MIN. PRESS MODE = 0

HP/IPTBV MIN. PRESS SET = 0

HP/IPTBV BACKUP MODE = 0

HPTBV PI CONTROLLER TRACKING ON = 0

在此阶段内,旁路阀压力设定值保持不变,为机组前次停机,当 HPCV PROGRAME CLOSE 置 1 时的 HP SH OUTLET STEAM PRESS 值。

②机组点火后

点火成功后,信号 FIRED HOUR 置 1,相关控制信号状态如下:

GT FLAME ON 置 1。

HP/IP TBV ACTUAL PRESS TRACKING ON 置 0。

HP/IP TBV MIN. PRESS MODE 置 1。

HP TBV ACTUAL PRESS SET RATE PASS 置 1。

HP TBV GT FLAME ON TRACKING 置 0(该信号在停机时灭火瞬间置 1)。

HP TBV INITIAL PRESS. SET ACTUAL TRACKING 置 1。

以上变化反应到逻辑 TBP05 中,有以下变化:

HP TBV INITIAL PRESS. SET ACTUAL TRACKING 置 1,使得压力设定值的变化率为无穷大。

HP/IP TBV ACTUAL PRESS TRACKING ON 置 0 和 HP TBV ACTUAL PRESS SET RATE PASS 置 1,实际压力值 PV 被送入控制块 TBP05RLT005。但由于此时 HP SH OUTLET STEAM PRESS<0.5 MPa,使得 HPTBV CONTROL ON 置 0,导致 HPTBV INITIAL PRESS. SET ACTUAL TRACKING 置 1,使得斜率设置为∞,其压力设定值跟随实际压力 PV 值变化。

HP TBV GT FLAME ON TRACKING 置 0,使 TBP05RLT001 的输出保持此时的实际压力不变。

因此从此时开始,虽然 HP/IP TBV MIN. PRESS MODE 已经置 1,但旁路阀并没有为了控制某一个压力值而动作,而是使设定值和实际值一起变化,应当为实际压力跟踪状态。

③最小压力控制模式(HPTBV CONTROL ON=1)

相关控制信号状态如下:

HP/IPTBV ACTUAL PRESS.TRACKING ON ＝ 0

HPTBV BACKUP PRESS. SET TRACKING ON ＝ 1

HP/IPTBV MIN. PRESS MODE ＝ 1

HP/IPTBV MIN. PRESS SET ＝ 1

HP/IPTBV BACKUP MODE ＝ 0

HPTBV PI CONTROLLER TRACKING ON ＝ 0

随着锅炉受热,高压过热器出口蒸汽压力逐渐上升,当 HP SH OUTLET STEAM PRESS>0.5 MPa,经 30 s 延时后 HPTBV CONTROL ON 置 1, HP/IPTBV MIN. PRESS SET 置 1,旁路阀进入最小压力控制模式,其压力设定值最低设定为 5.3 MPa,而后随着燃气轮机负荷的升高其压力设定值也随之升高,但其变化斜率受到限制(斜率设定:根据冷、热、温态,由 HP SH OUT-LET STEAM PRESS 经函数 F(X)后确定)。在压力设定值根据斜率逐渐上升的过程中,在高压主蒸汽调节阀开启前,如果出现 HP SH OUTLET STEAM PRESS ＞ 0.02 MPa 信号(旁路阀压力设定值高于高压过热器出口蒸汽压力 0.02 MPa)置 1,会使压力设定值变化斜率为 0,也就是保持设定值不变,直到两者压力之差小于 0.02 MPa 时,经 30 s 延时后,再恢复斜率变化。由于一般情况下,设定值的变化快于高压过热器出口蒸汽压力的变化。因此,此阶段内,高压旁路阀压力设定值和高压过热器出口蒸汽压力值是交替上升的。

④后备压力控制模式

汽轮机开始进气后,HPCV 开始按程序打开,HPCV PROGRAM OPEN START 作为汽轮机进气的标志被引入 3 个主蒸汽调节阀的压力控制模式条件之中。此时高中压的旁路阀为了调节主蒸汽压力应该处于调节状态,全关信号已经消失。

随着高压主蒸汽调节阀的开大,旁路阀为了维持压力逐渐关小。当旁路关到 0 后,高压主蒸汽调节阀的压力控制模式投入,即"HPCV/ICV PRESS CONTROL IN"置 1,之后旁路阀的后备压力模式投入,即"HP/IP TBV BACKUP MODE"置 1。

后备压力控制模式:压力设定值为高压过热器出口主蒸汽压力值的函数。正常情况下,设定值始终高于主蒸汽实际压力值,因此高压旁路阀保持关闭状态。一旦机组高压主蒸汽管道压力异常大幅升高导致其压力高于设定值时,高压旁路阀会自动开启来保护系统安全。

⑤正常运行时

停机前,旁路阀处于后备压力控制模式。

HP/IP TBV BACKUP MODE 信号为1。

在 TBP05TR001 处,BSV(后备压力控制模式下的压力设定值)与实际压力值 PV 比较,其差值送入 PIQ 调节器,由于 BSV 始终高于 PV,因此 PIQ 调节器的输出为−5,高压旁路阀保持全关。

⑥停机指令发出之后, 50%机组负荷之前

停机指令发出之后,机组开始减负荷,但在负荷还大于50%负荷之前的这段期间,HPCV/IPCV 仍然处于压力控制模式,在全开位,旁路阀仍然处于后备压力控制模式。

⑦机组降至 50%负荷之后,HPCV 动作瞬间

当负荷降至 50%负荷之后,HPCV 退出压力控制模式,旁路阀退出后备压力控制模式。按照机组的运行参数,在机组负荷位于 190 MW 附近,LPCV 到达冷却位置,此时 HPCV 开始按程序关闭,"HPCV PROGRAM CLOSE"信号置1。

参照图 TBP02(见图 2.156),相关控制信号状态如下:

HP/IP TBV ACTUAL PRESS TRACKING ON 信号置1。

HP/IP TBV BACKUP MODE 信号置0。

HP TBV ACTUAL PRESS SET RATE PASS 信号置0。

HP/IP TBV MIN. PRESS.SET 置0。

以上 4 个信号变化反映到图 TBP05(见图 2.156)中,使控制过程发生以下变化:

由于 HP TBV ACTUAL PRESS SET RATE PASS 信号为0,在 TBP05RLT004 处,当时的实际压力被保持住,不再随实际压力变动,该值送入 TBP05RLT005;而 HP/IP TBV ACTUAL PRESS TRACKING ON 信号为1,又使 TBP05RLT005 的输出(即 MSV)值固定为当时的实际压力不变;HP/IP TBV BACKUP MODE 信号置0, MSV 与实际压力 PV 对比,差值送入 PIQ 调节器。

自此时开始,旁路阀压力设定值保持为停机时的实际压力值(即被保持的 MSV 值),以达到停机期间保温保压的目的。直到再次启机之前,旁路阀的设定值都将保持该固定设定值不变。

但是需要注意的是,在燃气轮机检修停机(MENTSTP)模式中,联合循环机组无须保温保压,HP/IP TBV ACTUAL PRESS TRACKING ON 一直为1,高压旁路阀控制方式为压力跟踪方式,旁路阀设定值始终跟随实际压力逐渐降低。

如图 2.149、图 2.150 所示为机组启动和停止过程中各个工况下旁路阀控制模式的切换。

综上所述,高压旁路阀在机组启/停过程中控制模式分为压力跟踪模式、最小压力控制模式和后备压力控制模式。

压力跟踪模式:机组在启停过程中,高压旁路阀压力设定值不断跟踪汽轮机侧高压主蒸汽压力值,根据设定值的变化率来控制阀门开度。

最小压力控制模式:高压旁路阀压力设定值为燃机负荷的函数,其最小值设置为5.3 MPa。

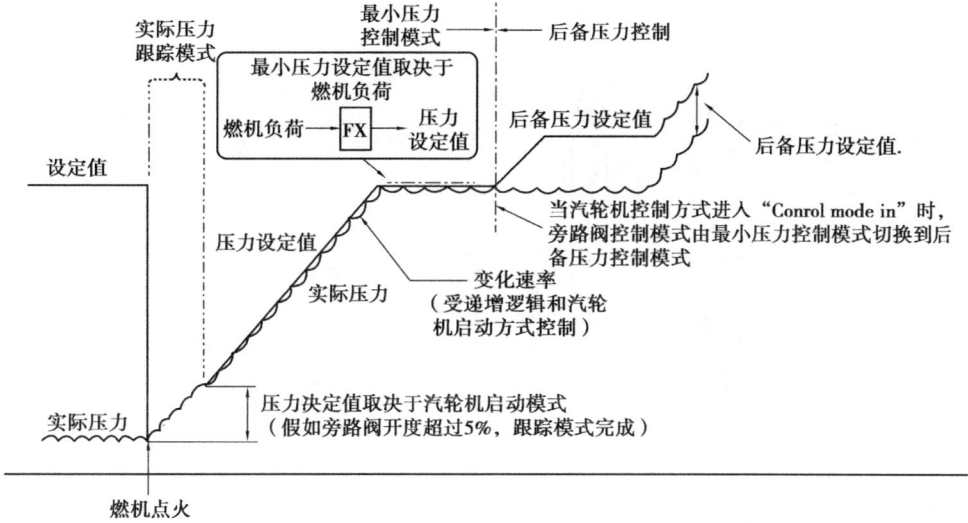

图 2.149 机组启动过程中高压旁路阀控制模式切换图

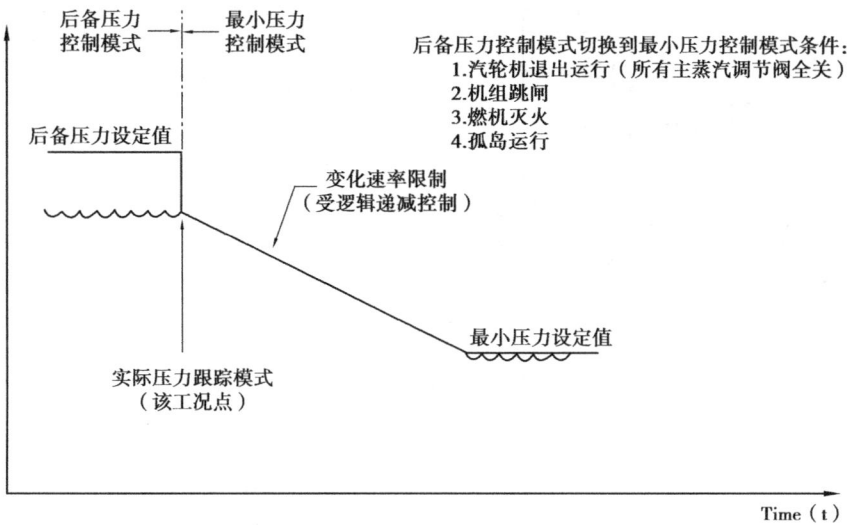

图 2.150 机组停机过程中高压旁路阀控制模式切换图

后备压力控制模式:高压旁路阀压力设定值为高压过热器出口主蒸汽压力值的函数。正常情况下,设定值始终高于主蒸汽实际压力值,因此高压旁路阀保持关闭状态。一旦机组高压主蒸汽管道压力异常大幅升高导致其压力高于设定值时,高压旁路阀会自动开启来保护系统安全。

为更好地了解高压旁路阀的动作原理,下面给出了高压旁路阀动作方框图和动作逻辑图,其中方框图和逻辑图是相互对应的,如图 2.151—图 2.156 所示。

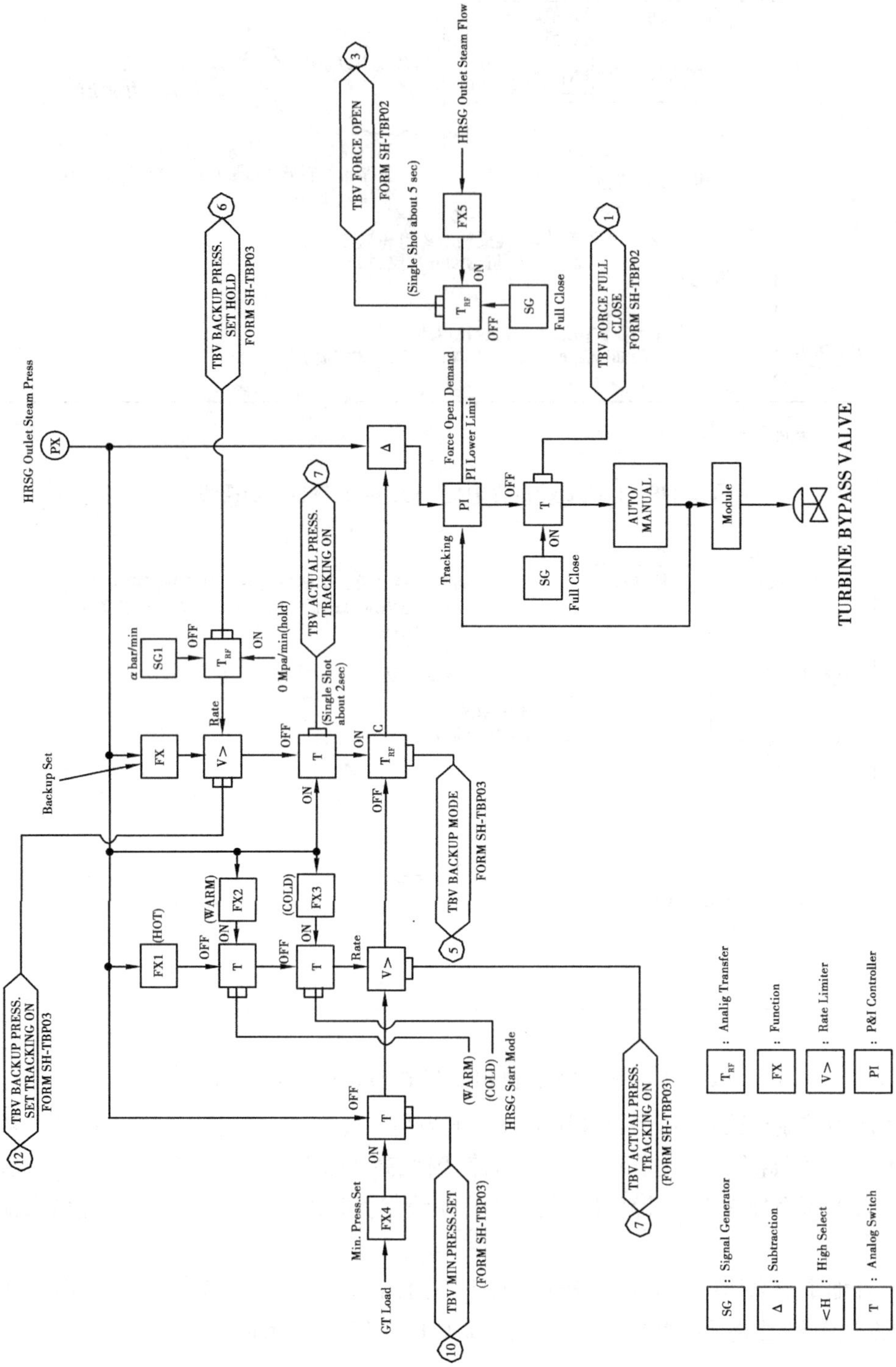

图2.151 高压旁路阀动作方框图（TB05）

TURBINE BYPASS VALVE

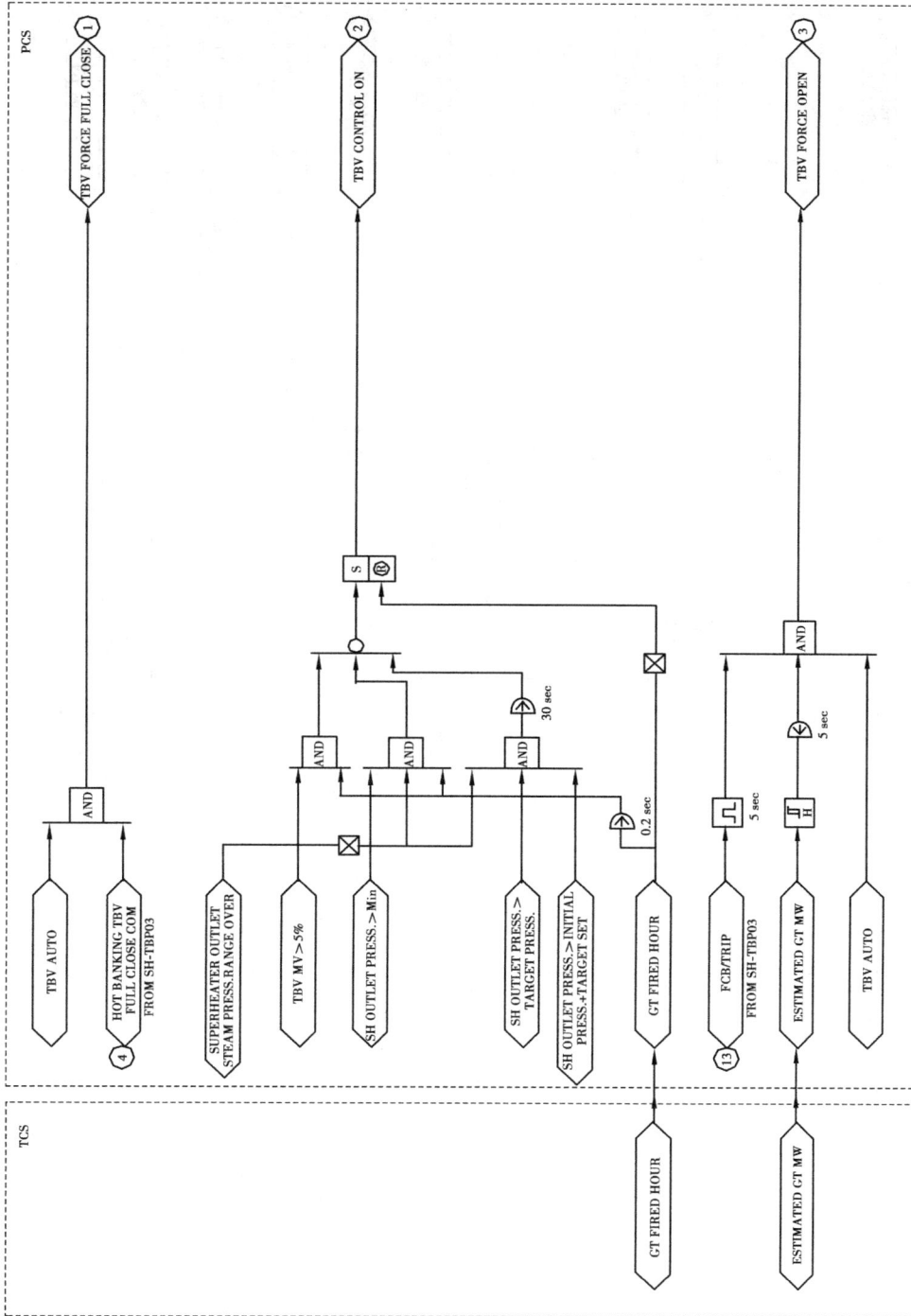

图2.152 高压旁路阀动作方框图（TB01）

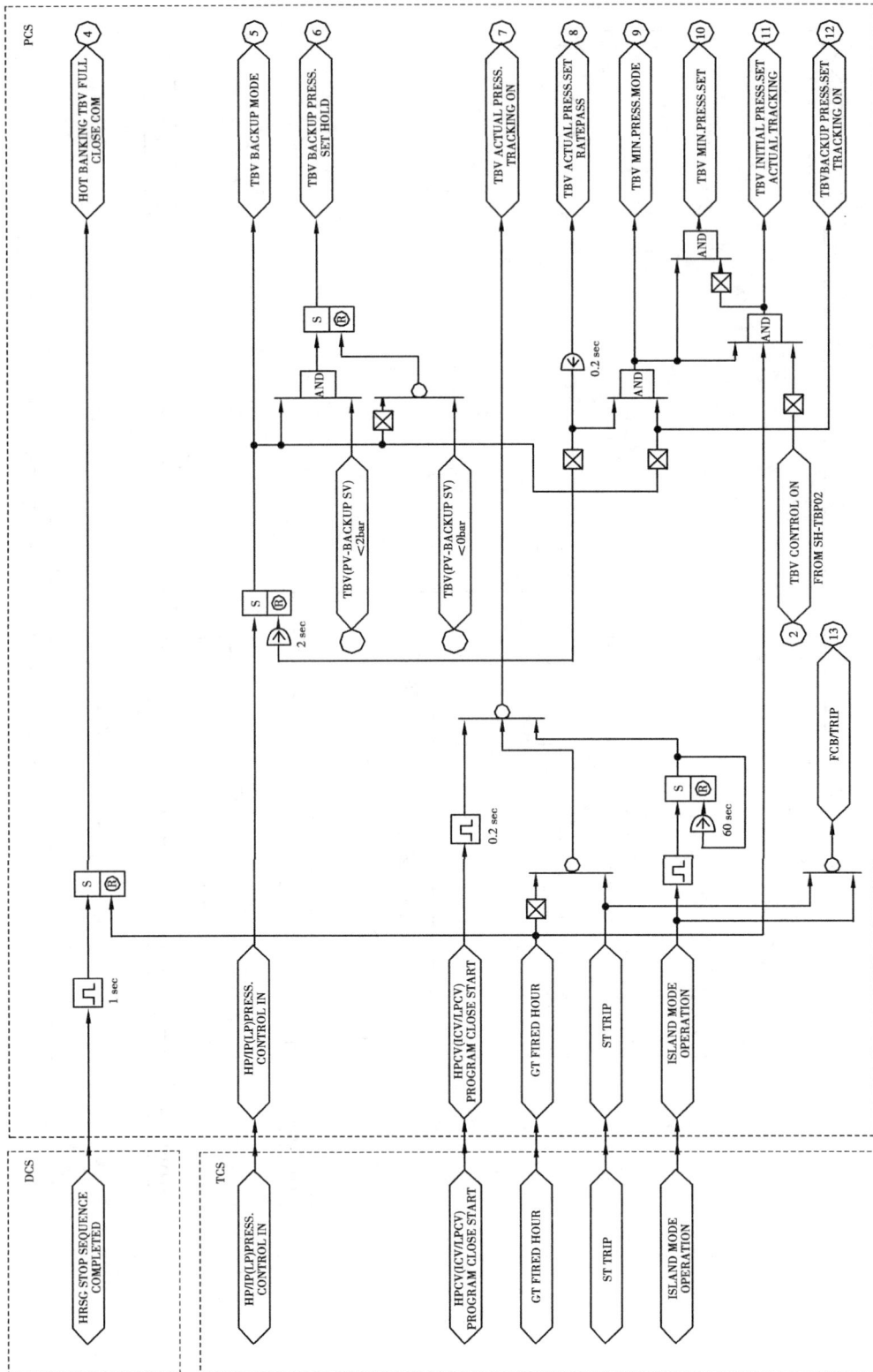

图2.153 高压旁路阀动作方框图（TB02）

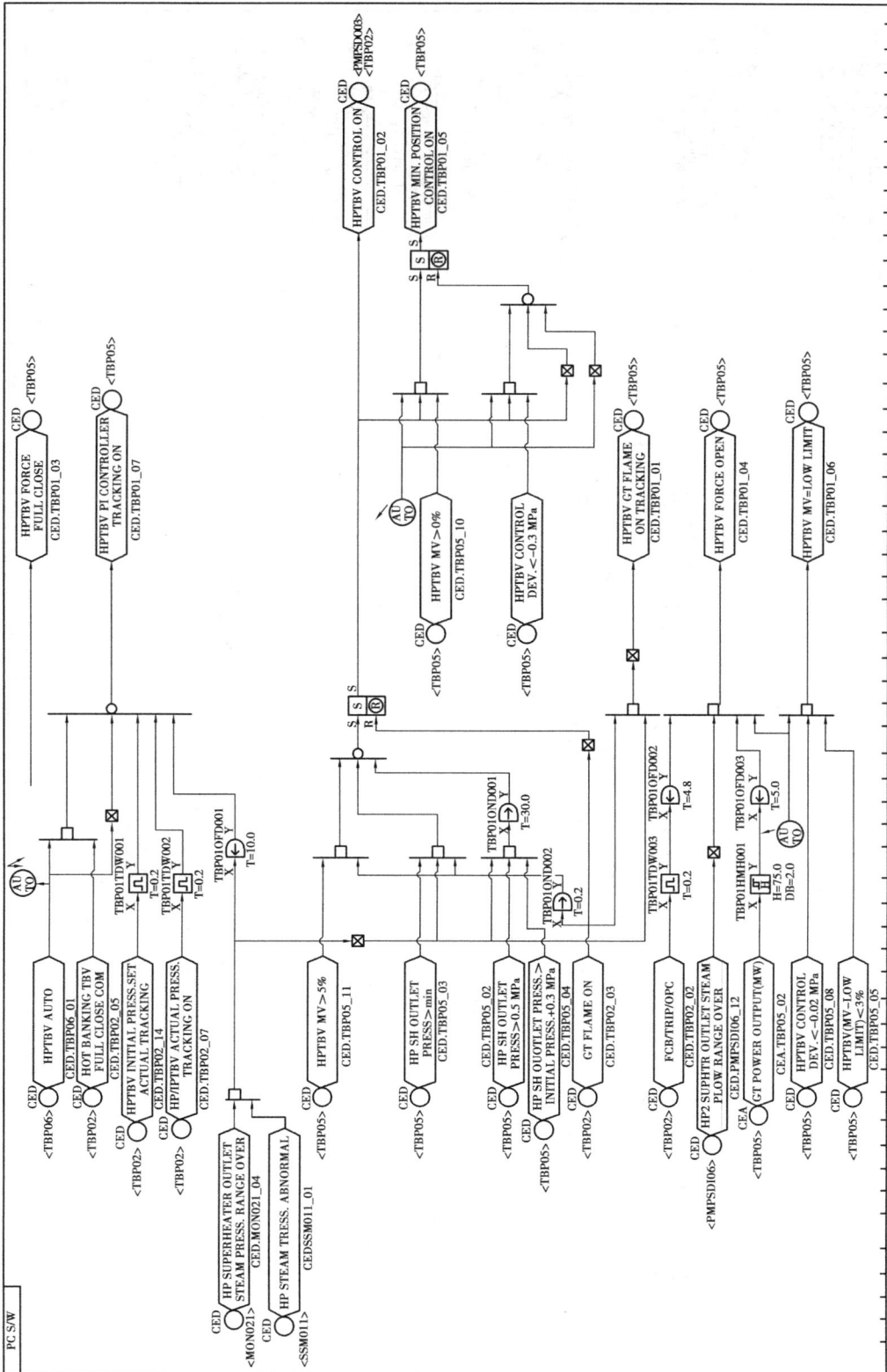

图2.154　高压旁路阀动作逻辑图（TB01）（引用于三菱逻辑图）

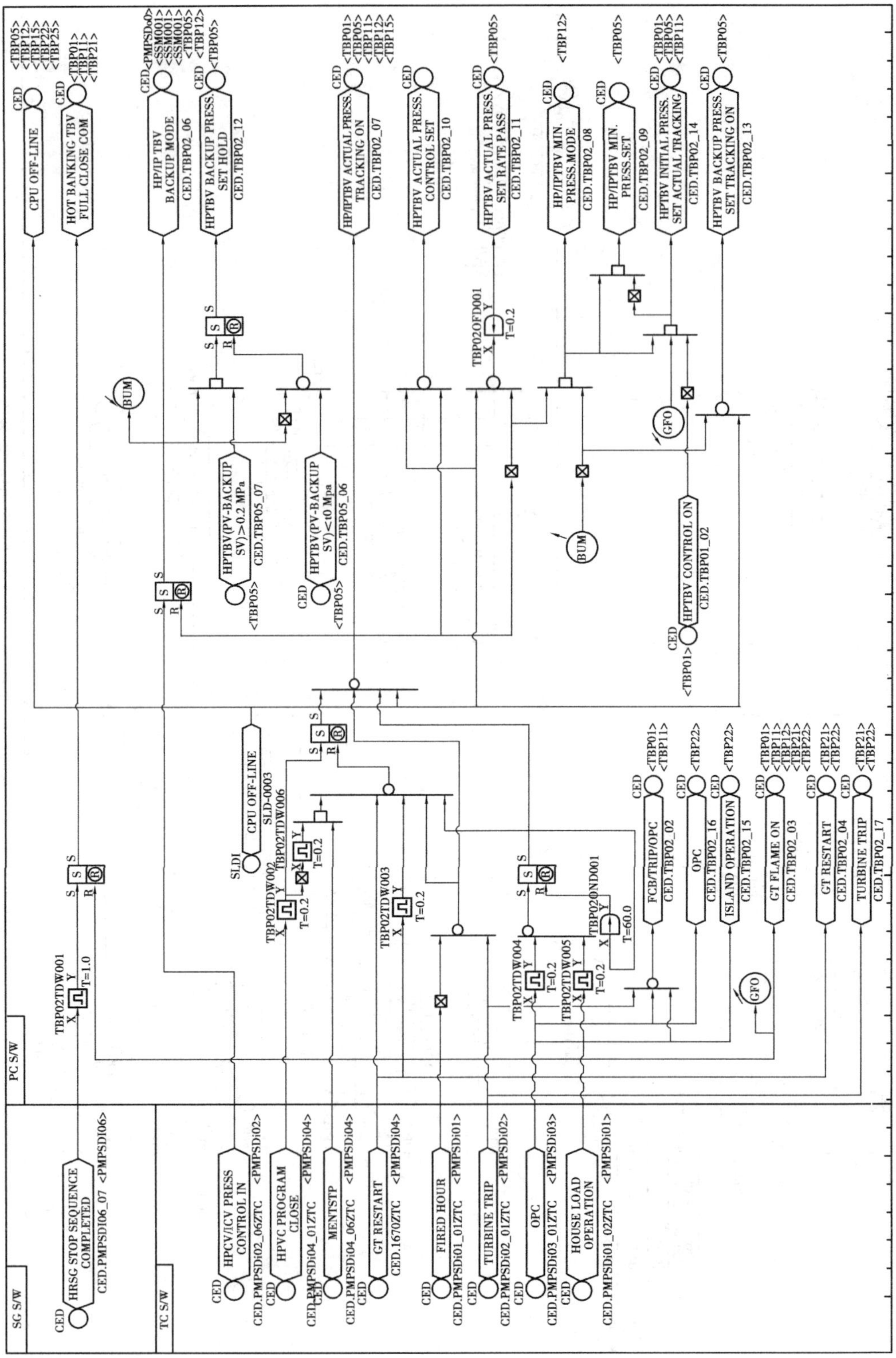

图2.155 高压旁路阀动作逻辑图（TB02）（引用于三菱逻辑图）

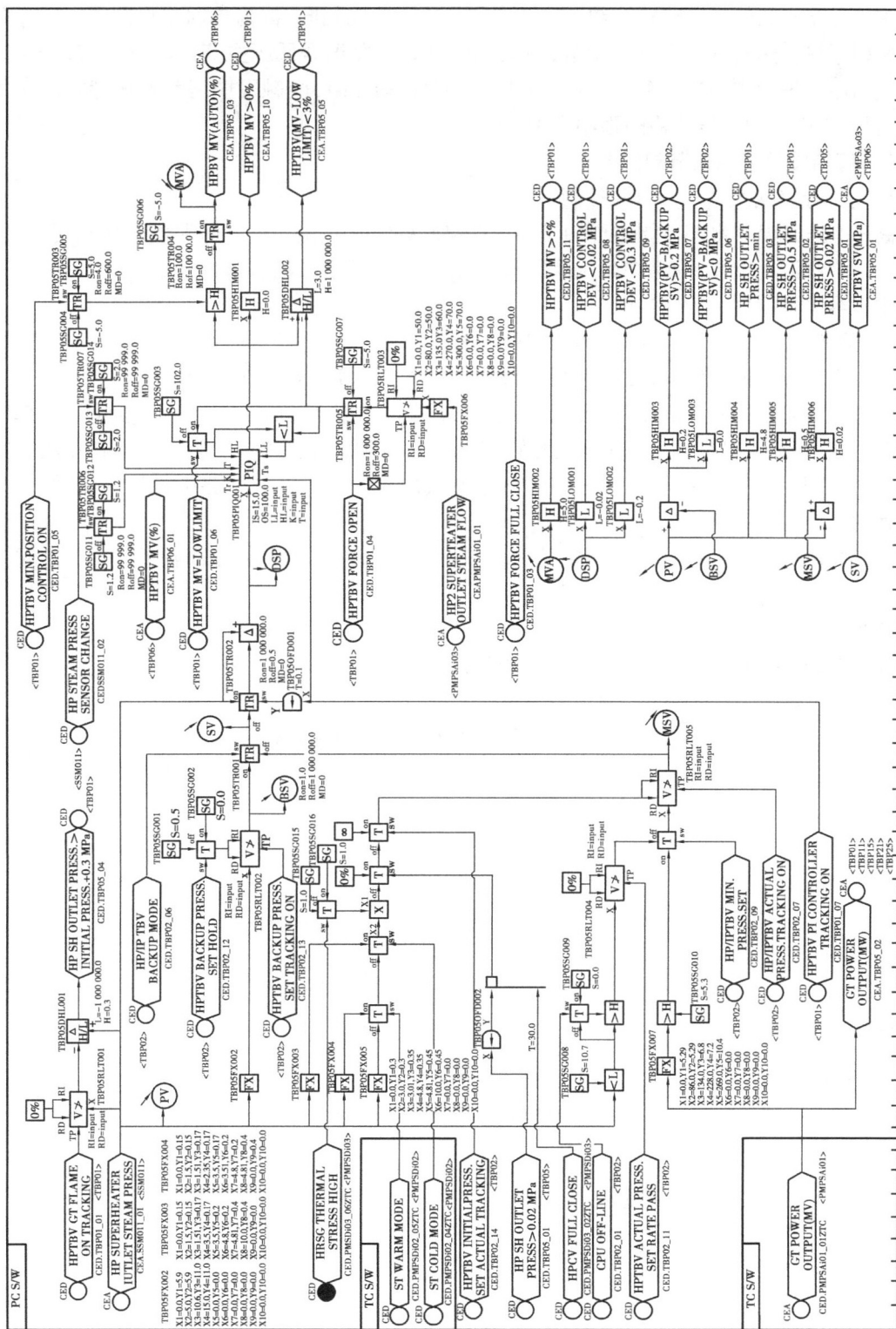

图2.156　高压旁路阀动作逻辑图（TB05）（引用于三菱逻辑图）

2)中压旁路阀和低压旁路阀控制逻辑

中压旁路阀和低压旁路阀控制逻辑基本与高压旁路阀相同,都为单回路控制。中压旁路阀主要根据热再热蒸汽压力进行调节,而低压旁路阀主要根据低压主蒸汽温度进行调节,只是当凝汽器保护动作信号(凝汽器真空低于-56 kPa)动作时,会触发中压和低压旁路阀保护动作信号,将中压和低压旁路阀强制全关。

(2)旁路减温喷水调节阀控制

1)高压旁路减温喷水调节阀控制

高压旁路减温喷水调节阀主要用于高压旁路阀处喷水减温。高压旁路阀动作过程中,由于高压主蒸汽温度较高,为保护高压旁路阀,特设置了该喷水减温调节阀,减温水水源来自锅炉侧中压给水泵出口。

控制逻辑:高压旁路减温喷水调节阀控制采用单回路调节,设定值一般为 396 ℃,高压旁路阀后温度与设定值比较后,经过 PID 调节器和速率控制模块输出阀位开度指令。

由于该阀是根据实际高压旁路阀后温度进行调节,在机组负荷波动时,温度响应速率较慢,阀门控制不能及时地进行调节,因此在该阀门逻辑中加入了高压主蒸汽压力和高压旁路阀开度指令两个参数作为前馈信号,将这两个参数加入阀门的控制回路中,以提高该阀门的响应速率。

①当高压旁路阀后蒸汽温度测量值超限或高压旁路减温喷水控制阀投手动时,该阀门会保持先前开度指令值不变。

②当高压旁路阀全关且高压旁路减温喷水控制阀为自动状态时,该阀门将全关。

如图 2.157 所示为高压旁路减温喷水控制阀逻辑方框图。

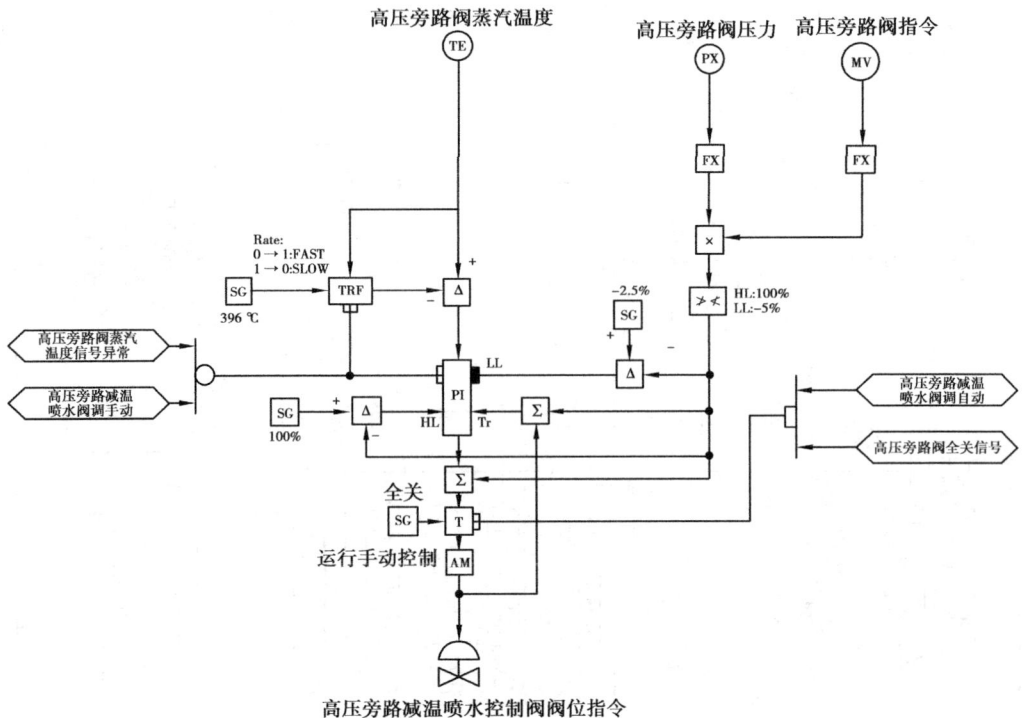

高压旁路减温喷水控制阀阀位指令

图2.157 高压旁路减温喷水调节阀逻辑方框图

2）中压旁路减温喷水调节阀控制

中压旁路减温喷水调节阀主要用于中压旁路阀处喷水减温。中压旁路阀动作过程中,由于中压主蒸汽温度较高,为保护中压旁路阀和凝汽器,特设置了该喷水减温调节阀,减温水水源来自凝结水泵出口。

控制逻辑:中压旁路减温喷水调节阀控制采用单回路调节,设定值一般为 180 ℃,中压旁路阀后温度与设定值比较后,经过 PID 调节器和速率控制模块输出阀位开度指令。

由于该阀是根据实际中压旁路阀后温度进行调节,在机组负荷波动时,温度响应速率较慢,阀门控制不能及时地进行调节,因此,在该阀门逻辑中加入了热再热主蒸汽压力和中压旁路阀开度指令两个参数作为前馈信号,将这两个参数加入到阀门的控制回路中,以提高该阀门的响应速率。

①当热再热主蒸汽温度测量值超限或中压旁路减温喷水控制阀切手动时,该阀门会保持先前开度指令值不变。

②当中压旁路阀全关且中压旁路减温喷水控制阀为自动状态时,该阀门将全关。

如图 2.158 所示为中压旁路减温喷水控制阀逻辑方框图。

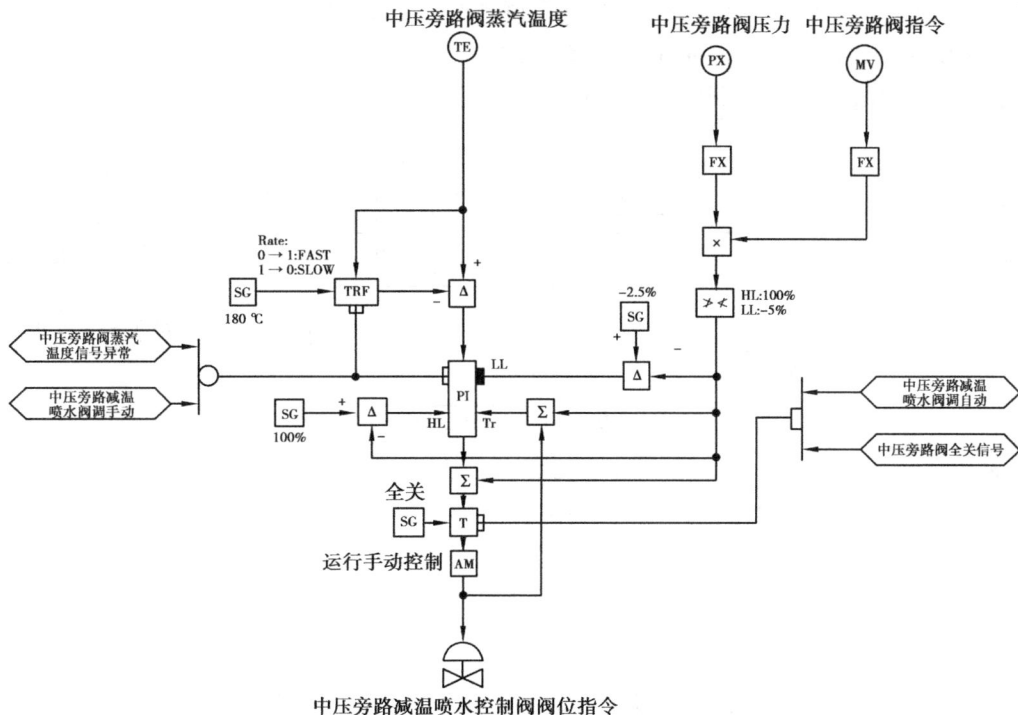

图2.158　中压旁路减温喷水调节阀逻辑方框图

（3）冷再逆止阀控制

汽轮机高压缸排气通过冷再逆止阀到达锅炉再热器,此阀为气动阀,通过电磁阀进行控制,当电磁阀带电时,该阀打开;当电磁阀失电时,该阀关闭。

控制逻辑:当中压透平进气压力大于 0.4 MPa（死区为 0.15）延时 20 s 打开,反之关闭。

（4）高排通风阀控制

在汽轮机未带负荷或带极低负荷的情况下,高压缸内没有压力或者蒸汽压力很低,没有足够的工作流体可以带走叶片在高速旋转情况下的鼓风热,排出的蒸汽也没有足够的余压进入再热系统再热。在该类工况下,高压缸排气通风阀门用于将高压缸排气段的工质直接引入凝汽器进行冷却回收,而不进入再热系统。

开条件(或输出):

①"HPCV PROGRAM OPEN"置 0,中压透平进气压力小于 0.57 MPa,同时有效延时 60 s,发 3 s 脉冲。

②中压透平进气压力小于 0.4 MPa,延时 20 s,发 3 s 脉冲。

③机组跳闸。

关条件:当中压透平进气压力大于 0.4 MPa,延时 20 s,发 3 s 脉冲。

(5) 凝汽器水幕喷水阀控制

在汽轮机旁路动作时,通过喷水降低汽轮机低压缸和凝汽器温度。

开条件(与输出):任一台凝结水泵运行,汽轮机中压旁路和低压旁路不在关位。

关条件:上述任一条件不满足。

该控制阀是由两个电磁阀组合进行控制,这两个电磁阀(A/B)分别起着不同的作用:一般情况下,电磁阀 A 处于长带电状态;只有在机组"孤岛运行"和"OPC"动作时,才处于失电状态。B 电磁阀通过控制逻辑进行带电/失电控制。

两个电磁阀组合逻辑控制图如图 2.159 所示。

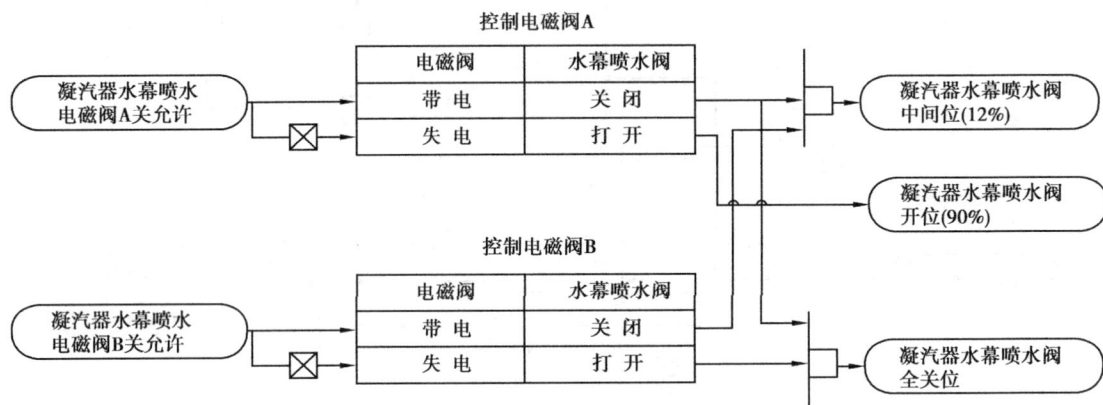

图 2.159 水幕喷水调节阀动作原理方框图

由逻辑图可得出电磁阀和阀门动作原理方框表(见表 2.73)。

表 2.73 水幕喷水调节阀动作原理方框表

电磁阀 A	电磁阀 B	阀门开度
带电	带电	12%
带电	失电	全关
失电	—	90%

通过表 2.73 和逻辑说明可得以下结论:

该阀门在正常情况下是根据电磁阀的状态进行开关的,一般只开 12%,只有在"孤岛运行"和"OPC"动作时,才开到 90%。

(6)汽轮机低压缸喷水阀控制

通过喷水减温,防止汽轮机低压缸温度过高。

开条件(或输出):

①中压透平进气压力小于0.23 MPa(死区为0.005),机组转速大于600 r/min,两条件相与。

②低压缸排气温度高(70 ℃)。

关条件:上述条件不满足。

(7)轴封压力控制阀控制

用于给轴封联箱提供足够的压力以满足机组轴封用气量。机组低负荷时,汽轮机轴封用气主要来自轴封联箱;汽轮机30%负荷以上时,汽轮机可以实现自密封。

本机组轴封联箱到汽轮机轴封齿环间连接管道上无任何阀门控制,因此对轴封联箱压力控制要求较高。

控制逻辑:轴封压力调节阀控制采用单回路调节,设定值一般为30 kPa,轴封联箱实际压力值与设定值比较后,经过PID调节器和速率控制模块输出阀位开度指令。

①当轴封压力测量值超限或轴封压力控制阀切手动时,该阀门会保持先前的开度指令值不变。

②当轴封联箱压力控制阀自动且该阀强制全关信号有效时,此调节阀关到全关。

其中该调节阀强制全关信号包括有(或关系):辅助蒸汽联箱压力低于0.002 5 MPa;轴封压力调节阀手动状态且轴封压力测量值超量程。

逻辑方框图如图2.160所示。

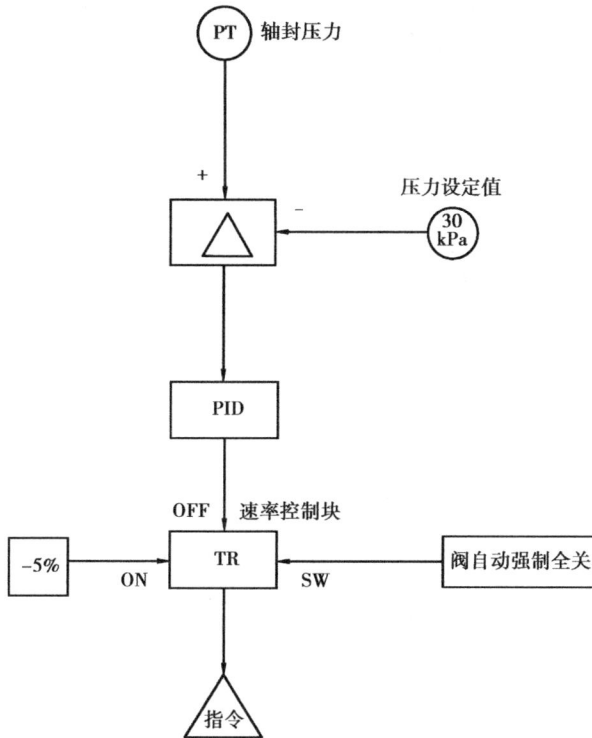

图2.160 轴封压力控制阀逻辑方框图

（8）低压轴封温度控制阀

低压轴封蒸汽设置有喷水减温系统,用于降低进入低压气封之前的密封蒸汽温度,防止气封壳体金属变形,损坏汽轮机转子。

控制:低压轴封温度调节阀控制采用单回路调节,设定值一般为 150 ℃,低压轴封温度与设定值比较后,经过 PID 调节器和速率控制模块输出阀位开度指令。

①当低压轴封温度测量值超限或低压轴封温度控制阀切手动时,该阀门会保持先前开度指令值不变。

②当低压轴封温度控制阀自动状态下,低压轴封温度小于 105 ℃时;或者当低压轴封温度控制阀自动状态下,凝结水泵全停时,此调节阀全关。

逻辑方框图如图 2.161 所示。

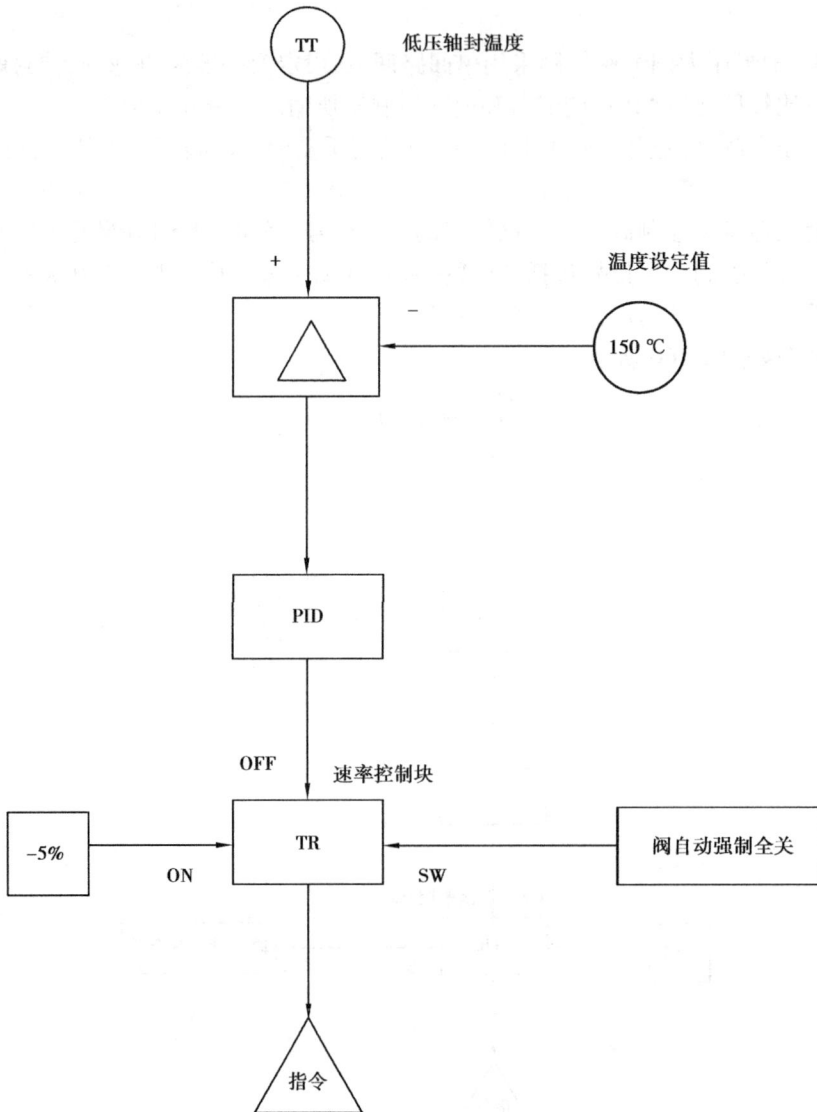

图 2.161　低压轴封温度控制阀逻辑方框图

(9)汽轮机侧各个疏水阀控制

1)高压主蒸汽管道(机侧)疏水阀

开启(或输出):

①点火后,无凝汽器保护条件出现且高压主蒸汽压力大于0.3 MPa,且高压主蒸汽管道(机侧)疏水点温度其过热度小于10 ℃时开启。

②点火后,无凝汽器保护条件出现且高压主蒸汽压力上升超过点火时高压主蒸汽压力0.05 MPa时开启。

关闭(或输出):

①高压主蒸汽调节阀全关信号消失时关闭。

②有凝汽器保护条件出现时关闭。

③点火后,高压主蒸汽管道(机侧)疏水点温度其过热度大于10 ℃时关闭。

④点火后,高压主蒸汽压力上升超过点火时高压主蒸汽压力0.05 MPa延时60 s关闭。

2)高压主气阀阀体疏水阀

开启:机组转速大于2 940 r/min、高压主蒸汽管道(机侧)疏水阀全关信号消失延时180 s后,并且无燃气轮机跳闸信号和无凝汽器保护条件出现时开启。

关闭(或输出):

①高压主蒸汽调节阀全关信号消失时关闭。

②燃气轮机跳闸时关闭。

③有凝汽器保护条件出现时关闭。

3)高压主蒸汽调节阀阀体疏水阀

开启:机组转速大于2 940 r/min、高压主蒸汽管道(机侧)疏水阀全关信号消失延时180 s后,并且无燃气轮机跳闸信号和无凝汽器保护条件出现时开启。

关闭(或输出):

①高压主蒸汽调节阀全关信号消失时关闭。

②燃气轮机跳闸时关闭。

③有凝汽器保护条件出现时关闭。

4)高压进气导管疏水阀

开启:中压进气压力小于0.57 MPa时开启。

关闭:中压进气压力大于0.74 MPa时关闭。

5)冷再逆止阀前疏水阀

开启:

①冷再逆止阀关闭时开启。

②燃气轮机跳闸时开启。

关闭:冷再逆止阀开启且无燃气轮机跳闸信号时关闭。

6)高、中压缸缸体疏水阀

开启:中压进气压力小于0.57 MPa时开启。

关闭:中压进气压力大于0.74 MPa时关闭。

7)再热主蒸汽轮机侧疏水阀

开启(或输出):

①点火后,再热主蒸汽压力大于 0.2 MPa,并且无再热主蒸汽轮机侧疏水阀自动不可用信号,以及无凝汽器保护条件出现时开启。

②点火后,中压过热器出口蒸汽压力上升超过点火时中压过热器出口蒸汽压力 0.05 MPa,并且无凝汽器保护条件出现时开启。

③APS 启动时,机组点火后无凝汽器保护条件出现时开启。

关闭(或输出):

①中压主蒸汽调节阀全关信号消失且无再热主蒸汽轮机侧疏水阀自动不可用信号时关闭。

②点火后,中压过热器出口蒸汽压力上升超过点火时中压过热器出口蒸汽压力 0.05 MPa 并延时 60 s 时关闭。

③有凝汽器保护条件出现时关闭。

8)中压主蒸汽阀阀体疏水阀

开启:机组转速大于 2 940 r/min、中压主气阀前疏水阀全关信号消失延时 180 s 后且无燃气轮机跳闸信号和无凝汽器保护条件出现时开启。

关闭(或输出):

①中压主蒸汽调节阀全关信号消失时关闭。

②燃气轮机跳闸时关闭。

③有凝汽器保护条件出现时关闭。

9)中压进气导管疏水阀

开启:中压进气压力小于 0.57 MPa 时开启。

关闭:中压进气压力大于 0.74 MPa 时关闭。

10)低压主气阀前疏水阀

开启:无凝汽器保护条件出现且低压缸冷却蒸汽电动阀全关信号消失,并且凝汽器真空小于-87 kPa 及低压主蒸汽调节阀全关时开启。

关闭(或输出):

①有凝汽器保护条件出现时关闭。

②低压主蒸汽调节阀全关信号消失时关闭。

11)低压主蒸汽阀阀体疏水阀

开启:机组选择正常模式发启机令后无燃气轮机跳闸信号和无凝汽器保护条件出现且低压主蒸汽调节阀全关时开启。

关闭:

①燃气轮机跳闸时关闭。

②有凝汽器保护条件出现时关闭。

(10)轴封溢流阀控制

该阀用于防止轴封联箱超压。

控制:轴封溢流阀控制采用单回路调节,设定值一般为 35 kPa,轴封联箱实际压力值与设定值比较后,经过 PID 调节器和速率控制模块输出阀位开度指令。

当轴封联箱压力测量值超限或轴封溢流阀切手动时,该阀门会保持先前开度指令值不变。

逻辑控制框图如图 2.162 所示。

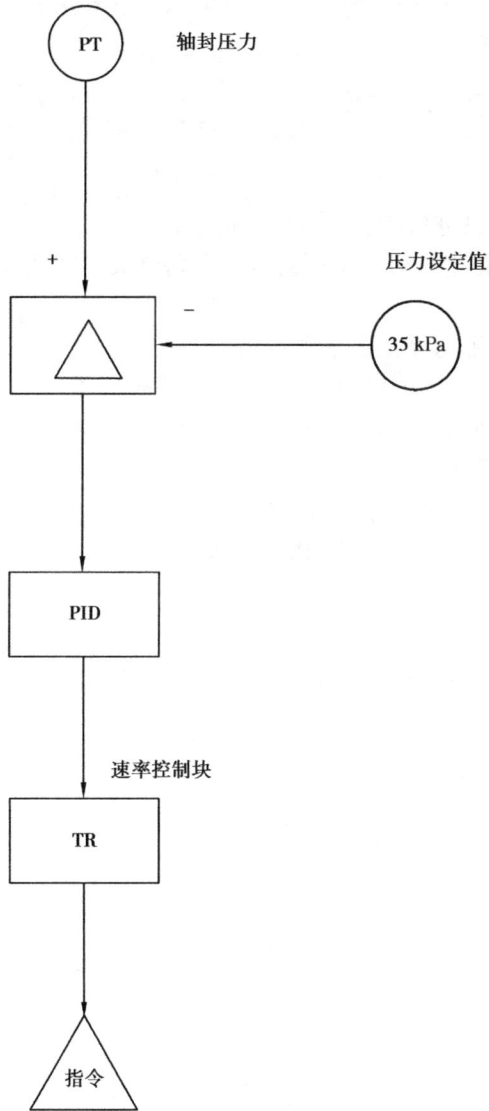

图 2.162　轴封溢流控制阀逻辑方框图

(11) 真空破坏阀控制

机组紧急情况下打开,破坏机组真空,保护机组安全。该阀门采用的是直流电源供电,电源位于机组保安 MCC 上。为保证该阀门在紧急情况下能正常动作,在机组操作台上设置了紧急按钮,通过硬接线直接操作该阀门。

自动开条件(与输出):任一台真空泵运行,真空建立指令有效。

自动关条件(或输出):真空破坏指令有效(正常破坏真空指令);紧急真空破坏指令。

其中紧急破坏真空指令条件有(与输出):真空泵全停;轴封风机全停;轴封压力控制阀强制全关指令有效;轴封联箱压力小于 6 kPa。

(12) 凝汽器真空泵顺控逻辑

真空泵是用于建立凝汽器真空并维持真空的设备,本机组采用水环式真空泵,在真空泵入口设置有进口气动阀,并同时设置了射汽器以及配套的进口阀和旁路阀。

启动条件(与输出):

①泵电源正常。

②泵电源开关方式在远方自动位。

③泵没有跳闸信号。

启动步骤:

①手动启动真空泵,泵进口阀、射汽器旁路阀开。

②当真空到达一定值时(-91 kPa),射汽器旁路阀关,同时射汽器进口阀打开。

停止步骤:

①将备用泵打手动,手动停止主用真空泵。

②真空泵入口阀和射汽器进口阀关,射汽器旁路阀打开。

联锁:当凝汽器真空低于 -88 kPa 时,备用真空泵连接启动。

(13)轴封风机控制逻辑

轴封风机是用于维持轴封冷却器负压的设备,机组正常运行时,通过手动调节风机进口手动阀,将轴封冷却器负压维持在 -6 kPa 左右。

启动条件(与输出):

①泵电源正常。

②泵电源开关方式在远方自动位。

③泵没有跳闸信号。

启动步骤:

①手动将轴封风机启动。

②在轴封冷却器负压满足要求时,将轴封风机投自动。

停止步骤:

①将轴封风机手动停运。

②当轴封压力控制调节阀强制全关信号有效时,且轴封联箱压力小于 6 kPa 时,运行的轴封风机将自动停运。

联锁:当运行的轴封风机故障时,自动备用的轴封风机会连接启动。

(注:该部分图片引用自三菱手册 D4-S6967　6-324078　issue data)

2.4.3　TPS 系统功能(Turbine Protection System)

透平保护系统(Turbine Protection System)分燃气轮机保护、汽轮机保护、余热锅炉保护、发电机保护、机组联锁保护 5 部分内容。可实现燃气轮机-汽轮机-发电机从变频启动到机组带满负荷全过程的监控和保护。

(1)透平保护系统结构

透平保护系统由 3 个子系统:TPS1、TPS2、TPS3 组成。3 个现场保护信号分别送入 TPS1、TPS2、TPS3,在每个子系统中分别经 3 取 2 逻辑判断后输出开关量信号,送入系统继电器回路进行相关跳闸保护功能组合,最后将组合好的跳闸保护信号送入机组启动停机指令继电器回路和机组跳闸电磁阀控制继电器回路,实现机组跳闸保护功能。机组跳闸电磁阀回路主要由 4 个电磁阀组成,它们分别由 4 个跳闸电磁阀继电器控制。4 个电磁阀两两串联后并联组成跳闸控制回路,当油路上游任意一个电磁阀和油路下游任意一个电磁阀同时动作时,机组跳闸保护动作。TPS 系统结构图如图 2.163a 和图 2.163b 所示。

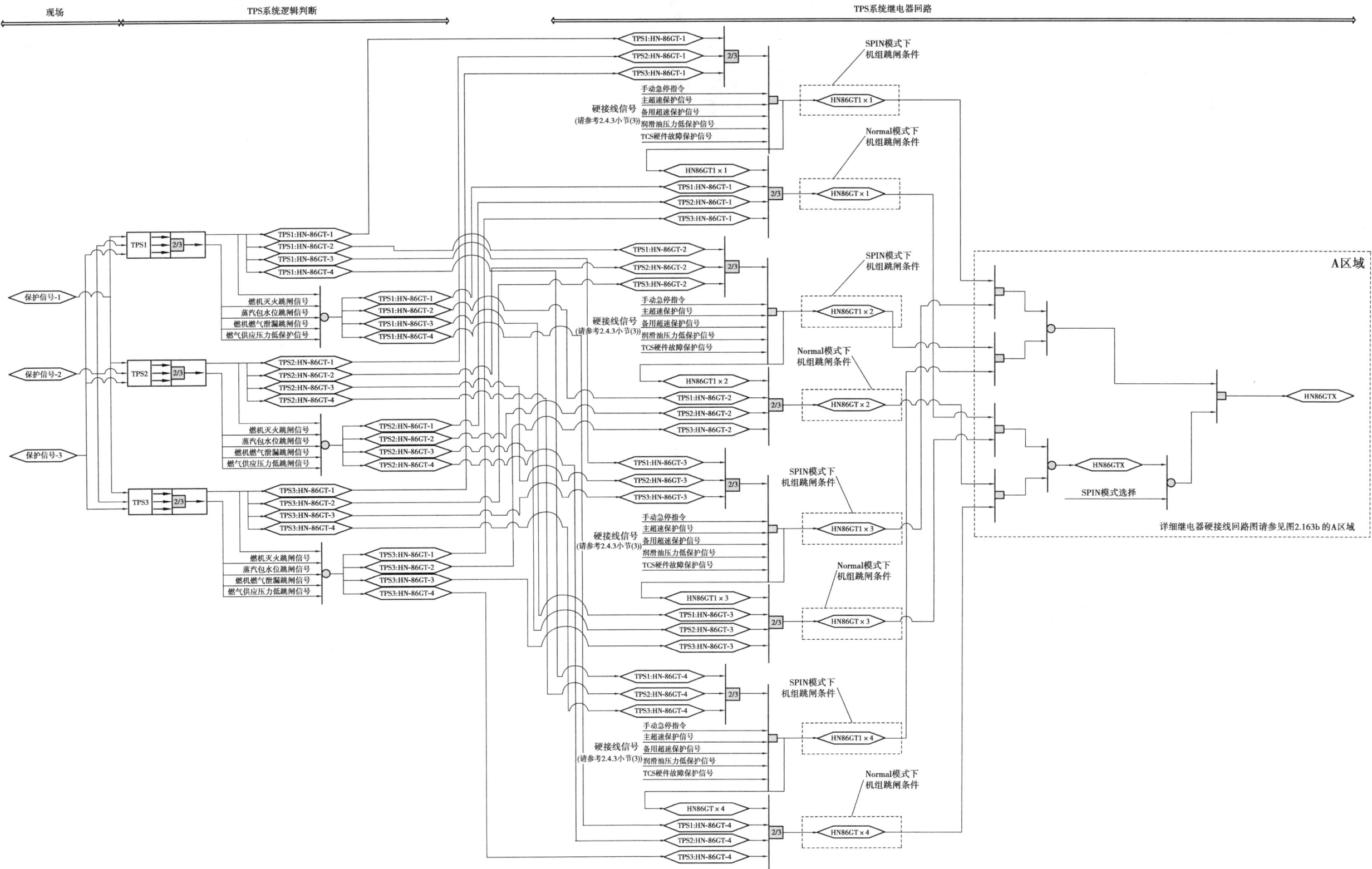

图2.163a TPS系统结构图-1

A区域

机组启动指令继电器

机组挂闸指令继电器

SPIN模式选择

机组停机指令继电器

跳闸电磁阀试验动作指令继电器

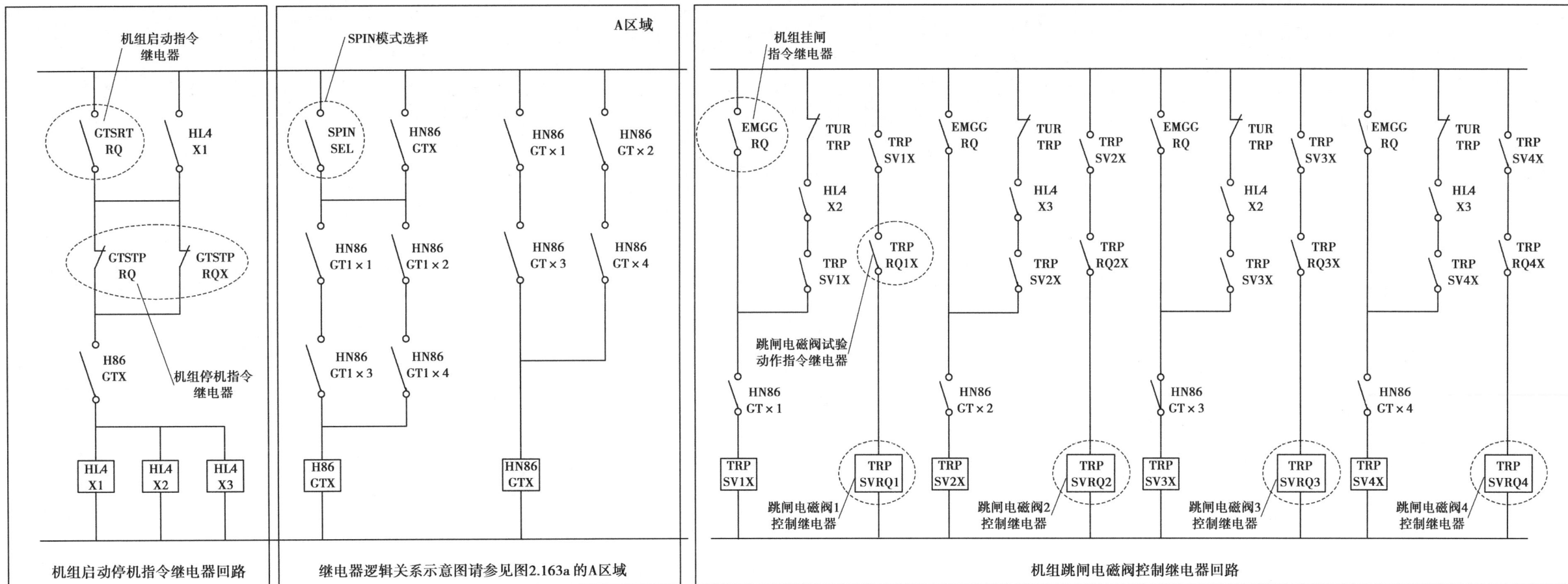

机组启动停机指令继电器回路

继电器逻辑关系示意图请参见图2.163a 的A区域

机组跳闸电磁阀控制继电器回路

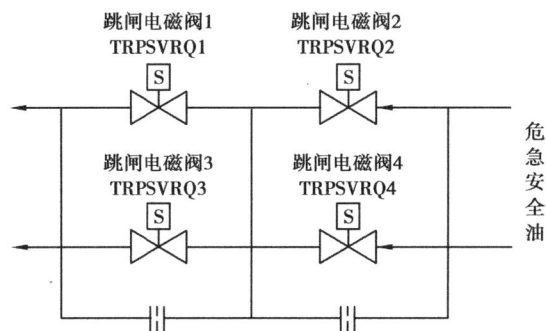

跳闸电磁阀1控制继电器 跳闸电磁阀2控制继电器 跳闸电磁阀3控制继电器 跳闸电磁阀4控制继电器

跳闸电磁阀1 TRPSVRQ1　　跳闸电磁阀2 TRPSVRQ2
跳闸电磁阀3 TRPSVRQ3　　跳闸电磁阀4 TRPSVRQ4

危急安全油

图2.163b TPS 系统结构图-2

电磁阀	控制继电器
跳闸电磁阀1	TRPSVRQ1
跳闸电磁阀2	TRPSVRQ2
跳闸电磁阀3	TRPSVRQ3
跳闸电磁阀4	TRPSVRQ4

（2）透平保护系统功能

1）手动紧急停机（EMERGENCY STOP TRIP）

动作条件：同时按下运行操作台上的两个紧急停机按钮。

2）主超速保护（ELECTRICAL OVER SPEED TRIP）

动作条件：当汽轮机侧转速探头测得机组转速高于 110% 额定转速（3 300 r/min）时动作（主超速保护信号回路见图 2.164）。

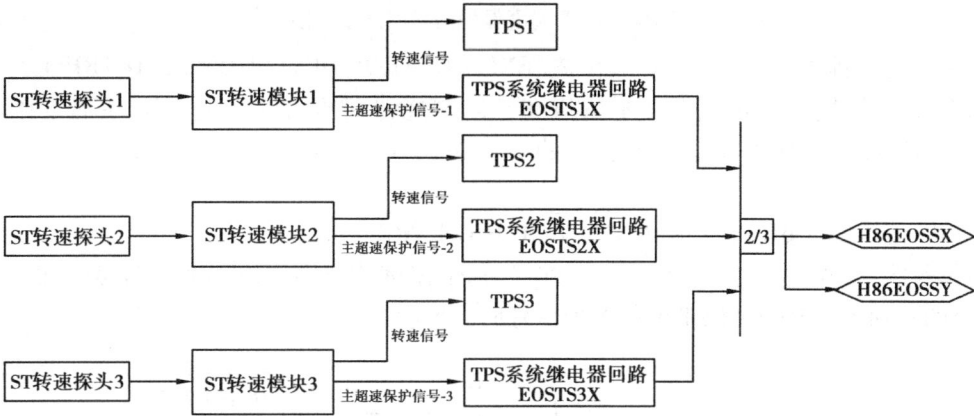

图 2.164　主超速保护信号回路示意图

3）备用超速保护（BACKUP ELECTRICAL OVER SPEED TRIP）

动作条件：当燃气轮机侧转速探头测得机组转速高于 111% 额定转速（3 330 r/min）时动作（备用超速保护信号回路见图 2.165）。

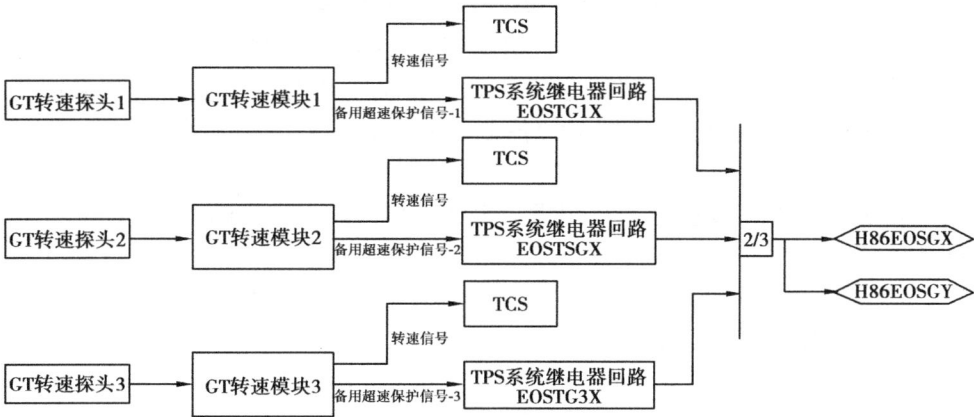

图 2.165　备用超速保护信号回路示意图

4）危急油压低保护（EMERGENCY OIL PRESS LOW TRIP）

动作条件：机组危急安全油压低于 6.9 MPa 时动作。

5）燃气轮机排气温度高保护（EXH.GAS TEMP HIGH TRIP）

动作条件：6 个燃气轮机排气温度的平均值>620 ℃（EXT 温度保护信号回路见图 2.166）。

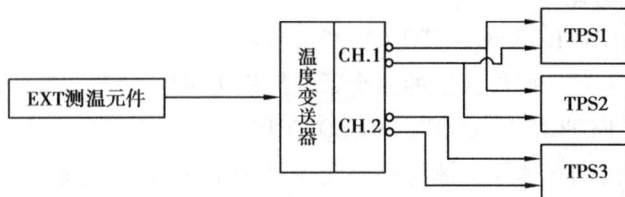

图 2.166　EXT 温度保护信号回路示意图

6）燃气轮机排气温度控制偏差大保护（EXH CONTROL DEVIATION HIGH TRIP）

动作条件：燃气轮机排气温度平均值高于以燃烧器壳压为因变量的压力-温度函数值45 ℃（在 M701F3 型燃气联合循环机组的控制逻辑中，该压力-温度函数设置为一常数，609 ℃）。

7）BPT 温度高保护（BLADE PATH TEMP.HIGH TRIP）

动作条件：18 个燃气轮机 BPT 温度（20 个 BPT 温度测点中剔出一个最高温度和一个最低温度）的平均值>680 ℃（BPT 温度保护信号回路见图 2.167）。

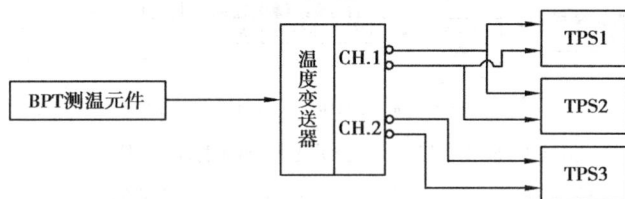

图 2.167　BPT 温度保护信号回路示意图

8）燃气轮机 BPT 温度控制偏差大保护（BPT CONTROL DEVIATION HIGH TRIP）

动作条件：燃气轮机 BPT 温度平均值高于以燃烧器壳压为因变量的压力-温度函数值45 ℃（在 M701F3 型燃气联合循环机组的控制逻辑中，该压力-温度函数设置为一常数，626 ℃）

9）燃气轮机 BPT 温度偏差大保护（BPT VARIATION LARGE TRIP）

动作条件（与条件）：

①"BPT VARIATION LARGE ALARM COMMAND"信号置"1"（机组并网成功后，延时60 s或者 Runback 信号复位后延时 60 s）。

②燃气轮机某个 BPT 温度大于 BPT 平均温度 30 ℃，或者小于 BPT 平均温度 60 ℃。

③相邻的 BPT 温度大于 BPT 平均温度 20 ℃，或者小于 BPT 平均温度 30 ℃；或者在 30 s的时间范围内，某个 BPT 温度的变化率始终等于或者大于 1 ℃。

10）润滑油压力低保护（LUBE OIL SUPPLY PRESS LOW LOW TRIP）

动作条件：润滑油供油压力低于 0.169 MPa。

11）润滑油温度高保护（LUBE OIL TEMP HIGH TRIP）

动作条件：润滑油温度高于 65 ℃。

12）燃气轮机排气压力高保护（EXH.GAS PRESS. HIGH TRIP）

动作条件：燃气轮机排气压力高于 5.5 kPa。

13）推力轴承位移大保护（THRUST BEARING WEAR TRIP）

动作条件：轴位移向燃气轮机方向位移0.8 mm或者向发电机方向位移1.5 mm。

14）低压缸排气温度高保护（LP TURBINE EXH.STEAM TEMP. HIGH TRIP）

动作条件：低压缸蒸汽排气温度高于120 ℃（低压缸排气温度保护信号回路见图2.168）。

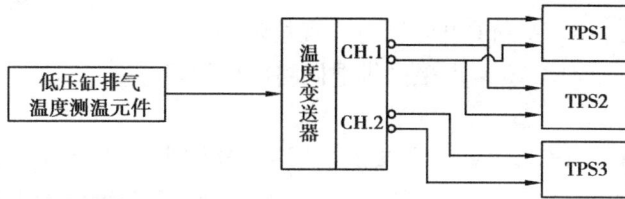

图2.168　低压缸排气温度保护信号回路示意图

15）凝汽器真空低保护（CONDENSER V ACUUM PRESS LOW TRIP）

动作条件：凝汽器压力高于-74 kPa。

16）轴承振动高保护（SHAFT VIBRATION HIGH TRIP）

动作条件：轴承振动幅度高于200 μm。

备注：X和Y方向中，两个振动探头测得的振动值同时达到跳闸值时，系统发出振动高跳闸信号。若一个探头故障，则另外一个探头测得的振动值达到跳闸值时，系统也发出振动高跳闸信号。

17）压气机防喘放气阀异常保护（BLEED VALVE ABNORMAL TRIP）

保护联锁有效条件：

①"BLD VALVE CLOSE INTERLOCK"：从机组启动L4信号置1，至机组达到额定转速，或者机组转速高于2 815 r/min后延时20 s的这段时间内。

②"BLD VALVE OPEN INTERLOCK"：

a.启机阶段：从机组启动L4信号置1，至机组转速在0~2 815 r/min这段时间内。

b.停机阶段：从机组转速低于2 800 r/min开始，到L4信号置0（从额定转速开始降转速）后的20 min这段时间内。

动作条件（或条件）：

①HP BLD VALVE ABNORMAL OPEN TRIP-1

L4信号置1后延时20 s，若高压防喘阀全关反馈信号不为"1"，则发出跳闸信号。

②MP BLD VALVE ABNORMAL OPEN TRIP-1

"BLD VALVE CLOSE INTERLOCK"条件有效时，若中压防喘阀全关反馈信号不为"1"，则发出跳闸信号。

③MP BLD VALVE ABNORMAL CLOSE TRIP

"BLD VALVE OPEN INTERLOCK"条件有效时，若中压防喘阀全开反馈信号不为"1"，则发出跳闸信号。

④LP BLD VALVE ABNORMAL OPEN TRIP

"BLD VALVE CLOSE INTERLOCK"条件有效时，若低压防喘阀全关反馈信号不为"1"，则发出跳闸信号。

⑤LP BLD VALVE ABNORMAL CLOSE TRIP

"BLD VALVE OPEN INTERLOCK"条件有效时,若低压防喘阀全开反馈信号不为"1",则发出跳闸信号。

18)TCS 系统硬件故障跳闸保护(TCS HARDWARE FAILURE TRIP)

动作条件(或条件):

①TCS 系统 MPS 的 CPUA 和 CPUB 同时出现故障。

②TCS 系统任意一个 DC110 V 电磁阀供电回路出现故障。

备注:

①TCS 系统共有 5 个 DC110 V 电磁阀供电回路,分别由 SVPNOR1X、SVPNOR2X、SVP-NOR3X、SVPNOR4X、SVPNOR5X 5 个继电器状态进行监视。5 个继电器串联,最终通过 SVP-NORX 继电器作为状态总输出进入 TCS 系统硬件故障跳闸保护回路。

②5 个 DC110 V 电磁阀供电回路共涉及 11 个电磁阀的动作,它们分别是点火器伸缩控制电磁阀、盘车齿轮供油电磁阀、盘车推入电磁阀、盘车退出电磁阀、燃气轮机吹扫空气关断阀、燃气轮机吹扫空气供气阀、燃气轮机吹扫空气疏水阀、燃气轮机排气段燃气泄漏探头电磁阀、高中低压主蒸汽调节阀 OPC 电磁阀、中低压主蒸汽阀门测试电磁阀、中压主蒸汽阀门平衡阀。

19)燃烧振动高保护(COMB PRESS FLUCTUATION HIGH TRIP)

信号说明:

①"CPFM HIGH":在任何一个频段内,如果 20 个压力波动传感器和 4 个加速度传感器中任有两个传感器达到 Alarm 值时,延时 2.5 s,"CPFM HIGH"信号置 1。

②"CPFM PRE-ALARM SINGLE":在任何一个频段内,如果 20 个压力波动传感器和 4 个加速度传感器中任有一个传感器达到 Pre-Alarm 值时,延时 2.5 s,"CPFM PRE-ALARM SIN-GLE"信号置 1。

③"CPFM LIMIT TRIP":在任何一个频段内,如果 20 个压力波动传感器和 4 个加速度传感器中任有两个传感器达到 Limit 值时,延时 2.5 s,"CPFM LIMIT TRIP"信号置 1。

④"CPFM HIGH AT 60%":燃气轮机负荷大于 159 MW 时,在任何一个频段内,如果"CPFM HIGH"置 1,同时"Pre-Alarm Double"信号置 1 时,系统发出"CPFM** Band HIGH RUN BACK"信号(某个频段燃烧压力波动高 runback 信号),机组开始降负荷。在燃气轮机负荷降至小于 159 MW 后,如果"Pre-Alarm Double"信号仍存在,延时 10 s,"CPFM HIGH AT 60%"信号置 1。

⑤"CPFM INTERLOCK AVAIL":机组并网后,延时 10 s,"CPFM INTERLOCK AVAIL"信号置 1。

动作条件(与条件):

①"CPFM INTERLOCK AVAIL"信号置 1。

②"CPFM HIGH"信号置 1,或者"CPFM PRE-ALARM SINGLE"信号置 1。

③"CPFM LIMIT TRIP"信号置 1,或者"CPFM HIGH AT 60%"信号置 1。

燃烧振动报警跳闸设定值见表 2.74。

表 2.74　燃烧振动报警跳闸设定值

Band Name		Band Scope/Hz	Presuure Fluctuation/kPa			Acceleration		
			Pre Alarm /kPa	Alarm/kPa	Limit/kPa	Pre Alarm /kPa	Alarm /kPa	Limit /kPa
1	LOW Band	15~40	1.5	2.5	6	999	999	999
2	MID Band	55~95	4	5.3	6	999	999	999
3	H1 Band	95~170	6	7	8	999	999	999
4	H2 Band	170~290	3	3.15	3.3	3	4	8
5	H3 Band	290~500	6	8	10	1.7	2.5	5
6	HH1 Band	500~2 000	12	18	27	2.5	3.5	5.5
7	HH2 Band	2 000~2 800	1.5	1.75	2	2	3	6
8	HH3 Band	2 800~3 800	1	1.6	2.2	2	3	6
9	HH4 Band	4 000~4 750	1.5	1.75	2	2.5	3	6

20）机组频率低保护（FREQUENCY LOW TRIP）

动作条件：机组达到额定转速后，若燃气轮机侧转速探头测得的机组转速低于 2 820 r/min 时动作（低频保护信号回路见图 2.169）。

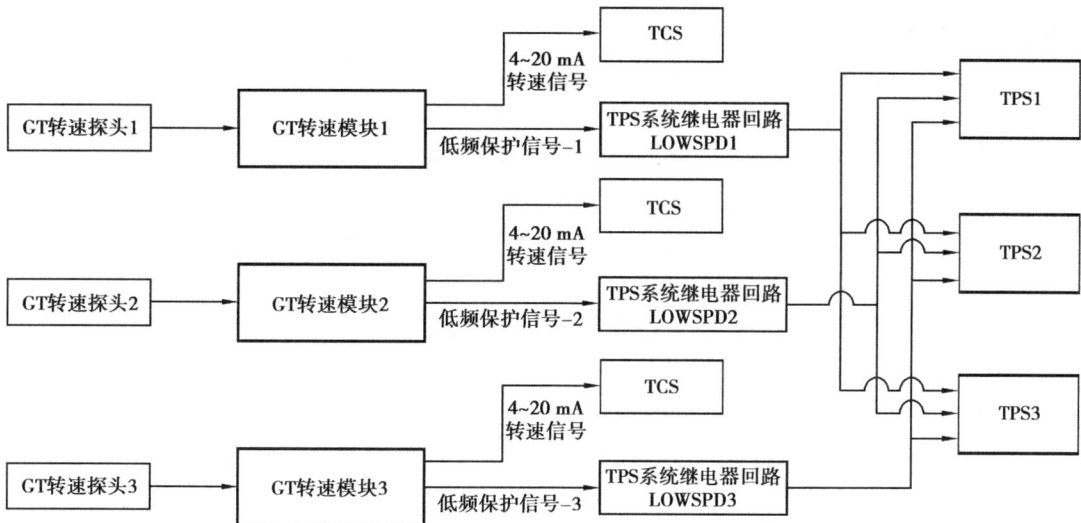

图 2.169　低频保护信号回路示意图

21）透平控制器故障保护（TURBINE CONTROLLER FAIL TRIP）

信号说明：

①"SPEED ABN"（或条件）：

a.机组达到额定转速后，燃气轮机侧转速信号低于 2 800 r/min 时，"SPEED ABN"信号置 1。

b.火焰检测器检测到火焰后的 10 s 内，燃气轮机侧转速信号没有超过 500 r/min 时，

"SPEED ABN"信号置1。

②"GT 86FGCV"：系统挂闸，危急油压建立，延时5 s后开始计时，在20 s时间内，如果存在以下任一情况，"GT 86FGCV"信号置1：

a.值班燃料流量控制阀门差压高于0.589 MPa。

b.值班燃料流量控制阀开度大于99%。

c.值班燃料压力控制阀开度大于99%。

d.主燃料流量控制阀门差压高于0.589 MPa。

e.主燃料流量控制阀门开度大于99%。

f.主燃料压力控制阀门A开度大于99%。

g.主燃料压力控制阀门B开度大于99%。

动作条件(或条件)：

①"SPEED ABN"信号置1。

②"GT 86FGCV"信号置1。

③TCS系统部分冗余配置的数字量输出模块和模拟量输出模块全部故障。

④TCS系统IGV、燃烧器旁路阀、主燃料压力控制阀A、主燃料压力控制阀B、主燃料流量控制阀、值班燃料压力控制阀和值班燃料流量控制阀中任意一个阀门的冗余配置的伺服控制模块全部故障。

⑤TCS系统IGV、燃烧器旁路阀、主燃料压力控制阀A、主燃料压力控制阀B、主燃料流量控制阀、值班燃料压力控制阀和值班燃料流量控制阀中任意一个阀门的控制指令与阀门位置反馈偏差大于5%。

⑥3个燃气轮机侧转速信号中，两个及以上的信号出现异常。

⑦3个燃烧器壳压信号中，两个及以上的信号出现异常。

⑧机组并网延时5 s后，3个机组有功功率信号中，两个及以上的信号出现异常。

⑨20个燃气轮机BPT温度信号、6个燃气轮机排气温度信号全部异常。

⑩两个主燃料流量控制阀差压信号、两个值班燃料流量控制阀差压信号全部异常。

备注：

①TCS系统部分冗余配置的数字量输出模块和模拟量输出模块两个全部故障的条件中，涉及的数字量输出模块如下：

a.1NA03-1和2NA03-1。

b.1NA03-2和2NA03-2。

c.1NA03-3和2NA03-3。

d.1NA09-4和2NA10-4。

e.1NA03-7和2NA03-7。

f.3NA03-5和4NA03-5。

②数字量输出模块涉及的控制指令如下：

a.高、中、低压防喘阀电磁阀动作指令信号。

b.点火器伸缩控制电磁阀动作指令信号。

c.盘车油电磁阀动作指令信号。

d.盘车啮合、退出电磁阀动作指令信号。

e.燃气轮机吹扫空气关断阀门电磁阀动作指令信号。

f.燃气轮机吹扫空气供应阀门电磁阀动作指令信号。

g.燃气轮机吹扫空气疏水阀门电磁阀动作指令信号。

h.燃气轮机排气段燃料气泄漏检测装置电磁阀动作指令信号。

i.4 个跳闸电磁阀动作指令信号。

j.高、中、低压主蒸汽调节阀 OPC 电磁阀动作指令信号。

k.低压主蒸汽阀测试电磁阀动作指令信号。

l.中压主蒸汽阀测试电磁阀动作指令信号。

m.中压主蒸汽阀平衡阀电磁阀动作指令信号。

③涉及的模拟量输出模块如下：

a.3NA07-2 和 4NA06-2。

b.3NA07-3 和 4NA06-3。

④模拟量输出模块涉及的控制指令如下：

a.润滑油温度控制阀指令信号。

b.燃料气温度控制阀指令信号。

c.两个控制油冷却器温控阀门控制信号。

22）启动装置（SFC）异常保护（STARTING DEVICE ABNORMAL TRIP）

动作条件（或条件）：

①SFC 启动指令发出后 30 s,SFC 仍无运行反馈。

②机组未达到额定转速,SFC 启动指令复位后 120 s,SFC 运行反馈依然有效。

23）输入信号异常保护（INPUT SIGNAL FAIL TRIP）

动作条件（或条件）：

①3 个机组有功功率信号中,两个及以上的信号出现异常。

②3 个燃烧器壳压信号中,两个及以上的信号出现异常。

③20 个燃气轮机 BPT 温度信号全部异常。

④6 个燃气轮机排气温度信号全部异常。

⑤3 个低压缸排气温度信号中,两个及以上的信号出现异常。

⑥3 个中压缸入口蒸汽压力信号中,两个及以上的信号出现异常。

⑦3 个润滑油温度信号中,两个及以上的信号出现异常。

24）发电机联锁保护（GENERATOR PROTECTION TRIP）

动作条件:来自发电机保护屏的联锁保护信号。

25）火灾保护（FIRE TRIP）

动作条件:来自消防系统的联锁保护信号。

26）燃料气压力低保护（FUEL GAS SUPPLY PRESS. LOW TRIP）

动作条件:燃料气供应压力低于 2.7 MPa。

27）燃气轮机火焰失去保护（FLAME LOSS TRIP）

信号说明：

"FLONT":机组挂闸,危急油压正常建立后延时 10 s,"FLONT"信号置 1。

动作条件(或条件):

①"FLONT"信号有效后延时 10 s 开始,至机组并网前的这段时间内,18A 和 18B 两个火焰检测器同时没有检测到火焰。

②"FLONT"信号有效后延时 10 s 开始,至机组并网前的这段时间内,19A 和 19B 两个火焰检测器同时没有检测到火焰。

③机组并网后,以中压缸入口蒸汽压力为因变量的函数输出值减去以发电机有功功率为因变量的函数输出值,若差值大于 13,则保护动作。该保护的物理意义是将机组负荷折算为百分比,在发电机输出的总有功功率中,若汽轮机做功所占比例过高,则认为燃气轮机发生火焰失去现象。

28)燃气轮机包内燃料气泄漏保护(GT PACKAGE GAS LEAKAGE DETECTION TRIP)

动作条件:当燃料气泄漏探头探测到燃气轮机包罩壳风机处的燃料气浓度达到 25% LEL时保护动作。

29)余热锅炉水位保护(BOILER DRUM LEVEL HIGH/LOW TRIP)

动作条件:来自余热锅炉的水位联锁保护信号。

(3)透平保护系统重要继电器回路

透平保护系统中,除了就地保护开关信号送入系统控制器,通过系统逻辑判断 3 取 2 输出跳闸信号外,针对某些重要保护信号还做了就地开关信号通过继电器回路 3 取 2 后的输出继电器,直接作用于跳闸指令继电器回路,联锁机组保护动作的设计(见图 2.170)。

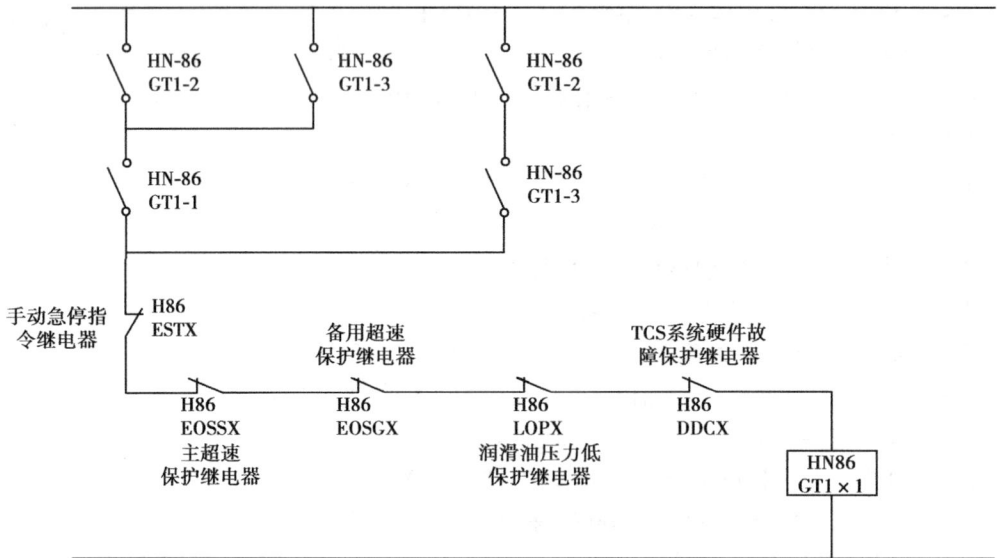

图 2.170　跳闸继电器回路

1)手动紧急停机保护

手动紧急停机保护继电器回路如图 2.171 所示。

2)主超速保护信号

主超速保护继电器回路如图 2.172 所示。

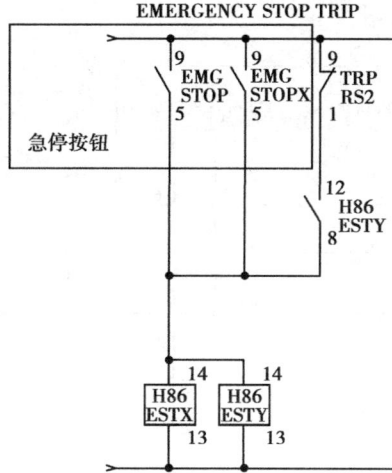

图 2.171　手动紧急停机继电器回路

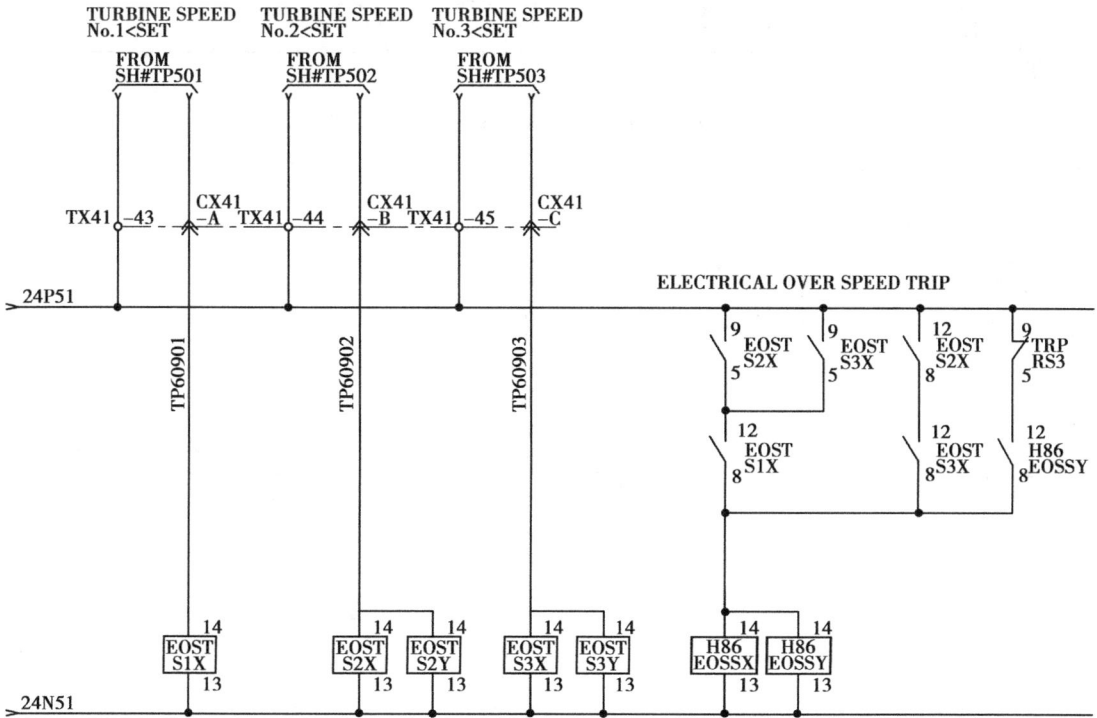

图 2.172　主超速保护 3 取 2 继电器回路

3）备用超速保护信号

备用超速保护继电器回路如图 2.173 所示。

4）润滑油供油压力低保护

润滑油供油压力低保护继电器回路如图 2.174 所示。

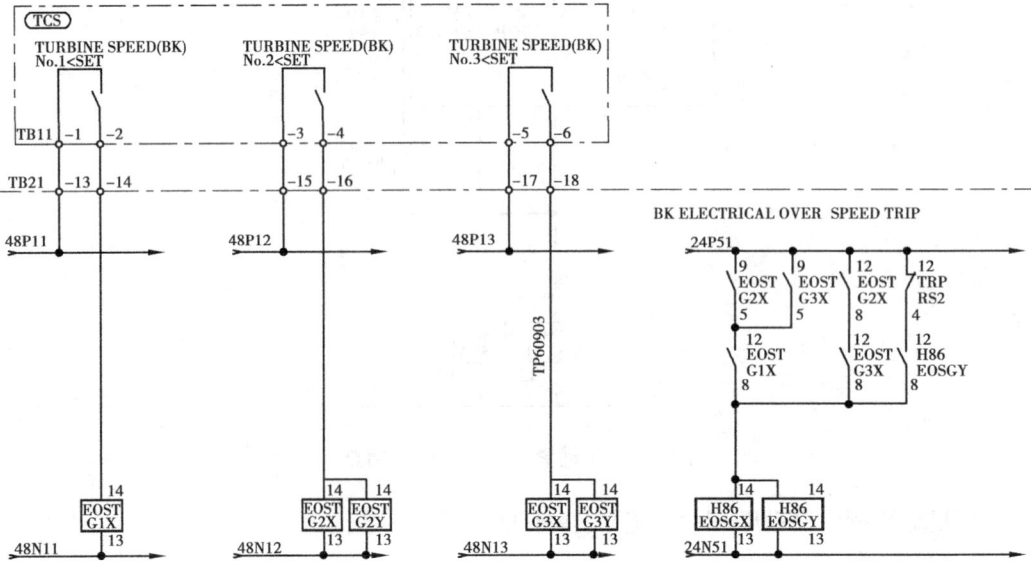

图 2.173　备用超速保护 3 取 2 继电器回路

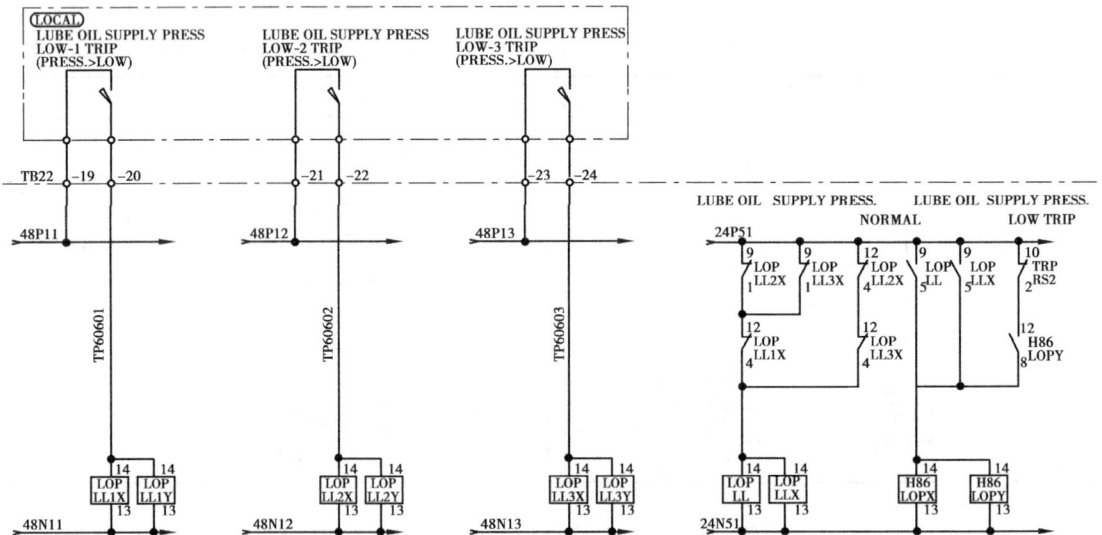

图 2.174　润滑油供油压力低保护 3 取 2 继电器回路

5）TCS 硬件故障保护信号

TCS 硬件故障保护继电器回路如图 2.175 所示。

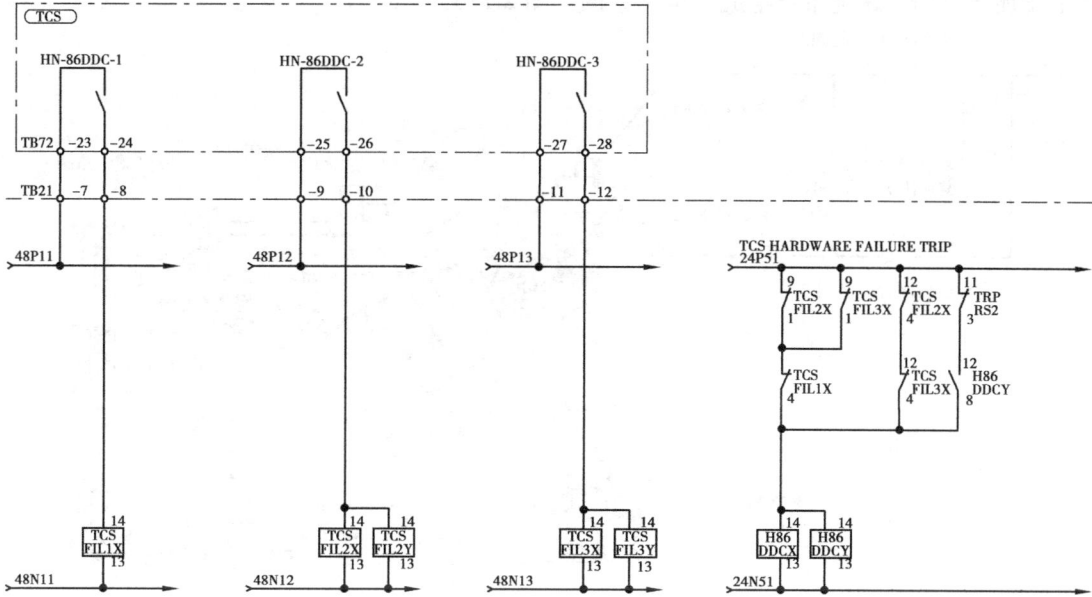

图 2.175　TCS 硬件故障保护 3 取 2 继电器回路

2.4.4　ACPFM 系统(燃烧监视调整系统)

稳定的燃烧对于燃气轮机的稳定性、可靠性以及热通道部件的寿命都有极其重要的意义。而燃料热值成分的变化、大气环境温度的改变以及机组负荷的摆动都有可能加大燃烧时的压力波动程度。为了提高燃烧室燃烧的稳定性,三菱为此专门开发了一套燃烧监视调整系统。2000 年,三菱推出了早期版本的燃烧压力波动监视系统 CPFM(Combustion Pressure Fluctuation Monitoring),CPFM 系统的主要功能是监视燃烧室内燃烧压力波动情况,并根据燃烧压力波动的幅值提供报警、Runback 和跳闸的逻辑联锁,以保护热通道部件免受燃烧压力波动的损伤。随着时间的推移,三菱不断完善系统功能,又推出了功能更为优化的燃烧压力波动监视调整系统 ACPFM(Advanced Combustion Pressure Fluctuation Monitoring)。ACPFM 系统在原先 CPFM 系统的基础上增加了一套燃烧压力波动分析系统 CPFA(Combustion Pressure Fluctuation Analyzer System)。由此,ACPFM 系统除了具备 CPFM 系统的所有功能外,还提供了实时燃烧压力波动分析、评估燃烧稳定安全裕度和自动进行在线燃烧调整的功能。

(1)燃料控制和燃烧系统组成结构

M701F 型燃气轮机主要由 5 个阀门来实现燃料控制,即值班燃料压力控制阀、值班燃料流量控制阀、主燃料压力控制阀 A、主燃料压力控制阀 B 和主燃料流量控制阀。燃料压力控制阀主要是为了保证燃料流量控制阀前后差压的稳定。燃料流量控制阀根据机组负荷不同,控制燃料流量。燃料气经燃料控制阀后,分别进入主燃料和值班燃料环形母管,供给环形排列斜插在燃压缸中的 20 个燃烧器。燃烧器由燃料喷嘴、燃烧筒、过渡段和尾筒以及其他附件组成。燃料喷嘴由 8 个环形围绕的主喷嘴和位于中心的一个值班喷嘴组成。燃压缸中充满压气机的排气,由燃烧器旁路阀通过控制从过渡段直接旁路掉的压气机排气量,来间接控制参与燃烧的空气量。参与燃烧的压缩空气经燃烧器中的旋流器与燃料气充分预混后燃烧,完成工质加热过程。燃烧系统组成结构示意图如图 2.176 所示。

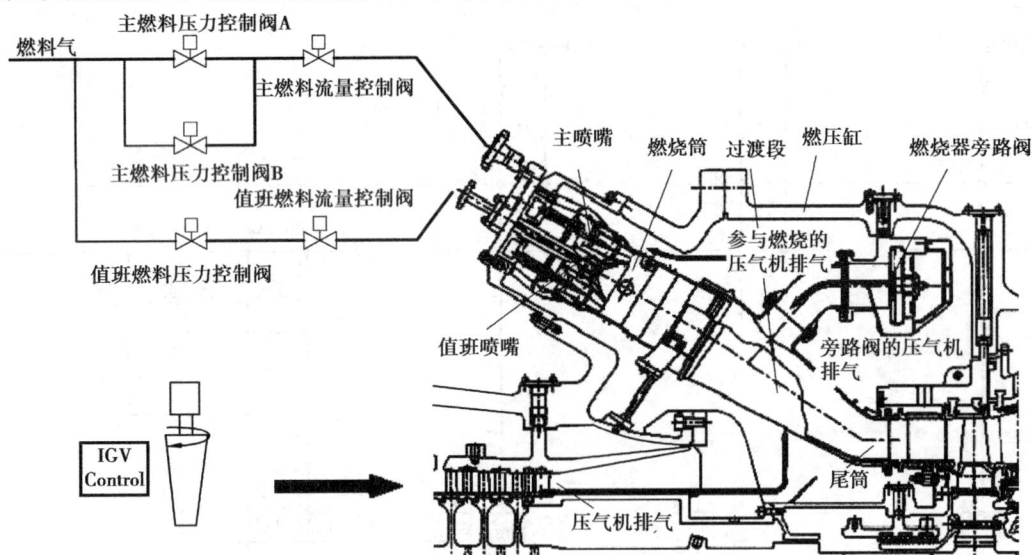

图 2.176　燃烧系统组成结构示意图

(2) ACPFM 系统结构

1) ACPFM 系统组成元件及功能介绍

①压力波动传感器和压力波动加速度传感器

M701F 型燃气轮机共有 20 个环绕排列的燃烧器,每个燃烧器装设有一个压力波动传感器。此外,在 3 号、8 号、13 号、18 号燃烧器还分别装设有一个压力波动加速度传感器。压力波动传感器和压力波动加速度传感器在安装方式和监视侧重点上有所不同。压力波动传感器插入安装在喷嘴根部的燃烧器外缸上,其直接与燃烧区域连接。压力波动加速度传感器贴装在喷嘴根部的金属壁上,不直接与燃烧区域接触。压力波动传感器重点监视振幅相对较大的燃烧压力波动。压力波动加速度传感器用于侦测振幅小但频率较高的燃烧压力波动。压力波动传感器和加速度传感器安装示意图如图 2.177a 所示。其外观如图 2.177b 所示。

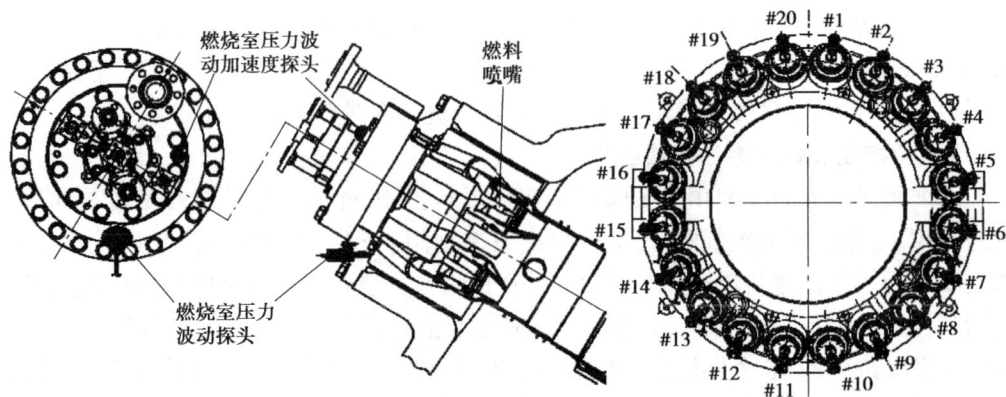

图 2.177a　压力波动传感器和加速度传感器安装示意图

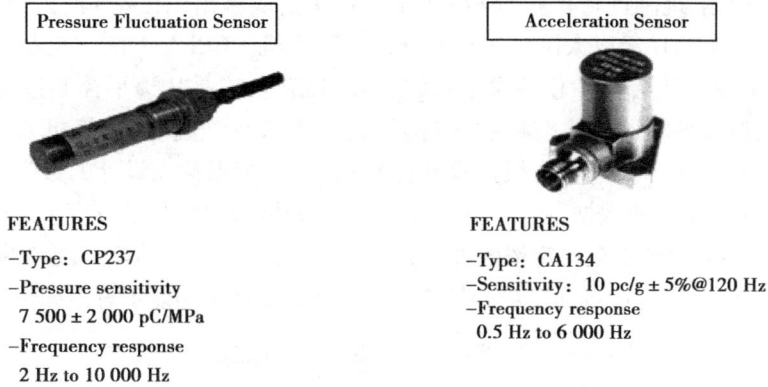

图 2.177b　压力波动传感器和加速度传感器外观

②振动接口模块(VIM:Vibration Interface Module)

其主要功能是接收来自燃烧器压力波动传感器和压力波动加速度传感器的信号,经快速傅立叶变换处理为频谱信号以供系统分析使用。

③中央处理器 CPU

其主要功能是根据燃烧器压力波动频谱信号产生报警、Runback 和机组跳闸信号。

④数据传送单元(DTU:Data Transfer Unit)

其主要功能是将由 VIM 模块传送来的压力波动频谱信号,经以太网传送至 CPFA 电脑主机。

2) ACPFM 系统硬件架构

ACPFM 系统硬件架构如图 2.178a 所示。

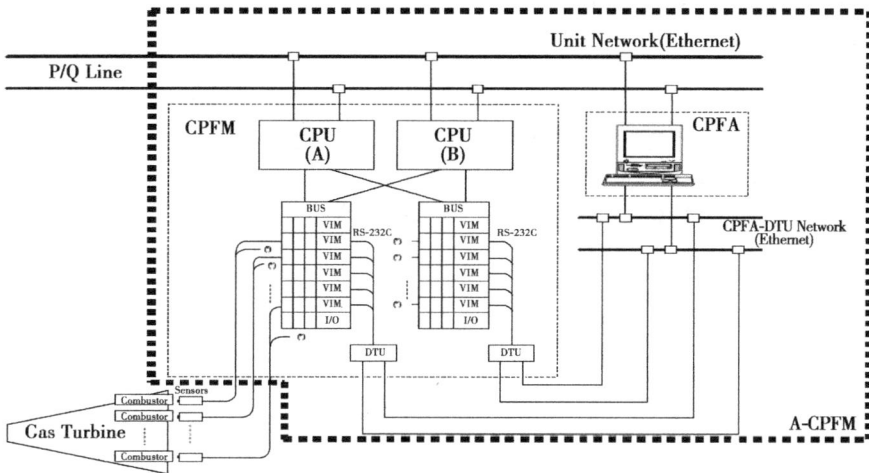

图 2.178a　ACPFM 系统硬件架构

压力波动传感器和压力波动加速度传感器将采集到的燃烧压力波动信号经延长线缆、前置器送至 VIM 模块。在 VIM 模块中,燃烧压力波动信号经快速傅立叶变换转换为 9 个不同频段的频谱信号,波动频谱信号再经 Control-Net 网络送至 ACPFM 系统的 CPU 处理器进行报警、Runback 和机组跳闸逻辑保护判断。同时,VIM 模块输出的波动频谱信号经 RS232 串口通信至 DTU,再由 DTU 经以太网络送至 CPFA 电脑主机。CPFA 电脑主机是自动燃烧调整的核心,其数据来源一是从 VIM 模块送来的波动频谱信号;二是从透平控制系统(TCS 系统)经以太网传来的机组各项运行状态参数,包括压气机入口空气温度、压气机入口 INDEX 差压,燃烧器壳压,等等。CPFA 电脑主机接收到这些数据后,根据预先设计的数学模型以及以往机组正常运行时采集的历史数据,运用复回归分析法来分析预测各个参数变量之间的相关性和相关强度,从而实时对燃烧安全稳定裕度进行测算,并同时计算出自动燃烧调整的修正值,再将修正值送回至 TCS 系统,完成自动燃烧调整功能。自动燃烧调整功能示意图如图 2.178b 所示。

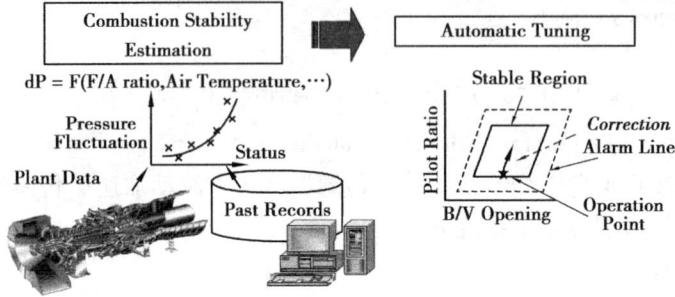

图 2.178b　自动燃烧调整功能示意图

(3) 燃烧调整

1) 燃烧调整对象

M701F 型燃气轮机的燃烧控制主要通过两种手段来实现,一是控制值班燃料量,其指令为 PLCSO(Pilot Fuel Control Signal Output);二是控制燃烧器旁路阀开度,其指令为 BYCSO (Bypass Valve Control Signal Output)。

①值班燃料量 PLCSO

值班燃料主要提供扩散燃烧火焰。相对于预混燃烧,扩散燃烧火焰稳定但燃烧温度较高,易产生较高的 NO_x 排放。点火初期、燃气轮机加速及低负荷时,PLCSO 指令较大以稳定火焰。随着燃气轮机负荷的增加,燃料供应及火焰趋于稳定时,PLCSO 逐渐关小,以降低 NO_x 排放水平。值班燃料量与燃烧火焰稳定性和 NO_x 排放水平之间关系如图 2.179a 所示。

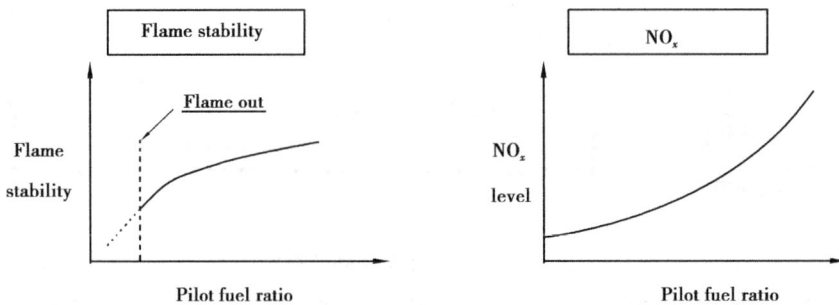

图 2.179a　值班燃料量与燃烧火焰稳定性和 NO_x 排放关系示意图

从控制逻辑来看,燃料总量控制信号指令 CSO(Control Signal Output)由 5 种 CSO 控制指令小选产生,即燃料限制控制指令 FLCSO(Fuel Limit Control Signal Output)、转速控制指令 GVCSO(Governor Control Signal Output)、负荷控制指令 LDCSO(Load Limiter Control Signal Output)、BPT 温度控制指令 BPCSO(Blade Path Temp. Control Signal Output)和排气温度控制指令 EXCSO(Exhaust Gas Temp. Control Signal Output)。其中,FLCSO 指令与机组转速和燃烧器壳体压力相关,主要作用是完成在机组起启动升速过程中的燃料量控制;GVCSO 指令是以额定转速 3 000 r/min 为控制目标,对机组实行闭环控制,目的是在机组并网前,维持机组稳定在额定转速,该指令主要作用在机组达到额定转速后、并网前的阶段;机组并网后,LDCSO 开始投入,其主要功能是根据机组负荷指令控制燃料量;BPCSO 和 EXCSO 不是机组常规的控制手段,两者与燃气轮机 BPT 温度、燃气轮机排气温度和燃烧器壳体压力有关,主要作用是为了防止机组热通道部件超温造成损坏。燃料总量控制信号指令 CSO 生成原理示意图如图 2.179b 所示。

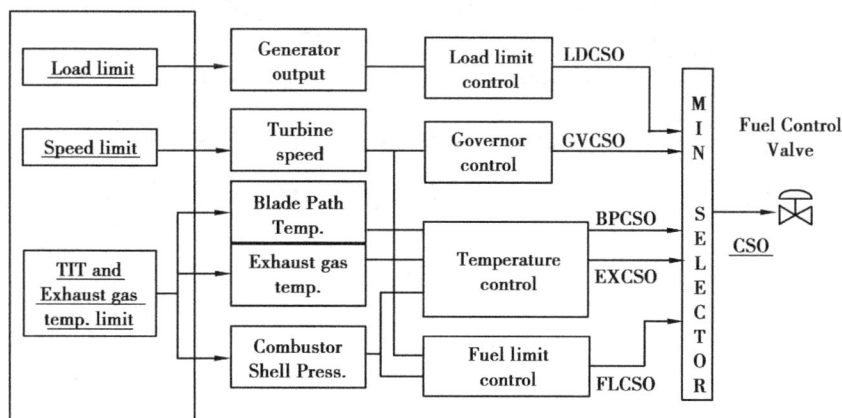

图 2.179b 燃料总量控制信号指令 CSO 生成原理示意图

5 种 CSO 指令小选产生最终的 CSO 指令后,控制逻辑又将其分成主燃料流量指令 MCSO(Main Fuel Control Signal Output)和值班燃料流量指令 PLCSO,三者的关系为

$$MCSO = CSO - PLCSO$$

PLCSO 由两部分组成:一是以 CSO 为因变量的函数输出值;二是 CPFA 系统自动产生的燃烧调整修正量。因此,M701F 型燃气轮机在燃料量的控制中, CSO 和 PLCSO 为主要控制因子。在控制逻辑中,为了描述值班燃料量与总燃料量之间的关系,采用了值班燃料比率(Pilot Fuel Ratio)的概念,即

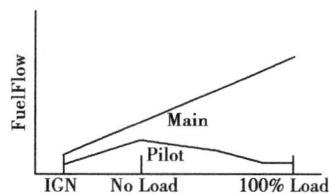

图 2.179c 主燃料与值班燃料
流量特性曲线

$$值班燃料比率(\%) = \frac{值班燃料流量 \times 100}{总燃料流量}$$

如图 2.179c 所示为从机组点火到机组满负荷过程,典型的值班燃料流量与主燃料流量特性曲线。

②燃烧器旁路阀调整

燃烧器旁路阀的功能主要在于根据燃气轮机负荷的不同调节开度,以维持适当的燃料空气比率(燃空比)。当压气机入口可转导叶(IGV)开度发生变化,使进入燃气轮机空气总量发生变化时,可以通过调整燃烧器旁路阀的开度来调节参与燃烧的空气量,以控制燃烧火焰的稳定性,防止火焰消失、燃烧压力异常波动以及回火现象的发生。此外,通过控制参与燃烧的空气量还可以影响燃烧火焰温度,因此也可以在燃烧稳定的前提下,通过调整燃烧器旁路阀开度来控制燃气轮机 NO_x 的排放水平。燃烧器旁路阀开度与燃烧火焰稳定性和 NO_x 排放水平关系示意图如图 2.179d 所示。

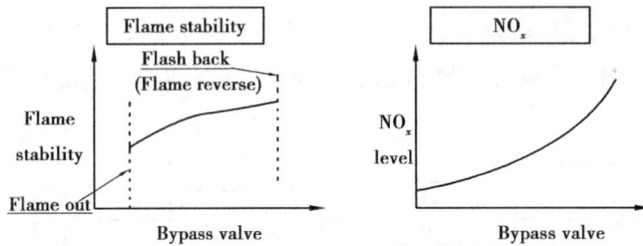

图 2.179d　燃烧器旁路阀与火焰燃烧稳定性和 NO_x 排放关系示意图

如图 2.179e 所示为从机组点火到机组满负荷过程,燃烧器旁路阀的动作特性曲线。

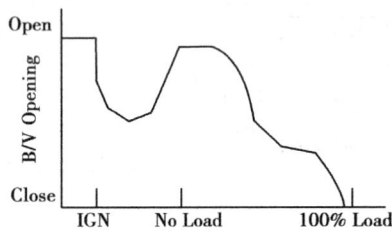

图 2.179e　燃烧器旁路阀动作特性曲线

燃烧器旁路阀开度控制指令 BYCSO 也由两部分组成:一是以 MW/(K×Pcs+B)为因变量的函数输出值;二是 CPFA 系统自动产生的燃烧调整修正量。其中,MW 代表燃气轮机负荷;Pcs 代表燃烧器壳体压力;K 代表修正比例系数;B 代表修正偏置值。

压气机入口可转导叶(IGV)控制燃气轮机的空气进入总量。它的主要作用是机组启动过程中防止压气机喘振,以及机组正常运行时,控制燃气轮机入口初温、燃气轮机排气温度,提高机组联合循环效率。IGV 开度增大或者减小时,在燃烧器旁路阀开度保持不变的情况下,燃空比就会发生变化,从而改变燃烧器的燃烧状态,但这种改变只是影响,而不是对燃烧状态的控制,对燃烧状态的控制最终还是由值班燃料控制指令 PLCSO 和燃烧器旁路阀开度指令 BYCSO 来实现。

2)燃烧控制在逻辑中的实现

①值班燃料量 PLCSO

值班燃料量控制指令 PLCSO 生成逻辑示意图如图 2.180a 和图 2.180b 所示。

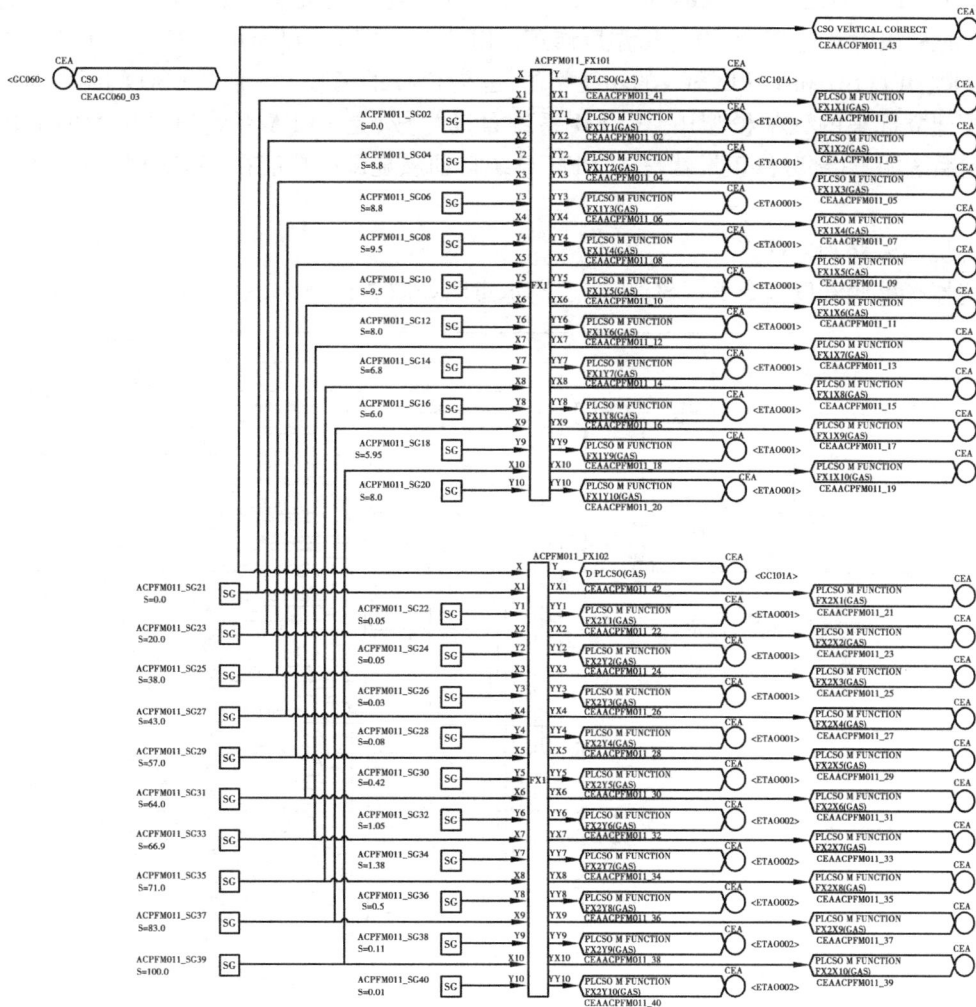

图 2.180a　PLCSO0、D PLCSO 与 CSO 对应关系逻辑示意图

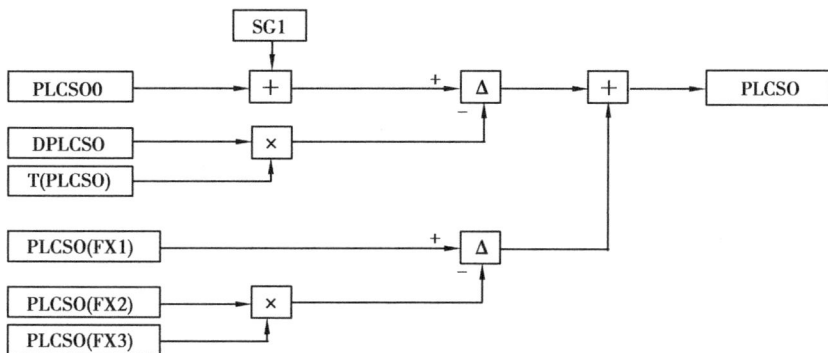

图 2.180b　PLCSO 生成逻辑示意图

图 2.180a、图 2.180b 中 PLCSO0 是以 CSO 为因变量的函数输出值。机组检修后初次启动时,三菱调试人员进行燃烧调整的主要工作之一就是确定 CSO 与 PLCSO0 之间,以及 CSO 与

DPLCSO、T(PLCSO)之间的函数对应关系。T(PLCSO)是压气机入口空气温度的函数,它与 DPLCSO 的乘积用来对 PLCSO0 进行温度修正。PLCSO(FX1)、PLCSO(FX2)和 PLCSO(FX3) 与 PLCSO0、DPLCSO 和 T(PLCSO)的功能相仿,也是 CSO 的函数。它们与 CSO 的函数对应关系是根据建立起来的数学模型由 ACPFM 系统自动生成,是 CPFA 系统通过以太网上传至 TCS 控制系统的,这部分修正量就是 ACPFM 系统自动燃烧调整功能在 PLCSO 控制中的逻辑实现。

②燃烧器旁路阀 BYCSO

燃烧器旁路阀开度指令 BYCSO 生成逻辑示意图如图 2.180c 和图 2.180d 所示。

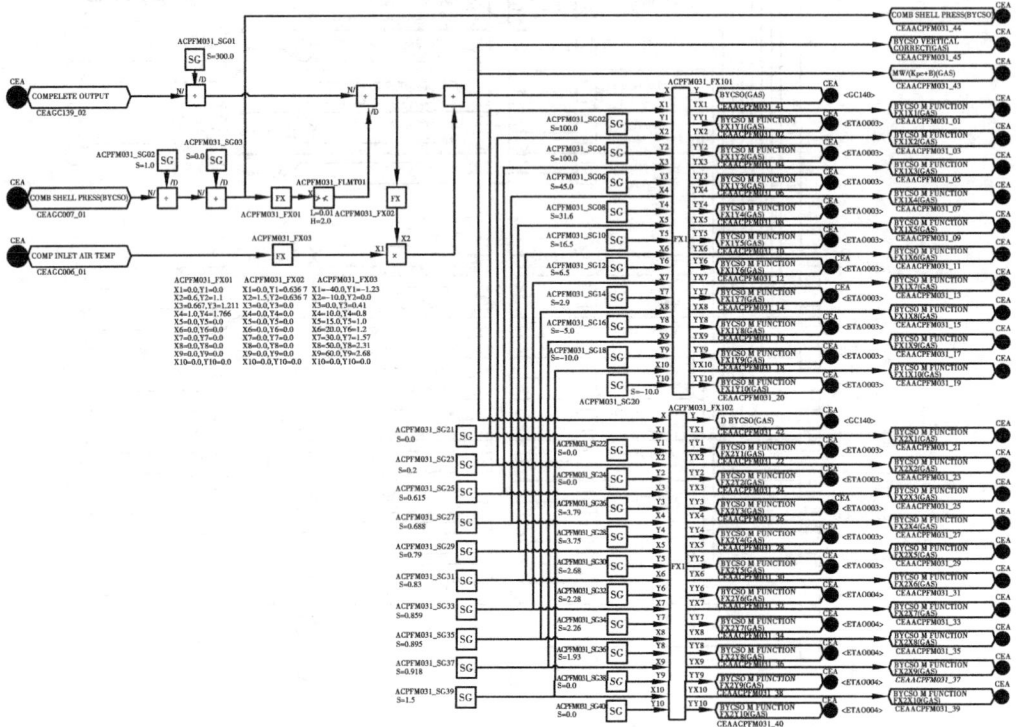

图 2.180c　BYCSO0、D BYCSO 与 MW/(K×Pcs+B)
对应关系逻辑示意图

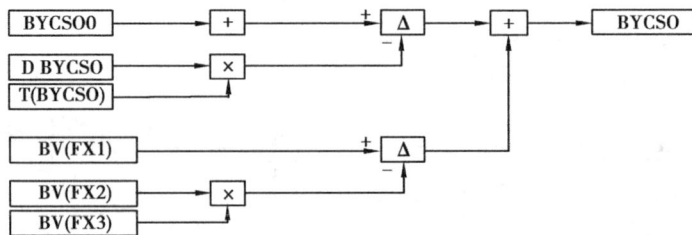

图 2.180d　BYCSO 逻辑示意图

　　燃烧器旁路阀开度指令 BYCSO 生成原理与 PLCSO 相似,同样分为启机调试阶段的人工调整部分和通过 CPFA 系统测算生成的自动调整部分。三菱调试人员进行燃烧调整的另一主要工作就是确定 MW/(K×Pcs+B) 与 BYCSO0 之间,以及 MW/(K×Pcs+B) 与 DBYCSO、T(BYCSO) 之间的函数对应关系。T(BYCSO) 同样为压气机入口温度的函数,它与 DBYCSO 的乘积用来对 BYCSO0 进行温度修正。BV(FX1)、BV(FX2) 和 BV(FX3) 与 MW/(K×Pcs+B) 的函数对应关系而产生的这部分针对 BYCSO 的修正量是自动燃烧调整功能在燃烧器旁路阀开度指令控制逻辑中的实现。

3)燃烧调整介绍

①燃烧调整基本概念

PLCSO 控制值班燃料比率。值班燃料比率越高,火焰的稳定性越好,但 NO_x 的排放量也会随之快速增加。值班燃料比率越低,NO_x 排放量也越低,但火焰的稳定性下降,严重时可以导致熄火。PLCSO 调整后的最小裕度应至少有 ±0.5%。

BYCSO 控制燃料空气比。燃烧器旁路阀开度越大,参与燃烧的空气量越少,火焰燃烧的温度越高,NO_x 的排放量会随之增加,此外还容易产生回火现象。燃烧器旁路阀开度越小,吹入喷嘴的空气量越多,火焰燃烧的温度越低,NO_x 的排放量也会随之下降,但容易造成空气吹熄火焰,导致燃烧器熄火。BYCSO 调整后的最小裕度应至少有 ±5%

在燃烧调整过程中,要时刻注意 BPT 温度的偏差程度。燃烧筒和过渡段暴露在高温区域,极易发生损坏。当燃烧筒和过渡段发生损坏产生裂纹时,压气机排气就会渗过裂纹,流入热通道,造成 BPT 温度下降。因此,在发生某单个 BPT 温度过低造成 BPT 温度偏差过大的现象时,要及时降负荷甚至停机,以防止裂纹碎片对热通道部件产生二次伤害。

在发现某些频率振动较高时,并不一定都需要作调整考虑。

a.0~500 Hz 频段,在 0 Hz 频率处存在一振动尖峰,或是在整个 5 kHz 频段振动值都普遍偏高时,这可能是由于直流噪声引起的,而不是真正的燃烧波动高。

b.50 Hz 频率振动高时,可能是由电源噪声引起。

c.压气机和燃气轮机叶片在转动时会发生一定频率的振动,这种振动信号也能被燃烧器压力波动传感器捕捉到。叶片转动发生振动的频率 = 各级叶片数量 × 50 Hz。由此可得到表 2.75 数据。当发生表内频率振动高时,并不一定都需要作调整。

表 2.75　各级叶片振动频率对应表

		叶片数量	×50 Hz
燃气轮机透平	1 级	96	4 800
	2 级	87	4 350
	3 级	112	5 600
	4 级	100	5 000
压气机	1 级	22	1 100
	2 级	28	1 400
	3 级	30	1 500
	4 级	41	2 050
	5 级	39	1 950

续表

		叶片数量	×50 Hz
压气机	6 级	43	2 150
	7 级	53	2 650
	8 级	78	3 900
	9 级	70	3 500
	10 级	86	4 300
	11 级	86	4 300
	12 级	98	4 900
	13 级	125	6 250
	14 级	120	6 000
	15 级	127	6 350
	16 级	148	7 400
	17 级	149	7 450

在进行某个频段的燃烧调整时,还需要同时注意其他频段的燃烧振动情况。随着值班燃料比率和燃烧器旁路阀开度的变化,其他频段的振动值有可能反而会增加,因此在调整时要注意选取合适的中间点。

②燃烧调整步骤

A.准备工作

在实施燃烧调整前,需要做大量的准备工作。其中最主要的工作之一就是收集机组在点火、升速、空载及各个负荷点上的状态参数数据。数据内容包括总燃料量指令,值班燃料量指令,值班燃料比率,BPT 温度偏差,燃料气压力,燃料控制阀开度以及历史发生燃烧压力波动报警点的各项修正数据,等等。

在进行燃烧调整前,还要对 ACPFM 系统进行以下一些检查和设置:

a.在 CPFA 上位机系统的"Correction Output"窗口(请参考本章 2.4.4 小节(5)下面的6)),记录保存 PLCSO 和 BYCSO 的修正参数函数。

b.在 CPFA 上位机系统的"Online Analysis"窗口(请参考本章 2.4.4 小节(5)下面的4)),检查确认"Frequency Band""PRESS. Sensor""Operation limit"下的条件设置。

c.在 CPFA 上位机系统的"Tuning Guideline(GAS)"窗口(请参考本章 2.4.4 小节(5)下面的 3)),检查确认最大调整量限制值的设置。

d.在 CPFA 上位机系统的"Tuning Guideline(Auto search)"窗口(请参考本章 2.4.4 小节(5)下面的3)),检查自动进行参数摆动试验的条件设置,并在确认后单击"Auto search"按钮。

e.在透平控制系统(TCS)控制逻辑中的 GC101A 控制逻辑页,设置好允许 ACPFM 系统进行自动燃烧调整的最大修正量和最小修正量(见图 2.181a)。

f.如果对燃烧器组件进行了更换,则需要对 ACPFM 系统的数据库进行复位。

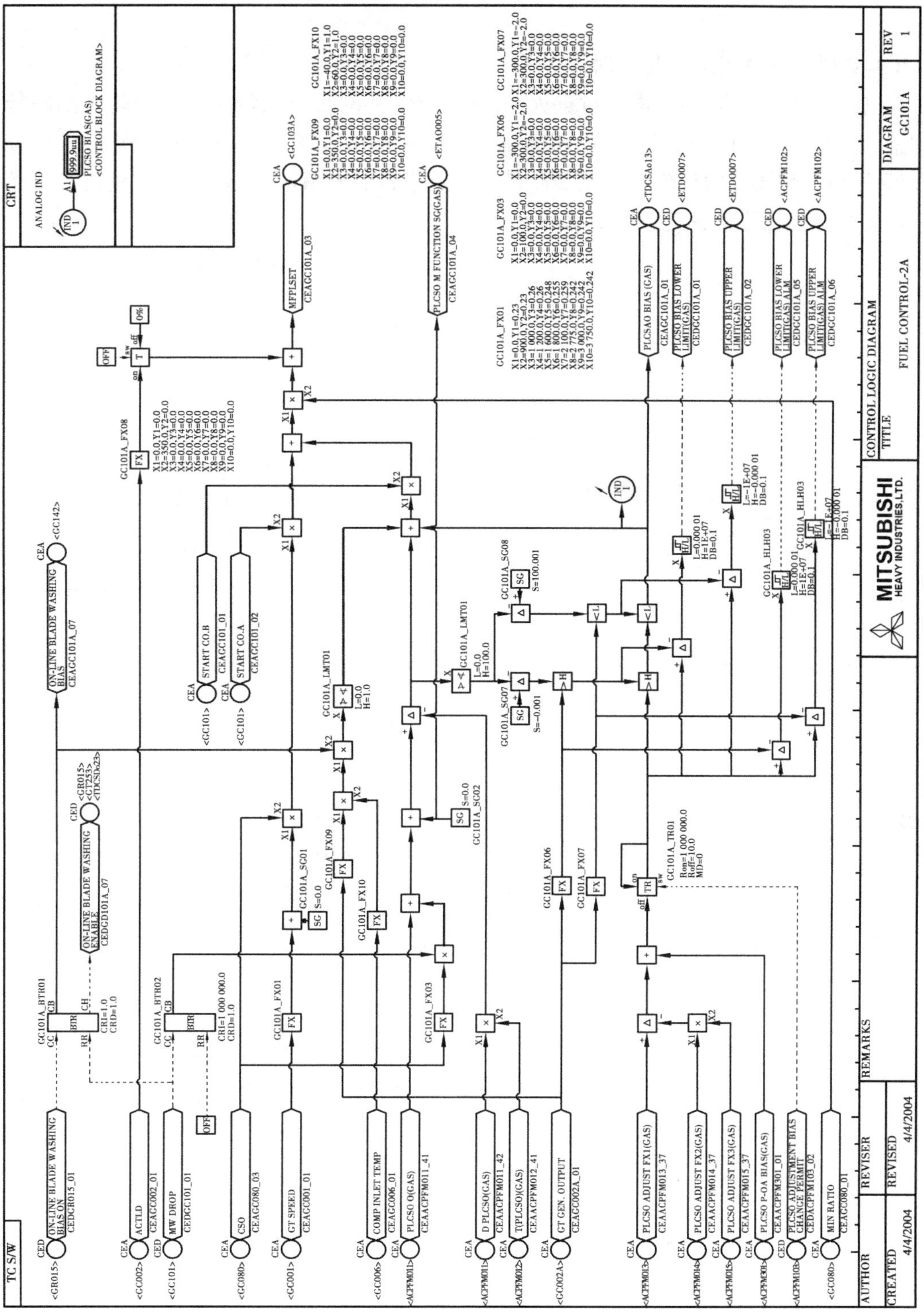

图2.181a 自动燃烧调整修正量限制设置

g.如果 CPFA 上位机系统"Correction Output"窗口中的 PLCSO 和 BYCSO 的修正参数不为零,则需要在操作员站单击"Reset"按钮,将修正值复位至零(请参考本章 2.4.4 小节(4)下面的 1))。

B.制订燃烧调整机组负荷计划

在机组调试首次启动时,需要对点火、升速、空载、并网直至满负荷的整个阶段都进行燃烧调整。但对于机组检修周期后的燃烧调整,只需在点火、升速、空载进行燃烧振动的检查确认即可,进行燃烧调整的负荷点是以 200 MW 为起点,以 20 MW 为步长,直到机组带至满负荷。燃烧调整负荷计划曲线如图 2.181b 所示。

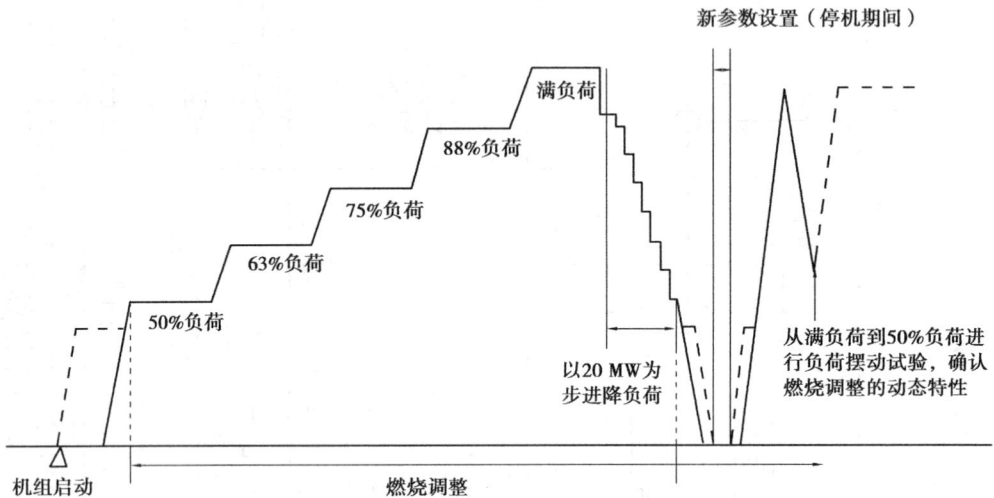

图 2.181b　燃烧调整负荷计划曲线

C.燃烧调整过程

进入实际燃烧调整阶段,机组负荷首先升至 200 MW,待机组各项运行参数稳定后,以原来燃烧调整前 PLCSO0 的值为基准点,在 PLCSO0 逻辑回路中,向正方向,以 0.2% 为步长,手动加入偏置值,观察各频段的振动情况以及 NO_x 的排放情况,当偏置值增加到明显使燃烧振动加剧时,停止继续增加偏置值,改为向负方向减小偏置值,直到燃烧振动再次明显加剧,由此确定在 200 MW 这个负荷点上,PLCSO0 的安全振动范围内的中间点。该中间点有可能偏离了原来燃烧调整前的 PLCSO0 值,二者之间存在一个 ΔPLCSO0 的偏差。找到 PLCSO0 在 200 MW 负荷下的中间点后,保持中间点不变,在 BYCSO 的逻辑回路中,用同样方法,以 2% 为步长,寻找 200 MW 负荷点下的 BYCSO0 的中间点,该中间点也有可能偏离了最初的 BYCSO0 值,二者之间存在一个 ΔBYCSO0 的偏差。保持这个中间点,进入下一个负荷点的燃烧调整。以此类推,直至完成所有负荷点的燃烧调整。

举例说明。机组负荷 200 MW,CSO = 57.64%,根据调整前的函数对应关系,此时 PLCSO0 = 8.67%,在 8.67% 的基础上,手动增加偏置值 0.2%,观察振动情况。如果振动情况良好,则继续向正方向增大偏置。假定当偏置值增加至 0.8% 时,振动有明显加剧趋势,则改向负方向减小偏置。假定当偏置值减小至 −0.4% 时,振动有明显加剧趋势,则停止继续减小偏置,并以 0.2% 为步进,将 PLCSO0 调整至寻找到的中间点。因此,ΔPLCSO0 = 0.2%,中间点为

8.87%。保持 8.87% 的中间点不变，再继续以相同方法寻找 BYCSO0 的中间点，从而完成该负荷点的燃烧调整。需要注意的是，在调整过程中，并不是单纯的以燃烧振动情况和 NO_x 的排放量作为判断依据。前面说过，值班燃料比率和燃烧器旁路阀开度过大或者过小会引起回火或者熄火现象。因此，燃烧调整时还要对此加以注意。

燃烧调整初步完成后，得到一个新的 PLCSO0 与 CSO 和 BYCSO0 与 MW/(K×Pcs+B) 之间的函数对应关系。但这并不是最终下载到控制器中的函数关系。最终的函数关系需要将新得到的函数参数和实施燃烧调整时的压力波动数据与历史参数设置和以往机组运行过程中燃烧压力波动数据记录，特别是曾经发生过燃烧压力波动异常点的数据等因素进行综合考虑后才能确定。另外还需对函数曲线进行平滑处理，避免在函数曲线中出现尖峰。在平滑处理的过程中，PLCSO0 的值有可能偏离燃烧调整时确定的中间点，此时要对照在实施燃烧调整过程中记录的相应负荷点的振动频谱图和裕度量，选择合理的 CSO 和 PLCSO0。

PLCSO0 与 CSO 和 BYCSO0 与 MW/(K×Pcs+B) 之间的最终函数对应关系确定后，下载至控制器，进行机组负荷摆动试验，检验燃烧调整动态自适应效果。如果在进行负荷摆动试验时，发生燃烧压力波动异常的情况，则需将负荷保持在 200 MW 3 h，重新计算、设定参数。如果压力波动情况良好，则整个燃烧调整过程结束。

(4) 操作员站 CPFM 功能应用

1) 自动燃烧调整功能的投入

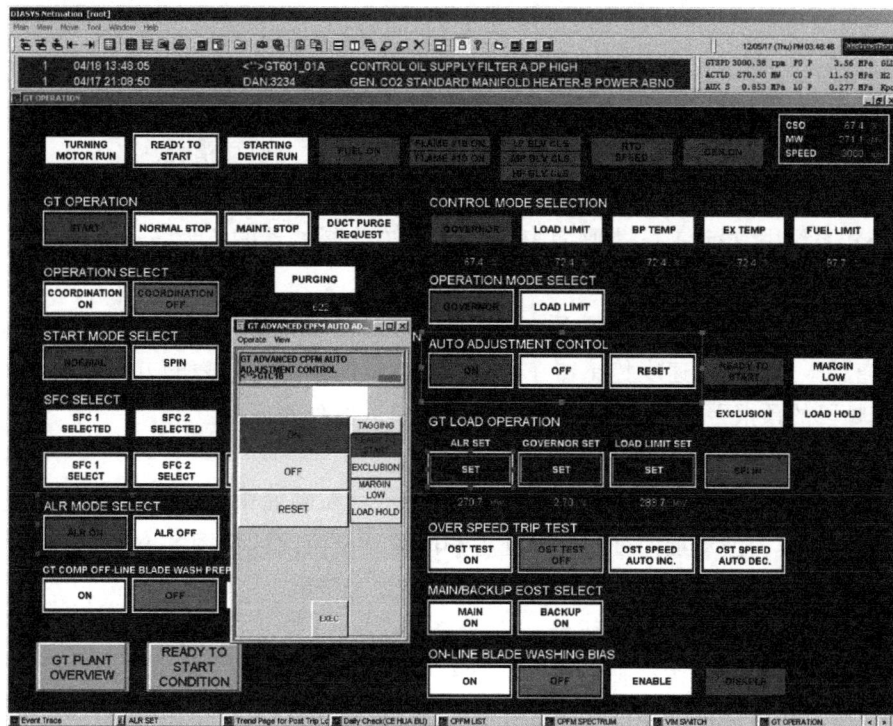

图 2.182a　自动燃烧调整投入操作窗口

通过三菱控制系统的人机接口软件 Work Space Manager(WSM)中的"GT OPERATION"操作窗口,运行人员可以选择投入机组的自动燃烧调整功能,如图 2.182a 所示。选择"AUTO ADJUSTMENT CONTROL"界面,将会弹出自动燃烧调整投入操作控制面板界面,如图 2.182b 所示。单击操作控制面板界面中的"ON"按钮,然后再单击确认"EXEC"按钮,可以完成自动燃烧调整功能的投入。"RESET"功能只能在自动燃烧调整功能退出的时候使用。一般情况下,运行人员是不允许执行此操作的。因为执行复位操作后,自动燃烧调整系统所进行的 PLCSO 修正和 BYCSO 修正会全部恢复至 0,这有可能会加剧燃烧器的压力波动情况。在操作控制面板界面中的右侧,有 4 个标签指示,分别是"READY TO START""EXCLUSION""MARGINLOW"和"LOAD HOLD",它们表示的意义如下:

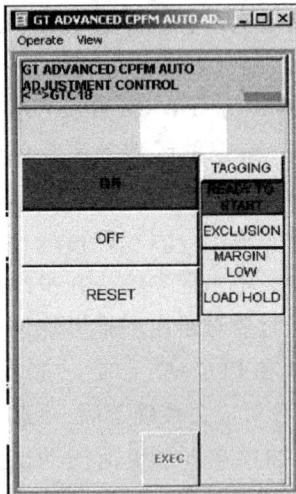

图 2.182b　自动燃烧调整投入
操作控制面板界面

"READY TO START":CPFA 系统正常,自动燃烧调整功能允许投入。

"EXCLUSION":机组发生甩负荷或者跳闸时,由 DIASYS 控制系统自动发出,表示自动燃烧调整功能已经强制退出,不再起任何作用。

"MARGINLOW":表示燃烧稳定区域变小,当前的燃烧工况点已经接近燃烧不稳定区域的边沿。

"LOAD HOLD":在机组升负荷的过程中,如果出现燃烧压力波动异常升高的现象,DIASYS 控制系统会自动保持当前机组负荷,以稳定燃烧压力波动情况。

2)燃烧压力波动情况监视

在 WSM 系统中,设计有 3 类画面来实时监视 20 个燃烧器的压力波动情况。

①燃烧压力波动数值列表监视画面

燃烧压力波动数值列表监视画面如图 2.183a 所示。画面中 20 个燃烧器压力波动传感器和 4 个燃烧器压力波动加速度传感器在各频段的测量值以数值列表的方式显示在监视窗口。另外,各个频段的预报警值、报警值和限制值也都呈数值列表显示。

②燃烧压力波动柱状图监视画面

燃烧压力波动柱状图监视画面如图 2.183b 所示。在画面中,20 个燃烧器压力波动传感器和 4 个燃烧器压力波动加速度传感器在各频段的测量值以柱状图的方式显示在监视窗口。另外各个频段的预报警值、报警值和限制值以列表方式显示。

③燃烧压力波动频谱图监视画面

燃烧压力波动频谱图监视画面如图 2.183c 所示。在画面中,20 个燃烧器压力波动传感器和 4 个燃烧器压力波动加速度传感器在 0～500 Hz 和 500～5 000 Hz 频段的压力波动频谱图显示在监视窗口。

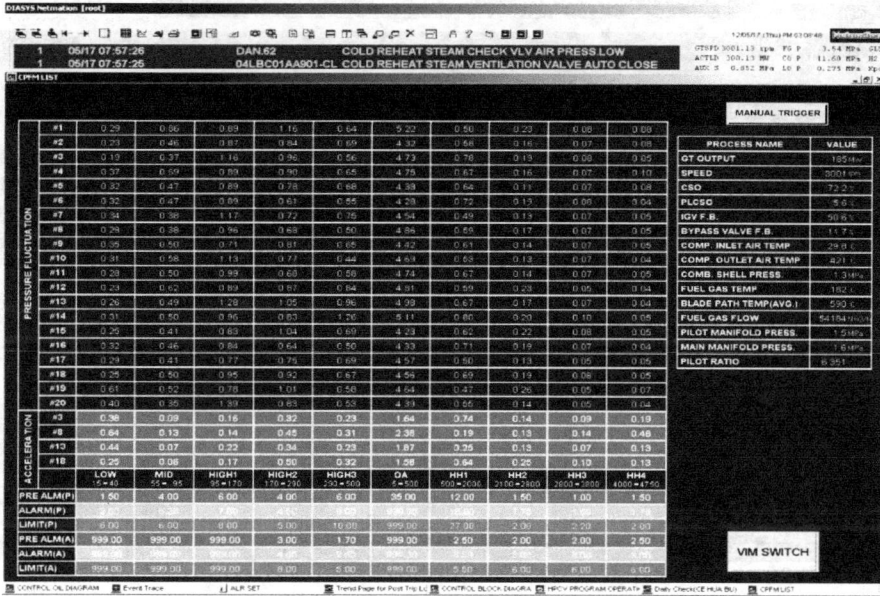

图 2.183a　燃烧压力波动数值列表监视画面

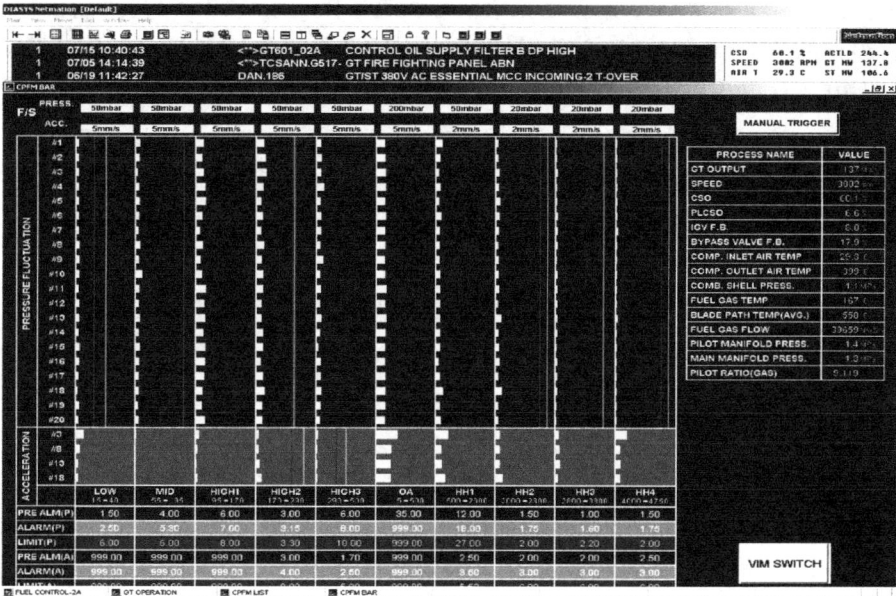

图 2.183b　燃烧压力波动柱状图监视画面

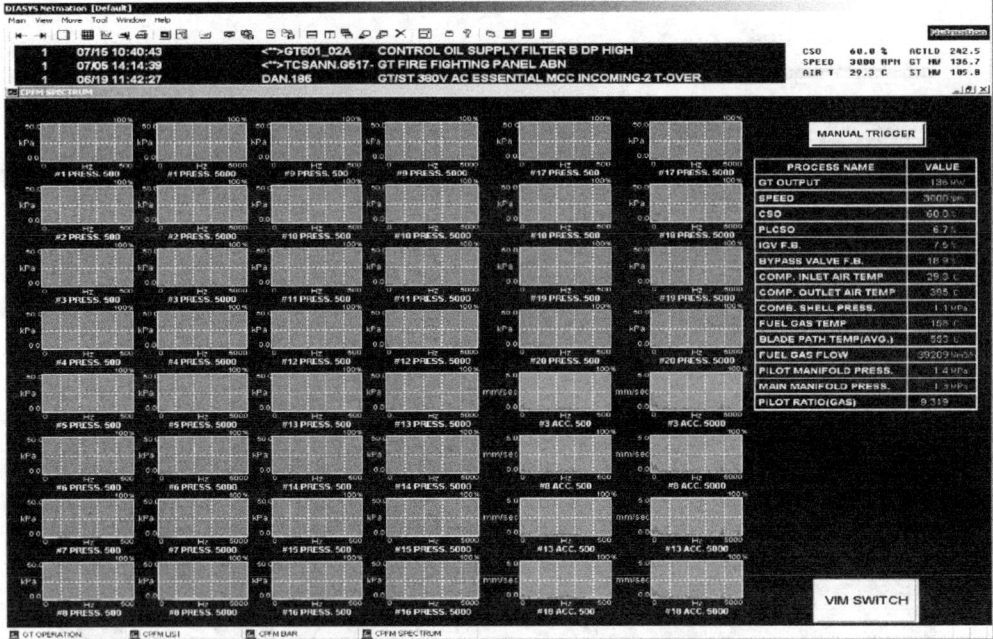

图 2.183c 燃烧压力波动频谱图监视画面

(5) CPFA 系统

如前所述,CPFA 系统是自动燃烧调整的核心组成部分,其主要作用就是接收来自 ACPFM 系统数据传输单元 DTU 的振动频谱信号和透平控制系统(TCS)传来的机组运行状态参数,根据设计的数学模型以及历史数据,实时对当前燃烧状态的安全裕度进行测算,并同时计算出针对 PLCSO 和 BYCSO 的修正值,再将修正值送回至 TCS 系统,完成自动燃烧调整功能。

CPFA 系统配套有人机接口软件系统,其主要功能是对进行自动燃烧调整所需要的各种信息和设定进行配置。同时还可以监测当前机组的燃烧振动状态、报警信息以及 PLCSO 和 BYCSO 指令的修正情况。

下面对 CPFA 系统人机接口软件的各项设置和监控窗口分别作介绍。

1) 系统设置窗口(System Setting)

系统设置窗口如图 2.184 所示。

系统设置窗口中包含两大属性设置栏:一是机组属性设置栏,可以对机组型号、燃料类型、燃烧器旁路阀属性、燃烧器属性等进行设置,属性的设置必须要与现场的实际安装情况相符合。二是对 ACPFM 系统环境的设置,ACPFM 系统环境设置的内容主要包括:机组运行环境的大气压力、环境湿度等;系统对机组状态判定条件的设置,如:在什么条件下判定机组负荷保持稳定;什么条件下判定机组正在升、降负荷;以及系统中触发报警条件和报警相关属性的设置。

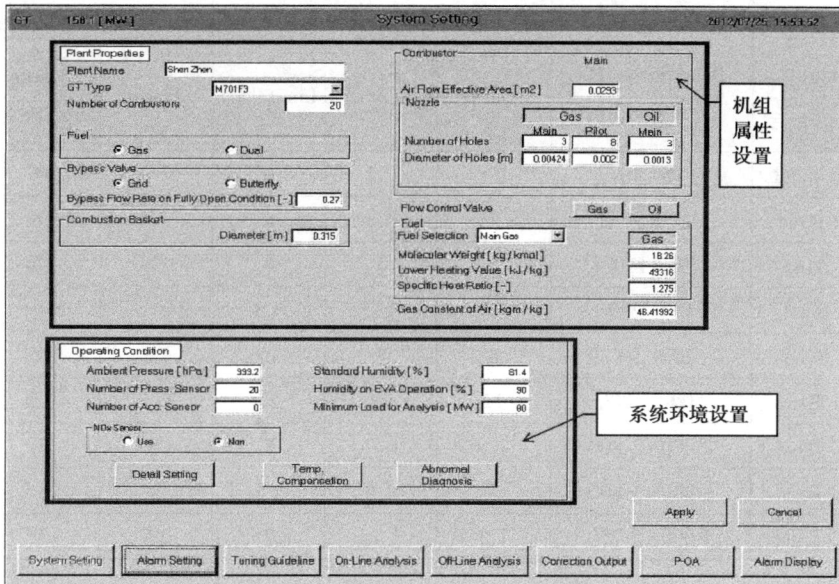

图 2.184　系统设置窗口

2）报警设置窗口（Alarm Level Setting）

报警设置窗口如图 2.185 所示。

报警设置窗口对各个频段的频率范围进行了设定，以及对燃烧压力振动的安全限值（safe）、注意限值（caution）、预报警值（Pre-Alarm）作出了定义，各频段的预报警值的50%定义为安全范围限值，预报警值的75%定义为注意范围限值。透平保护系统（TPS）针对燃烧压力波动设置的保护定值见表 2.76。

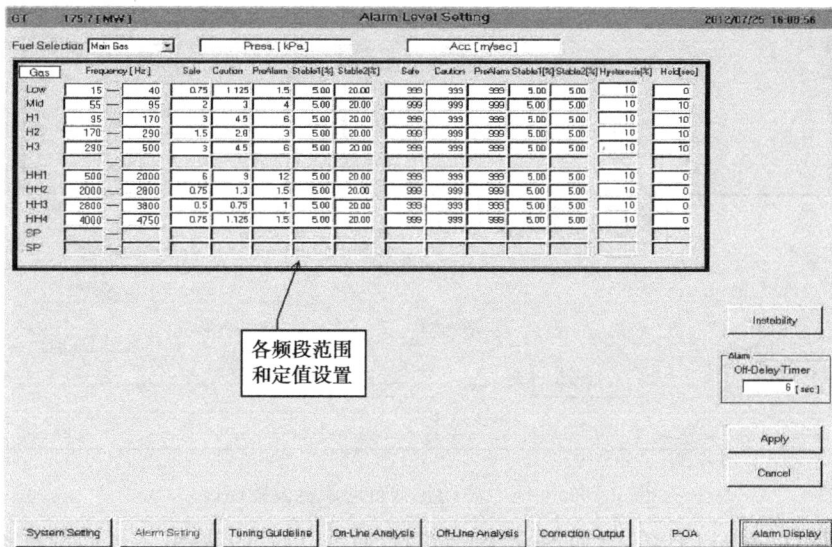

图 2.185　报警设置窗口

表 2.76 各频段预报警值、报警值和限制值设定表

	Band Name	Band Scope/Hz	Presure Fluctuation/kPa			Acceleration		
			Pre Alarm /kPa	Alarm/kPa	Limit/kPa	Pre Alarm /kPa	Alarm /kPa	Limit /kPa
1	LOW Band	15~40	1.5	2.5	6	999	999	999
2	MID Band	55~95	4	5.3	6	999	999	999
3	H1 Band	95~170	6	7	8	999	999	999
4	H2 Band	170~290	3	3.15	3.3	3	4	8
5	H3 Band	290~500	6	8	10	1.7	2.5	5
6	HH1 Band	500~2 000	12	18	27	2.5	3.5	5.5
7	HH2 Band	2 000~2 800	1.5	1.75	2	2	3	6
8	HH3 Band	2 800~3 800	1	1.6	2.2	2	3	6
9	HH4 Band	4 000~4 750	1.5	1.75	2	2.5	3	6

3)自动燃烧调整设置窗口(Tuning Guideline)

自动燃烧调整设置窗口分为 3 类:一是发生燃烧压力波动异常情况下的自动调整设置;二是 NO_x 排放异常情况下的自动调整设置;三是 ACPFM 系统自动进行参数摆动的调整设置。

①压力波动异常情况下的自动调整设置

压力波动异常情况下的自动调整设置窗口如图 2.186a 所示。

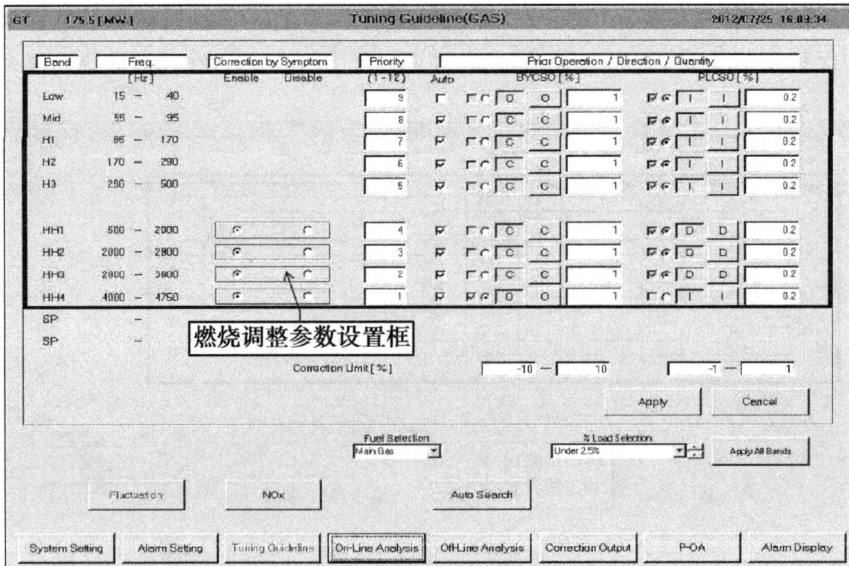

图 2.186a 压力波动异常自动调整设置窗口

从图 2.187a 中可以看到,针对每个频段,BYCSO 和 PLCSO 都作了自动调整设置。包括以下内容:

A.调整优先级的设置(见图 2.186b)

由于燃烧振动发生的频段越高,对燃烧器造成的伤害越大。因此,自动燃烧调整的优先级设置是从高频段到低频段依次向下排序的,也即是说如果当两个频段同时发生燃烧压力波动异常的情况时,以高频段的调整方向优先。

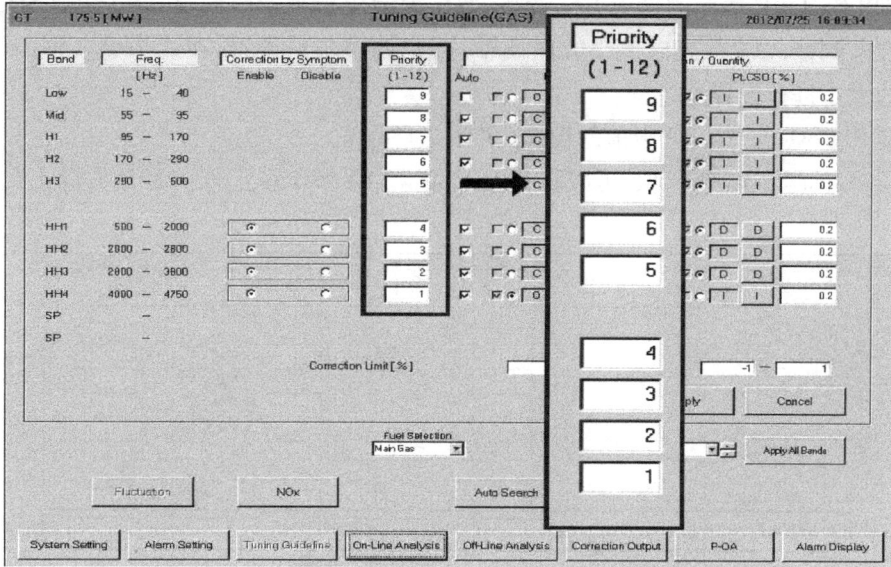

图 2.186b　优先级设置

B.调整 PLCSO 和 BYCSO 的设置(见图 2.186c)

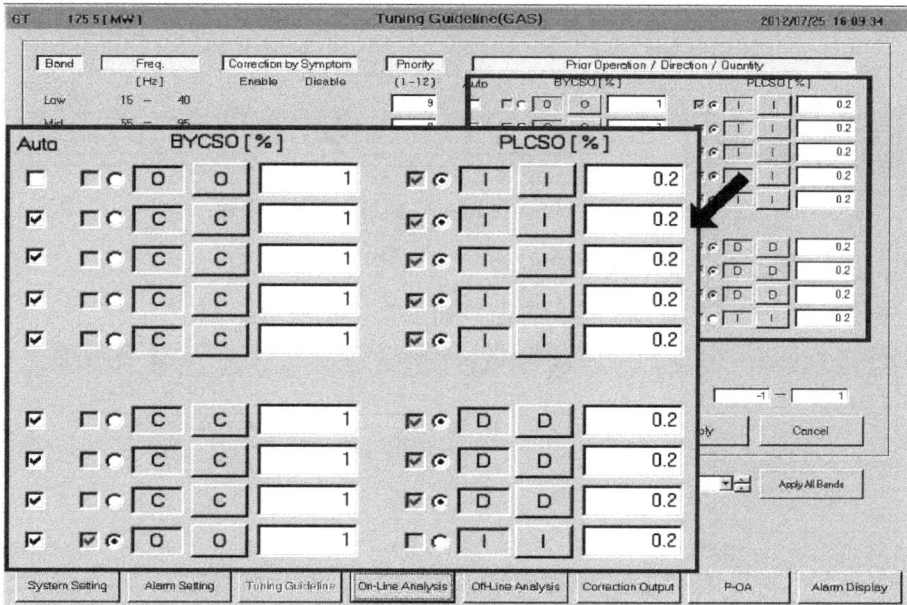

图 2.186c　PLCSO 和 BYCSO 的调整设置

从图 2.186c 中可以看到,关于调整 PLCSO 和 BYCSO 的设置有 4 项:一是"Auto"设置项,勾选相应频段下的"Auto"项,可激活当该频段发生燃烧压力波动异常时,ACPFM 系统进行自动在线燃烧调整的功能;二是优先调整项,可通过勾选 PLCSO 或者 BYCSO 前面的圆形选择框进行设置,与人工燃烧调整一样,PLCSO 和 BYCSO 是分别进行摆动试验的,因此在这里可以设置哪一个参数先进行摆动调整;三是摆动方向设置,可对参数优先进行的摆动方向进行设置,对于 PLCSO,"I"表示向增大方向调整,"D"表示向减小方向调整;对于 BYCSO,"O"代表向打开方向调整,"C"代表向关小方向调整;四是调整步长设置,在每个输入框内,可对每次调整量的大小进行设置。

C.调整 PLCSO 和 BYCSO 限值的设置(见图 2.186d)

在"Correction Limit(%)"项,可以设置 PLCSO 和 BYCSO 在正方向和负方向上的最大调整量。

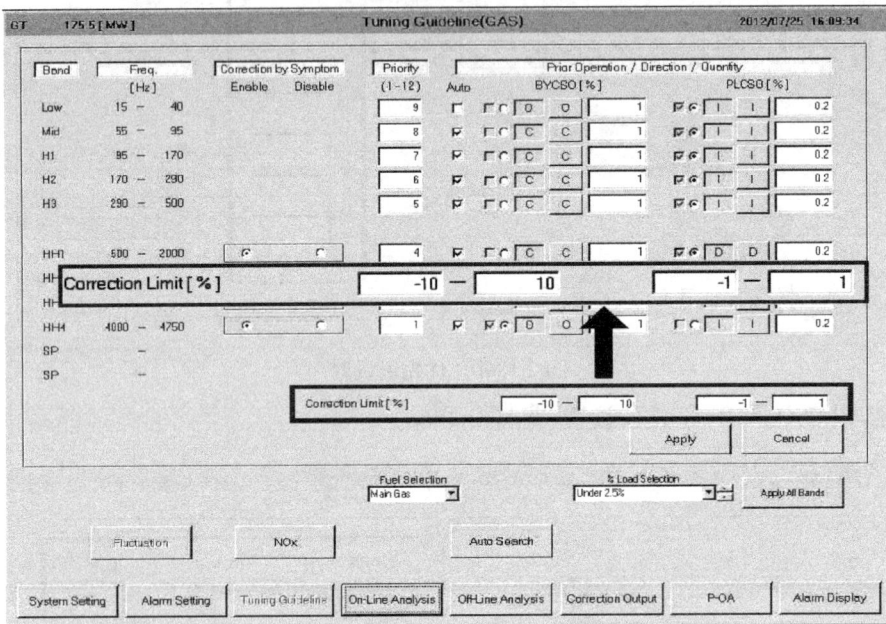

图 2.186d   PLCSO 和 BYCSO 的最大调整量设置

②NO_x 排放异常情况下的自动调整设置

NO_x 排放异常情况下的自动调整设置窗口如图 2.186e 所示。

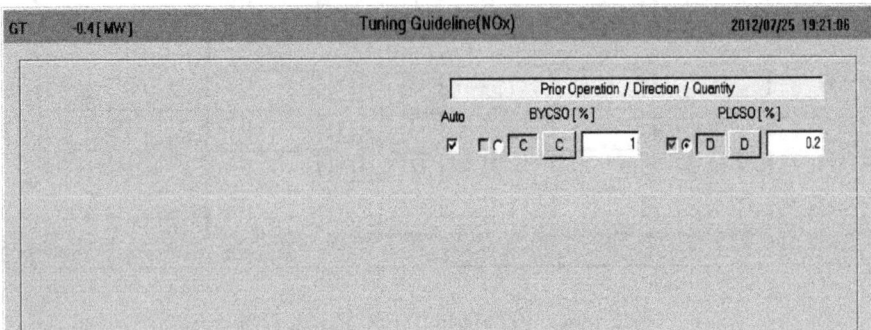

图 2.186e NO_x 排放异常情况下的自动调整设置窗口

与压力波动异常情况下的自动调整设置相似,对 PLCSO 和 BYCSO 的调整顺序、调整方向、调整步长作了设置。

③ACPFM 系统自动进行参数摆动调整设置

ACPFM 系统自动进行参数摆动调整设置窗口如图 2.186f 所示。

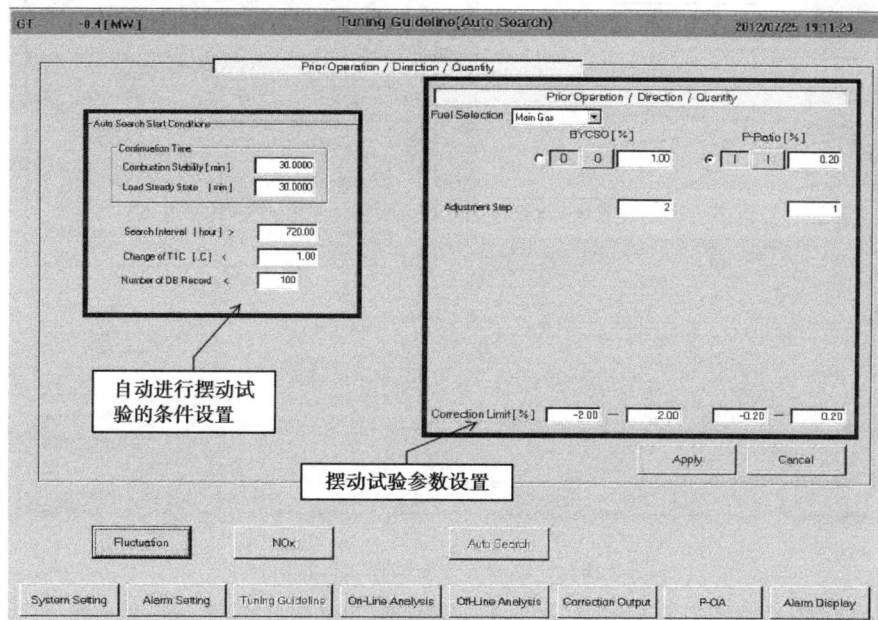

图 2.186f　自动参数摆动试验下的调整设置窗口

进行自动参数摆动试验的目的是在试验过程中收集数据进行燃烧状态分析,确认稳定燃烧裕度,绘制安全稳定区域图。为当燃烧振动发生时的快速反应作好准备。

窗口对 PLCSO 和 BYCSO 的摆动顺序、摆动方向、摆动步长、摆动步数及摆动限值作了设置。另外,还对进行自动参数摆动调整的前提条件进行了设置,如在进行摆动试验前机组负荷需要稳定的时间、燃烧压力波动需要稳定的时间。

4)燃烧压力波动在线分析窗口(On-line Analysis)

如图 2.187a 所示,根据在线分析考虑条件设置窗口中选择设置的考虑条件,ACPFM 系统自动绘制出当前工况下,燃烧安全稳定区域图。图中包含 3 个部分:"Safe 区域""Caution 区域"和"Pre-Alarm 区域"。"Safe 区域"根据 Pre-Alarm 设定值的 50% 绘制,"Caution 区域"根据 Pre-Alarm 设定值的 75% 绘制。图 2.187a 中可实时显示当前燃烧的工况点,当工况点处于"Safe 区域"时,表明系统燃烧情况稳定良好。绘制安全稳定区域图所考虑的条件中不仅包含有 1 号至 20 号燃烧器压力波动探头在各个频段(除了低频段)测得的燃烧压力波动情况,还对防止譬如回火现象(Flash back)的发生、金属温度的过低或者过高(Metal Temp)、火焰消失(Flame Out)现象、值班燃料比率过低或者过高(Fuel Valve)等条件都作了考虑。各个条件下的限值可以通过单击在线分析窗口中的"Setting"按钮进行设置(见图 2.187b)。另外,还可通过单击"Permission Direction"按钮进入设置窗口,针对以上描述的现象发生时,对 PLCSO 和 BYCSO 自动调整的方向进行设置(见图 2.187c)。

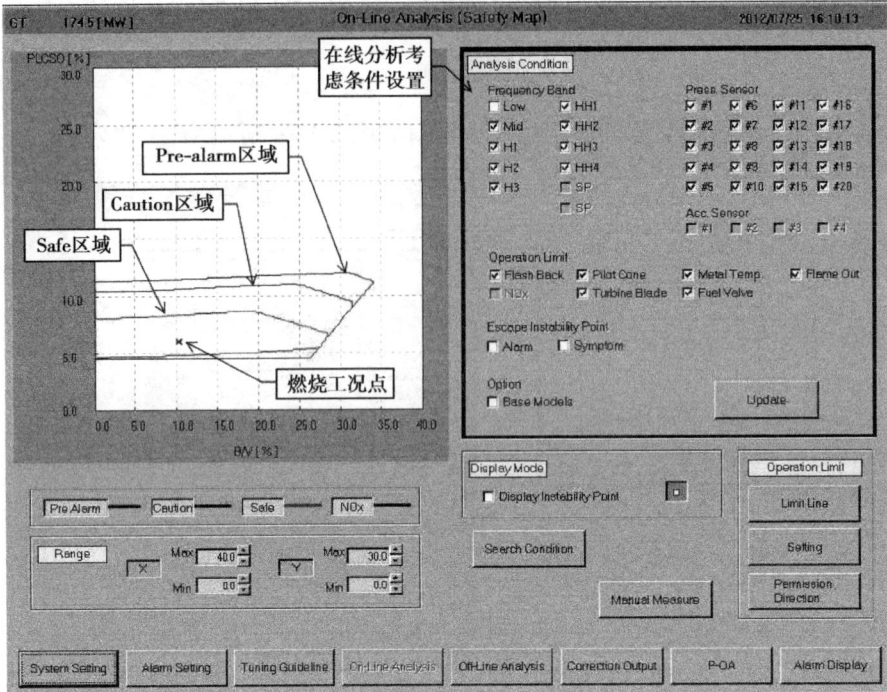

图 2.187a 燃烧压力波动在线分析窗口

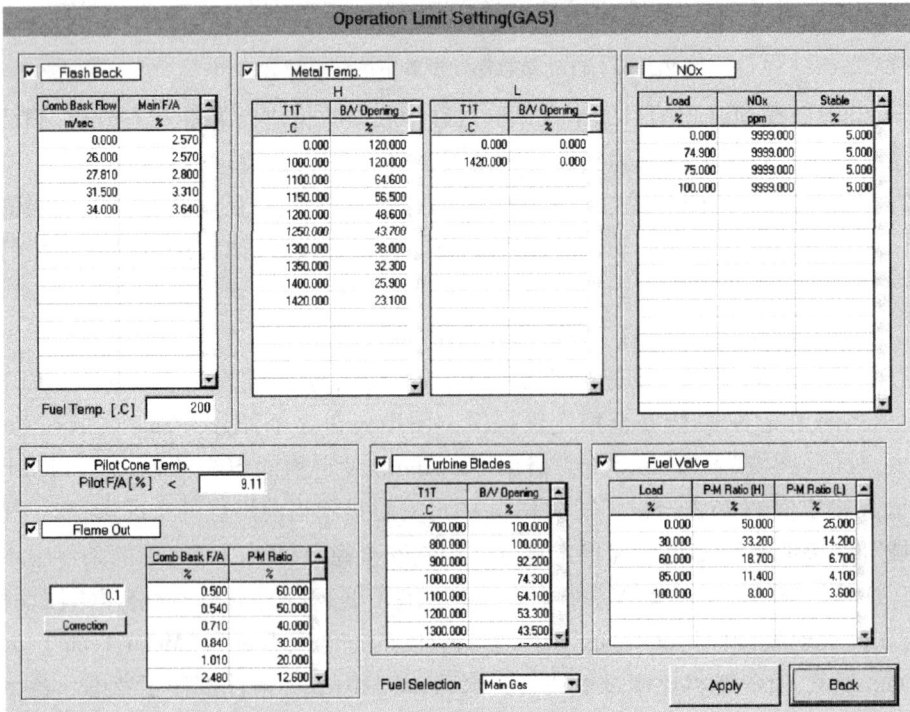

图 2.187b 安全区域图绘制考虑条件设置

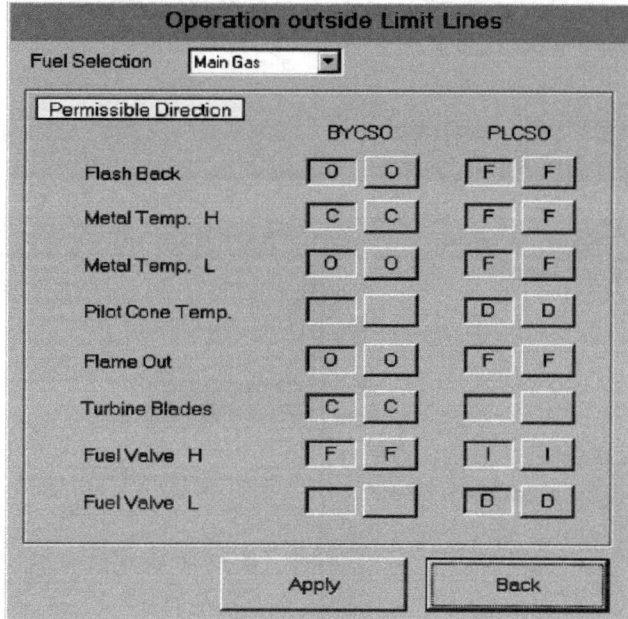

图 2.187c　异常现象发生时 PLCSO 和 BYCSO 动作方向设置

5）燃烧压力波动离线分析窗口（Off-line Analysis）

燃烧压力波动离线分析窗口如图 2.188 所示。

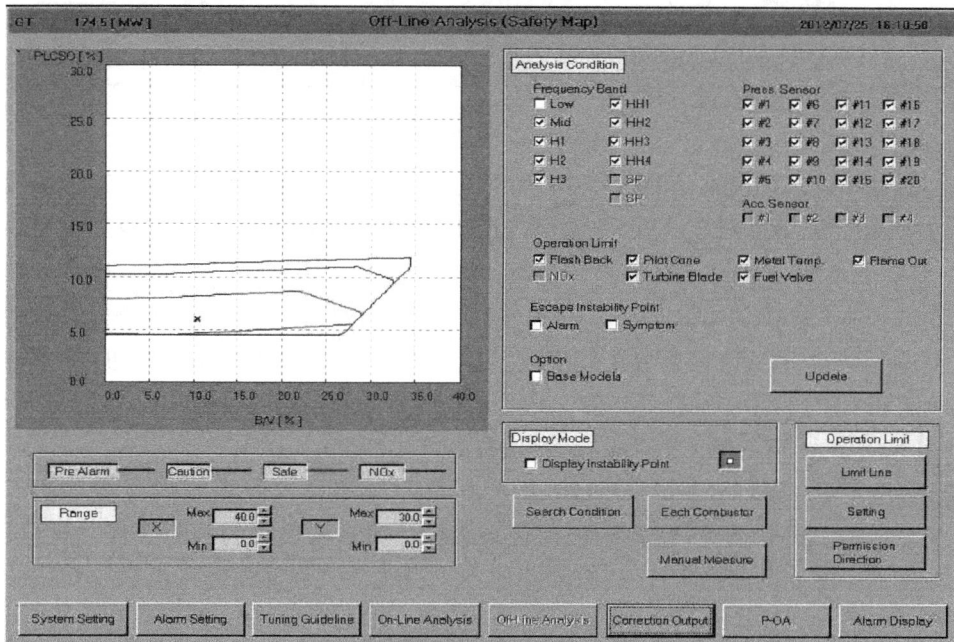

图 2.188　燃烧压力波动离线分析窗口

燃烧压力波动离线分析窗口与在线分析窗口类似,同样可以实时显示安全稳定区域图和燃烧工况点。所不同的是,在离线分析窗口可以任意对绘制安全稳定区域图的条件进行筛选,以显示考虑不同频段、不同燃烧器条件下,安全稳定区域的测算情况。另外,通过单击窗口中的"Each Combustor"按钮,还可分别查看每个燃烧器燃烧的工况点在安全稳定区域图中所处的位置。

6)修正参数输出窗口(Correction Output)

修正参数输出窗口如图2.189a所示。

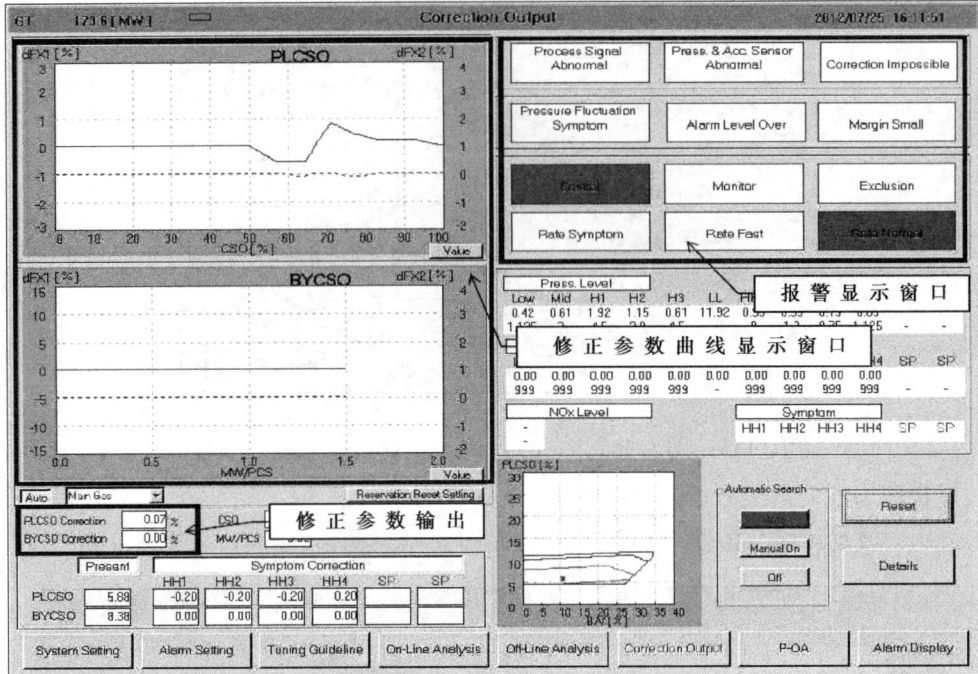

图 2.189a　修正参数输出窗口

窗口左侧的曲线窗口显示 PLCSO 和 BYCSO 的修正参数曲线,也即是本章 2.4.4 小节(3)下面的 2)所说的 PLCSO(FX1)与 CSO 和 BV(FX1)与 MW/(K×Pcs+B)的函数对应关系。单击曲线窗口右下角的"Value"按钮,可查看修正参数的函数关系列表(见图 2.189b)。在曲线窗口的正下方,"PLCSO Correction"显示当前 PLCSO(FX1)的修正输出值;"BYCSO Correction"显示当前 BV(FX1)的修正输出值。单击窗口右下角的"Detail"按钮,可详细分别显示 CSO 与 PLCSO(FX1)、PLCSO(FX2)、PLCSO(FX3)的修正参数曲线,以及 MW/(K×Pcs+B)与 BV(FX1)、BV(FX2)和 BV(FX3)的修正参数曲线(见图 2.189c)。

在安全稳定区域图的右侧,设计有进入自动参数摆动试验模式的选择按钮(见图 2.189d)。在自动模式下,ACPFM 系统根据在系统设置窗口中设置的判断条件,监控机组的运行状态,在满足试验的前提条件下,自动按照预先设置的方案开始进行参数摆动试验。在手动模式下,由操作人员手动进入自动参数摆动试验。窗口的右上方为报警显示区域,可通过窗口右下角的"RESET"按钮对报警进行复位。窗口右侧的中间区域为 20 个燃烧器在各频段压力波动的最高值显示。当压力波动值超过"Caution"限制值时,示值会呈红色显示。

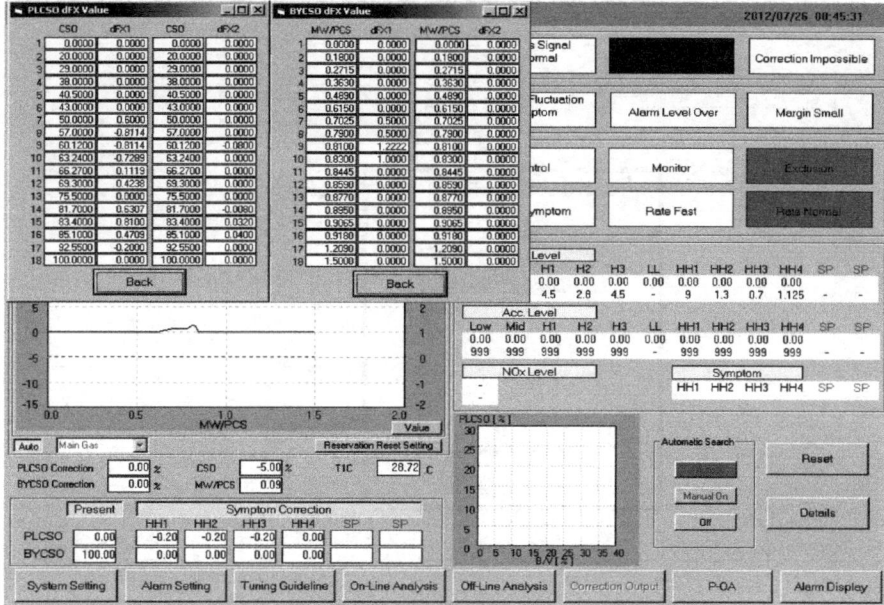

图 2.189b　PLCSO 和 BYCSO 修正参数函数关系列表窗口-1

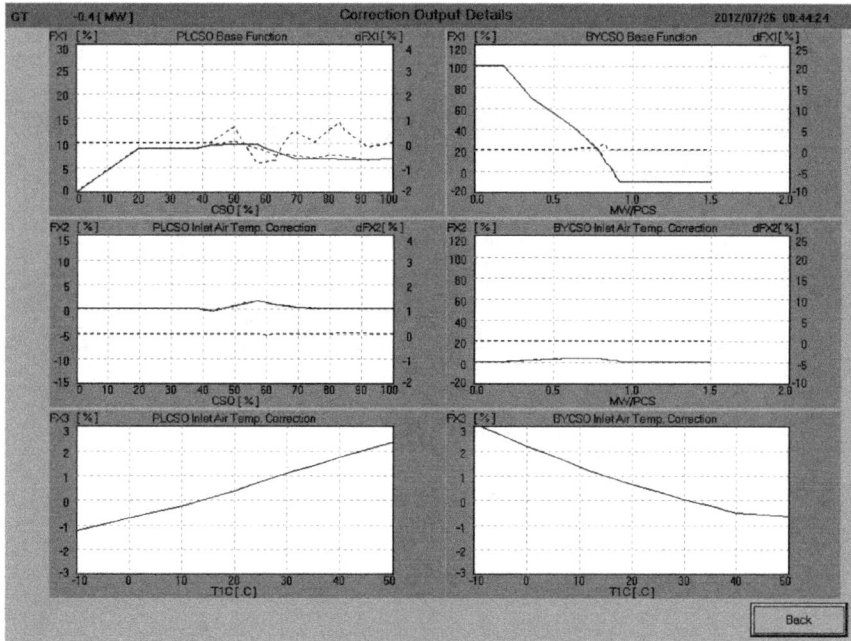

图 2.189c　PLCSO 和 BYCSO 修正参数函数关系列表窗口-2

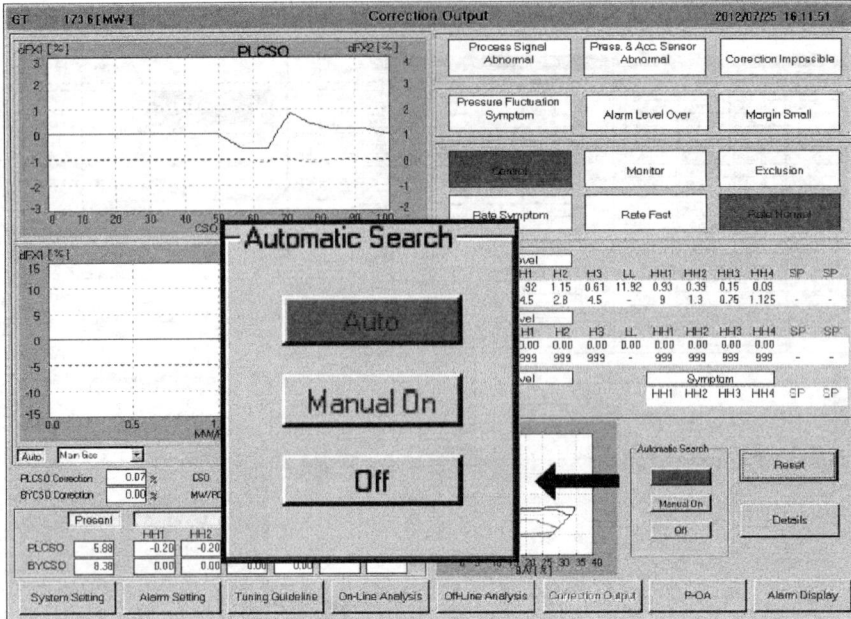

图 2.189d　自动参数摆动试验进入模式选择

7)P-OA 显示窗口

P-OA 显示窗口以柱状图的形式显示 20 个燃烧器在 HH1—HH4 频段的燃烧压力波动情况,如图 2.190 所示。

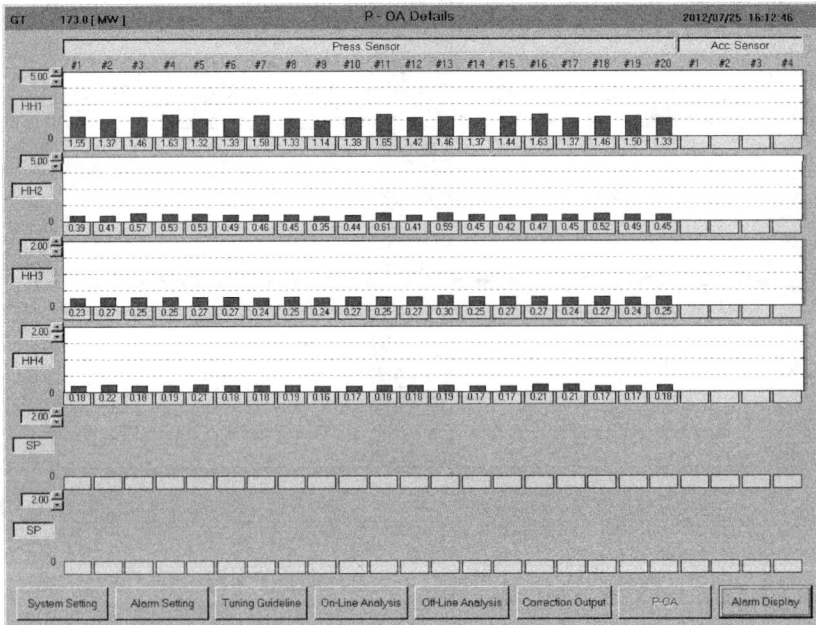

图 2.190　P-OA 显示窗口

8)报警显示窗口(Alarm Display)

报警窗口显示以下 4 种类型的报警信息(见图 2.191):

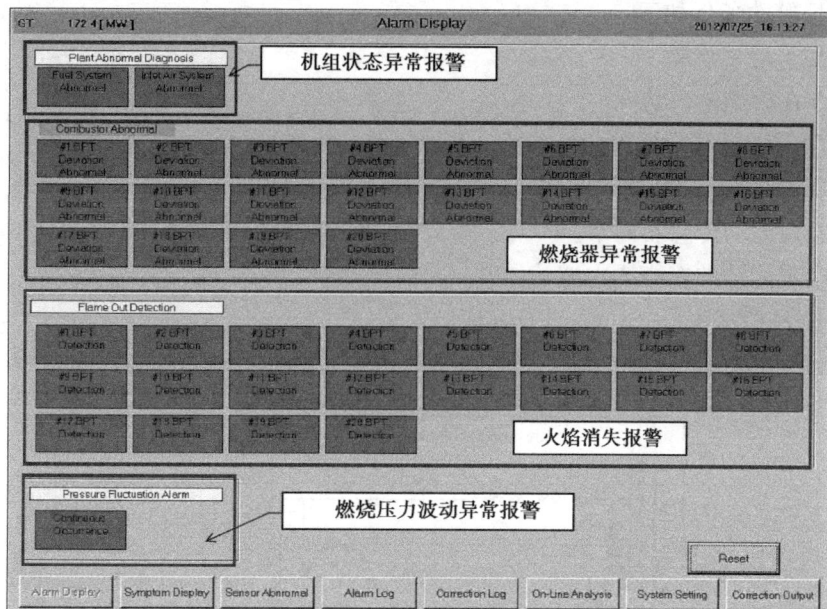

图 2.191　报警显示窗口

①机组状态异常报警

A.入口空气系统异常(Inlet Air System Abnormal)

引发该报警的条件如下：

a.压气机入口 Index 差压异常。

b.压气机入口空气联箱压力异常。

c.压气机入口温度异常。

d.IGV 反馈异常。

e.更换压气机入口滤网后,或者在对叶片水洗、IGV 擦拭后,使得压气机进气流量增大,而没有对进气流量历史记录复位。

B.燃料系统异常(Fuel System Abnormal)

引发该报警的条件如下：

a.主燃料、值班燃料母管压力异常。

b.主燃料、值班燃料流量控制阀阀位反馈异常。

c.主燃料、值班燃料流量控制阀差压异常。

d.燃料温度异常。

e.燃料组分变化大。

②燃烧器状态异常报警(Combustor Abnormal)

引发该报警的条件如下：

a.在对燃烧器、燃料喷嘴等部件进行更换后,没有对 CPFM 历史数据进行复位。

b.BPT 温度元件异常。

c.燃烧器实际状况存在异常。

③火焰消失侦测报警(Flame Out Detection)

引发该报警的条件如下：

a.BPT 温度元件异常。

b.实际存在火焰消失状况。

④燃烧压力波动异常报警（Flame Out Detection）

引发该报警的条件如下：

a.燃烧压力波动传感器异常。

b.实际出现连续的燃烧压力波动异常。

9）特征信号指示窗口（Symptom Display）

特征信号是指在高于 500 Hz 的 HH 频段上，突然出现的毛刺尖峰，如图 2.192a 所示。

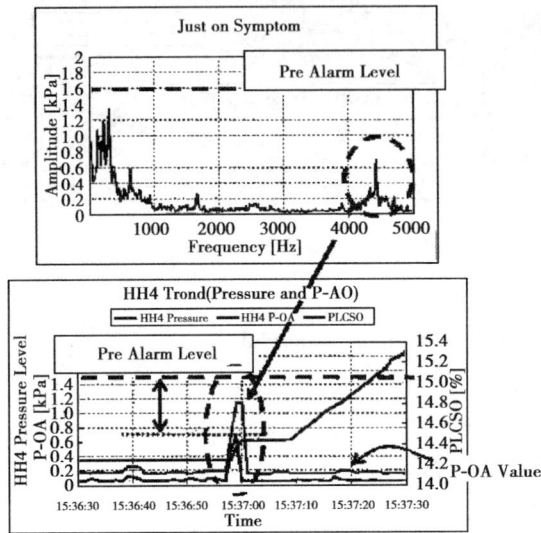

图 2.192a　特征信号示图

当某个燃烧器在 HH1—HH4 中的任一频段出现过特征信号时，特征信号窗口会予以显示红色，如图 2.192b 所示。

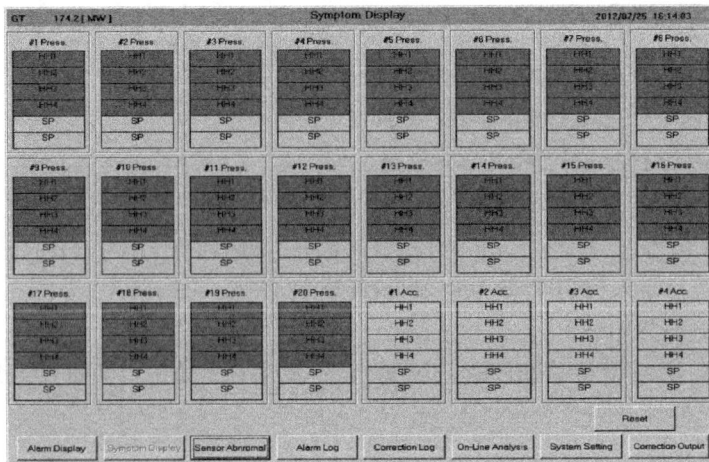

图 2.192b　特征信号显示窗口

10）传感器异常状态显示窗口（Sensor Abnormal Diagnosis）

传感器异常状态显示窗口可以判断显示传感器是否处于异常状态，以及引发异常状态的原因，如图 2.193 所示。

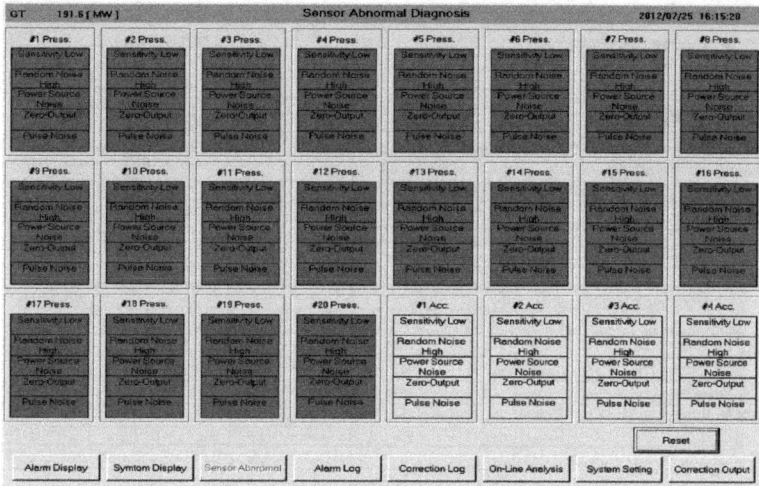

图 2.193　传感器异常状态显示窗口

11）报警日志显示窗口（Alarm Log Display）

报警日志显示窗口显示机组在运行状态中所发生的各种事件，它包括燃烧压力波动异常、操作模式转换以及 ACPFM 系统的各种异常。报警内容包括报警发生时间、报警描述、报警发生的燃烧器编号、报警发生频段和报警等级，如图 2.194 所示。

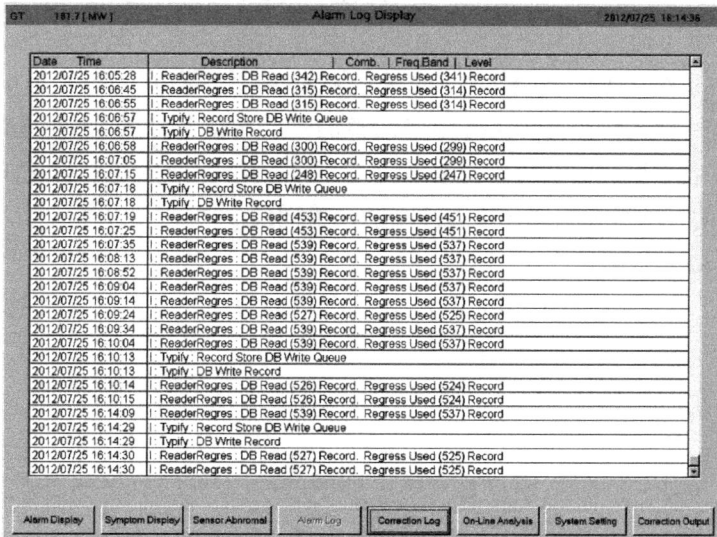

图 2.194　报警日志显示窗口

12）修正日志显示窗口（Correction Log Display）

修正日志显示窗口显示机组在运行过程中所发生的参数修正事件，显示的信息包括：修正发生的时间、修正原因、由于哪个频段、哪个燃烧器异常进行的修正,PLCSO 或 BYCSO 的修正量,以及修正发生时机组的各项状态参数,如图 2.195 所示。

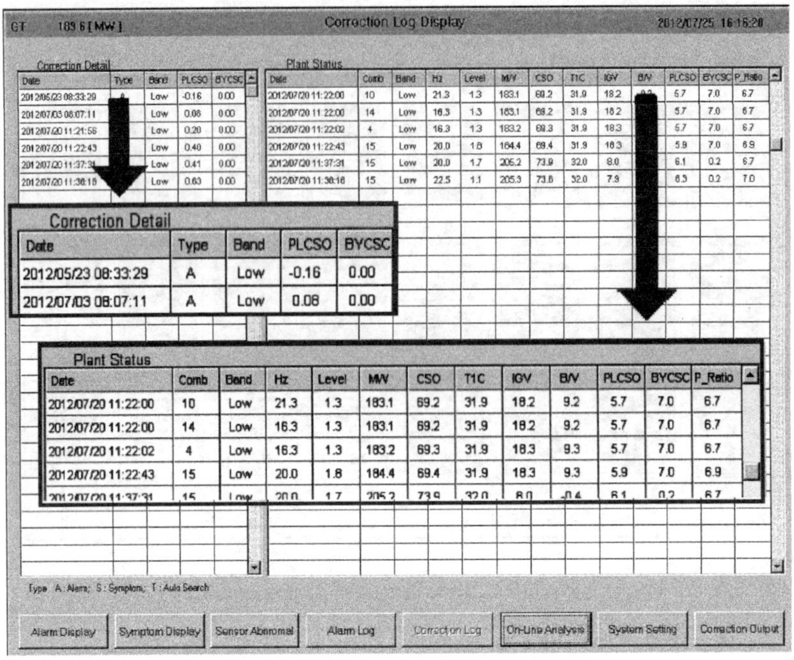

图 2.195　修正日志显示窗口

(6) AbCPFM 工具软件介绍

AbCPFM 软件是一套针对燃烧调整的辅助性工具软件,它安装于燃烧调整的专用笔记本电脑(SMCT)。SMCT 通过以太网接入单元机组网络,接收来自 VIM 模块的燃烧振动频谱信号和从透平控制系统(TCS)送来的各项机组状态参数。SMCT 的主要作用是通过运行 AbCPFM 工具软件,使工作人员在执行燃烧调整的过程中能够清晰、方便地观测机组状态参数,以及燃烧器在各个频段的燃烧压力波动情况,同时还能够便捷地采集、打印在燃烧调整过程中所需要存档的各项数据和燃烧压力波动的频谱图像。

1)软件的启动

在启动 SMCT 笔记本电脑时,AbCPFM 软件会自动启动。也可以通过双击桌面上的 Ab-CPFM.exe 执行文件图标启动软件。

2)软件窗口介绍

①主窗口

主窗口显示分为 4 个区域:窗口上方的工具栏,窗口左侧的机组状态参数显示区和报警监测区,以及窗口的主显示区域即燃烧压力波动监测区(见图 2.196a)。

②工具栏

工具栏如图 2.196b 所示,其中包括的主要快捷工具如下:

a."Start":实时刷新机组监测的各项数据。

b."Stop":暂停刷新数据。

266

图 2.196a　主窗口显示

图 2.196b　工具栏

c."Spectrum":调用频谱显示窗口。

d."Trend":调用趋势显示窗口。

e."BarGraph":以柱状图的形式在主显示区显示各燃烧器在各频段上的燃烧压力波动情况。

f."List":以数据列表的形式在主显示区显示各燃烧器在各频段上的燃烧压力波动情况。

g."Reset":复位报警。

h."Manual":手动输出数据文件。

i."UserSetSpectrum":与"Spectrum"功能相仿,调用用户自定义的频谱显示窗口。

j."DataGraph":调用燃烧压力波动监测窗口。

③机组状态参数显示区

机组状态参数显示区可以显示与燃烧调整相关的各项重要参数,它包括机组负荷(GT Load)、机组转速(GT Speed)、总燃料量指令(CSO)、值班燃料量指令(MFPLCSO)、IGV 阀位反馈(IGV F.B)、燃烧器旁路阀阀位反馈(BV F.B)、压气机入口温度(Inlet Temp)、压气机出口温度(Outlet Temp)、燃烧器壳体压力(ShellPress)、燃料气温度(FG Temp)、BPT 温度均值(BPT (ave))、燃气轮机排气温度均值(EXT (ave))、值班燃料比率(FP Ratio)、燃料气流量(FG Flow)、燃料气压力(FG Press)、值班燃料压力(FGPLMPress)、主燃料压力(FGMAMPress)和 NO$_x$ 排放(NO$_x$15&O$_2$)(见图 2.196c)。

267

CH	Name	Value
1	GT Load	0.00
2	GT Speed	0.00
3	CSO	0.00
4	MFPLCSO	0.00
5	IGV F.B	0.00
6	BV F.B	0.00
7	InletTemp	0.00
8	OutletTemp	0.00
9	ShellPress	0.00
10	FG Temp	0.00
11	BPT(ave)	0.00
12	EXT(ave)	0.00
13	FP Ratio	0.00
14	FG Flow	0.00
15	FG Press	0.00
16	FGPLMPress	0.00
17	FGMAMPress	0.00
18	NOx15%O2	0.00

图 2.196c　机组状态参数显示

④报警监测区

报警监测区显示各频段的预报警(Pre-Alarm)、报警(Alarm)和限制值(Limit)。当燃烧压力波动异常触发报警时,相应频段的定值会呈红色显示,同时发出声音提示,如图 2.196d 所示。

Press.

Band	Freq	Pre...	Alarm	Limit
Low	15--40	1.50	2.50	6.00
Mid	55--95	4.00	5.30	6.00
High1	95--170	6.00	7.00	8.00
High2	170--290	3.00	3.15	3.30
High3	290--500	6.00	8.00	10.00
OA	5--500	35.00	999.00	999.00
HH1	500--2000	12.00	18.00	27.00
HH2	2000--2800	1.50	1.75	2.00
HH3	2800--3800	1.00	1.60	2.20
HH4	4000--4750	1.50	1.75	2.00

图 2.196d　报警状态监测区

⑤主显示区

主显示区以柱状图或者数值列表的形式实时显示 20 个燃烧器在各个频段上的燃烧压力波动情况,如图 2.196e 和图 2.196f 所示。

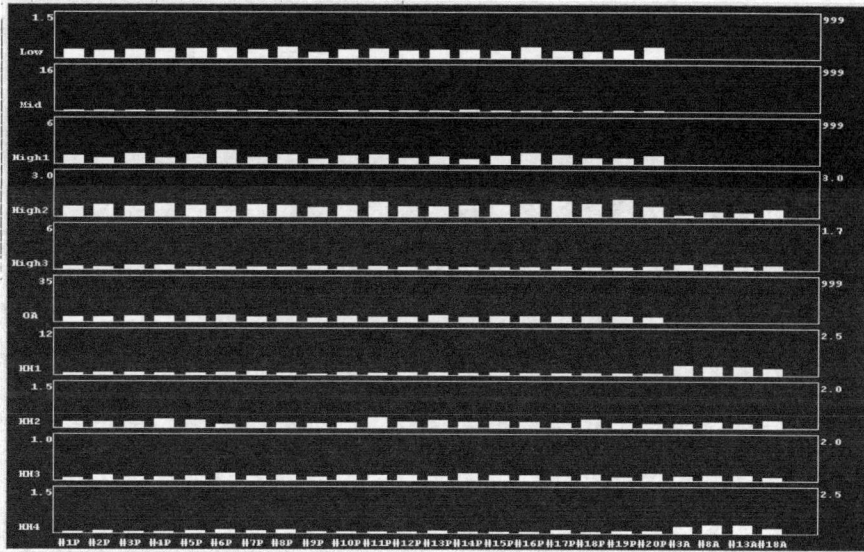

图 2.196e 柱状图显示

Band	Level(kPa / mm/s)									
CH	Low	Mid	High1	High2	High3	OA	HH1	HH2	HH3	HH4
#1P	0.28	0.41	1.15	0.73	0.49	4.60	0.70	0.23	0.09	0.09
#2P	0.36	0.33	1.22	1.00	0.52	4.93	0.90	0.19	0.13	0.09
#3P	0.32	0.38	1.31	0.90	0.62	5.20	0.68	0.36	0.12	0.07
#4P	0.31	0.48	1.47	0.87	0.80	5.38	0.71	0.29	0.10	0.07
#5P	0.36	0.51	1.10	0.94	0.49	4.86	0.74	0.31	0.10	0.13
#6P	0.25	0.42	1.45	0.71	0.54	5.19	0.67	0.22	0.12	0.07
#7P	0.36	0.36	1.40	0.58	0.51	4.68	0.80	0.22	0.10	0.06
#8P	0.32	0.52	1.21	0.77	0.62	4.82	0.90	0.23	0.12	0.10
#9P	0.39	0.38	0.77	0.71	0.57	4.13	0.62	0.28	0.10	0.07
#10P	0.28	0.48	1.13	0.67	0.45	4.71	0.67	0.23	0.13	0.09
#11P	0.38	0.41	1.08	0.83	0.67	5.25	0.77	0.32	0.13	0.08
#12P	0.39	0.35	0.89	1.03	0.42	4.54	0.58	0.29	0.09	0.07
#13P	0.36	0.42	0.94	1.13	0.58	5.46	0.62	0.36	0.10	0.07
#14P	0.32	0.35	1.03	0.90	0.67	4.70	0.55	0.28	0.13	0.09
#15P	0.26	0.33	1.56	0.68	0.38	4.95	0.64	0.28	0.13	0.10
#16P	0.38	0.38	1.76	0.61	0.58	5.01	0.83	0.23	0.15	0.09
#17P	0.23	0.41	1.03	0.84	0.60	4.98	0.67	0.25	0.13	0.10
#18P	0.32	0.35	0.87	0.61	0.61	4.11	0.87	0.28	0.15	0.09
#19P	0.31	0.42	1.10	1.29	0.51	5.15	0.58	0.22	0.07	0.06
#20P	0.28	0.39	1.29	0.81	0.45	4.82	0.87	0.20	0.15	0.10
#3A	0.80	0.23	0.29	0.28	0.23	3.14	0.60	0.31	0.37	0.37
#8A	0.44	0.11	0.19	0.46	0.17	2.09	0.52	0.25	0.14	0.37
#13A	0.26	0.08	0.15	0.38	0.16	1.72	0.45	0.23	0.33	0.41
#18A	0.36	0.12	0.17	0.46	0.14	1.97	0.36	0.36	0.13	0.24

18:39:21

图 2.196f 数值列表显示

3）快捷工具介绍

①"Start"和"Stop"

单击"Start"按钮，激活监测数据的刷新状态；单击"Stop"按钮，暂停监测数据刷新。

②"Spectrum"

单击"Spectrum"按钮，可以调用"Monitor"频谱显示窗口，如图 2.197a 所示。

一个"Monitor"窗口可显示 8 个压力波动探头的频谱图。用户可选择监测 1—8 号，9—16 号或者 17—24 号探头的信号。其中，1—20 号为压力波动传感器信号，21—24 号为压力波动加速度传感器信号。另外，用户还可选择需要显示的频段，以及对频谱图的纵向显示量程作出设定。

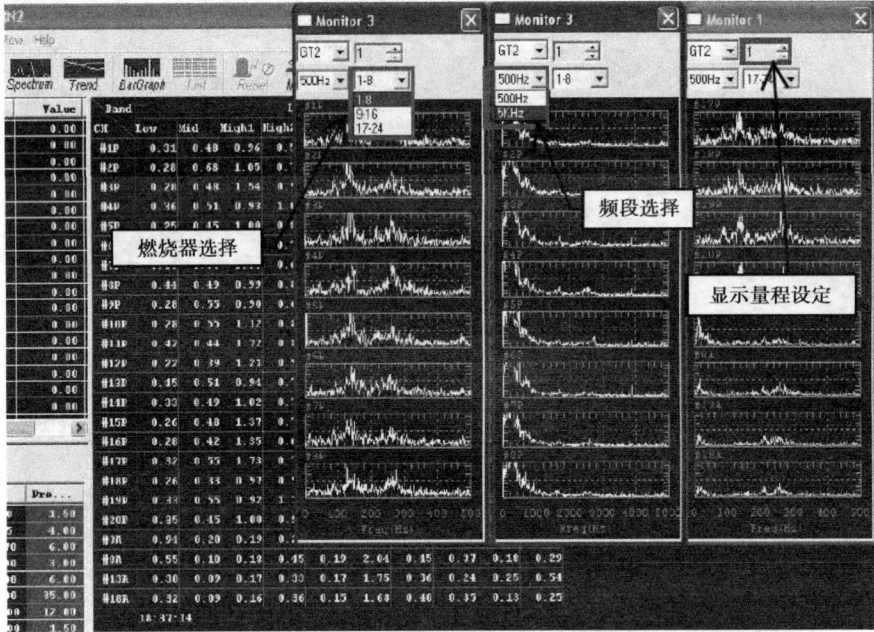

图 2.197a 频谱显示窗口

③"Trend"

单击"Trend"按钮,可以调用"Trend Graph"趋势显示窗口,如图 2.197b 所示。

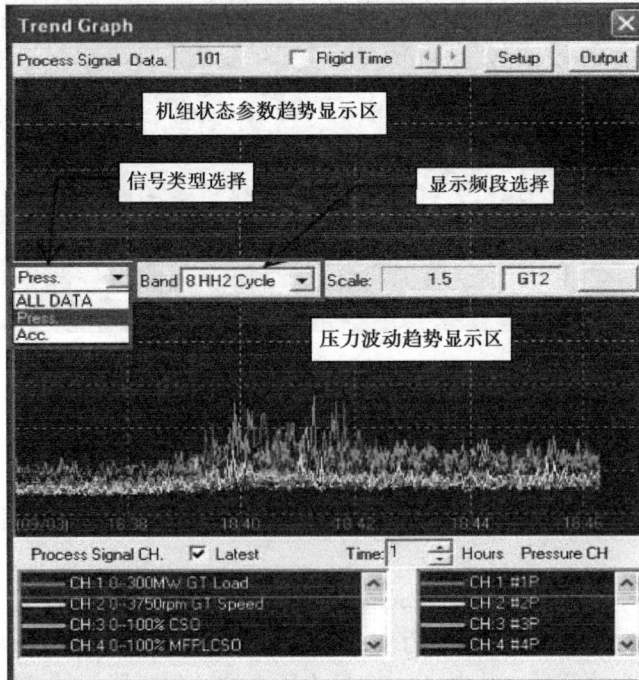

图 2.197b 趋势窗口

窗口的上部为机组状态参数趋势显示区,可实时显示与燃烧调整相关的各项参数的趋势；下部为燃烧压力波动趋势显示区，可显示 20 个压力波动探头和 4 个压力加速度探头信号的实时趋势。窗口中可对监测的信号类型和监测频段进行选择。勾选压力波动显示区下方的"Latest"选项，可显示最近 10 min 的数据趋势。单击机组状态参数趋势显示区右上方的"Setup"按钮，弹出"Trend Setup"窗口，可对显示的信号进行设置，如图 2.197c 所示。

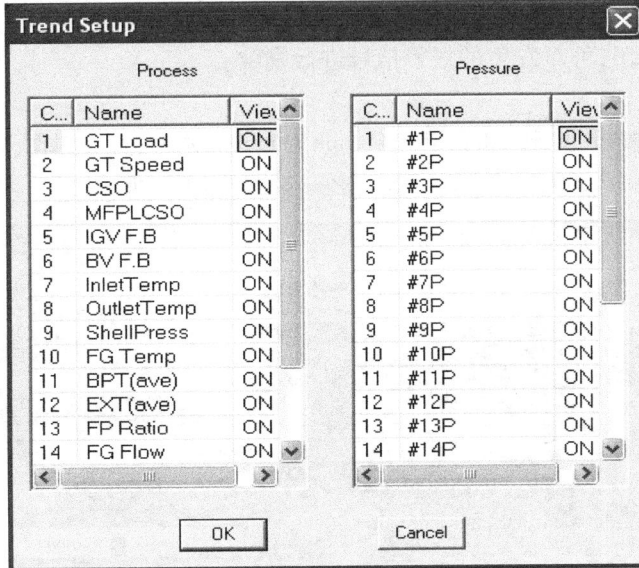

图 2.197c　趋势设置窗口

单击机组状态参数趋势显示区右上方的"Output"按钮，弹出"Trend Output(CSV File)"窗口，生成趋势数据的可以选择生成以 ∗.CSV 为后缀名的趋势数据文件，如图 2.197d 所示。

图 2.197d　生成 CSV 趋势数据文件

④"BarGraph"和"List"

单击"BarGraph"按钮,在主显示区以柱状图的形式实时显示燃烧压力波动信号;单击"List"按钮,在主显示区以数据列表的形式实时显示燃烧压力波动信号(请参见本章 2.4.4 小节(6)下面 2)主显示区)。

⑤"Reset"

单击"Reset"按钮,可对发生的报警信号进行复位。

⑥"Manual"

单击"Manual"按钮,弹出"Manual Spectrum Output"对话框,可制作、打印 24 个传感器信号在 0~500 Hz 和 0~5 000 Hz 频段的频谱图像,如图 2.197e 所示。

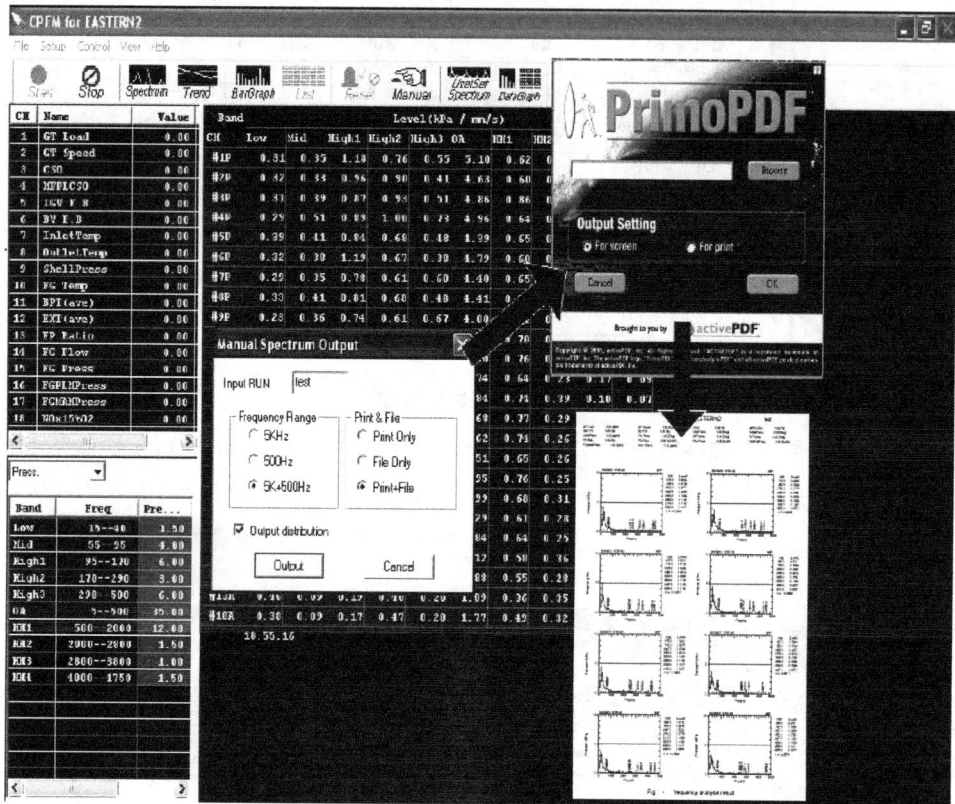

图 2.197e　制作、打印燃烧压力波动信号频谱图像文件

⑦"UserSet Spectrum"

与"Spectrum"功能相仿,也是调用频谱监视窗口。只是在频谱窗口中监视的信号和信号数量可由用户自由定义,如图 2.197f 所示。

⑧"DataGraph"

单击"DataGraph"按钮,可以调用燃烧器压力波动监视窗口"Graph Monitor",完成对 20 个燃烧器压力波动信号和 4 个燃烧器压力波动加速度信号的集中监视。监视的信号类型可在窗口左上角的下拉菜单中进行选择。信号显示的形式同样可在柱状图和数值列表之间进行转换(见图 2.197g)。

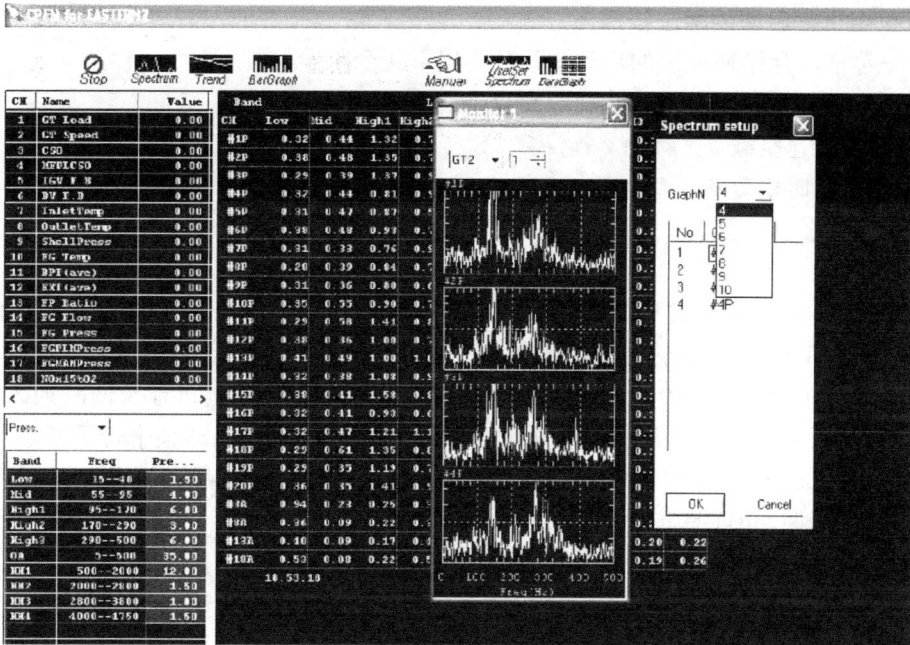

图 2.197f　用户自定义频谱监视窗口

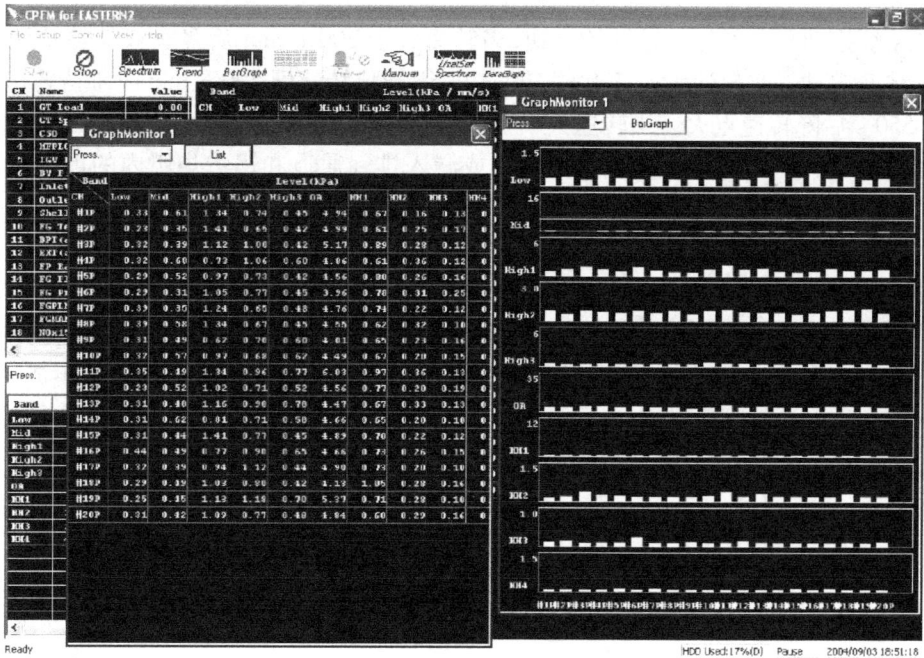

图 2.197g　"DataGraph"监视窗口

2.4.5　机组启停控制过程描述

本小节主要描述机组启停机的控制过程,主要包括正常启动过程、正常停机过程和检修停机过程。

（1）机组正常启动控制过程描述

燃气-蒸汽联合循环机组的启动过程分为以下4个阶段：

①发启动令后SFC冷拖升速清吹、点火、暖机。

②升速至全速空载。

③并网及带暖机负荷。

④汽轮机进气启动完成。

1）发启动令

在TCS上选择启动模式为"NORMAL"方式，机组"RTS（READY TO START）"条件满足后，即可单击"START"按钮，发出启动令。启动令发出后，静态变频装置（Static Frequency Converter，SFC）接收到启动指令，开始动作相关开关和刀闸，给发电机定子回路通入电流、转子回路通入励磁电流形成励磁磁场，此时将发电机作为同步电机拖动整个转子开始升速。启动令发出后压气机中压和低压防喘放气阀打开，高压防喘放气阀保持关闭，防止压气机在升速过程中发生喘振。IGV角度由全关的34°开至19°（IGV就地角度-4°对应100%开度，34°对应0%开度），增加低速时的流量远离喘振区，同时使压气机能够维持足够的空气流量进行清吹，但又不至于使SFC的负载过大。转子冷却空气TCA换热器冷却风扇开始运行。点火器自动推到点火位置。主燃料压力控制阀和值班燃料压力控制阀打开泄压约1 min。低速盘车马达停止运行，盘车啮合装置退出啮合位至脱扣位。

2）清吹

SFC系统拖动联合循环单轴开始升速，当转速大于300 r/min后盘车齿轮箱喷油电磁阀失电关闭停止喷油。当转速大于500 r/min时开始计时，转速到700 r/min时维持转速持续清吹，计时550 s后降转速点火。当转速大于600 r/min后发电机顶轴油泵自动退出运行。燃气轮机转子升速至700 r/min进行清吹，对残留或漏入排气通道和锅炉炉膛内的可燃气体进行吹扫，防止点火后发生爆燃。

3）点火，暖机

机组清吹550 s后，TCS发出降速至点火转速点火的申请，SFC开始拖动机组降转速至设定的点火转速。点火转速为大气温度的函数（见图2.198），目的在于修正点火时大气温度对空气质量流量的影响，防止点火不成功，气温越高点火转速越高，气温越低点火转速越低。大气温度20 ℃对应的点火转速为580 r/min。转速降至点火转速后，跳闸电磁阀失电，建立控制油保安油压，此时燃料排空阀关闭，关断阀打开，发出"FUEL ON"信号，表示燃料开始投入，准备进入燃机点火。汽机中、低压主蒸汽阀均全开。点火器电源动作送电点火器打火。之后机组以CSO14.6%（预设的点火燃料量）的燃料流量按照预设的主燃料阀和值班燃料阀开度要求打开主燃料阀和值班燃料阀点火，同时主燃料压力控制阀和值班燃料控制阀分别动作控制对应的燃料阀的前后压差维持

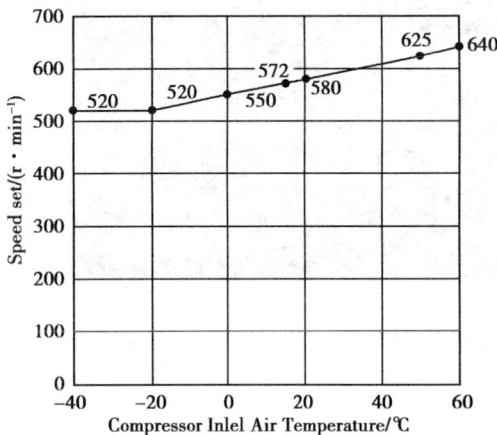

图2.198　燃机点火转速与压气机入口空气温度的关系

在 0.392 MPa 以保证燃料分配的精确。当位于 18 号、19 号燃烧器上的火焰检查器均检查到火焰后,点火成功,点火器停止打火,自动退出点火器。此时燃机运行在"FUEL LIMIT"控制方式下(之前燃机没有点火机组 CSO 输出为零,从此之后 CSO 才作为燃料信号介入调节),此时机组 CSO 输出用以控制机组升速的速率为预设的转速升速率 135 r/min,但是在刚点火成功后,由于初始的点火暖机燃料量进入燃机带来的突增动力使得机组转速在点火后陡升,升速率超过预设值,CSO 维持暖机值,之后随着转速上升,压气机负载变大,暖机燃料和 SFC 提供的动力不足以提供升速率所需的动力,此时机组转速逐渐的趋于平稳在 1 000 r/min,升速率趋于零,等待 CSO 的增加维持预设的升速率。点火后,机组升速后需要的拖动转矩变大,此时燃机 TCS 发出指令给 SFC 控制器,使 SFC 进入加速(ACC)模式,即增加 SFC 出力。另外点火时机组将根据此时的高压缸金属温度来决定机组启动过程是什么启动状态,进而判定机组的冷、冷温、热温、热不同启动状态。

4)升速

点火成功后约 120 s,控制机组升速的"FUEL LIMIT"的输出 FLCSO 通过最小选择后(此时也就是 CSO)作为升速控制调节机组升速率,当 CSO 大于点火燃料基准后,燃气轮机转子开始以 135 r/min 的升速率升速。此时的升速由燃气轮机透平和 SFC 共同拖动(见图 2.199)。随着机组转速的上升,通过压气机的空气流量增加,压气机出口压力也增加,供入机组的燃料量也增加,因此透平的输出功率也增大,已有足够的剩余功率使机组升速。在升速至 2 000 r/min 延时 80 s 后,SFC 退出,此后在"FUEL LIMIT"控制下,燃气轮机通过透平自身动力加速至 3 000 r/min 的额定转速。在转速大于 2 000 r/min 后打开低压主蒸汽调节阀导入冷却蒸汽对叶片进行冷却,低压主蒸汽调节阀的开度为实际冷却蒸汽压力的函数,目的在于保持稳定的冷却蒸汽流量。冷却蒸汽要求压力大于 0.2 MPa,温度高于 160 ℃,蒸汽流量为 20 t/h。在锅炉低压模块受热产生蒸汽后,当低压主蒸汽压力大于 0.25 MPa,温度高于 160 ℃后,低压缸冷却蒸汽自动由辅助蒸汽母管切换至低压主蒸汽供给。

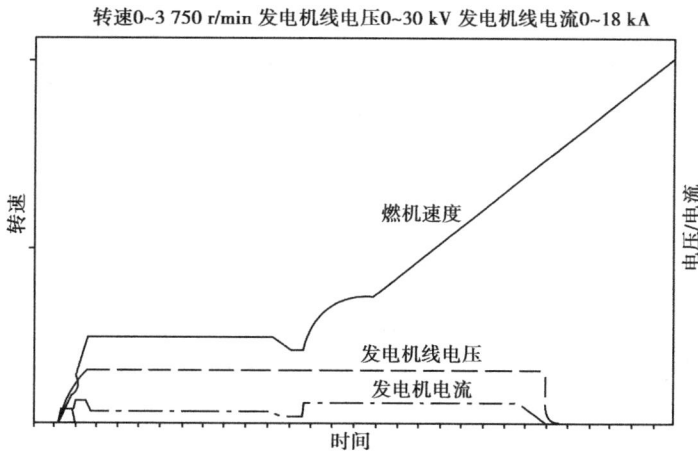

图 2.199　M701F 燃气轮机启动过程中 SFC 运行

转子升速至 2 745 r/min 时 IGV 关闭至 34°,压气机空气流量下降,透平入口温度开始明显上升。2 815 r/min 时压气机低压防喘阀自动关闭,5 s 延时后中压防喘阀自动关闭,防止抽气管道发生激振。

转子升速接近 3 000 r/min 时,燃气轮机进入"GONERNOR"模式即转速控制模式,此时用于控制燃气轮机保持额定转速运行。切换过程原理如下:机组未并网前"GOVERNOR"的有差比例设定控制为额定转速,当机组转速接近额定转速前,设定转速和实际转速差值减小,GVCSO 相应减小,经过最小选择后作为 CSO 控制机组转速在额定转速,之前的 FLCSO 随着转速增加而增加,在额定转速前 FLCSO 为了维持升速率大于 GVCSO,此时"GOVERNOR"控制方式接管了 CSO,方式自动切换至"GOVERNOR"模式,此时实现了两种控制方式的平滑切换。"RTDSPD"光字点亮,表示机组保持额定转速运行,此时等待并网。

5)并网,带负荷

燃气轮机升速至 3 000 r/min 额定转速后,发出 MD2(额定转速模式)信号。在电网同意并网后,手动在 TCS 上或 APS 自动合上励磁系统磁场开关 41E,发电机出口电压升至额定电压。手动在 TCS 上或 APS 自动选择同期方式"AUTO",同期装置根据实际的发电机出口频率和电压与电网(主变低压侧)的频率和电压偏差,给 TCS 系统发出增减转速的信号,通过转速控制模式调整机组转速满足并网频差要求,同时给发电机励磁控制系统发出增减磁的指令,控制发电机出口电压使得发电机电压满足并网压差要求,然后同期装置捕捉到发电机同期点时,发出合上发电机出口断路器(GCB)52G 指令,52G 三相合闸正常后,机组并入电网运行,发出 MD3(机组并网)信号,燃机控制方式根据负荷控制模式选择(一般启停机过程中为了尽量控制负荷的稳定,选择负荷控制方式为"LOAD LIMIT"方式,而不选择"GOVERNOR"转速控制方式)进入"LOAD LIMIT"模式,控制机组负荷,机组带 5%初始负荷(20 MW)运行,此时"LOAD LIMIT"模式控制负荷,其输出 LDCSO 经过最小选择后作为控制负荷的输出控制机组的负荷,相应的此时的"GOVERNOR"的输出 GVCSO 自动跟随,其等于实际 CSO(此时是 LDCSO)加上一个正偏置后备跟随。并网之后,投入"ALR ON",机组根据自动负荷调节器指令进行负荷控制,在 ALR 内设置了不同机组启动状态对应的不同的暖机负荷,以配合接下来的汽机进气。热态启动对应的暖机负荷预设值是 120 MW,热温态对应的为 100 MW,冷温态对应的为 78 MW,冷态对应为 52 MW。升负荷率为"LOAD LIMIT"控制模式中设定的升负荷速率 16.7 MW/min。之后机组开始以这样的升负荷率升负荷至目标暖机负荷,等待进气。另外之前点火时机组已经根据高压缸金属温度判定了不同的启动状态,为了保证实际启动状态的准确性,在机组并网后再次根据此时的高压缸金属温度判定机组的启动状态,来决定启动过程。

6)汽机等待进气

①进气前汽机旁路系统的控制

在启动过程中,高、中、低压主蒸汽压力按照一定的压力增长率上升到预设的目标压力。在燃气轮机点火前,汽轮机每一个旁路阀的压力设定值被保持在停机期间所跟踪的实际压力值,燃气轮机点火后,这个压力设定值跟踪点火时的实际压力,锅炉起压(大于点火时压力)或锅炉压力较高(高、中、低压主蒸汽压力分别高于 4.8 MPa、1.5 MPa、0.15 MPa)之后,高、中、低压旁路直接进入最小压力模式,随着锅炉压力的提高,旁路阀的控制压力设定值将切至最小压力设定,此后压力设定值将按照不同的机组启动状态所对应的升压率逐步变化到预设的最小压力,另外为了控制相应主蒸汽系统的压力变化太快,影响预热锅炉侧的水位控制,在压力设定值变化的时候都设定了闭锁,即在实际压力上升到接近压力设定时才允许设定值变化,避免过大的偏差导致严重的虚假水位。

高、中、低压旁路阀最小压力设定值如图 2.200 所示。

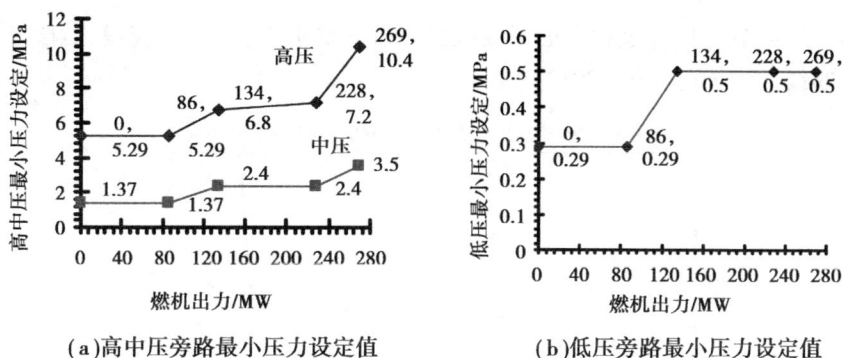

图 2.200　高、中、低压旁路阀最小压力设定值

②等待进气条件满足

机组并网(此时发电机完全由燃气轮机驱动)后,投入 ALR ON,机组以 16.7 MW/min 升至设定负荷(冷态 52 MW,温态 78 MW,热态 120 MW)后,汽机等待蒸汽满足进气条件。进气条件需高压和中压进气条件同时满足,这样才能建立蒸汽循环。

A.高压蒸汽可以进入汽机的条件(以下条件必须同时满足)

a.高压蒸汽截止阀进口的蒸汽温度小于 430 ℃,且过热度大于 56 ℃。

b.高压蒸汽不匹配温度定义为高压缸入口蒸汽温度-高压缸首级金属温度。该不匹配温度应当处于-56~110 ℃。

c.高压蒸汽压力大于 4.7 MPa。

B.中压蒸汽可以进入汽机的条件(以下条件必须同时满足)

a.中压蒸汽截止阀进口的蒸汽的过热度大于 56 ℃。

b.中压蒸汽不匹配温度定义为中压缸入口蒸汽温度-中压缸叶环金属温度。该不匹配温度应当大于-56 ℃。

c.中压蒸汽压力> 1 MPa

在等待进气时,主蒸汽阀前疏水阀将打开,高压主蒸汽阀在并网 5 min 后也逐渐打开一定开度(高压主蒸汽阀属于液压调节阀,因此不像中、低压主蒸汽阀那样保安油压一建立就打开),进行主蒸汽阀的暖阀。汽机的旁路系统将按照最小压力模式下的压力设定值调节,维持各系统在设定的压力。

7)暖机带负荷阶段

当汽机进气条件满足后,高压控制阀和中压控制阀同时打开,按照设定的曲线进行暖机和带负荷(见图 2.201)。在中压缸入口压力大于 0.4 MPa 后高排通风阀关闭,冷再逆止阀打开,高压缸排气流回锅炉再热,转子轴向推力也得到平衡。当高、中压汽机开始进气后,高中压调节阀及旁路阀响应如下:

①高、中压调节阀程序开启至全开位置。

②高、中压旁路阀为维持高、中压主蒸汽阀前压力为最小压力设定值,随着主蒸汽阀的开启逐渐关闭至全关位置。

③高、中压调节阀全开后,高、中压调节阀进入压力控制模式。

④高、中压旁路阀全关后,高、中压旁路阀进入后备压力跟踪模式。

高压和中压调节阀打开过程考虑了暖阀和暖机的要求,前段开启较慢,后段开启较快,尽量保持流量的线性增加(见图 2.201)。

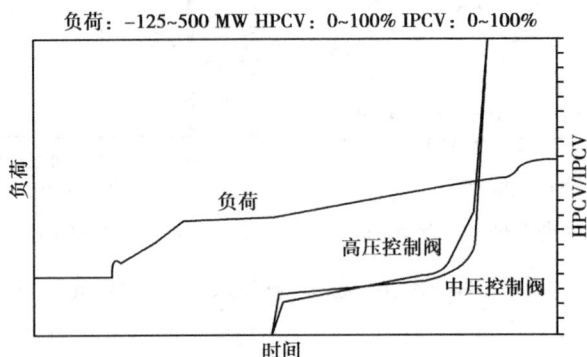

图 2.201　汽机热态启动过程中高中压控制阀动作情况

低压主蒸汽调节阀在机组进气条件满足后就进入了压力控制模式,阀位也从冷却位置切换至压力控制模式的控制输出要求阀位。此后低压主蒸汽调节阀根据低压主蒸汽的压力进行开度调节。

在汽轮机进气后,机组负荷按照冷态 1.5 MW/min、冷温态 2.5 MW/min、热温态 3 MW/min、热态 4 MW/min 的升负荷速率自动升至启动完成目标负荷 200 MW。

当负荷大于 50%(198 MW),汽机高中压控制阀全开,进入压力控制模式,旁路阀全关后,进入后备压力控制模式,控制系统发出启动完成信号,机组可以通过 ALR 自由升降负荷,或投入 AGC 交电网调节运行。如图 2.202 所示为热态启动过程的曲线,启动过程各阀门动作情况如图 2.204 所示。

8)启动过程中的相关机构动作说明

①进气导叶 IGV 说明

燃机进气导叶安装在压气机的入口处,在启动和负荷运行期间有两种不同的控制工况。

a.启动阶段。对于轴流式压气机来说,低转速工况下的低流量运行会发生气流在叶片背部分离,情况严重时,整组叶栅通道堵塞,形成压气机出口压力大幅波动的现象。在低转速工况下,当压气机流量偏低越过喘振边界时发生喘振,压气机出口压力大幅剧烈的波动。轴流压气机低转速工况的运行范围很窄,这样在机组启动过程的低速阶段没有足够的防喘振余量,甚至运行工况点落在喘振区域。因此,为了防止压气机喘振,通过开打 IGV 开度可以增加在启动阶段低速期间的流量,除了通过 IGV 开大来改变压气机进气冲角、增加流量外,还通过打开防喘放气阀抽气增加启动过程低速期间的流量来防止压气机喘振。

b.负荷运行阶段。启动过程中的负荷阶段,IGV 保持全关开度(大约 70%的额定空气流量),随着启动完成燃机负荷的上升,IGV 将逐渐打开,这样有助于提高部分负荷阶段的燃机排气温度,进而提高整体联合循环的效率。

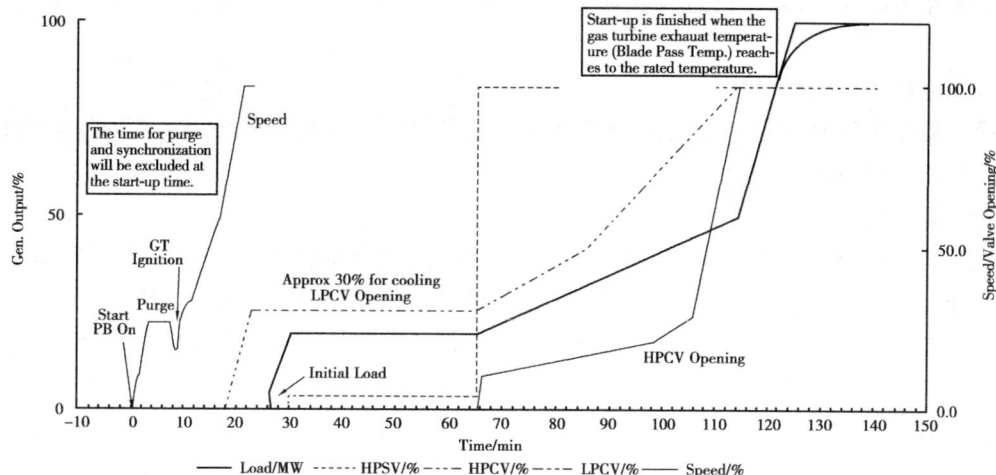

图 2.202　M701F 联合循环机组热态启动曲线

②燃烧室旁路阀 BV 说明

M701F 型燃机配置的燃烧室旁路阀主要目的是控制燃烧室内的燃空比,避免燃机熄火或者出现严重的燃烧不稳定损坏燃机。其控制分为两个阶段,在机组启动升速过程中,由于此时燃烧室燃烧所面临的风险主要是可能出现的熄火事故,此时的燃烧方式中值班燃料量比例较大,值班燃料对应的扩散燃烧具有很广的燃烧稳定性,但是不合适的燃空比还是可能会导致出现燃机熄火,因此此时燃烧室旁路阀通过预设的开度维持燃机不出现熄火现象;在机组带负荷后,值班燃料比例逐渐减少,控制了 NO_x 的排放,但是大比例的主燃料所对应的预混燃烧带了较窄的燃烧稳定范围(空燃比在 2.5～2.8,热 NO_x 少,燃烧室压力波动稳定),此时的燃烧室旁路阀的开度必须是在燃机燃烧调整时经过确认安全燃烧区域后的设定值,这样对每个负荷点燃烧的稳定范围就得以保证,否则高频的振动可能带来燃烧器部件的共振损坏或者出现熄火现象。如图 2.203 所示为燃烧室旁路阀的动作时序图,前半段的动作是属于启动阶段控制,后半段的动作则是负荷阶段对燃空比的精确控制,以维持燃烧室低的振动水平并保证不熄火,避免燃机出现事故。

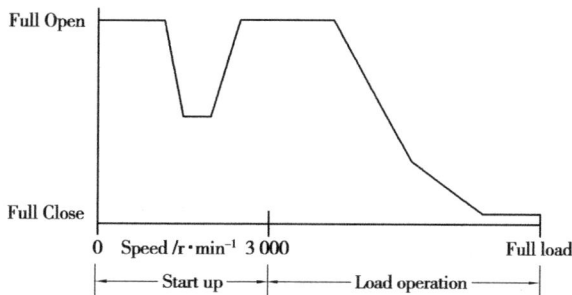

图 2.203　燃烧室旁路阀动作时序图

(2)正常停机控制过程描述

正常停运是指按照正常的降负荷速率减负荷、解列、打闸熄火、惰走直至盘车投入的过程。正常停运模式下,其停机过程实质是燃气轮机正常停运过程与汽轮机正常停运过程的叠加。

1)发停机令,开始降负荷

操作员在 TCS 操作员站上发出"NORMAL STOP"命令,机组以 4.5%额定负荷/分钟的降负荷率降负荷到 50%额定负荷。

2)汽轮机退出运行

机组负荷到 50%额定负荷后,燃气轮机负荷保持(CSO 保持),LPCV 关闭到预设的冷却开度,给低压缸提供冷却蒸汽。LPCV 开始关闭的同时,低压旁路阀以"压力跟随模式"跟随当时的实际压力值作为低压旁路的压力设定值,控制低压蒸汽压力。当 LPCV 关到冷却位置时,HPCV、IPCV 开始按程序逐渐关小。HPCV、IPCV 按程序开始关闭的同时,高、中压旁路阀以"压力跟随模式"跟随当时的实际压力值作为高、中压旁路的压力设定值,控制高、中压蒸汽压力,防止蒸汽包水位波动过大。当中压缸入口压力小于 0.56 MPa 时,高排通风阀打开,冷再蒸汽逆止阀关闭。在停机过程中,汽机疏水阀、冷再蒸汽逆止阀和高排通风阀的操作通过 TCS 自动控制。

3)轮机继续降负荷

HPCV 和 IPCV 全关后,燃气轮机继续以 4.5%额定负荷/分钟的降负荷率降负荷至 5% 额定负荷后(低于 23 MW),机组解列。解列后燃机控制方式切换至"GOVERNOR"维持机组空载全速。

4)空载冷却

机组解列后,燃气轮机空载运行 5 min,目的是对燃机进行冷却,减小热部件的热应力。

5)打闸熄火、惰走

空载冷却完毕后,机组打闸,泄去保安油压,燃料切断阀关闭,切断燃烧室的燃料供应,燃料排空阀打开。同时确认 18 号、19 号火检灯灭。机组转速开始下降,HPSV\IPSV\LPSV\LPCV 全关,切断低压缸冷却蒸汽;燃气轮机高、中、低压防喘放气阀打开。燃机燃烧室旁路阀 BV 维持全开,压气机进口导叶 IGV 维持全关。当机组转速 500 r/min 时检查顶轴油泵主泵自动启动,出口油压正常;主、值燃料差压控制阀短时打开排放在燃机燃料调节阀前的积存天然气;当机组转速降到 300 r/min, 30 min 后余热锅炉出口挡板关闭。

6)投盘车

当机组转速小于 1 r/min 时,盘车电机点动,延时后啮合装置推入,然后电机启动连续盘车,盘车电流在 25 A 左右。机组打闸 20 min 后,所有防喘放气阀关闭。机组停止后,检查清吹空气阀已自动打开(转速 300 r/min 时打开),引入杂用压缩空气来冷却燃烧室缸体,防止燃气轮机上下缸温差增大闭锁启动,为下次启动作准备,压缩空气持续通入 16 h 后自动关闭。打闸 1 h 后,检查 TCA 风机自动停止运行。

机组的正常停运曲线如图 2.205 所示。停运过程各阀门动作情况如图 2.204 所示。

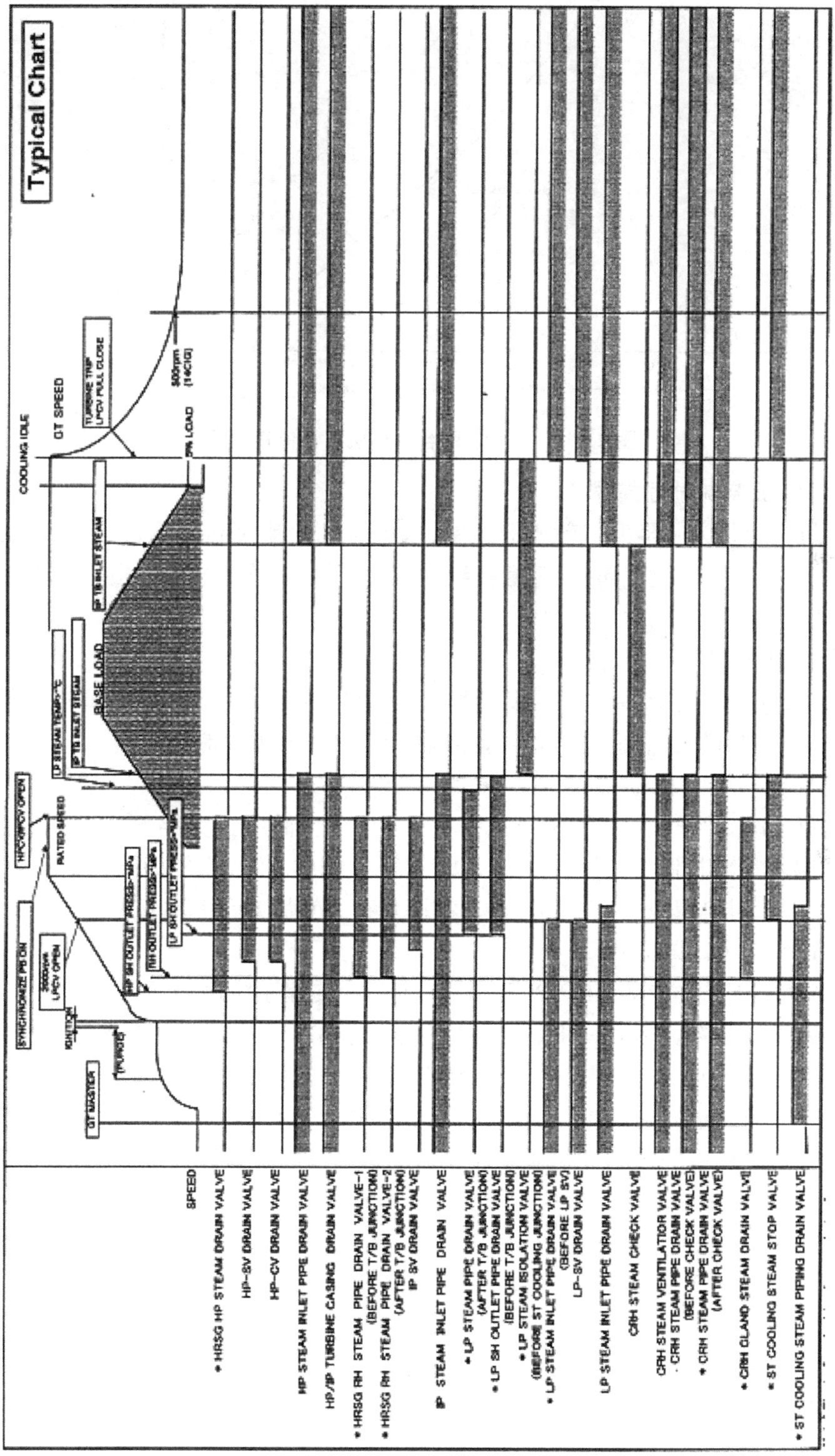

图2.204　M701F联合循环机组启停过程中相关机构动作曲线

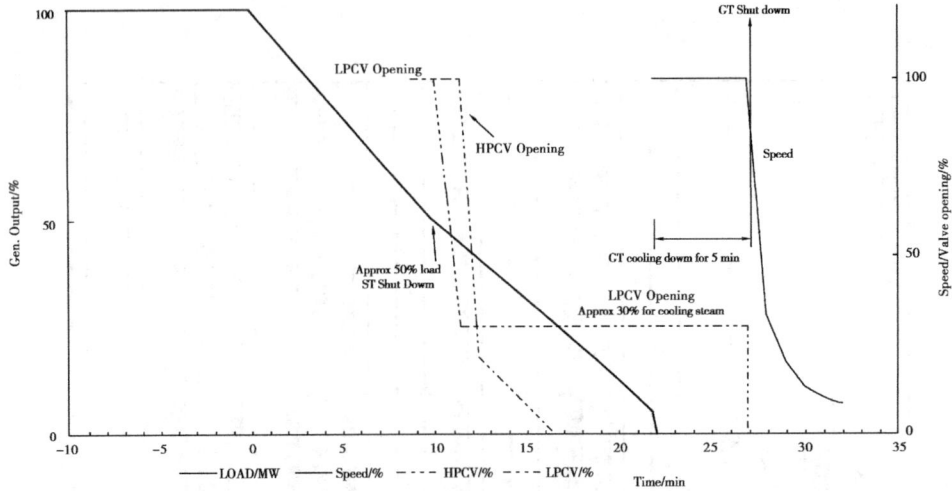

图 2.205　M701F 联合循环机正常停机曲线

(3)检修停机控制过程描述

检修停机主要是为了降低汽轮机的温度,减少停机冷却时间,缩短检修工作前冷却等待时间,减少工期。其主要过程包括:整套机组降负荷;低压缸冷却;高中压缸冷却;解列与空载冷却;打闸惰走;投盘车。

1)整套机组降负荷

机组以 4.5%额定负荷/分钟的降负荷率降负荷到 50%负荷,汽轮机的高、中、低压蒸汽控制阀处于"压力控制模式",高、中、低压旁路阀处于"后备压力控制模式"。

2)低压缸进入冷却方式

当机组负荷减到 50%额定负荷时,LPCV 开始关闭,低压缸旁路阀由"后备压力控制模式"转换为"最小压力控制模式"。除 LPCV 以外的控制阀、HP\IP 的旁路阀依旧保持"后备压力控制模式"。此时机组以 2 MW/min 的速率降负荷,负荷目标值 20 MW。

3)高中压缸进入冷却方式

当 LPCV 关至冷却位置后,HPCV 和 IPCV 也开始按程序缓慢朝预定冷却位置关闭,同时机组负荷继续缓慢下降。HPCV、IPCV 按程序关闭的同时,高、中压缸旁路阀由"后备压力控制模式"转换为"最小压力控制模式"控制高中压蒸汽压力,压力设定值瞬时跟随实际压力,然后逐步降低压力设定值到最小压力。在停机过程中,汽机疏水阀、冷再蒸汽逆止阀和高排通风阀的操作通过机组 TCS 自动控制。操作员应当检查确认动作正常,如果 TCS 发出阀门动作超时的报警,应当通知就地的运行人员查看并协助操作。

当 HPCV/IPCV 关到预定位置后,机组负荷大约 20 MW,维持这种工况,进行冷却余热锅炉和汽轮机。在汽机金属温度<350 ℃后,再运行 50 min 或者负荷低于 23 MW 后再运行 50 min。

4)解列机组和空载冷却

机组冷却运行完成,HPCV/IPCV 全关,机组解列。解列后,燃气轮机空载运行 5 min,使燃气轮机冷却。

5）打闸惰走

空载冷却完毕后机组打闸，切断向燃烧室的供气，同时确认 18 号、19 号火检灯灭，机组转速开始下降；HPSV/IPSV/LPSV/LPCV 全关，切断低压缸冷却蒸汽；燃气轮机高、中、低压防喘放气阀打开。当机组转速 500 r/min 时检查顶轴油泵主泵自动启动，出口压力正常。当燃气轮机转速降到 300 r/min 后约 30 min 余热锅炉出口挡板关闭。

6）投盘车

当机组转速小于 1 r/min 时，盘车自动投入运行。机组停止 20 min 后，所有防喘放气阀关闭。机组的检修停机曲线如图 2.206 所示。

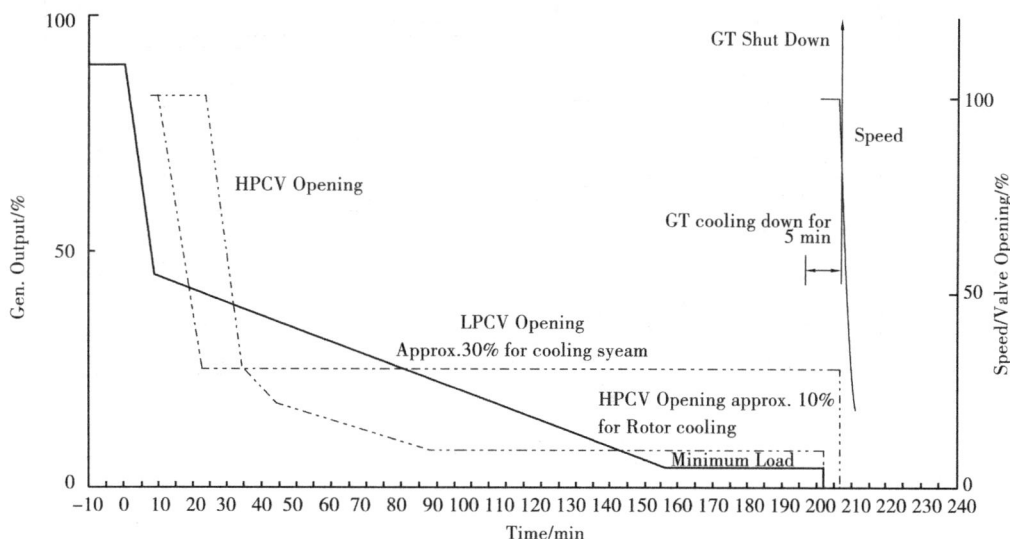

图 2.206　M701F 联合循环机组检修停机曲线

2.5　DIASYS 控制与 OVATION 控制系统通信接口

DIASYS 控制系统与 OVATION 系统之间的通信协议使用 MODBUS 协议。

DIASYS 系统由 TCS 系统、TPS 系统、PCS 系统 3 个子系统组成。TCS 系统、TPS 系统、PCS 系统的控制器通过 CPU 板上的网卡上连接的双绞线接入到热控包内就地操作员台上的赫斯曼以太网交换机上，6.5 mDCS 电子间内的 DIASYS 系统配置的 GPS 控制柜内的 GateWay 网关设备也通过双绞线接入到热控包内就地操作员台上的赫斯曼以太网交换机上，从而实现了控制器与网关设备之间的数据通信。GateWay 网关的功能是进行协议转换。将 DIASYS 系统在以太网传输的数据从 TCP/IP 协议转换为 MODBUS 协议的数据格式。GateWay 网关再通过光缆传输将已经转换为 MODBUS 协议的数据传输到 OVATION 系统 DROP4 控制柜内的 LC 卡上，LC 卡接收到 DIASYS 系统传输来的数据后，对 MODBUS 协议数据包进行数据包拆分，转换为 OVATION 系统可以识别的数据，然后在系统的工艺流程图展示 DIASYS 系统实时监视参数。DIASYS 系统与 OVATION 系统通信示意图如图 2.207 所示。

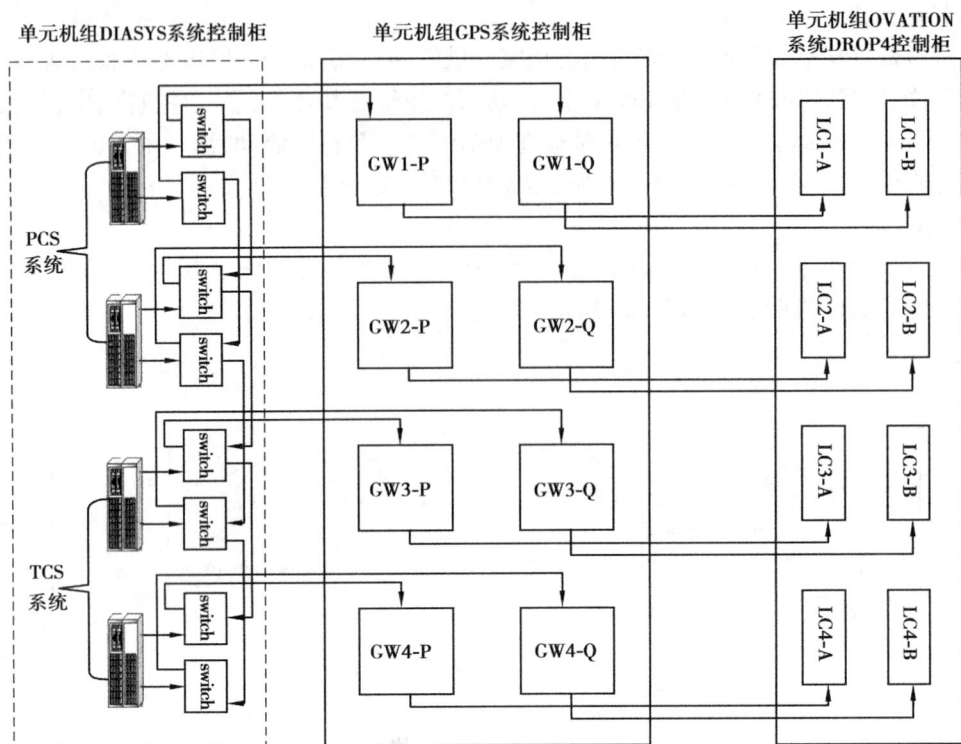

图 2.207　DIASYS 系统与 OVATION 系统通信接口示意图

2.6　联锁保护试验

2.6.1　机组联锁保护试验目的及范围

为了确保机组能够安全运行,在机组初次启动前,必须对所有的报警和联锁信号进行试验检查。试验过程中,需要用到辅助设备来模拟机组实际运行工况,如转速、点火、火焰检测信号,等等。另外,每一个报警、跳闸信号也需要使用仿真器在现场模拟真实的报警、跳闸条件。本节内容包括燃气轮机、汽轮机、余热锅炉、发电机控制系统的所有报警、跳闸测试。

2.6.2　机组联锁保护试验条件

①依次检查控制盘、控制台(MCC/DCC),确保与各个相关设备的接口正确,并能正常工作。

②完成各个泵、阀门的操作、联锁试验以及点火器的点火试验和火焰探测器的火焰检测试验。机组不需要投盘车。

③低压蒸汽管道的辅助蒸汽吹管已经完成,各项恢复工作已经结束。另外,低压主蒸汽调节阀和低压主蒸汽关断阀必须调整完毕。

④所有设备的交流和直流供电正常。

⑤润滑油冲洗已经结束,润滑油供油压力已经调整到正常运行压力(0.22 MPa),所有的压力开关和压力传感器处于投入状态。

⑥控制油冲洗已经结束,控制油供油压力已经调整到正常运行压力(>8.8 MPa,<13.7 MPa)。各控制油阀门包括蒸汽控制阀门(HP/IP 阀门除外)、IGV 阀以及燃烧器旁路阀的动态、静态调整已经完毕。注意,当吹管结束后进行剩余部分报警联锁试验项目时,必须对 HP/IP 阀门进行重新调校。

⑦所有仪用空气控制阀门的动作情况检查完毕,包括燃气轮机高/中/低压防喘阀、汽轮机疏水阀等。

⑧燃气轮机、汽轮机和相关设备的信号回路检查完毕。

⑨所有相关现场设备、仪表的校准工作以及信号回路确认已经完成。

⑩隔离燃料系统。燃气轮机小间外的燃料气滤网手动隔离阀必须关闭并上锁,隔离阀下游管道必须清空。由于在试验期间燃料气控制阀门有可能开启,因此,如果燃料管道之前已经通过燃料气则必须进行降压、置换氮气处理。

⑪隔离蒸汽系统。由于进行机组跳闸试验时,高/中/低压主蒸汽关断阀和调节阀会实际动作,因此在进行试验前必须将高/中/低压主蒸汽管道全部清空。

⑫燃气轮机、汽轮机系统的所有安装工作全部结束,无人逗留在安装现场。

⑬屏蔽将要模拟信号的"SENSOR ABN"报警。试验结束后,恢复好该信号,并复位报警信号。

⑭测试 3 取 2 报警逻辑的所有报警组合时,注意屏蔽信号的"SENSOR ABN"报警信号。

⑮对压力开关、温度开关、液位开关的仿真应尽量在就地进行。

⑯为防止辅助系统马达的损坏,应尽量避免频繁启动马达。

⑰在确认几次跳闸试验各个设备的动作情况后,要泄压控制油系统,避免主蒸汽阀门频繁动作,造成阀门阀座的损坏。

⑱试验过程中注意事件监视窗口的指示情况。

2.6.3　机组跳闸联锁保护试验项目

(1)急停按钮/跳闸复位按钮

①设定值:N.A。

②逻辑页号:DIL-100。

③试验步骤:

a.复位燃气轮机跳闸信号。初始化"GT. MASTER ON(L4)"信号,用信号发生器模拟升转速过程,并仿真火焰检测信号。

b.按下紧急停机按钮。

c.确认燃气轮机立即跳闸(所有燃料阀门和主蒸汽阀门全关位)。

④产生报警信号:

a."EMERGENCY TRIP"。

b."EMERGENCY TRIP PB(CCR)ON" or "EMERGENCY TRIP PB(GT A-RACK)ON"。

c."EMERGENCY TRIP PB(GT B-RACK)ON"。

d."TURBINE TRIP(86GT)"。

（2）备用超速保护

①设定值：燃机转速 $\geq 111_{-0.5}^{+0.0}$ %（3 330 r/min）。

②逻辑页号：DIL-100（3 取 2 逻辑）。

③试验步骤：

a.复位燃气轮机跳闸信号。初始化"GT. MASTER ON（L4）"信号，用信号发生器模拟升转速过程，并仿真火焰检测信号。

b.屏蔽主超速跳闸信号（110%）。

c.用频率信号发生器在 EOST 卡件仿真转速信号到 111% 额定转速。

d.确认当转速信号达到设定值时，燃气轮机立即跳闸（注意同时验证"Backup Over Speed Trip Discrepancy"信号）。

④产生报警信号：

a."BK ELEC OVER SPEED TRIP"。

b."TURBINE TRIP（86GT）"。

c."BACKUP ELECTRICAL OVER SPEED TRIP-1, or-2, or-3 DISCREPANCY"。

d."SENSOR ABNORMAL"。

（3）机组转速低保护

①设定值：燃机转速 $\leq 2\ 820$ r/min（47 Hz）。

②逻辑页号：DIL-100（3 取 2 逻辑）。

③试验步骤：

a.复位燃气轮机跳闸信号。初始化"GT. MASTER ON（L4）"信号，用信号发生器模拟升转速过程，并仿真火焰检测信号。

b.用频率信号发生器在 EOST 卡件仿真转速信号，将转速从额定转速 3 000 r/min 降到2 820 r/min。

c.确认当转速信号达到设定值时，燃气轮机立即跳闸（注意同时验证"Frequency Low Trip Discrepancy"信号 ）。

④产生报警信号：

a."LOW FREQUENCY TRIP（TPP）"。

b."TURBINE TRIP（86GT）"。

c."FREQUENCY LOW TRIP-1, or-2, or-3 DISCREPANCY"。

d."SENSOR ABNORMAL"。

（4）主超速保护

①设定值：汽机转速 $\geq 110_{-1.0}^{+0.5}$ %（3 300 r/min）。

②逻辑页号：DIL-100（3 取 2 逻辑）。

③试验步骤：

a.复位燃气轮机跳闸信号。初始化"GT. MASTER ON（L4）"信号，用信号发生器模拟转速到 3 000 r/min。

b.用频率信号发生器在 EOST 卡件仿真转速信号到 110% 额定转速。

c.确认当转速信号达到设定值时，燃气轮机立即跳闸。

④产生报警信号：

a."ELECTRICAL OVER SPEED TRIP"。

b."TURBINE TRIP(86GT)"。

c."ELECTRICAL OVER SPEED(TRIP)-1, or-2, or-3 DISCREPANCY"。

d."SENSOR ABNORMAL"。

（5）紧急油压低保护

①设定值：≤ 6.9±0.3 MPa。

②逻辑页号：DIL-120。

③试验步骤：

a.复位燃气轮机跳闸信号。初始化"GT. MASTER ON(L4)"信号，用信号发生器模拟升转速过程，并仿真火焰检测信号。

b.卸掉 3 个压力开关中任意两个的油压。

c.确认燃气轮机立即跳闸(所有燃料阀门和蒸汽阀门全关位)。

④产生报警信号：

a."EMERGENCY OIL PRESS LOW TRIP(TPP)"。

b."TURBINE TRIP(86GT)"。

c."EMERGENCY OIL PRESS LOW TRIP-1, or-2, or-3 DISCRIPANCY"。

d."SENSOR ABNORMAL"。

（6）燃气轮机排气温度高保护

①设定值：

Exhaust Gas Temp. Ave. High ≥ 620 ℃；

Control Deviation High ≥ 45 ℃（Actual Exh. Gas Temp.−Exh. Gas Temp. Reference ≥ 45 ℃）（3 取 2 逻辑）。

②逻辑页号：DIL-130。

③试验步骤：

a.复位燃气轮机跳闸信号。初始化"GT. MASTER ON(L4)"信号，用信号发生器模拟升转速过程，并仿真火焰检测信号。

b.用信号发生器，分别采用以下两种方式产生排气温度高跳闸信号：

Exhaust Gas Temperature(Ave.) ≥ 620 ℃；

Exhaust Gas Temperature(Ave.)−Exhaust Gas Temperature(Ref.) ≥ 45 ℃。

c.当满足跳闸条件时，确认燃气轮机立即跳闸。

④产生报警信号：

a."GT EXH. GAS TEMP. HI TRIP(PPT)"。

b."GT EXH. GAS TEMP. CNTL DEV HI TRIP(PPT)"。

c."TURBINE TRIP(86GT)"。

d."EXH. GAS TEMP. HIGH TRIP-1, or-2, or-3 DISCREPANCY"。

e."EXH CONTROL DEVIATION HIGH TRIP-1, or-2, or-3 DISCREPANCY"。

f."SENSOR ABNORMAL"。

（7）BPT 温度高保护

①设定值：

Blade Path Temp. Ave. ≥ 680 ℃；

Control Deviation High ≥ 45 ℃（Actual BPT−BPT Reference ≥ 45 ℃）（3 取 2 逻辑）。

②逻辑页号：DIL-130。

③试验步骤：

a.复位燃气轮机跳闸信号。初始化"GT. MASTER ON（L4）"信号，用信号发生器模拟升转速过程，并仿真火焰检测信号。

b.用信号发生器，分别采用以下两种方式产生 BPT 温度高跳闸信号：

Blade Path Temperature（Ave.）≥ 680 ℃；

Blade Path Temperature（Ave.）−Blade Path Temperature（Ref.）≥ 45 ℃。

c.满足跳闸条件时，确认燃气轮机立即跳闸。

④产生报警信号：

a."GT BLADE PATH TEMP HI TRIP（PPT）"。

b."GT BLADE PATH TEMP CNTL DEVIATION HI TRIP（PPT）"。

c."TURBINE TRIP（86GT）"。

d."BLADE PATH TEMP HIGH TRIP-1,or-2,or-3 DISCREPANCY"。

e."BPT CONTROL DEVIATION HIGH TRIP-1, or-2, or-3 DISCREPANCY"。

f."SENSOR ABNORMAL"。

（8）BPT 温度偏差大保护

①设定值：BPT#−BPTave > +30 ℃，< −60 ℃（3 取 2 逻辑）。

②逻辑页号：DIL-140—DIL-145。

③试验步骤：

A.复位仿真燃气轮机跳闸信号

复位燃气轮机跳闸信号。初始化"GT. MASTER ON（L4）"信号，用信号发生器模拟升转速过程，并仿真火焰检测信号。

B.仿真 BPT 偏差大条件

仿真 BPT 偏差大跳闸信号，确认燃气轮机跳闸报警发出，所有燃料阀门关断。

a.仿真 No.1 BPT 偏差大条件。

b.仿真 No.2 BPT 偏差大条件。

c.仿真 No.3 BPT 偏差大条件。

d.仿真 No.4 BPT 偏差大条件。

e.仿真 No.5 BPT 偏差大条件。

f.仿真 No.6 BPT 偏差大条件。

g.仿真 No.7 BPT 偏差大条件。

h.仿真 No.8 BPT 偏差大条件。

i.仿真 No.9 BPT 偏差大条件。

j.仿真 No.10 BPT 偏差大条件。

k.仿真 No.11 BPT 偏差大条件。

l.仿真 No.12 BPT 偏差大条件。

m.仿真 No.13 BPT 偏差大条件。

n.仿真 No.14 BPT 偏差大条件。

o.仿真 No.15 BPT 偏差大条件。

p.仿真 No.16 BPT 偏差大条件。

q.仿真 No.17 BPT 偏差大条件。

r.仿真 No.18 BPT 偏差大条件。

s.仿真 No.19 BPT 偏差大条件。

t.仿真 No.20 BPT 偏差大条件。

④产生报警信号:

a."GT No.1—20 BLADE PATH TEMP VARIATION LARGE TRIP"。

b."TURBINE TRIP(86GT)"。

c."No.1—20 BPT VARIATION LARGE TRIP-1—20 DISCREPANCY"。

d."SENSOR ABNORMAL"。

(9)润滑油供油压力低保护

①设定值: ≤ 0.153 ± 0.005 MPa(3 取 2 逻辑)。

②逻辑页号:DIL-150。

③试验步骤:

a.复位燃气轮机跳闸信号。初始化"GT. MASTER ON(L4)"信号,用信号发生器模拟升转速过程,并仿真火焰检测信号。

b.卸掉 3 个压力开关中任意两个的油压。

c.当满足跳闸条件时,确认燃气轮机立即跳闸。

④产生报警信号:

a."LUBE OIL SUPPLY PRESS LOW TRIP(TPP)"。

b."TURBINE TRIP(86GT)"。

c."LUBE OIL SUPPLY PRESS LOW LOW TRIP-1, or-2, or-3 DISCREPANCY"。

d."SENSOR ABNORMAL"。

(10)燃气轮机排气压力高保护

①设定值:> 5.5 ±1 kPa(3 取 2 逻辑)。

②逻辑页号:DIL-160。

③试验步骤:

a.复位燃气轮机跳闸信号。初始化"GT. MASTER ON(L4)"信号,用信号发生器模拟升转速过程,并仿真火焰检测信号。

b.就地短接 3 个压力开关信号中的任意两个。

c.确认燃气轮机立即跳闸。

④产生报警信号:

a."EXH. GAS PRESS. HIGH TRIP"。

b."TURBINE TRIP(86GT)"。

c."EXH. GAS PRESS. HIGH(TRIP)-1,or-2,or-3 DISCREPANCY"。

d."SENSOR ABNORMAL"。

（11）轴位移跳闸保护

①设定值：轴位移向燃气轮机方向位移 0.8 mm 或者向发电机方向位移 1.5 mm（3 取 2 逻辑）。

②逻辑页号：DIL-160。

③试验步骤：

a.复位燃气轮机跳闸信号。初始化"GT. MASTER ON（L4）"信号，用信号发生器模拟升转速过程，并仿真火焰检测信号。

b.仿真轴位移跳闸条件。

c.确认当满足轴位移跳闸条件后燃气轮机立即跳闸。

④产生报警信号：

a."THRUST BEARING WEAR TRIP"。

b."TURBINE TRIP（86GT）"。

c."THRUST BEARING WEAR-1, or-2, or-3 DISCREPANCY"。

d."SENSOR ABNORMAL"。

（12）低压缸排气温度高保护

①设定值：≥ 120 ℃（3 取 2 逻辑）。

②逻辑页号：DIL-160。

③试验步骤：

a.复位燃气轮机跳闸信号。初始化"GT. MASTER ON（L4）"信号，用信号发生器模拟升转速过程，并仿真火焰检测信号。

b.任意仿真两个低压缸排气温度信号，使温度高于跳闸值。

c.确认燃气轮机立即跳闸。

④产生报警信号：

a."ST LP TURBINE EXH. STEAM TEMP. HIGH TRIP"。

b."TURBINE TRIP（86GT）"。

c."LP TURBINE EXHAUST STEAM TEMP. HIGH TRIP-1, or-2, or-3 DISCREPANCY"。

d."SENSOR ABNORMAL"。

（13）润滑油温度高保护

①设定值：≥ 65 ℃（3 取 2 逻辑）。

②逻辑页号：DIL-160。

③试验步骤：

a.复位燃气轮机跳闸信号。初始化"GT. MASTER ON（L4）"信号，用信号发生器模拟升转速过程，并仿真火焰检测信号。

b.任意仿真两个润滑油温度信号，使温度高于跳闸值。

c.确认当条件满足后燃气轮机立即跳闸。

④产生报警信号：

a."LUBE OIL TEMP HIGH TRIP"。

b."TURBINE TRIP（86GT）"。

c."LUBE OIL TEMP HIGH TRIP-1,or-2,or-3 DISCREPANCY"。

d."SENSOR ABNORMAL"。

(14)凝汽器真空低保护

①设定值:$> -74^{+14}_{-0}$ kPa(3取2逻辑)。

②逻辑页号:DIL-210。

③试验步骤:

a.复位燃气轮机跳闸信号。初始化"GT. MASTER ON(L4)"信号,用信号发生器模拟升转速过程,并仿真火焰检测信号。

b.就地短接任意两个压力开关信号,仿真跳闸条件。

c.确认燃气轮机立即跳闸。

④产生报警信号:

a."CONDENSER V ACUUM LOW TRIP"。

b."TURBINE TRIP(86GT)"。

c."CONDENSER V ACUUM LOW(TRIP)-1,or-2,or-3 DISCREPANCY"。

d."SENSOR ABNORMAL"。

(15)燃料气供应压力低保护

①设定值:≤2.7±0.05 MPa(3取2逻辑)。

②逻辑页号:DIL-210。

③试验步骤:

a.复位燃气轮机跳闸信号。初始化"GT. MASTER ON(L4)"信号,用信号发生器模拟升转速过程,并仿真火焰检测信号。

b.同时断开3个就地燃料气供应压力开关中的两个,仿真跳闸条件。

c.确认条件满足后燃气轮机立即跳闸。

④产生报警信号:

a."FUEL GAS SUPPLY PRESS. LOW TRIP"。

b."TURBINE TRIP(86GT)"。

c."FUEL GAS SUPPLY PRESS-1 LOW(TRIP)-1,or-2,or-3 DISCREPANCY"。

d."SENSOR ABNORMAL"。

(16)轴瓦振动高保护

①设定值:>0.20 mm$^{\text{p-p}}$。

②逻辑页号:DIL-212—DIL214, GT516, 517。

③试验步骤:

a.复位燃气轮机跳闸信号。初始化"GT. MASTER ON(L4)"信号,用信号发生器模拟升转速过程,并仿真火焰检测信号。

b.用频率发生器仿真轴瓦振动值高于跳闸条件(同时仿真 X 和 Y 超出跳闸设定值)。

c.确认当满足跳闸条件后燃气轮机立即跳闸。

④产生报警信号:

a."SHAFT VIBRATION HIGH TRIP"。

b."TURBINE TRIP(86GT)"。

c."No.1—8 BRG VIBRATION HIGH TRIP-1，or-2，or-3 DISCRIPANCY"。

(17)火焰失去保护

①设定值：

Average BPT low ≤ 90 ℃（解列时）；

（ST Load－GEN. Load）unbalance ≥13% load（并网时）；

"FX02-FX01 ＜ 13"（3 取 2 逻辑）。

②逻辑页号：DIL-240。

③跳闸条件：

a.解列时跳闸条件："FUEL ON"信号有效（10 s）后，若同一燃烧器上的两个火焰检测信号同时失效，产生跳闸信号。

b.并网时跳闸条件：并网后，火焰检测信号不会影响跳闸信号，但可由"GT MOTORING"信号（逆功率）产生跳闸信号。

④试验步骤：

解列时：由火焰检测失效引起跳闸。

a.复位燃气轮机跳闸信号。初始化"GT. MASTER ON（L4）"信号，用信号发生器模拟升转速过程。

b.仿真"Fuel On"条件置 1。

c.保持 18 号（A）和 18 号（B）或者 19 号（A）和 19 号（B）火焰检测信号置 0。

d.确认当"FUEL ON"信号有效 10 s 后产生跳闸信号。

并网时：

a.复位燃气轮机跳闸信号。初始化"GT. MASTER ON（L4）"信号，用信号发生器仿真转速超过 2 940 r/min，同时仿真 MD3 信号和火焰检测信号置 1。

b.保持火焰检测信号置 1，并将转速升至 3 000 r/min。

c.仿真机组并网状态，并模拟汽轮机高负荷条件。

d.仿真"POWER LOAD UNBALANCE TRIP"条件置 1。

e.确认燃气轮机跳闸。

⑤产生报警信号：

a."FLAME LOSS""FLAME LOSS（GT MOTORING）"。

b."FLAME LOSS（No.18 FLAME DETECTER）""FLAME LOSS（No.19 FLAME DETECT-ER）"。

c."TURBINE TRIP（86GT）"。

(18)防喘阀动作异常保护

①设定值：N.A.。

②逻辑页号：DIL-250，253。

③跳闸条件：

a.中低压防喘阀异常开启：转速超过 2 815 r/min（14CH 信号有效）后 20 s，中低压防喘阀全关反馈确认信号未到，则产生跳闸信号。

b.中低压防喘阀异常关闭：停机时，当转速低于 2 800 r/min 后延时 3 s，若此时中低压防喘阀全开反馈确认信号未到，则产生跳闸信号。

c.高压防喘阀异常开启:L4 信号有效后的 20 s 内,若全关反馈确认信号未到,则产生跳闸信号。

④试验步骤:

A.中低压防喘阀异常开启跳闸

a.拔出低压防喘阀关继电器或者关闭低压防喘阀的仪用空气供气阀门。

b.按下跳闸复位按钮。初始化"GT. MASTER ON(L4)"信号,用信号发生器模拟升转速过程,并仿真火焰检测信号。

c.模拟转速信号至超过 2 815 r/min,并同时保持低压防喘阀开状态。

d.确认 20 s 后燃气轮机跳闸。

B.中低压防喘阀异常关闭跳闸

a.按下跳闸复位按钮。初始化"GT. MASTER ON(L4)"信号,用信号发生器模拟升转速过程,并仿真火焰检测信号。

b.模拟保持机组转速低于 2 815 r/min。

c.就地使低压防喘阀的全开反馈确认信号未到, 确认燃气轮机立即跳闸。

C.中低压防喘阀异常关闭跳闸

a.按下跳闸复位按钮。初始化"GT. MASTER ON(L4)"信号,用信号发生器模拟升转速过程,并仿真火焰检测信号。

b.当转速超过 2 815 r/min(14CH 信号有效)后,确认中低压防喘阀关闭。

c.断开低压防喘阀开反馈信号线缆, 模拟机组转速降至 2 800 r/min 以下。

d.确认燃气轮机 3 s 后跳闸。

D.高压防喘阀异常开启跳闸

a.拔出高压防喘阀关继电器或者关闭高压防喘阀的仪用空气供气阀门。

b.按下跳闸复位按钮。初始化"GT. MASTER ON(L4)"信号。

c.确认"L4"信号有效后,高压防喘阀全关反馈确认信号未到,燃气轮机 20 s 内跳闸。

E.高压防喘阀异常关闭跳闸

a.按下跳闸复位按钮。初始化"GT. MASTER ON(L4)"信号,确认防喘阀处于关闭状态。

b.断开高压防喘阀开限位开关信号线缆,复位 L4 信号。

c.确认高压防喘阀全开反馈确认信号未到,燃气轮机立即跳闸。

⑤产生报警信号:

a."GT COMP LP BLEED VALVE ABNORMAL OPEN TRIP"。

b."GT COMP LP BLEED VALVE ABNORMAL CLOSE TRIP"。

c."GT COMP MP BLEED VALVE ABNORMAL OPEN TRIP"。

d."GT COMP MP BLEED VALVE ABNORMAL CLOSE TRIP"。

e."GT COMP LP BLEED VALVE ABNORMAL OPEN TRIP"。

f."GT COMP HP BLEED VALVE ABNORMAL OPEN TRIP"。

g."TURBINE TRIP(86GT)"。

h."LP BLD. VALVE OPEN ABNORMAL TRIP-1,or-2, or-3 DISCREPANCY"。

i."LP BLD. VALVE CLOSE ABNORMAL TRIP-1,or-2, or-3 DISCREPANCY"。

j."MP BLD. VALVE OPEN ABNORMAL TRIP-1,or-2, or-3 DISCREPANCY"。

k."MP BLD. VALVE CLOSE ABNORMAL TRIP-1,or-2, or-3 DISCREPANCY"。

l."HP BLD. VALVE OPEN ABNORMAL TRIP-1,or-2, or-3 DISCREPANCY"。

m."SENSOR ABNORMAL"。

(19)燃料气泄漏保护

①设定值:燃料气浓度≥25%LEL。

②逻辑页号:DIL-260。

③试验步骤:

a.复位燃气轮机跳闸信号。初始化"GT. MASTER ON(L4)"信号,用信号发生器模拟升转速过程,并仿真火焰检测信号。

b.在控制包中的燃料气泄漏监视器处,使用监视器的 TEST 功能,仿真燃料气泄漏高跳闸信号。

c.确认当满足跳闸条件后燃气轮机立即跳闸。

④产生报警信号:

a."GT PACKAGE GAS LEAKAGE DETECTION TRIP"。

b."TURBINE TRIP(86GT)"。

c."GT PKG GAS LEAKAGE DETECTION HIGH HIGH-1, or-2, or-3 DISCREPANCY"。

d."GT PACKSGE GAS LEAKAGE DITECTION TRIP-1, or-2, or-3 DISCREPANCY"。

e."SENSOR ABNORMAL"。

(20)燃烧器压力波动高保护

①设定值:燃烧器压力波动高保护定值表见表2.77。

表 2.77　燃烧器压力波动高保护定值表

	Band Name	Band Scope/Hz	Presuure Fluctuation/kPa			Acceleration		
			Pre Alarm /kPa	Alarm/kPa	Limit/kPa	Pre Alarm /kPa	Alarm /kPa	Limit /kPa
1	LOW Band	15~40	1.5	2.5	6	999	999	999
2	MID Band	55~95	4	5.3	6	999	999	999
3	H1 Band	95~170	6	7	8	999	999	999
4	H2 Band	170~290	3	3.15	3.3	3	4	8
5	H3 Band	290~500	6	8	10	1.7	2.5	5
6	HH1 Band	500~2 000	12	18	27	2.5	3.5	5.5
7	HH2 Band	2 000~2 800	1.5	1.75	2	2	3	6
8	HH3 Band	2 800~3 800	1	1.6	2.2	2	3	6
9	HH4 Band	4 000~4 750	1.5	1.75	2	2.5	3	6

②逻辑页号:DIL-270, GT559—GT560J。

③试验步骤:

a.复位燃气轮机跳闸信号。初始化"GT. MASTER ON(L4)"信号,用信号发生器模拟升转速过程,并仿真火焰检测信号。

b.模拟转速升至额定转速,仿真"MD3"信号置 1,保持同期信号超过 10 s。

c.从 CPFM 处仿真燃烧器压力波动高跳闸信号。跳闸必须满足以下两个条件:

Ⅰ.CPFM 中的一个探头信号超过"CPFM High"或者"Pre-Alarm Single"。

Ⅱ.另一探头信号超过"CPFM Limit"或者"CPFM High at 60%"。

d.确认燃气轮机立即跳闸。

④产生报警信号:

a."COMBUSTION PRESS FLUCTUATION HI TRIP"。

b."TURBINE TRIP(86GT)"。

c."COMB PRESS FLUCTUATION HIGH TRIP-1, or-2, or-3 DISCREPANCY"。

(21)启动装置异常保护

①设定值:N.A。

②逻辑页号:DIL-280。

③试验步骤:

A.SFC 启动指令发出,但 SFC 没有启动

a.复位燃气轮机跳闸信号,拔掉 SFC 启动指令继电器,发出"STARTING DEVICE ON RE-QUEST"信号。

b.确认在指令发出 30 s 后燃气轮机立即跳闸。

B.SFC 启动指令已经失效,但 SFC 仍然运行

a.复位燃气轮机跳闸信号。初始化"GT. MASTER ON(L4)"信号,用信号发生器模拟升转速过程,并仿真火焰检测信号。

b.模拟转速升至 2 000 r/min,同时保持 SFC 运行状态有效超过 120 s,确认燃气轮机立即因启动装置异常而跳闸。

④产生报警信号:

a."TURBINE TRIP(86GT)"。

b."GT STARTING DEVICE ABNORAML TRIP"。

c."GT STARTING DEVICE ABNORMALTRIP-1,or-2,or-3 DESCRIPANCY"。

d."SENSOR ABNORMAL"。

(22)TCS 硬件故障跳闸保护

①设定值:N.A。

②逻辑页号:DIL-290。

③试验步骤:

a.复位燃气轮机跳闸信号。初始化"GT. MASTER ON(L4)"信号,用信号发生器模拟升转速过程,并仿真火焰检测信号。

b.仿真 TCS 硬件故障条件。

c.确认燃气轮机立即跳闸。

④产生报警信号:

a."GT HN-86GT1"。

b."TCS HARDWIRE FAILURE-1, or-2, or-3 DISCREPANCY-1"。

(23) 燃料控制阀状态异常保护

①设定值:N.A.。

②逻辑页号:DIL-310, 320, GT551-DIL。

③试验步骤:

A.复位仿真燃气轮机跳闸信号

复位燃气轮机跳闸信号。初始化"GT. MASTER ON(L4)"信号,用信号发生器模拟升转速过程,并仿真火焰检测信号。

B.仿真燃料控制阀异常条件

在"GAS ON"信号置 1 延时 5.1 s 后开始计时的 20 s 的时间段内,通过以下方式来仿真燃料控制阀异常条件:

a.值班燃料流量控制阀差压高(>0.589 MPa)。

b.值班燃料流量控制阀全开(≥99%)。

c.值班燃料压力控制阀全开(≥99%)。

d.主燃料流量控制阀差压高(>0.589 MPa)。

e.主燃料流量控制阀全开(≥99%)。

f.主燃料压力控制阀 A 全开(≥99%)。

g.主燃料压力控制阀 B 全开(≥99%)。

C.燃气轮机跳闸

确认燃气轮机立即跳闸。

④产生报警信号:

a."GT FG PILOT CNTL VLV ABN. TRIP"。

b."GT FG MAIN CNTL VLV ABN. TRIP"。

c."TCS FAIL TRIP-1, or-2, or-3 DISCREPANCY"。

d."TURBINE CONTROLLER FAIL TRIP"。

e."TURBINE TRIP(86GT)"。

(24) 余热锅炉蒸汽包水位异常(高/低)保护

①设定值:

低压蒸汽包:HIGH > 200 mm , LOW < −1 290 mm;

中压蒸汽包:HIGH > 200 mm , LOW < −350 mm;

高压蒸汽包:HIGH > 200 mm , LOW < −630 mm。

②逻辑页号:DIL-310。

③试验步骤:

a.复位燃气轮机跳闸信号。初始化"GT. MASTER ON(L4)"信号,用信号发生器模拟升转速过程,并仿真火焰检测信号。

b.仿真余热锅炉蒸汽包水位超出跳闸设定值。

c.确认当达到设定值后燃气轮机跳闸。

④产生报警信号:

a."BOILER DRUM LEVEL HIGH/LOW TRIP"。

b."TURBINE TRIP(86GT)"。

c."BOILER DRUM LEVEL HIGH/LOW-1, or-2, or-3 DISCRIPANCY-1"。

（25）火灾报警保护

①设定值：N.A。

②逻辑页号：DIL-310。

③试验步骤：

a.复位燃气轮机跳闸信号。初始化"GT. MASTER ON（L4）"信号,用信号发生器模拟升转速过程,并仿真火焰检测信号。

b.在二氧化碳控制盘处短接信号,仿真燃气轮机火警跳闸条件。

c.确认当收到从防火控制盘传来的信号后燃气轮机立即跳闸。

④产生报警信号：

a."FIRE TRIP"。

b."TURBIN TRIP（86GT）"。

（26）发电机跳闸保护

①设定值：N.A。

②逻辑页号：DIL-320。

③试验步骤：

a.复位燃气轮机跳闸信号,仿真"GT. MASTER ON（L4）"信号。

b.从发电机保护屏处仿真发电机跳闸信号。

c.确认燃气轮机立即联锁跳闸。

④产生报警信号：

a."GT HN-86GT1"。

b."GENERATOR PROTECTION TRIP"。

c."GENERATOR PROTECTION TRIP-1, or-2, or-3（TB86）DISCRIPANCY-1"。

（27）输入信号异常保护

①设定值：N.A。

②逻辑页号：DIL-400。

③试验步骤：

A.复位仿真燃气轮机跳闸信号

复位燃气轮机跳闸信号。初始化"GT. MASTER ON（L4）"信号,用信号发生器模拟升转速过程,并仿真火焰检测信号。

B.仿真输入信号异常跳闸条件

仿真输入信号异常跳闸条件：

a.发电机功率输出信号。

b.燃烧器壳压输出信号。

c.所有 BPT 温度和 EXT 温度信号。

d.低压缸排气温度信号。

e.中压透平入口蒸汽压力信号。

f.润滑油温度信号。

C.燃气轮机跳闸

确认燃气轮机立即跳闸。

④产生报警信号：

a."GT HN-86GT1"。

b."GENERATOR POWER OUTPUT SIGNAL FAIL TRIP"。

c."COMBUSTOR SHELL PRESS SIGNAL FAIL TRIP"。

d."ALL BPT AND EXT SIGNAL FAIL TRIP"。

e."LP TURBINE EXHAUST STEAM TEMP SIGNAL FAIL TRIP"。

f."IP TURBINE INLET STEAM PRESS SIGNAL FAIL TRIP"。

g."LUBE OIL TEMP SIGNAL FAIL TRIP"。

2.6.4 机组报警联锁试验项目

①孤岛运行。

②燃气轮机转速卡件-1/2/3 异常。

③燃烧压力波动高 RUNBACK。

④燃烧压力波动预报警。

⑤润滑油压力低。

⑥润滑油供油温度高。

⑦润滑油箱液位高/低报警。

⑧润滑油泵 A/B 出口压力低。

⑨控制油供油压力高/低报警。

⑩控制油箱液位高/低报警。

⑪润滑油滤网差压高。

⑫顶轴油泵 A/B 入口压力低。

⑬燃气轮机排气段压力高。

⑭仪用空气压力低。

⑮润滑油箱压力高。

⑯控制油箱温度高/低报警。

⑰控制油滤网差压高。

⑱No.1—No.8(推力)轴承回油温度高。

⑲转子冷却空气温度高。

⑳No.2/3/4 轮盘空腔温度高。

㉑No.1—No.8(推力)轴承金属温度-1/2 高。

㉒主润滑油泵 A/B 马达轴承温度高。

㉓燃气压力低报警。

㉔燃气供应压力低自动减负荷。

㉕燃气加热器出口温度高/低报警。

㉖燃气加热器出口温度高/低。

㉗燃烧器-压气机上下缸金属温差高。

㉘透平上下缸金属温差高。

㉙火焰检测装置异常(18 号 A/B，19 号 A/B)。

㉚值班燃料流量控制阀差压高。

㉛主燃料流量控制阀差压高。

㉜燃气控制阀门异常。

㉝压气机入口导叶(IGV)异常。

㉞燃烧器旁路阀异常。

㉟辅助系统马达异常。

㊱燃气轮机小间排风扇异常。

㊲润滑油箱排烟风机异常停止。

㊳紧急润滑油泵运行。

㊴入口空气滤网差压高。

㊵入口空气滤网旁路门开。

㊶燃气轮机火灾警报。

㊷燃气轮机防火控制盘异常。

㊸燃气滤网 A/B 差压异常。

㊹燃气轮机启动超时。

㊺启动异常报警。

㊻燃气轮机紧急油压建立超时。

㊼转速低报警(52G OPEN)。

㊽转速低报警。

㊾机组超速报警(52G OPEN)。

㊿机组超速报警。

51燃气轮机排气段燃气泄漏探测报警。

52燃气轮机小间排风扇燃气泄漏探测报警。

53燃气轮机排气段燃气泄漏检测监视器异常。

54燃气轮机小间排风扇 A/B/C 燃气泄漏探测监视器异常。

55No.1—No.8 轴承振动变化率高。

56燃气轮机小间排风风扇出口空气流量低。

57No.1—No.20 BPT 温度信号偏差大自动停机。

58No.1—No.20 BPT 温度信号偏差大报警。

59No.1—No.20 BPT 温度偏差变化速率高自动停机。

60燃气轮机转速-1/2/3 信号偏差大。

61发电机输出功率信号偏差大。

62燃烧器壳压-1/2/3 信号偏差大。

63压气机入口空气温度信号偏差大。

64值班燃料流量控制阀差压信号偏差大。

65主燃料流量控制阀差压信号偏差大。

66燃气加热器出口温度信号偏差大。

67发电机相间电压信号偏差大。

㉈发电机电流信号偏差大。

㉉润滑油温度信号偏差大。

⑺值班燃料流量控制阀阀位信号偏差大。

⑺值班燃料压力控制阀阀位信号偏差大。

⑺主燃料流量控制阀阀位信号偏差大。

⑺主燃料压力控制阀 A/B 阀位信号偏差大。

⑺压气机入口导叶(IGV)阀位信号偏差大。

⑺燃烧器旁路阀阀位信号偏差大。

⑺燃气轮机清吹空气压力信号偏差大。

⑺紧急油压低。

⑺紧急中间油压高/低报警。

⑺发电机静子绕组温度高自动减负荷。

⑻发电机静子绕组温度高自动停机。

⑻MEL 动作。

⑻OEL 动作。

⑻V/Hz 动作。

⑻发电机转子温度高。

⑻发电机冷氢温度高(透平侧,滑环侧)。

⑻发电机热氢温度高(透平侧,滑环侧)。

⑻发电机滑环出口空气温度高。

⑻逻辑转换盘电源故障。

⑻灭磁开关故障。

⑼局部放电监视器异常。

⑼励磁系统跳闸。

⑼发电机辅助控制盘电源异常。

⑼发电机内氢气压力高/低报警。

⑼氢气纯度低报警。

⑼H_2压力非常低报警。

⑼发电机控制盘电源异常。

⑼发电机自动同期系统异常。

⑼励磁变压器异常。

⑼发电机漏液液位高(蒸汽端)。

⑽发电机漏液液位高(滑环端)。

⑽发电机氢气供给装置压力低。

⑽发电机氢侧回油液位高(蒸汽端)。

⑽发电机氢侧回油液位高(滑环端)。

⑽发电机排氢调节油箱液位高。

⑽发电机排氢调节油箱液位低。

⑽封闭母线 A/B/C 相侧漏氢浓度高。

⑩封闭母线中性侧漏氢浓度高。

⑩发电机空侧回油漏氢浓度高(滑环端)。

⑩发电机空侧回油漏氢浓度高(蒸汽端)。

⑩氢气露点温度高。

⑪密封油泵压力低。

⑪密封油差压低。

⑪密封油滤网差压高。

⑪密封油温度高。

⑪真空油箱液位高/低报警。

⑪发电机平衡油过滤器差压高。

⑪密封油真空油箱真空低。

⑪No.1—No.6 发电机静子绕组温度高。

⑪101 号—108 号发电机静子铁芯温度高。

⑫发电机失磁 RUNBACK。

⑫燃气温度控制阀仪用空气压力低。

⑫控制油冷却器温度控制阀 A 仪用空气压力低。

⑫控制油冷却器温度控制阀 B 仪用空气压力低。

⑫润滑油温度控制阀仪用空气压力低。

⑫发电机差动保护。

⑫发电机定子匝间短路故障。

⑫发电机定子接地故障。

⑫发电机逆功率保护。

⑫复压闭锁过流保护。

⑬复序过流保护。

⑬过励/过压保护。

⑬失磁保护。

⑬失步保护。

⑬发电机频率异常。

⑬GCB 通风。

⑬发电机转子接地。

⑬GCB 故障。

⑬发电机启动保护。

⑬励磁变压器差动保护。

⑭励磁变压器过流保护。

⑭励磁变压器温度高跳闸。

⑭励磁系统联锁保护。

⑭SFC 联锁保护。

⑭系统保护联锁跳闸。

⑭发电机系统保护异常。

⑭降低有功功率指令。

⑭汽轮机转速(备用转速)-1/2/3 信号偏差大。

⑭中压透平入口蒸汽压力-1/2/3 信号偏差大。

⑭高压主蒸汽压力信号偏差大。

⑮再热主蒸汽压力信号偏差大。

⑮低压主蒸汽压力信号偏差大。

⑮凝汽器真空压力信号偏差大。

⑮低压缸透平排气温度-1、-2、-3 信号偏差大。

⑮转子偏心高。

⑮高压主蒸汽调节阀(HPCV)入口与出口金属温差大。

⑯中压主蒸汽调节阀(ICV)入口与出口金属温差大。

⑰高中压缸上下缸金属温差大(高压侧)。

⑱高中压缸上下缸金属温差大(中压侧)。

⑲高中压缸上下缸金属温差大(中压排气侧)。

⑯高中压缸法兰/螺栓金属温差大。

⑯高中压缸末级金属与高压轴封蒸汽温差大。

⑯高压主蒸汽关断阀(HPSV)入口与出口金属温差大。

⑯低压透平排气温度高(发电机侧)。

⑯低压透平排气温度高(燃气轮机侧)。

⑯低压缸末级静叶金属温度高。

⑯低压缸排气导流环金属温度高。

⑯高压缸入口主蒸汽温度变化快(165 ℃/1 h)。

⑯高压缸入口主蒸汽温度变化快(56 ℃/10 min)。

⑯高压主蒸汽温度低。

⑰No.1—No.8 轴承振动高。

⑰轴承振动监视器异常。

⑰高中压缸/低压缸胀差高。

⑰轴位移-1/2/3 高报警。

2.6.5 设备联锁、保护试验

(1)润滑油控制系统

润滑油系统的主要作用是向发电机组的各轴承及盘车系统提供润滑油。该系统主要由油箱、交流润滑油泵、直流润滑油泵、冷油器、油管路、除油雾装置、油净化装置及相关热工监测仪表等组成。TCS 系统完成对两台交流润滑油泵、一台直流润滑油泵等设备的控制。

1)交流润滑油泵

润滑油控制逻辑采用全自动模式,运行人员操作面板只提供主、备泵选择切换操作,不能在远方进行泵的启停操作。

交流润滑油泵的联锁条件如下(以 A 泵为例):

①自动运行请求信号

泵动力电源满足要求,同时主润滑油泵 A 自动运行请求信号有效。自动运行请求信号(或条件)如下:

a.B 泵启动命令发出 5 s 后,B 泵未运行。

b.按下紧急启动按钮(硬接线)。

c.A 泵投备用,B 泵启动后 5 s,润滑油供油压力低于 0.189 MPa。

d.A 泵投备用,B 泵启动后 5 s,B 泵出口压力低于 0.467 MPa。

②自动停

自动停信号(或条件)如下:

a.自动运行请求信号为 0。

b.油泵电源不正常。

2)直流润滑油泵

直流润滑油泵是在危急情况下运行的润滑油泵,在两台交流油泵均无法正常启动或润滑油压力异常的情况下,将启用直流润滑油泵。直流润滑油泵采用继电器硬接线回路实现启停控制。

启动紧急润滑油泵信号(或条件)如下:

①按下直流润滑油泵紧急启动按钮。

②两台交流润滑油泵同时故障。

③两台交流润滑油泵运行,润滑油供油压力低于 0.169 MPa。

如图 2.208 所示为直流润滑油泵的继电器硬接线联锁启动回路。

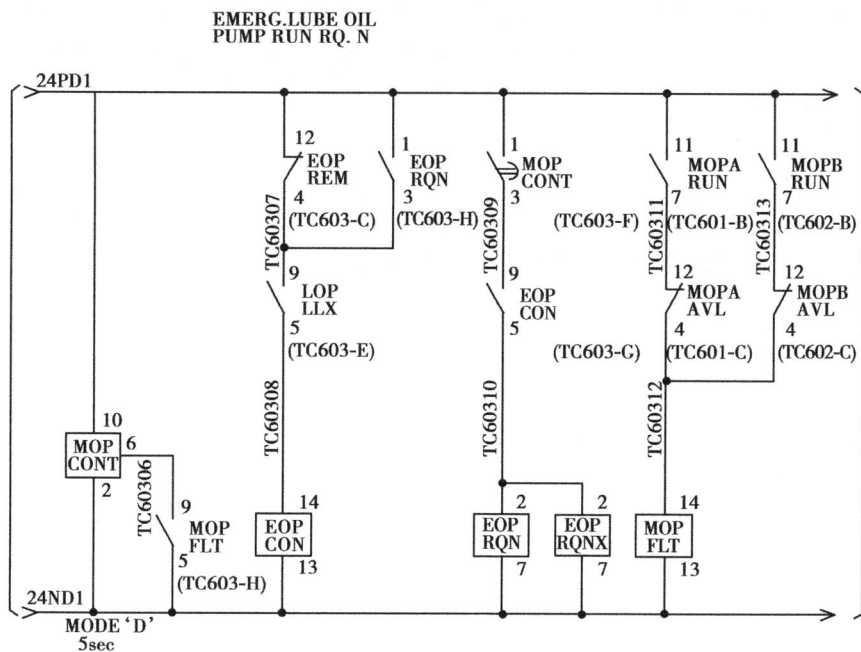

图 2.208　直流润滑油泵的继电器硬接线联锁启动回路

①继电器 EOPRON 与 EOPRONX 为紧急润滑油泵的启停控制继电器,继电器失电时油泵

启动,带电时油泵停止。MOPCONT 继电器为两台交流润滑油泵的状态联锁,LOPLLX 继电器为就地润滑油泵出口压力联锁。

②MOPA RUN 和 MOPB RUN 为油泵运行状态反馈继电器,MOPA AVL 和 MOPB AVL 为油泵可用状态反馈继电器。正常运行时,润滑油泵 A 或 B 处于运行可用状态,此时 MOPFLT 带电,故 MOPCONT 带电,若此时油泵出口压力正常,则 LOPLLX 继电器带电闭合,EOPCON 带电闭合,EOPRQN 带电闭合,因此紧急润滑油泵停止。

③当两台交流润滑油泵全部故障停止时,MOPFLT 失电,MOPCONT 失电(MOPCONT 为延时 5 s 断开继电器),继电器 EOPRQN 失电,启动紧急润滑油泵。

④当润滑油泵出口压力低于 0.169 MPa 时,LOPLLX 继电器失电断开,EOPCON 继电器失电断开,继电器 EOPRQN 失电,启动紧急润滑油泵。

⑤当任一台交流润滑油泵运行时,必须将直流润滑油泵置于就地控制方式,使继电器 EOPREM 失电闭合。此时若出口压力恢复正常,则 EOPCON 带电,故 EOPRQN 带电,紧急润滑油泵停止运行。因此紧急润滑油泵一旦启动后必须到就地去关停。

3)润滑油箱加热器

润滑油加热器,包括安装板和固定于其上并依次连接的进油管、带有驱动电机的油泵、加热器和出油管,以及一个配有电源的控制箱。加热器是由设置有进油口和出油口的密闭内空壳体和电加热元件构成,电加热元件固定在壳体中的出油口端,壳体的进油口通过管道与油泵相连,壳体出油口与出油管相连,在进油管与油泵之间还设有粗过滤器,在加热器与出油管之间还设有精过滤器,加热器的控制电路和驱动电机的控制电路均与中央处理器相连并设置于控制箱中。该设备完整成套、自成体系、能对机械设备中运行的润滑油在短时间内加热到正常运行温度,并对加热温度进行自动控制。润滑油箱加热器根据润滑油温对油箱的温度进行自动加热,润滑油箱温度低于 15 ℃时,加热器自动联锁启动;当润滑油箱温度高于 20 ℃时,加热器自动停止加热。

(2)顶轴油控制系统

1)交流顶轴油泵

顶轴油泵主要用于建立顶轴油压,对主机大轴提供支撑以减少大轴和轴瓦的摩擦,保障机组安全,交流顶轴油泵的联锁条件如下(以 A 泵为例):

①自动启动条件(或条件)

a.机组转速<600 r/min,且 A 泵被选择为主泵。

b.B 泵启动命令发出 5 s 后,B 泵未运行。

c.当 B 泵运行时,顶轴油泵出口压力低(<5.9 MPa),且 A 泵满足以下条件(与条件):

A 泵在自动、远控控制方式。

转速<600 r/min。

A 泵入口压力不低(0.1 MPa)。

②自动停泵条件(或条件)

a.没有自启动条件。

b.油泵电源异常。

2)直流顶轴油泵

直流顶轴油泵用于当交流顶轴油泵故障情况时,对机组提供顶轴油压,此泵控制逻辑由硬件回路实现。在机组转速低于 600 r/min 时,如果顶轴油泵出口油压低(<5.9 MPa)或两台交流顶轴油泵故障停运,将联锁启动直流顶轴油泵。如图 2.209 所示,其继电器硬接线联锁启动回路与直流润滑油泵的联锁启动回路相似,在此不再赘述。

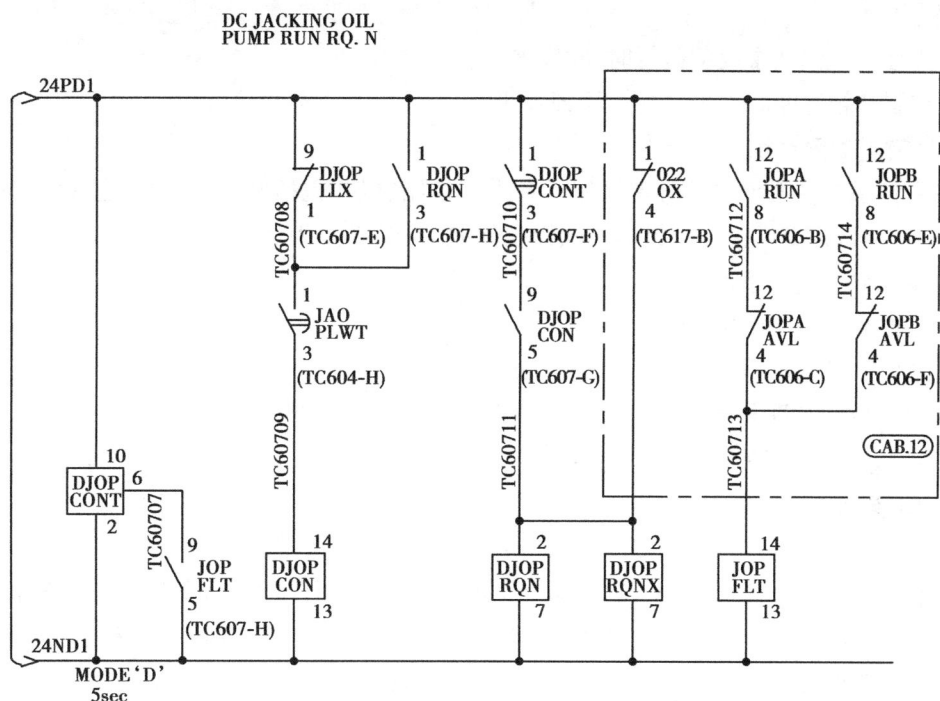

图 2.209　直流顶轴油泵的继电器硬接线联锁启动回路

(3)控制油系统

控制油系统包括两台控制油泵、一台控制油冲洗泵和控制油箱加热器、两个控制油温度调节阀。

1)控制油泵

控制油泵采用与润滑油泵相类似的控制逻辑,执行一主一备的控制思路,运行人员只能进行主备泵切换操作,不能在远方进行泵的启停操作,联锁逻辑如下(以控制油泵 A 为例):

①自动启动条件(或条件)

a.选择 A 泵为主泵且控制油箱油位高(≥-70 mm)。

b.B 泵启动命令发出 5 s 后,B 泵未运行。

c.B 泵运行 5 s 后,控制油供油压力低于 8.8 MPa。

②自动停泵条件(或条件)

a.控制油箱油位低(≤-210 mm)。

b.无自动启动命令。

2)控制油系统其他设备

①控制油冲洗泵联锁条件

a.控制油箱温度低于 35 ℃时,联锁启动。

b.控制油箱温度高于 45 ℃时,联锁停止。

控制油冲洗泵运行指令的发出受 CONTROL OIL PUMP INTERLOCK 信号的屏蔽。

②控制油箱加热器联锁条件

a.任一台控制油泵设备运行(包括控制油泵 A/B 及冲洗泵),且控制油箱温度低于 20 ℃时,联锁启动。

b.无任何控制油泵设备运行时,联锁停止。

c.控制油箱温度高于 25 ℃时,联锁停止。

(4)密封油泵系统

密封油泵控制系统主要对密封油设备进行控制操作,包括两台交流密封油泵、一台直流密封油泵、两台排烟风机。密封油泵联锁条件如下(以 A 泵为例):

①手动启动允许条件

a.B 泵和直流油泵不同时运行。

b.无 A 泵故障信号。

②自动启动允许条件

a.B 泵运行,密封油压低于 0.85 MPa,延时 3 s。

b.B 泵跳闸。

(5)TCA 风机

一台机组共配置 3 台 TCA 风机,运行人员可手动选择任意两台备用。在燃气轮机启动后,所选两台备用 TCA 风机自动启动,在机组停运 1 h 后,两台 TCA 风机自动停止运行。

(6)罩壳风机

罩壳风机主要用于对燃气轮机本体罩壳进行通风,一台机组共配置 3 台罩壳风机。正常情况下,有两台风机同时运行,当其中一台出现问题或燃气检漏装置有报警时,第三台风机同时开启。联锁条件如下(以罩壳风机 A 为例):

①自动启动条件(或条件)

a.选择 A 为主风机。

b.B 风机和 C 风机启动后风机差压<0.1 kPa。

c.GT 罩壳燃气泄漏报警。

②自动停止条件

无自动启动命令。

练习题 2

1.Diasys 系统是由哪些站构成的?

2.Diasys 系统包括哪些子系统?这些子系统实现什么功能?

3.DIASYS 控制系统硬件设备主要包括哪几个组成部分?

4.DIASYS 控制系统各硬件设备的功能是什么?它们之间是怎样配合来完成对机组的控制任务的?

5.简述三菱控制系统 MPS 站的作用。

6.画出三菱控制系统 MPS 站结构图,并结合所画结构图详细指出 MPS 站内各个设备名称及其作用。

7.三菱控制系统有几种 CPU 型号? 请结合其中一种详细说明其参数。

8.三菱控制系统有几种以太网卡型号? 请结合其中一种详细说明其参数。

9.三菱控制系统有几种系统 I/O 卡型号? 请结合其中一种详细说明其参数。

10.三菱控制系统有几种 DI 模块型号? 请结合其中一种详细说明其参数。

11.三菱控制系统有几种 DO 模块型号? 请结合其中一种详细说明其参数。

12.三菱控制系统有几种机组控制模块型号? 请结合其中一种详细说明其参数。

13.若 CPU 卡件 RUN 状态指示灯为红色保持,LINK 灯无显示,请判断该 CPU 状态。

14.若系统 I/O 卡"control status"灯为黄色保持,"Abnormal status"灯为红色保持,请判断该卡件状态。

15.若 Control-Net 卡状态灯为红绿交替闪烁,请说出该卡可能的状态。

16.简述网络适配器作用,并结合教材中网络适配器外观图,指出各个设备名称。

17.若 AI 模块状态灯为绿色保持,AO 模块状态灯为红色保持,DI 模块状态灯为红色保持,请分别判断各个模块状态。

18.简述 DIASYS 控制系统中 Control-Net 网络的配置结构和信号传送路径。

19.说明"3NA05-6-4"硬件地址意义。

20.说明功能块的作用。

21.列举出两个三菱控制系统功能码中起跟踪作用的功能码,并简要说明一下各自功能。

22.详细说明 SSR、SRR 触发器工作原理,并分别举例说明各自功能。

23.根据下图逻辑,分别指出各个功能块的作用,并能简述该逻辑。

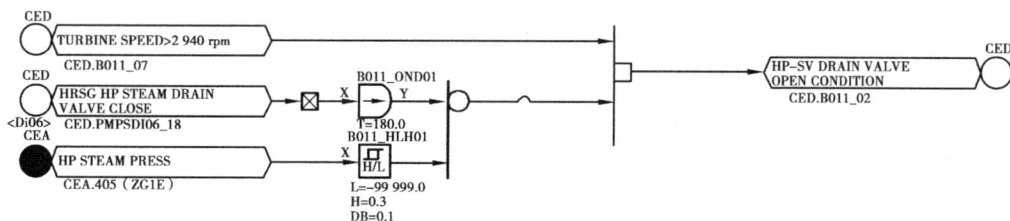

24.指出延时置 1 功能块和延时定时器切断功能块的不同处,并举例说明。

25.指出有迟滞的高监视器与一般高监视器的区别,并举例说明。

26.利用加、减、乘、除功能块计算下列公式:

$$M = A \times (B + C) - D/(E - F)$$

27.M701F 燃气轮机控制系统主要由哪些控制系统构成?

28.燃气轮机控制包括哪些控制?

29.简要说明 IGV 控制。

30.高压主蒸汽调节阀包含哪些控制模式?

31.简述 PCS 控制系统主要功能和控制设备。

32.详细说明高压旁路阀 3 种控制模式。

33.结合教材中高压旁路阀动作方框图,详细说明机组各个工况时旁路阀的动作情况。

34.简述高/中/低压旁路阀作用,并指出中/低旁路阀控制逻辑与高压旁路阀控制逻辑的不同之处。

35.说明高压旁路减温喷水调节阀控制逻辑,并能根据逻辑方框图指出其控制温度及时性的特点。

36.说明中压旁路减温喷水调节阀控制逻辑,并能根据逻辑方框图指出其控制温度及时性的特点。

37.详细说明凝汽器水幕喷水阀控制逻辑以及阀门控制原理(列出阀门动作方框图和对应的表)。

38.说明轴封压力控制阀作用,并详细说明其控制原理(要求画出逻辑方框图)。

39.说明低压轴封温度控制阀作用,并详细说明其控制原理(要求画出逻辑方框图)。

40.详细说明高压主汽阀阀体疏水阀和高压进气导管疏水阀逻辑。

41.详细说明凝汽器真空泵顺控逻辑。

42.详细说明轴封风机顺控逻辑。

43.TPS 系统中跳闸指令继电器共有几个? 哪两个跳闸指令继电器同时动作才会触发机组最终跳闸保护动作?

44.有哪些跳闸信号在 SPIN 模式下是不起作用的?

45.轴承振动高保护中,若 X 探头损坏故障,Y 探头测得振动值高过跳闸值,是否会发出机组跳闸指令?

46.燃烧振动高保护在什么时候投入? 若一个探头测得振动值达到 Pre-Alarm 报警,另一个探头测得振动值达到 Limit 报警,请问是否会输出机组跳闸指令信号?

47.TCS 系统硬件故障跳闸保护中,5 个 DC110 V 电磁阀供电回路共涉及几个电磁阀的动作? 它们分别是哪些电磁阀?

48.输入信号异常保护中,包含哪些条件?

49.有哪几种保护信号除了通过 TPS 系统逻辑判断输出跳闸指令外,还通过继电器回路直接作用在跳闸继电器指令回路?

50.M701F 型机组的燃烧系统主要由哪些部分组成?

51.简述 ACPFM 系统的硬件组成结构。

52.CPFA 电脑主机在燃烧调整中的作用是什么?

53.M701F 型机组的燃烧调整对象是什么? 它们各自在燃烧控制中的作用是什么?

54.燃料总量控制信号指令 CSO 由哪些信号小选产生?

55.简述在燃烧调整中需要注意的问题。

56.简述 M701F 燃气-蒸汽联合循环机组热态启动过程中各阶段控制过程。

57.描述启动过程中的 IGV 动作情况。

58.简述 M701F 燃气-蒸汽联合循环机组检修停机控制过程及其与正常停机的区别。

59.试画出 M701F 燃气-蒸汽联合循环机组正常停机过程中的时序动作曲线。

60.Diasys 系统与 Ovation 系统之间通信采用了什么通信协议?

61.主超速保护、备用超速保护和低频保护的转速定值分别是多少?

62.有关 BPT 温度跳闸的条件有哪些?

63.有关 EXT 温度跳闸的条件有哪些?

64.简述防喘阀动作异常保护条件。

65.燃料控制阀、IGV、燃烧器旁路阀阀位指令与阀位反馈相差大过多少会产生跳闸信号?

66.简述润滑油箱加热器的作用及工作原理。

67.试说明直流顶轴油泵的继电器硬接线联锁启动回路原理。

68.分别说明 TCA 风机和罩壳风机的作用和相关联锁。

69.简述控制油系统包含的主要设备及工作原理。

70.紧急润滑油泵的启动和停止可以在远方操作吗? 说明原因。